DER 3D ANATOMIE-ATLAS

DER 3D ANATOMIE ATLAS

Herausgegeben von Thomas O. McCracken · Mitherausgeber: Richard Walker

Mit interaktiver CD-ROM

BECHTERMÜNZ

Erstmals veröffentlicht 1999 unter dem Titel
New Atlas of Human Anatomy
von Barnes & Noble, Inc.,
in Zusammenarbeit mit Anatographica, LLC

Deutsche Erstausgabe

Erster 3D-Anatomie-Atlas der National Library of Medicine
auf Basis des Visible Human Project

Lektorat der Originalausgabe: Thomas O. McCracken, MS, mit Richard Walker, BSc, PhD
Redaktion der Originalausgabe: Martin Griffiths, BSc, PhD
Layout: Peter Laws
Umschlaggestaltung: Kevin McGuiness
Lektorat der deutschen Ausgabe: Mag. Dr. Peter C. Brugger, Wien
Koordination und Bearbeitung der deutschen Ausgabe: Maasburg GmbH, München
Übertragung ins Deutsche: Veronika Maasburg, München
Gesamtherstellung: Gráficas EGEDSA
Printed in Spain

ISBN 3-8289-1871-9

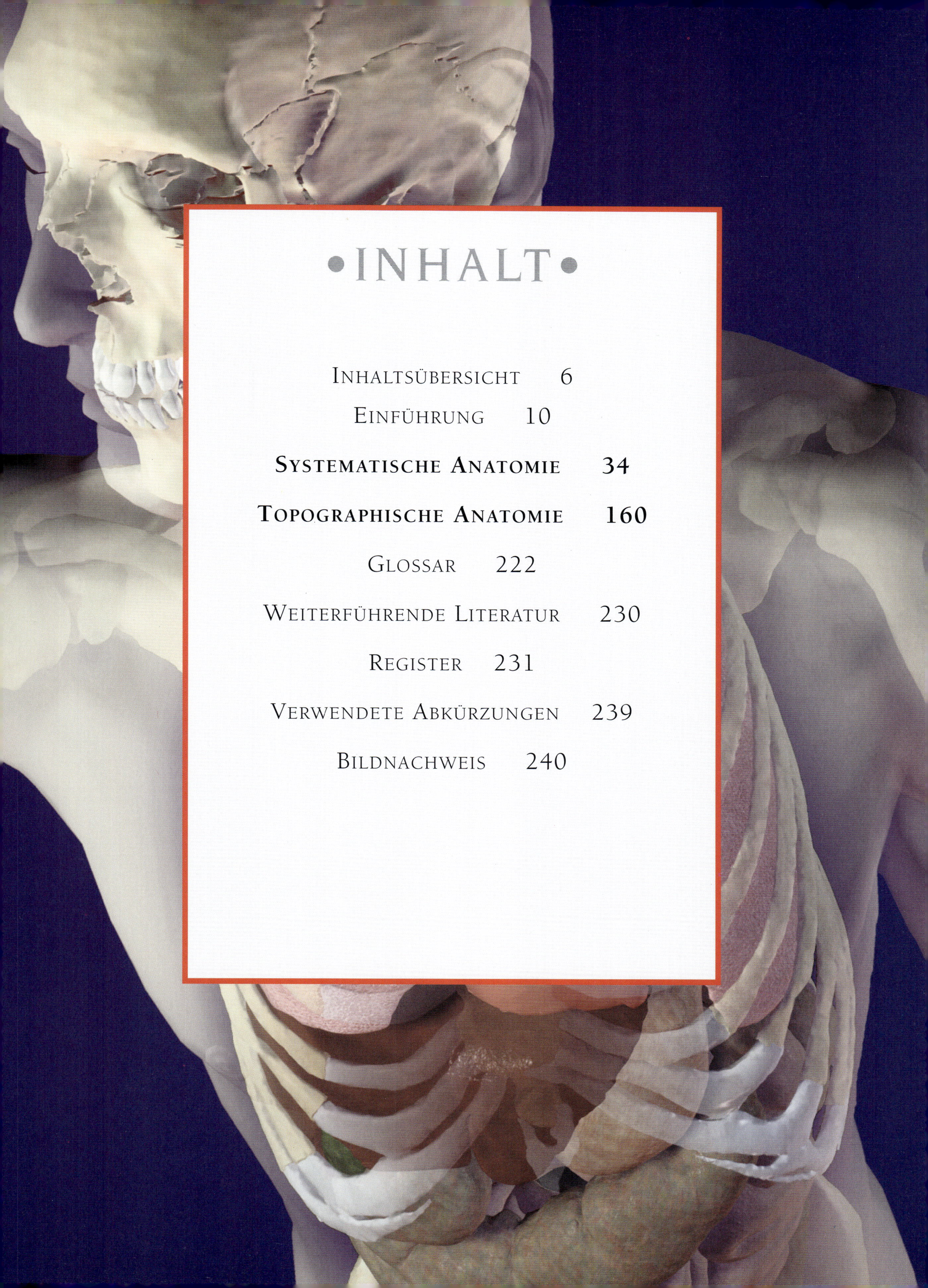

•INHALT•

INHALT

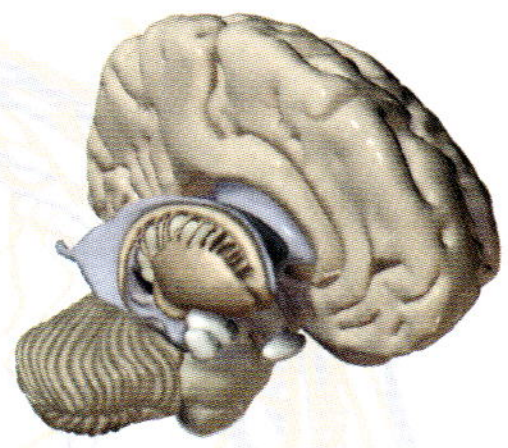

SYSTEMATISCHE ANATOMIE

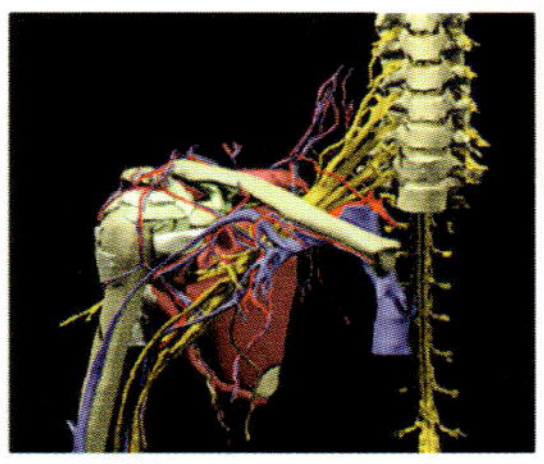

Topographische Anatomie

Zu Dank verpflichtet sind wir der National Library of Medicine, USA, die mit Weitblick das *Visible Human Project* ™ finanziert und geleitet hat. Die für diesen Anatomie-Atlas verwendeten Modelle entstanden auf der Grundlage dieses Projekts.

Dr. David Whitlock und Dr. Vic Spitzer (Center for Human Simulation, University of Colorado Health Sciences Center) gebührt unser Dank für die Bewältigung des kühnen Unterfangens, die Originaldaten verfügbar zu machen.

Besonderen Dank und Anerkennung schulden wir den Mitarbeitern von Visible Productions, die an der Entstehung der faszinierenden Abbildungen in diesem Anatomie-Atlas mitgewirkt haben:

Dottye A. Baker: Redaktionsassistenz
Philipp Guzy: Direktor der 3D Model Production,
Senior Animator, Medizinischer Illustrator

Sean McCracken: Assistent der 3D Model Production

Medizinische Illustratoren:
Gale Mueller
Sherra Cook
Conery Calhoon

Außer den aus dem Datenmaterial des *Visible Human Project*™ aufgebauten Abbildungen wurden für dieses Buch noch einige andere ausgewählt, da sie sich für die jeweilige Thematik besser eignen.

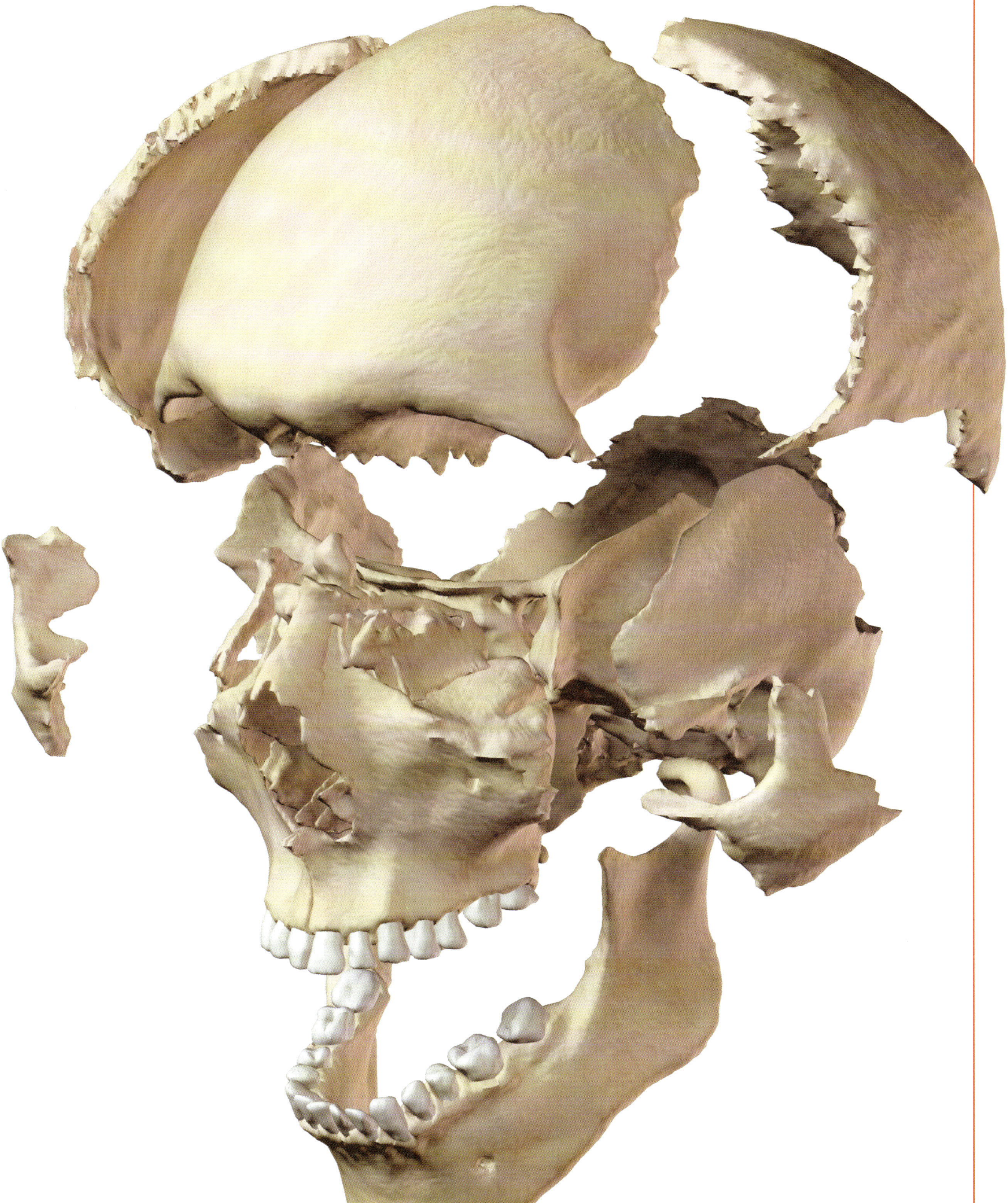

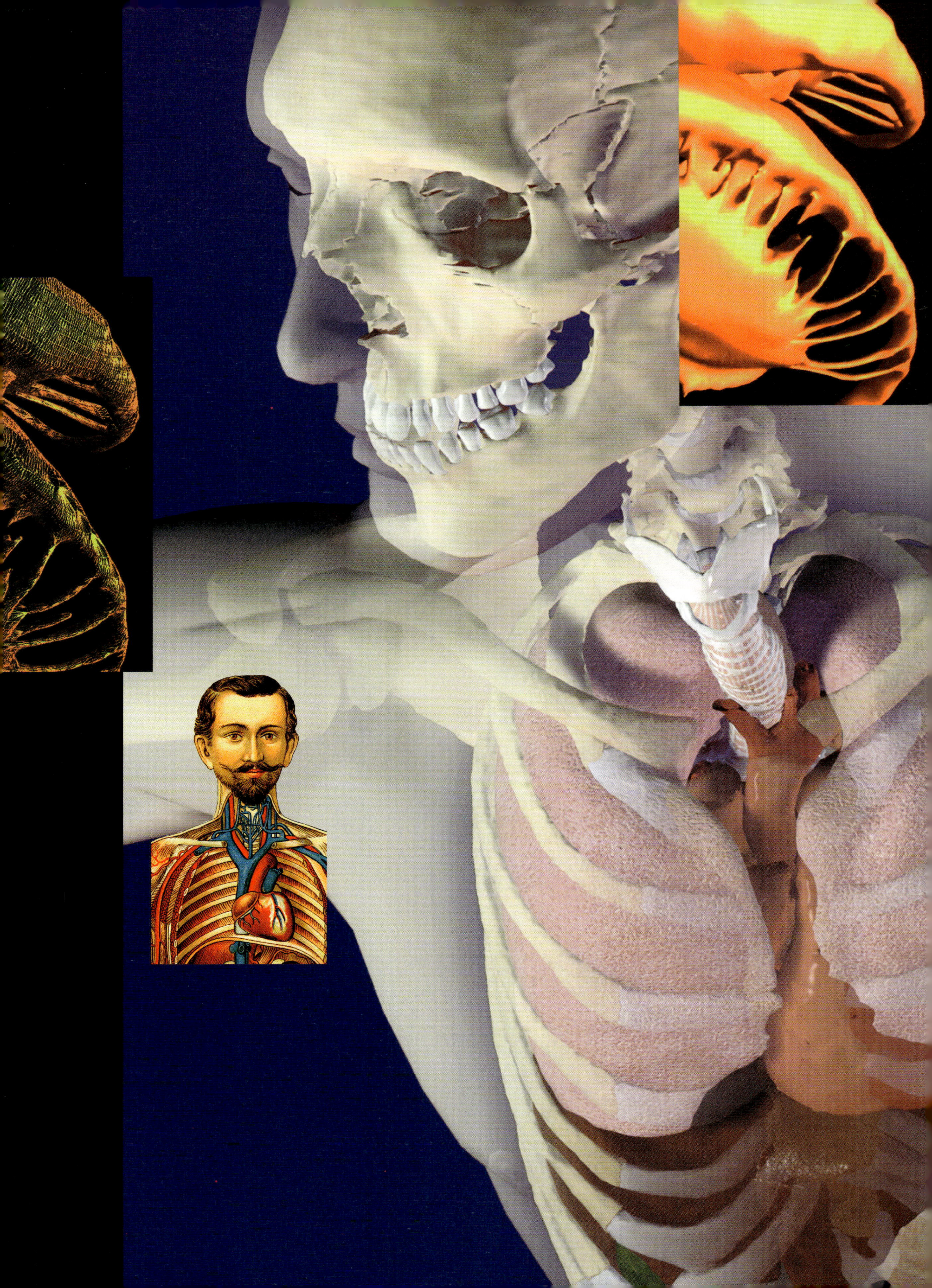

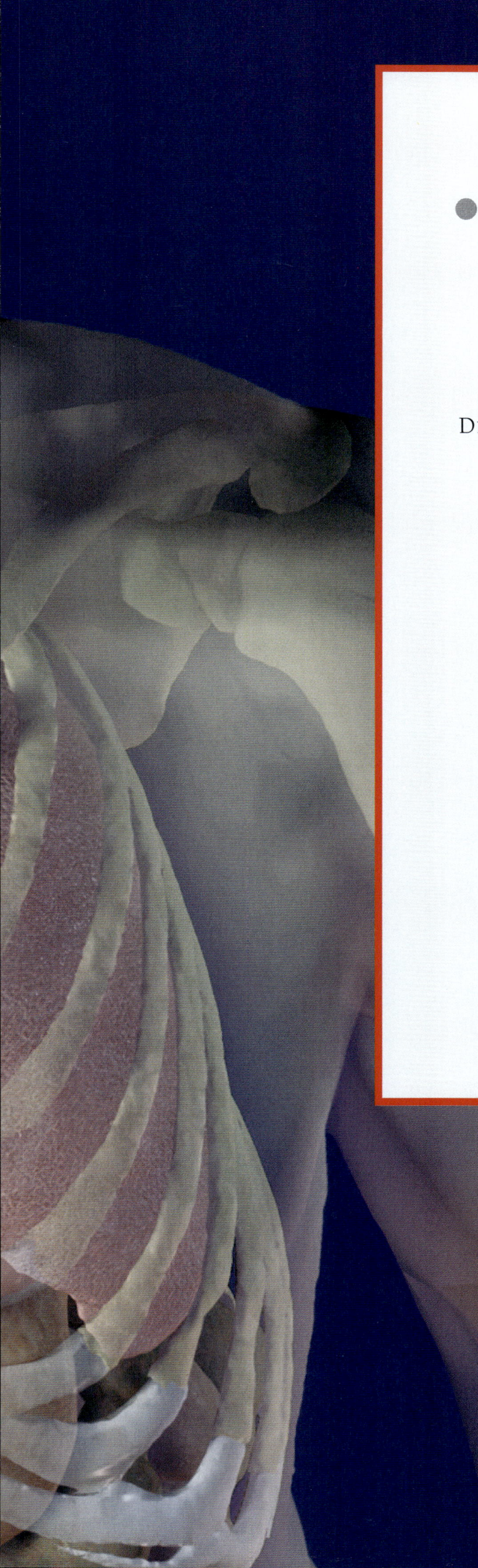

•EINFÜHRUNG•

KURZER RÜCKBLICK

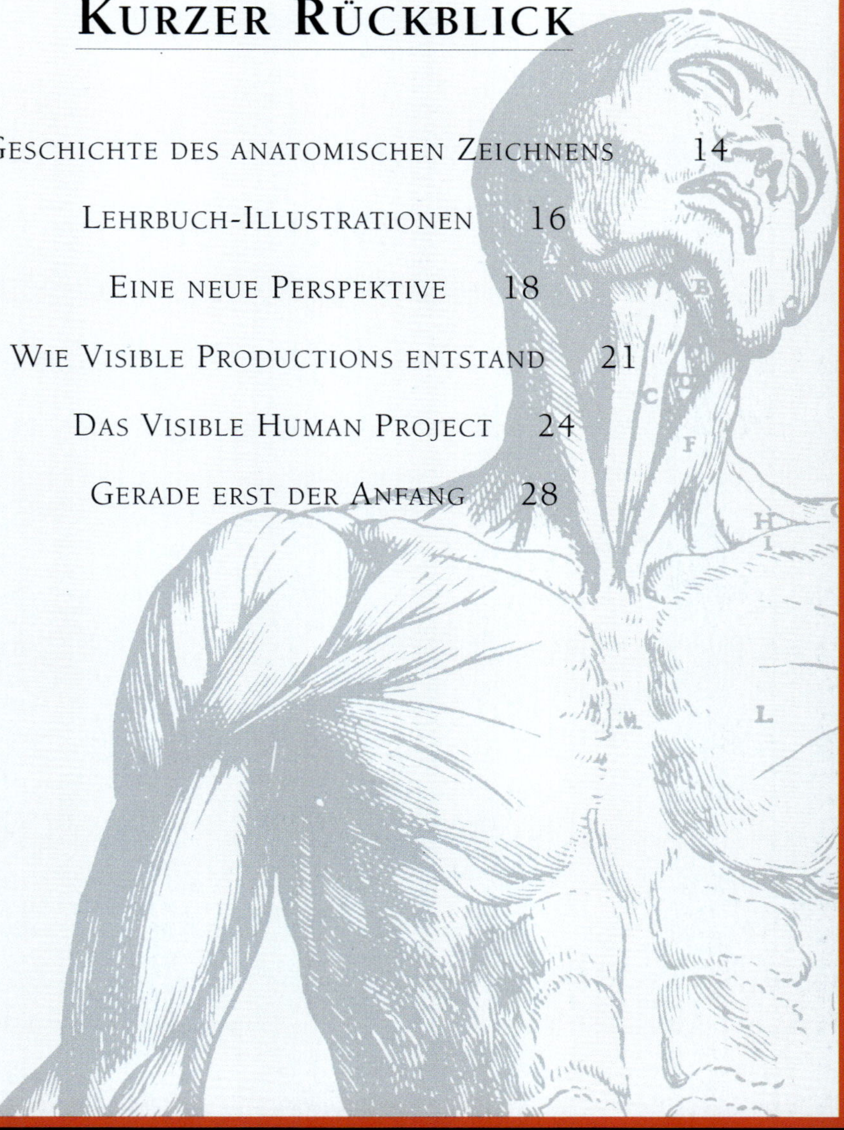

EINFÜHRUNG

von Thomas O. McCracken

Welch ein Meisterwerk ist der Mensch! lässt Shakespeare Hamlet sagen. Doch nicht erst im Elisabethanischen Zeitalter, sondern schon lange vorher stand das Studium des Menschen – und besonders des menschlichen Körpers – im Mittelpunkt wissenschaftlichen Interesses: bei Akademikern, Angehörigen medizinischer Berufe – aber auch bei Laien. Die Entwicklung des anatomischen Anschauungsmaterials spiegelt dieses Interesse wider: Die Quantität und Qualität der entstandenen Abbildungen gibt Aufschluss über das allgemeine Interesse unterschiedlicher Epochen. Und nie zuvor war das Interesse daran so gross wie heute.

In der Geschichte der anatomischen Abbildungen traten dramatische Neuerungen auf, die in der Folge verfeinert und weiterentwickelt wurden. Eine Revolution auf diesem Gebiet stellten die von Andreas Vesalius im frühen 16. Jahrhundert veröffentlichten detailgetreuen anatomischen Zeichnungen dar; sie begründeten den Realismus, der sich bis heute erhalten hat. Ein weiterer Fortschritt fällt mit der Entwicklung der Druck- und Reprotechnik gegen Ende des 18. und zu Beginn des 19. Jahrhunderts zusammen; dadurch wurden die wunderbaren, alle Einzelheiten wiedergebenden und prachtvoll kolorierten Abbildungen breiteren Volksschichten zugänglich. Auch im 20. Jahrhundert gab es wichtige Meilensteine, wie die Verwendung von Fotos in Anatomie-Atlanten sowie die Einführung bildgebender Verfahren (Röntgen, Computer- und Magnetresonanztomographie, CT und MRT) in die Medizin. Der Einsatz der Endoskopie und von Videokameras für Filmaufnahmen in den inneren Organen lebender Menschen war ein weiterer bahnbrechender Schritt in Richtung visuelle Einblicke in den menschlichen Körper, und zwar von innen statt von außen.

An der Schwelle zum dritten Jahrtausend befinden wir uns mitten in einer weiteren Aufsehen erregenden Entwicklung, die dieser Anatomie-Atlas in Buchform vorstellt, obwohl die Entwicklung selbst auch andere Medien einbezieht. Dieses Buch ist die erste anatomisch exakte und vollständige dreidimensionale Computer-generierte Rekonstruktion eines menschlichen Körpers.

Diese Technik kommt dem Ideal anatomischer Darstellung – nämlich die Formen des menschlichen Körpers und all seiner Bauteile visuell exakt wiederzugeben – am allernächsten. Und noch faszinierender ist die Vorstellung, dass nun dank der Tatsache, dass Abbildungen wie die nebenstehende in digitaler, computerisierter Form erstellt werden können, der Weg frei ist für die nächste Entwicklung – die Bildaufbereitung nicht nur in visueller, sondern auch in virtueller Form. Das Zeitalter der virtuellen Anatomie ist damit angebrochen.

Das Atmungssystem des Menschen. Die jüngsten Entwicklungen auf dem Gebiet der digitalen bildgebenden Verfahren machen es möglich, die menschlichen Organe und Körpersysteme so im Bild wiederzugeben, wie sie wirklich sind. Hier: von den Stirn- und Kieferhöhlen bis zur Luftröhre und den Lungen.

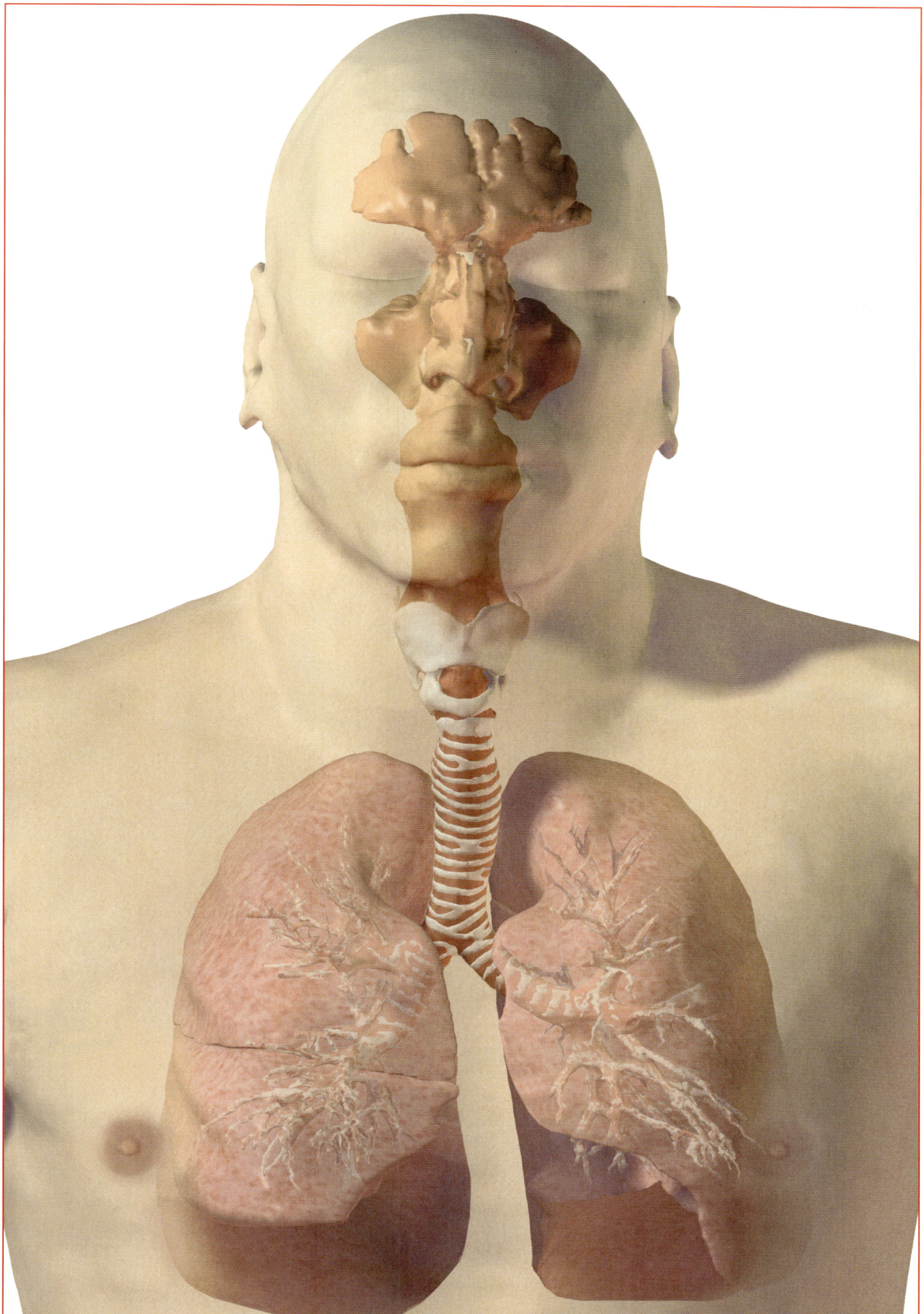

DIE GESCHICHTE DES ANATOMISCHEN ZEICHNENS

UM DIE HERAUSRAGENDE BEDEUTUNG DER FASZINIERENDEN ABBILDUNGEN IN DIESEM BUCH VOLL ERFASSEN ZU KÖNNEN, IST EIN KURZER HISTORISCHER RÜCKBLICK AUF DIE KUNST UND WISSENSCHAFT DER ANATOMISCHEN ABBILDUNG ANGEBRACHT.

Die europäische Tradition

In der westlichen Welt reicht die Tradition anatomischer Studien, bei denen die Abbildungen eine entscheidende Rolle spielten, zurück bis zu den Ärzteschulen von Alexandria, wo bereits um 300 v. Chr. das Sezieren und die Anatomie als Wissenschaft betrieben wurden. Doch schon lange vorher hatte man sich profunde anatomische Kenntnisse erworben – nicht nur in diesem Teil der Welt, wo schon die alten Ägypter ihre Toten jahrhundertelang für die Mumifizierung vorbereitet hatten, sondern auch im fernen Asien, wo vor allem die chinesische Medizin, die ein eingehendes Studium des menschlichen Körpers und all seiner Bauteile erforderte, damals schon auf eine lange Tradition zurückblicken konnte.

Die Lehrtätigkeit fußte in der Antike traditionell auf der Weitergabe von Wissen vom Lehrer auf den Schüler, vom Fachmann auf den Neuling, und bei dieser Art der Wissensvermittlung bleiben kaum je Unterlagen erhalten. Folglich wissen wir kaum etwas über anatomische Zeichnungen aus dieser Zeit. Die Niederschrift des medizinischen Wissens bei den Römern verfaßte erst einige Jahrhunderte später der griechische Arzt Galen (um 130 - 200 n. Chr.). Die Originaltitel seiner beiden berühmtesten anatomischen Werke lauten übersetzt *Die Nützlichkeit der Teile* und *Über anatomische Verfahren*. Diese Arbeiten beruhten überwiegend auf Quellen aus Alexandria.

Als die Araber Alexandria 642 n. Chr. eroberten, fiel ihnen der gesamte in dieser Stadt angesammelte Wissensschatz in die Hände. Seine Weiterentwicklung durch die Araber spielte eine bedeutende Rolle und sicherte seinen Fortbestand, bis er im Mittelalter in Form von Überlieferungen und arabischen Handschriften, die unter maurischer Herrschaft nicht nur erhalten geblieben waren, sondern sogar eine Blütezeit erlebt hatten, wiederauftauchte. Nur im östlichen Mittelmeerraum blieben griechische Originaltexte erhalten, meist bei Christen.

Anatomie im mittelalterlichen Europa

Zu Beginn des 13. Jahrhunderts gab es bereits medizinische Hochschulen in Italien (Bologna und Salerno) und in Frankreich (Paris und Montpellier); das bekannteste Anatomiebuch dieser Zeit war ein italienisches Sezier-Handbuch, *Anatomia Corporis Humani* von Mondino de' Luzzi. Die ältesten bekannten Abbildungen aus diesem Buch datieren aus dem 15. Jahrhundert, liefern jedoch mehr Informationen über die Technik des Sezierens als über anatomische Einzelheiten.

Eine der Schwierigkeiten bei der Wiedergabe des wirklichen Körperbaus ergab sich aus den Abweichungen der verallgemeinernden Beschreibungen Galens und anderer von dem, was tatsächlich zu sehen war, wenn Gewebe abgetragen oder weggeschnitten wurde. Die humanistische Betrachtungsweise stellte die Philosophen und Gelehrten der Renaissance vor einen Interessenkonflikt: Auf der einen Seite bemühten sie sich um die Wiederherstellung der klassischen Autorität der Griechen; auf der anderen Seite trugen sie dem wissenschaftlichen Verfahren empirischer Beobachtung Rechnung. Die anatomischen Zeichnungen Leonardo da Vincis lassen diesen Widerspruch erkennen: Einige von ihnen idealisieren den Körper und seine Bauteile und folgen damit der traditionellen Betrachtungsweise, während andere skrupulös wiedergeben, was das Auge des Künstlers beobachtete.

Geburt der modernen Anatomie

Den bedeutendsten Wandel in der Geschichte des anatomischen Zeichnens schreibt man Andreas Vesalius zu, der 1514 in Belgien geboren wurde, also vier Jahre bevor Leonardo da Vinci starb. Vesalius studierte Medizin in Paris und anderen bedeutenden Universitätsstädten Europas, ließ sich dann in Padua nieder und begründete dort seinen Ruhm als Anatom. Sein Hauptwerk *De Humani Corporis Fabrica* („Über den Bau des menschlichen Körpers") erschien 1543 und machte endgültig die Anatomie zu einer auf Beobachtung aufbauenden Wissenschaft.

De Humani Corporis Fabrica ist zweifellos eines der bedeutendsten Einzelwerke und der Ausgangspunkt der modernen medizinischen und biologischen Wissenschaft. Obwohl es Galens Lehrgebäude der Anatomie zum Einsturz brachte, war dies nicht Vesalius' Absicht. Statt die Lehren Galens insgesamt anzufechten, versuchte Vesalius vielmehr, die anatomischen Beschreibungen Galens zu korrigieren, wo sie nicht in Einklang mit seinen eigenen Beobachtungen standen. Jedenfalls begann mit Vesalius' Abbildungen der Aufbruch zum Realismus in anatomischen Zeichnungen.

Die nachfolgenden Jahrhunderte brachten Verfeinerungen in der Wiedergabe des menschlichen Körpers, und zwar sowohl hinsichtlich der angewandten Technik als auch bei der Herausarbeitung von Einzelheiten. Ein Meilenstein auf diesem Weg war die Entwicklung kostengünstiger Druck- und Farbgebungstechniken, dank deren ab 1830 großformatige, sehr schöne Bildtafeln mit verblüffender Detailgenauigkeit weite Verbreitung fanden. Ein weiterer Meilenstein war die Erstausgabe des Werkes *Anatomy Descriptive and Surgical* (Beschreibende und chirurgische Anatomie) von Henry Gray (1858). Damals sah man darin nichts Außergewöhnliches, denn die Abbildungen darin waren relativ klein und nicht so kunstvoll ausgeführt wie in anderen Büchern über beschreibende Anatomie. Doch Gray begründete damit eine neue Tradition: die der didaktischen Anatomie für den Unterricht von Medizinstudenten und die Fortbildung von praktizierenden Ärzten.

Unten: Die vermutlich berühmteste Abbildung aus *De Humani Corporis Fabrica* von Andreas Vesalius ist diese osteologische (knochenkundliche) Tafel. Die Pose des Skeletts im Zwiegespräch mit dem Totenschädel ist typisch für die Kunstwerke jener Zeit. Sie versuchten nämlich, das Sezieren so darzustellen, als ob es ohne Verlust des Lebens ausgeführt worden wäre.

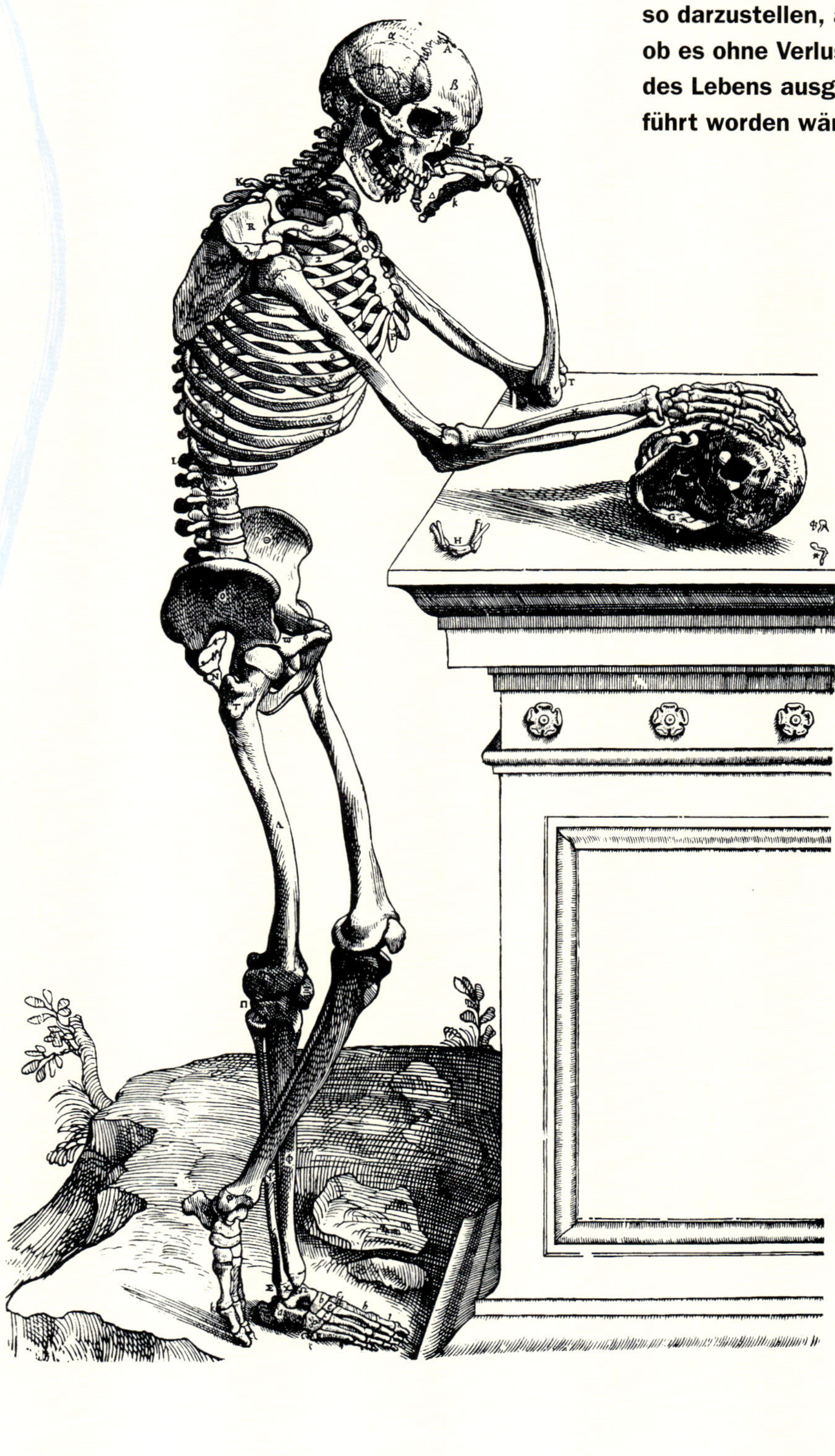

LEHRBUCH-ILLUSTRATIONEN

Eine Vorrangstellung auf dem Gebiet anatomischer Illustration nehmen seit Mitte des 19. Jahrhunderts bebilderte medizinische Lehrbücher ein, die in einer der beiden grossen Traditionen stehen: Die eine überwiegt bis heute in Lehrbüchern der systematischen Anatomie und arbeitet vor allem mit schematischen Darstellungen grösserer Bereiche, besonders ganzer Systeme, und führt nur signifikante Details mit Feinzeichnungen aus; die andere überwiegt in Werken zur topographischen Anatomie, in der Tradition der Anatomie-Atlanten, und strebt danach, dem Körper und seinen Teilen ein wirklichkeitsgetreues, ja sogar lebensechtes Aussehen zu verleihen.

Während die stattliche Auflagenzahl von *Gray's Anatomy* als Beispiel für die systematische Tradition angeführt werden kann, sind die berühmtesten Werke mit realistischerem Ansatz die Anatomie-Atlanten von Johannes Sobotta, Würzburg, sowie von Eduard Pernkopf, Wien.

Die wunderschönen Lehrbücher zur topographischen Anatomie, die von den beiden genannten herausragenden Professoren begonnen und von ihren Nachfolgern fortgeführt wurden, bieten zwar den Anschein der Realität, und zwar so, wie wir sie uns vorstellen möchten: schön, klar und rein; tatsächlich sind jedoch auch sie Idealisierungen, und in diesem Sinne haben sie eher etwas mit den aufsehenerregenden Abbildungen des frühen 19. Jahrhunderts gemeinsam als mit der Wirklichkeit am

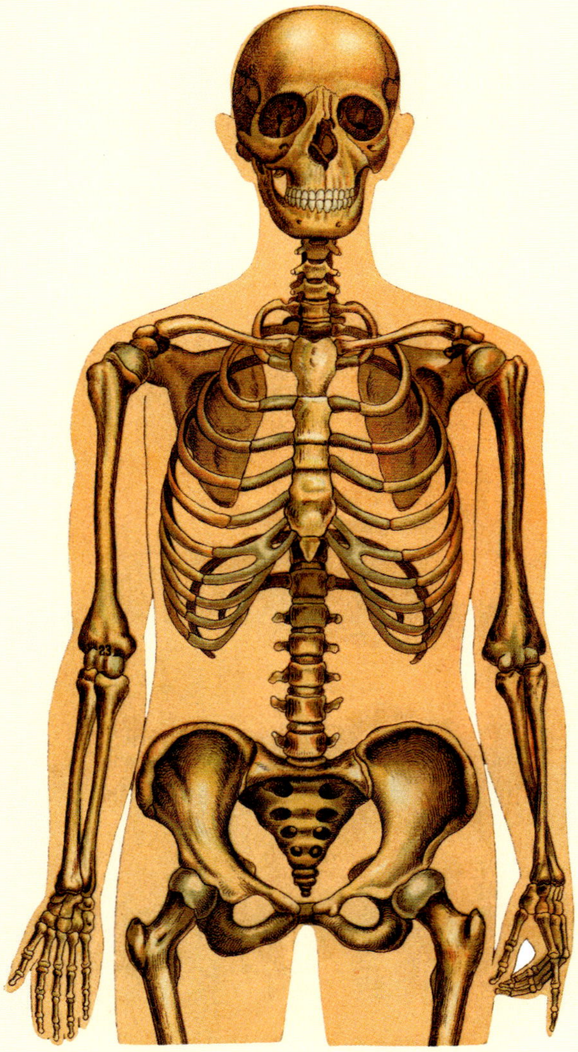

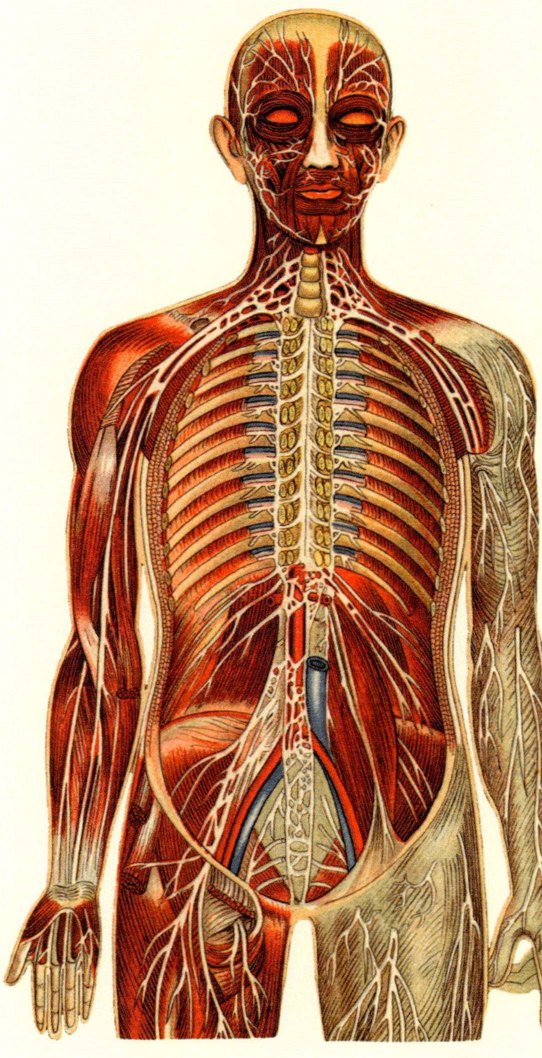

Seziertisch, mit der sich Anatomiestudenten heute konfrontiert sehen.
In krassem Gegensatz dazu wird genau diese Wirklichkeit direkt angesprochen in der Innovation, die durch die Kamera möglich gemacht wurde, nämlich dem Fotoatlas der Anatomie. Besonders aufschlussreich ist er dann, wenn er durch erklärende Zeichnungen ergänzt wird, weil dies dem Studenten hilft, die Kluft zwischen der generalisierenden Schemazeichnung und dem oft rätselhaften Gewebe unter seinem Seziermesser zu überbrücken. Andere Atlanten, vor allem die in der von J. C. Boileau Grant (1930-1956; aus Schottland stammender Anatomieprofessor in Toronto, Kanada) begründeten Tradition gestalteten, zielen in erster Linie darauf ab, die Lagebeziehungen der Organe untereinander schlicht und anschaulich so zu vermitteln, wie ein Anatom sie einem Studenten demonstriert.

Farbige Fotoatlanten stellen die im Seziersaal gemachten Erfahrungen noch realistischer dar, doch geben die Farben dann die der konservierten Leiche wieder und somit andere, als jeder Chirurg am lebenden Patienten erwarten kann.
Bezüglich der anatomischen Illustration allein kann man sagen, dass die ideale Ausgewogenheit zwischen dem realistischen und dem erklärenden Element vom Amerikaner Frank H. Netter erreicht wurde. Nach seiner Ausbildung zum Gebrauchsgrafiker und zum Chirurgen entschloß sich Netter, als Illustrator medizinischer Bücher das erstere Gebiet zu seiner Lebensaufgabe zu machen. Das Ergebnis kann als Meisterstück in der Kunst wissenschaftlicher Buchillustration gelten, bei der die Schönheit der künstlerischen Form modifiziert wird, um die gewünschte Funktion – sichtbar zu machen und zu erläutern – zu optimieren.

Serie traditioneller anatomischer Zeichnungen, die unterschiedliche anatomische Aspekte sichtbar machen. Auffällig sind die für solche Zeichnungen typischen fröhlichen, lächelnden Gesichter.

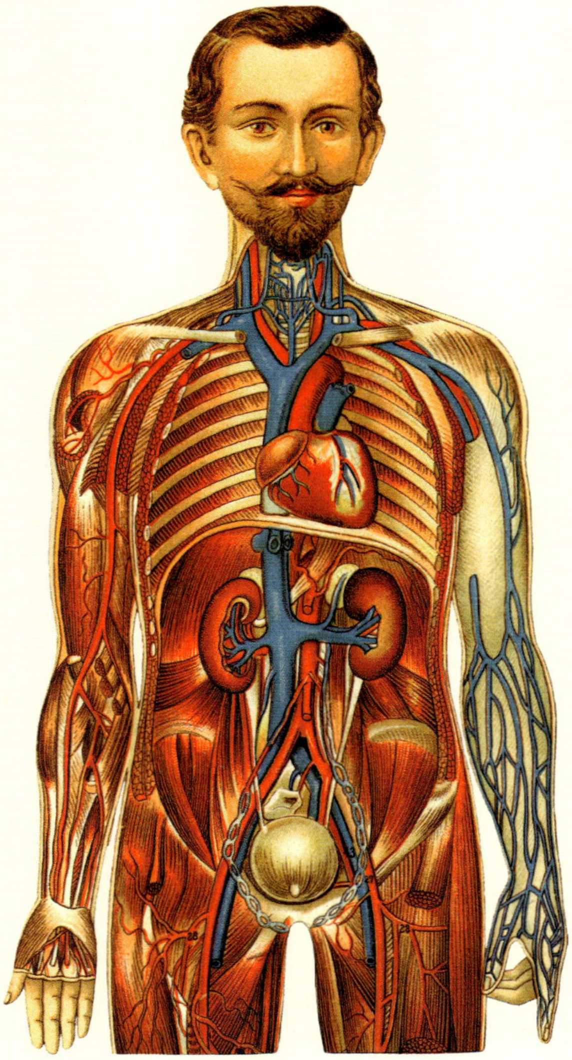

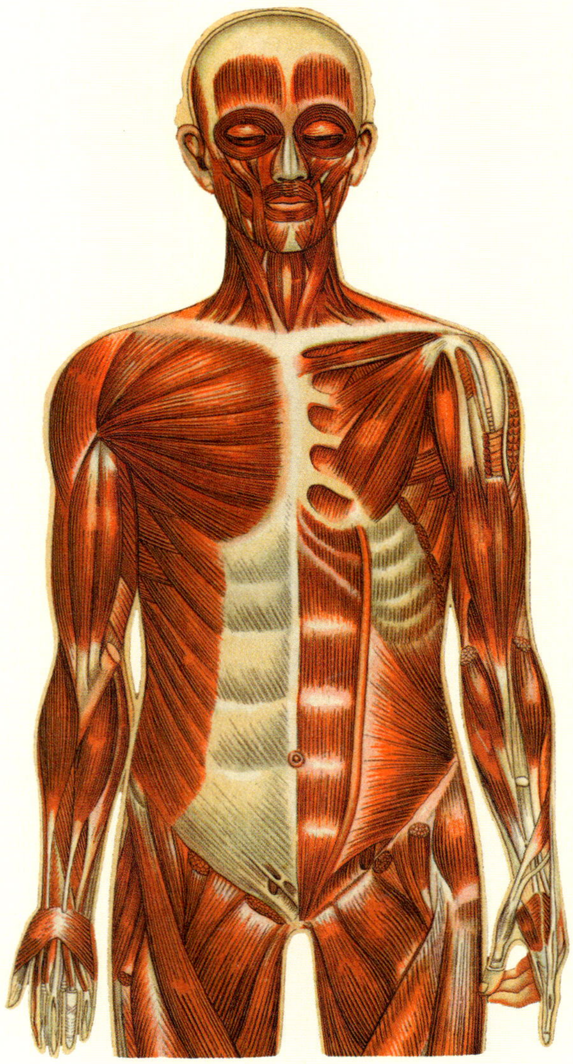

EINE NEUE PERSPEKTIVE

Gegen Ende des 20. Jahrhunderts tauchte ein neues Medium auf, das für Wissenschaft und Lehre große Bedeutung erlangte. Der Computer hat Illustratoren nicht nur eine neue Farbpalette beschert, bei der das vom Bildschirm ausstrahlende Licht eine Leuchtkraft ermöglicht, die bei Wiedergabe mit Malfarben unwirklich wirken würde, er ermöglicht auch neue bildgebende Verfahren. Auf dem Gebiet der Medizin bringen neue visuelle Techniken die reine grafische Schönheit der anatomischen Bilder zurück in das Reich der Kunst, wie es vor 200 Jahren durch die Fortschritte in der Druck- und Farbgebungstechnik geschah. Die faszinierenden Abbildungen in diesem Buch entstanden in Colorado, wo innovative computergestützte Modelliertechniken mit neuen Forschungen so zu anatomischem Anschauungsmaterial kombiniert wurden, dass das Wunderwerk des menschlichen Körperbaus in einem völlig neuen Licht erstrahlte, das wiederum das Studium der Anatomie und der Medizin in Zukunft erhellen wird.

Außerdem ermöglicht die Entwicklung des Computers zum visuellen Medium die Wiedergabe anatomischer Bilder, die bislang auf zwei Dimensionen beschränkt war, in 3D.

Das Ideal der 3D-Anatomie

Die Abbildungen in diesem Buch sowie andere ihresgleichen sind so schön, dass viele sie eher dem Reich der Kunst als der Welt der Wissenschaft zuordnen. Jedoch lag der Schwerpunkt seit dem frühen 18. Jahrhundert bei anatomischen Zeichnungen eher auf ihrer Brauchbarkeit für Unterrichtszwecke als auf ihrem ästhetischen Wert. Im Laufe der Geschichte wurden drei Buchtypen für den Unterricht benutzt: erstens Textbücher zur systematischen Anatomie, die sich mit den Körpersystemen befasst, mit ihrer Lage im Körper, woraus sie bestehen und wie sie arbeiten – allein oder zusammen. Pionierarbeit auf diesem Gebiet leisteten *Gray's Anatomy* (Erstausgabe 1858) und *Cunningham's Anatomy* (erschienen 1902). Beide Werke wurden mehrfach überarbeitet und erlebten viele Neuauflagen und Nachdrucke. Von diesem Typ gibt es auch viele andere. Der Ansatz einer systematischen Anatomie muss zwangsläufig mit Verallgemeinerungen arbeiten, das heißt, anatomische Abweichungen von einer idealisierten Norm bleiben unberücksichtigt. Das Ergebnis vermittelt dem Medizinstudenten ein falsches, jedoch in sich schlüssiges Grundverständnis des menschlichen Körpers und seiner Bauteile. Bleibt zu hoffen, dass dieses Wissen in der Praxis dann richtig interpretiert werden kann.

Zweitens sind die Textbücher der streng topographischen Anatomie zu nennen, wie z. B. *Die Hand* und *Der Fuß* von Wood Jones sowie *Regionale und chirurgische Anatomie* von Raymond Last, die für Studenten der klinischen Semester und praktizierende Chirurgen bestimmt sind. Sie erreichen hohes Niveau in der Wiedergabe von Details und behandeln ausführlich die Abweichungen, die der Chirurg bei seinen Patienten unter Umständen vorfindet. Röntgenbild-Sammlungen kann man als spezielle Variationen zum selben Thema ansehen. Obwohl dieser Ansatz spezifische Fälle aufgreift, muss aus diesen ein allgemeines Verständnis abgeleitet werden, damit der oder die Studierende später in die Praxis umsetzen kann, was er oder sie gelernt hat.

Den dritten Typ stellt der Anatomie-Atlas dar, ein bebildertes Handbuch über die Organe und Bauteile des menschlichen Körpers, das Studierenden wie eine Landkarte bei der Entdeckung des Körpers von außen oder von innen als Orientierungshilfe dient. Typischerweise abstrahiert er ebenso weitgehend von den spezifischen Modellen, auf denen er aufbaut, wie es bei einem Lehrbuch der

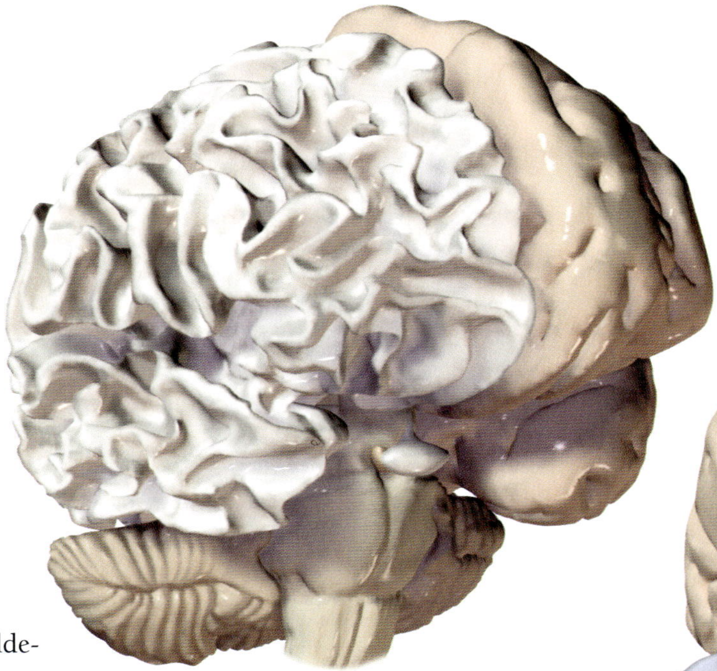

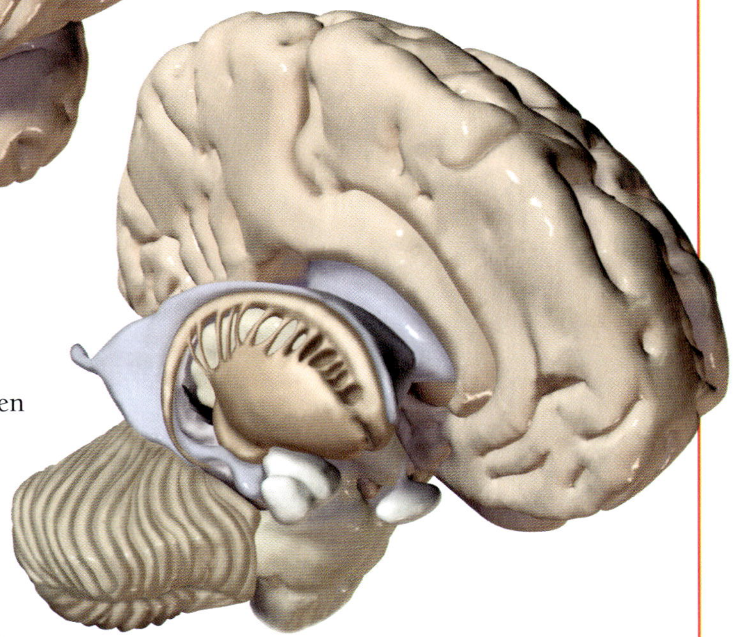

systematischen Anatomie der Fall wäre, doch die Bebilderung tendiert traditionell dazu, ihn möglichst „wirklichkeitsnah“ aussehen zu lassen. In den letzten drei Jahrzehnten ist ein vierter Typ des bebilderten Anatomie-Lehrbuchs entstanden, bei dem Schnittbilder den Schwerpunkt bilden – was solange problematisch war, bis neue bildgebende Verfahren wie die Computer-Axial-Tomographie (CAT, heute meist nur als Computertomographie, Abk. CT, bezeichnet) und die Kernspin-Resonanz-Tomographie (MRT) entwickelt wurden. Weil solche Lehrbücher echte Bilder verwenden, ist ihre Verankerung in der Wirklichkeit gesichert. Aber die dünne Scheibe eines Querschnitts weist wenig Ähnlichkeit mit einem Lebenden oder Toten auf, sodass die Frage nach der Realistik sublimiert wird zur Faszination durch das Bild als solches.

Digitale Anatomie

Die Erschaffung des „virtuellen Menschen“, der hier abgebildet ist, kam tatsächlich durch die Auswertung von Schnittbildern echter Leichen zustande. Man fertigte zunächst dünne Querschnittscheiben an und fotografierte diese dann. Ihre Bearbeitung mit dem Digitizer war der revolutionäre Schritt, denn er führte dazu, dass die „Konturen“, die in den Schnittbildern zum Vorschein kamen, so vermessen und gespeichert wurden, dass man sie in dreidimensionaler Form rekonstruieren konnte. Auf diese Weise gelang die lückenlose Rekonstruktion eines menschlichen Körpers. Es ist in der Tat eine gewaltige Datenmenge aus Koordinaten, Verbindungslinien und Oberflächenformen, die fotografisch und elektronisch – also in digitaler Form – abgespeichert ist.

Die Bilder in diesem Buch wurden aus diesem Datenmaterial erstellt. Zuerst wurden sie aus dem Computer geholt, auf dem Bildschirm wiedergegeben, dann auf Papier ausgedruckt. Merkwürdigerweise ist dieser Vorgang die Umkehrung der konventionellen Bilderstellung, die mit einem zweidimensionalen Bild (Foto oder Grafik) beginnt, dieses in digitale Daten umsetzt und dann auf einem Computerbildschirm wiedergibt.

Der Nachteil bei der Umsetzung der elektronisch gespeicherten in die gedruckte Form ist, dass die dritte Dimension verloren geht, die sowohl bei der Originalleiche wie in dem gespeicherten Original-Datenmaterial noch vorhanden ist. Aus grafischer Sicht wirken die gedruckten Bilder kompakt wie wohl jede mit Licht-und-Schatten-Wirkung versehene Zeichnung. Es sei jedoch daran erinnert, dass diese Bilder im Gegensatz zu konventionell gemalten, die zunächst flach sind und erst durch den Maler Plastizität bekommen, nur dadurch „platt“

Diese beiden Digitalbilder eines menschlichen Gehirns zeigen die unglaubliche Detailfülle und die Möglichkeiten der virtuellen Anatomie. In der Abbildung links oben ist die graue Hirnsubstanz abgetragen, sodass darunter die weiße Hirnsubstanz sichtbar wird. In der Abbildung rechts oben wurde die rechte Großhirnhälfte entfernt, damit die darunterliegenden Strukturen sichtbar werden. Die Möglichkeit, so detaillierte und präzise Bilder herzustellen, ist für die medizinische Ausbildung von ungeheurer Bedeutung.

Bildfolge durch den Arm und die Hand. Zu sehen sind die Muskeln, Sehnen und Blutgefäße auf den ersten beiden Abbildungen sowie die Knochen, Nerven und Blutgefäße auf dem dritten. Diese Bildfolge zeigt, wie durch Abtragung von Gewebeschichten die darunterliegenden Strukturen sichtbar gemacht werden.

erscheinen, dass sie eingefangen und zu statischen Gebilden gemacht werden, etwa so wie ein Foto ein Gesicht manchmal platt wirken lässt.

Die grundlegende Neuerung in diesem Fall besteht darin, dass die Originalfassungen der hier abgedruckten Bilder dreidimensional und in ihrer digitalen Form auch echt „virtuelle" Bilder sind. Der Betrachter kann den Körper, den sie wiedergeben, drehen, öffnen und sogar durch ihn hindurchgehen. Körpersysteme können einzeln betrachtet werden, wie die Teile eines Puzzles, und (im Gegensatz zu einer Leiche im Seziersaal) wieder zusammengefügt werden, sobald ihre Betrachtung abgeschlossen ist. Regionen können von außen nach innen „seziert" werden, indem man sie schichtweise abträgt oder sogar durch Gewebe hindurchschaut, um die Strukturen darunter zu erkennen. Aus akademischer Sicht weist dieser virtuelle Mensch einen riesigen Vorteil gegenüber jedem anderen digital aufgebauten Körper oder Körperbaustein auf: Dieser hier ist real, er baut ohne Verallgemeinerung auf einem echten Menschenkörper auf. Er ist genau so, wie dieser war.

Dieser Anatomie-Atlas kann dank dieser Abbildungen etwas leisten, was es bisher im Printmedium noch nicht gegeben hat: Er bringt sowohl eine systematische als auch eine topographische Anatomie, die aus derselben physischen Grundlage erarbeitet wurden.

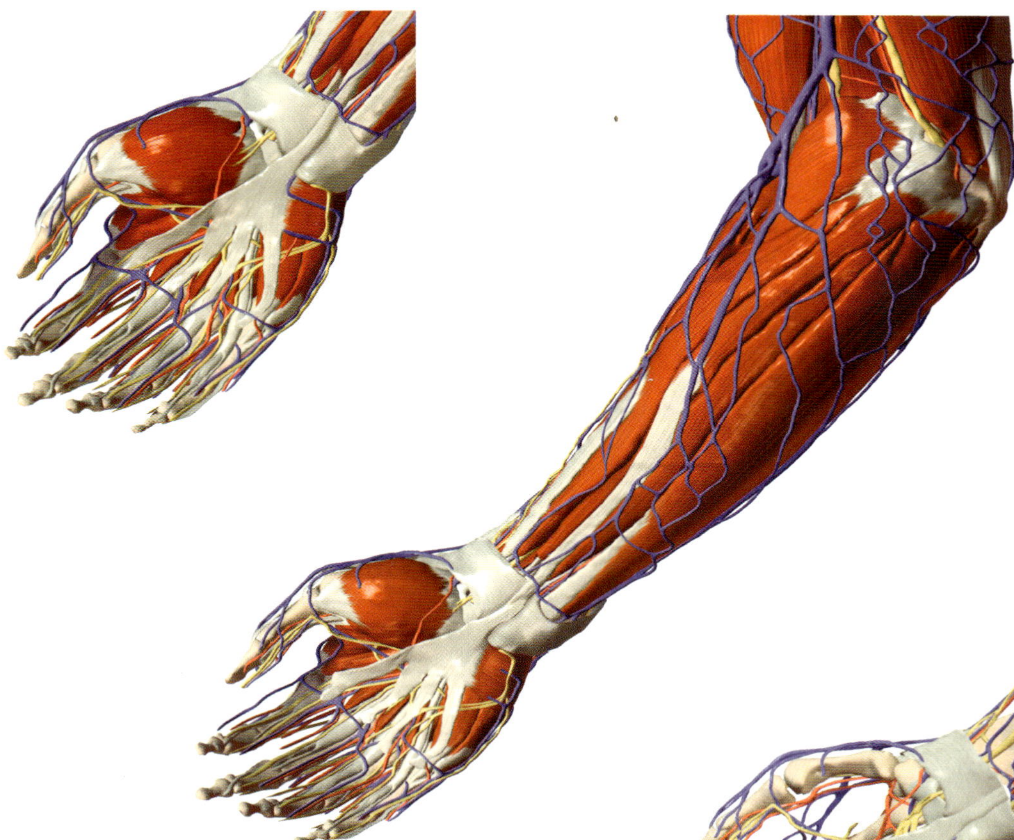

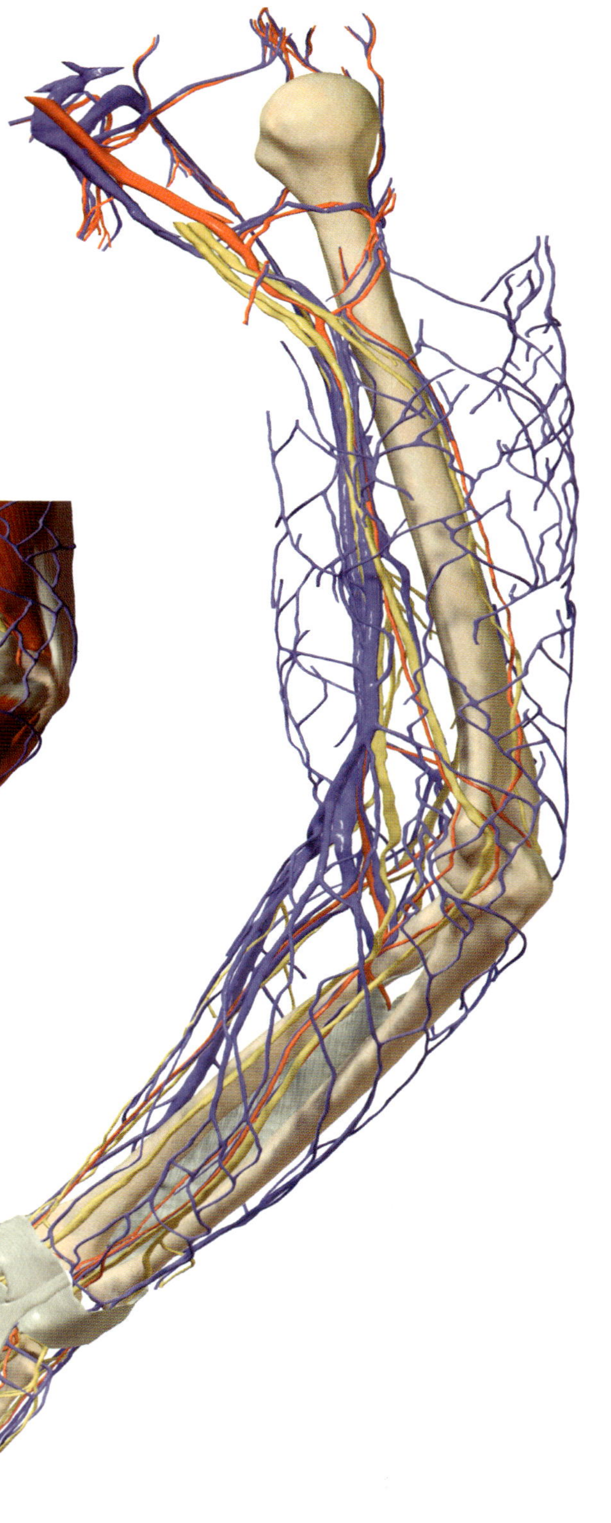

WIE VISIBLE PRODUCTIONS ENTSTAND

Das Vesalius-Projekt

Den Ausgangspunkt der virtuellen Anatomie bildete das Vesalius-Projekt, das im Jahre 1986 von einem Wissenschaftlerteam und anatomischen Zeichnern an der Colorado State University in Angriff genommen wurde. Dieses Team bestand aus dem Anatomie-Professor Thomas Spurgeon, Stephen Roper (Anatomie- und Neurobiologie-Professor) sowie aus dem Verfasser (damals Ass. Professor für Anatomie und Anatomische Illustration).

Vor allem träumte ich davon, die zweidimensionalen kunstvollen Illustrationen des modernen Anatomie-Unterrichts in dreidimensionale Computerbilder umzuwandeln, die gedreht und aus jedem Winkel betrachtet werden konnten. So begann die Suche nach einem Verfahren, das genau dies ermöglichen sollte.

Drei Jahre lang erhielt unsere Arbeitsgruppe die benötigten Mittel, um das Know-how, die Verfahren und die technischen Geräte für die Umwandlung von zweidimensionalen in 3D-Bilder zu entwickeln. Zunächst konzentrierten wir uns auf einfache Anatomie und benutzten das Knie (weil leicht beschaffbar) als Prototyp. Wir machten Querschnitte durch das Knie, die wir dann fotografierten und mit einem elektronischen Digitizer* die Strukturen, die interessant erschienen, identifizierten und ihre Umrisse nachbearbeiteten.

Das Projekt gipfelte darin, dass unsere Arbeitsgruppe aus Computertomogrammen einen dreidimensionalen Hundekopf modellierte und generierte. Das 3D-Bild, das dabei herauskam, war zwar recht schlicht, von mäßiger Qualität und niedriger Auflösung, aber es demonstrierte, welche Möglichkeiten sich für die Zukunft auftaten.

Im Jahre 1992 stellte der Pharmakonzern Glaxo Welcome eine anspruchsvolle Aufgabe: Ist es möglich, einen Menschenkörper computermäßig so zu erfassen, dass man daraus ein 3D-Computerbild generieren kann? Bob Butler von Butler Communi-

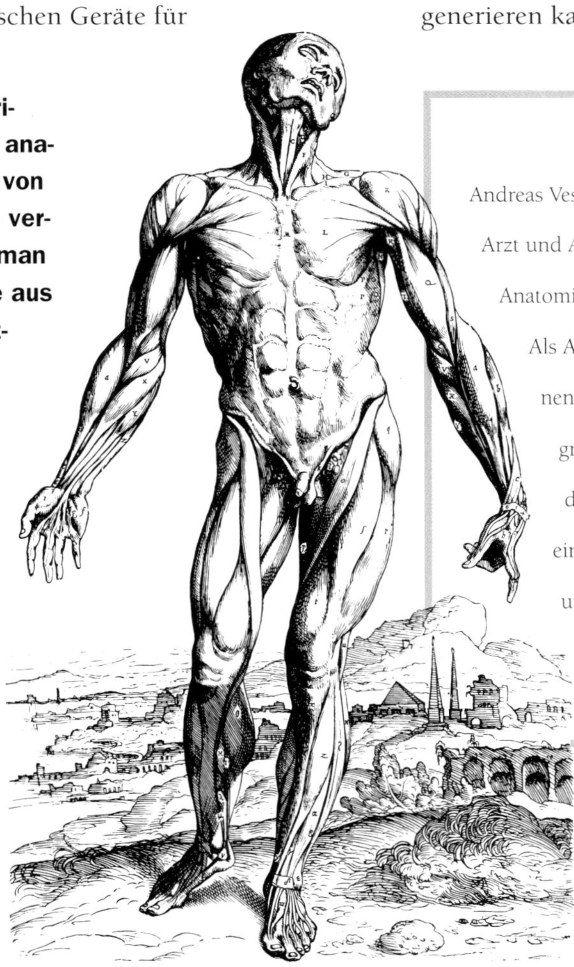

Die hohe künstlerische Qualität der anatomischen Tafeln von Vesalius ist umso verblüffender, wenn man bedenkt, dass sie aus Holzschnitten entstanden.

Andreas Vesalius aus Brüssel

Andreas Vesalius (1514-1564) war ein Arzt und Anatom aus Brüssel, der den Anatomieunterricht revolutionierte. Als Anschauungsmaterial zu seinen Erörterungen verwendete er großformatige Tafeln, auf denen er seine Entdeckungen einzeichnete, zur hellen Freude und zum Ansporn seiner Studenten und Kollegen. Zur Wahrung seiner Interessen beschloss Vesalius, seine Zeichnungen zu veröffentlichen, und schuf mit Hilfe eines Landsmanns, des Malers und Tizian-Schülers Jan Stefan van Kalkar, eine aus sechs Holzschnitten bestehende Reihe von Bildtafeln, die 1538 unter dem Namen *Tabulae Anatomicae Sex* erschien. Im Jahre 1543 veröffentlichte Vesalius sein bedeutendstes Werk, *De Humani Corporis Fabrica.*

* Der Digitizer wandelt die so gewonnenen Daten in zweidimensionale Koordinaten um, die dann vom Computer ausgewertet und zu einem dreidimensionalen Bild des Objekts aufeinandergelegt werden.

Für jedes anatomische Gebilde wird ein unglaublich detailliertes Gerüstbild (unten links; Ausschnitt unten rechts) erstellt, um das dann ein aus Schichtbildern ermitteltes Oberflächenrelief gelegt wird; so entsteht das fertige Bild (ganz unten).

cations hatte von dem Vesalius-Projekt gehört und bildete ein Expertenteam, um die Aufgabe zu lösen. So begann das *Virtual Anatomy Project*.
Bald stellte sich heraus, dass die komplizierten Programme für die Entwicklung dieser Idee nicht zu bekommen waren. Daher mussten Spezialisten aus vielen Einzelteams zusammengetrommelt werden, denn wir hatten zwar die Vision und wussten, was wir wollten, verfügten aber nicht über all das Fachwissen, das wir dafür brauchten. Daher wurde ein Team aus Mathematikern, Computertechnikern, Programmierern, Anatomen und medizinischen Illustratoren gebildet.
Die Anatomen waren Tom Spurgeon, einer der besten Anatomielehrer an der Colorado State University und wichtige Anlaufstelle für anatomische Fragen, und ich selbst. Biographiker, die über das Spezialwissen verfügten, wie man die von biologisch-medizinischen Illustratoren gelieferten Bilder realistisch aussehen lässt, gaben dem Projekt den künstlerischen und anatomischen Feinschliff. Rick Miranda, ein Spezialist auf dem Gebiet der topographischen Mathematik, der Analyse der Oberflächen anatomischer Gebilde, lieferte die komplizierten Rechenverfahren, ohne die das Projekt undurchführbar gewesen wäre. Dave Alciatore ist ein Maschinenbauprofessor, dessen Spezialgebiete Roboter, künstliche Intelligenz und Computersimulation sind. Als Programmierer arbeiteten Dan Steward und Chris Fedde mit.
Ein wichtiger Aspekt war die Entwicklung zusätzlicher Anwendungsmöglichkeiten für das Projekt. Visible Productions hat ein echtes Interesse an der medizinischen Ausbildung und wie sich die virtuelle Anatomie dabei einsetzen lässt, und zwar von der untersten bis zur obersten wissenschaftlichen

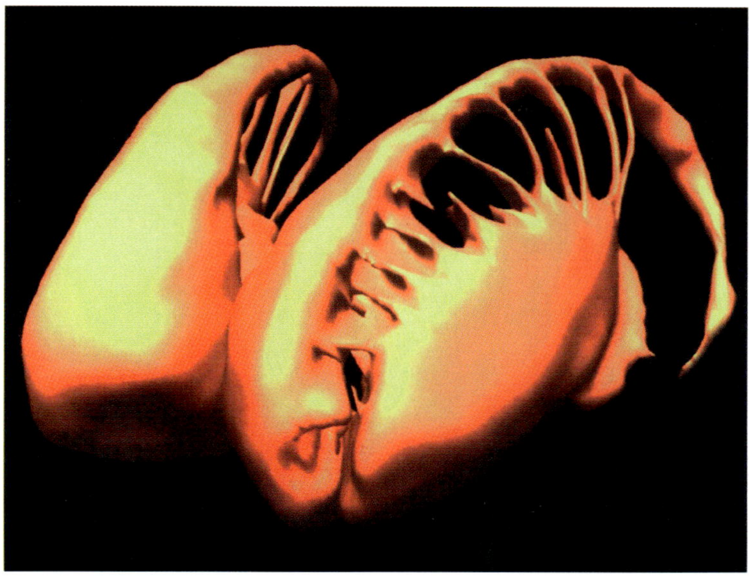

Ebene: der Forschung, die für den Ärztestand die Medikamente entwickelt. Wir bauten die verschiedenen Bilder also in verschiedene Schnittstellen und Szenarien ein, um zu sehen, wie die Bilder angewandt werden könnten.

Das nächste Problem bestand darin, Zugang zu einer Leiche und zu Geräten zu bekommen, mit denen die Schnitte durch diese Leiche angefertigt werden konnten. Glücklichweise traten Victor Spitzer und Dave Whitlock, Kollegen an der Medizinischen Hochschule der University of Colorado in Denver, Colorado, auf den Plan. Sie hatten solche Möglichkeiten zu bieten und gerade den Vertrag für das Visible Human Project™ unter Dach und Fach gebracht, dessen Zielsetzung die Erarbeitung von Datenmaterial aus Schnittbildern des menschlichen Körpers war. Als Vorübung für die Schnitte durch den *Visible Human* schnitten sie den Thorax eines 59-jährigen Mannes, der an einem Herzanfall gestorben war, in 500 µm dicke Scheiben (also halb so dicke wie für das Visible Human Project). Aus diesen Querschnitten baute die Arbeitsgruppe ein 3D-Thoraxmodell. Das war der erste Schritt.

Durch die dabei entwickelte Technik und das Know-how war das Team nun in der Lage, einen tatsächlich existierenden menschlichen Thorax herzunehmen, dreidimensional in den Computer einzuspeichern und die sich daraus ergebenden detaillierten Daten weiterzugeben. Diese können seither an alle IBM-kompatiblen Computersysteme, aber auch an Apple-MacIntosh-Computer, an Drucker, Videogeräte, CD-ROMs und Bildplatten, Laptops und als virtuelle Wirklichkeit verschickt werden – tatsächlich an jegliche technische Plattform.

Ein wichtiger Aspekt der virtuellen Anatomie ist, dass sie Körperbausteine transparent machen kann, sodass die komplizierten Details in ihrem Inneren sichtbar werden. In der Abbildung unten sind die Hirnkammern deutlich zu sehen.

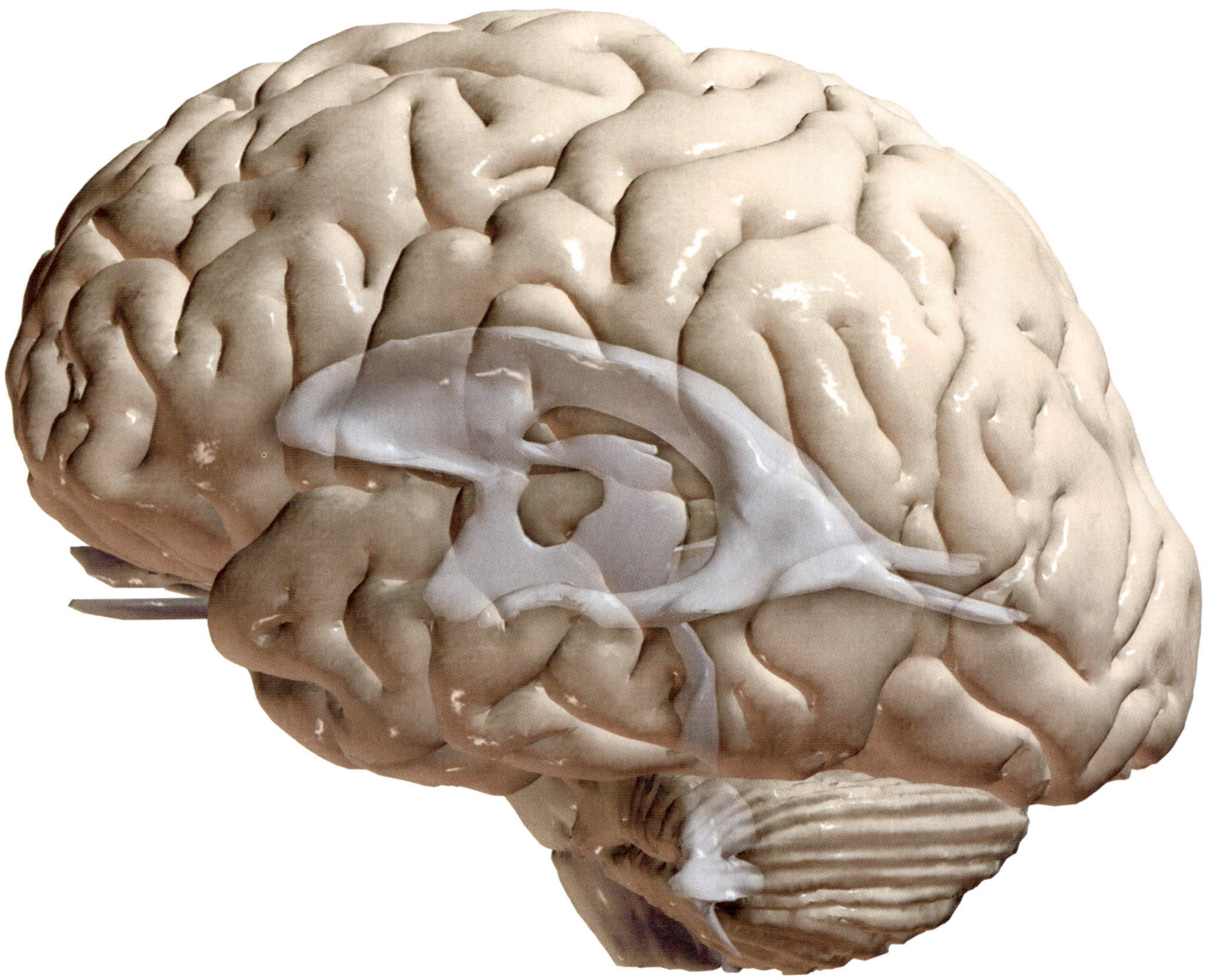

Paramedianschnitt durch den Kopf des Visible Human. Zweidimensionale Fotos wie dieses hier wurden eingescannt und in eine digitale Bildfolge umgewandelt. Aus diesen digital gespeicherten Bildern wurden dann die dreidimensionalen Bilder, aus denen die virtuelle Anatomie besteht, aufgebaut.

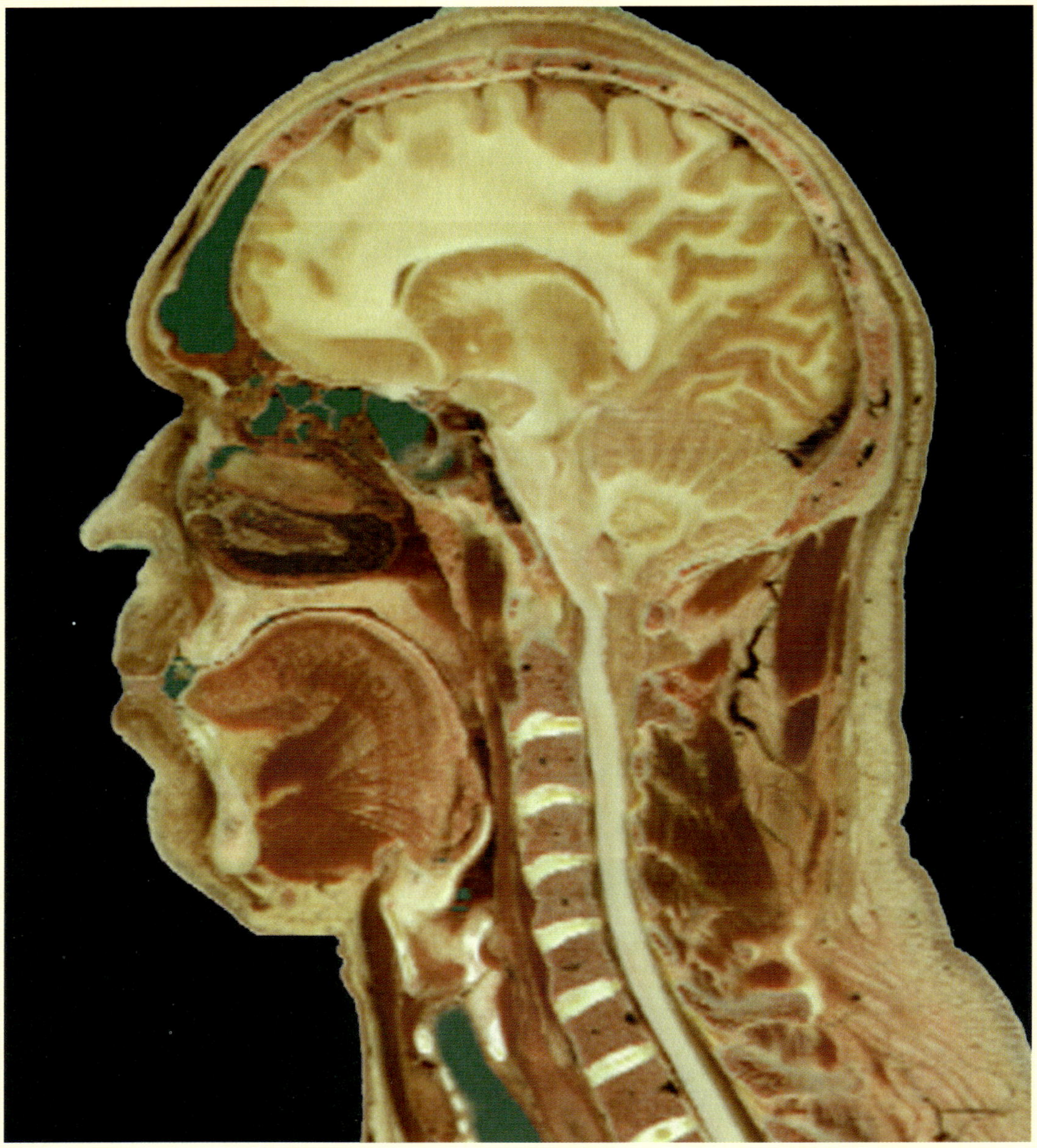

DAS VISIBLE HUMAN PROJECT

Das Visible Human Project™ tauchte erstmals im Jahre 1988 auf, nachdem bei einer Sitzung in der National Library of Medicine (NLM) in Bethesda, Maryland, das eine der weltweit größten medizinischen Fachbibliotheken besitzt, beschlossen worden war, die Informationsbeschaffung für Ärzte durch die Schaffung einer Datenbank zu fördern, die aus digital gespeicherten räumlichen Daten bestehen und einen Mann und eine Frau als vollständige Computermodelle darstellen sollte. Anwesend bei dieser Sitzung waren Spezialisten auf dem Gebiet dreidimensionaler Anatomie-Bilder aus acht Ausbildungszentren. Es gab eine Ausschreibung für die Erarbeitung des Datenmaterials, an der sich über hundert medizinische Hochschulen beteiligten. Den Zuschlag und 1,4 Millionen Dollar Fördermittel bekamen schließlich Victor Spitzer und Dave Whitlock von der Medizinischen Hochschule der University of Colorado.

Zunächst musste eine Leiche gefunden werden – möglichst ein Mann; die Frau sollte später im Bild dokumentiert werden. Geeignete Leichen sind aber erstaunlich schwer aufzutreiben. Benötigt wurde die Leiche eines Mannes, der 21-60 Jahre alt, maximal 1,83 m groß und 56 cm breit (Abstand zwischen Brust und Rücken max. 35,5 cm) sein und Normalgewicht haben sollte. Diese Kriterien wurden zum Großteil so festgelegt, weil die Foto- bzw. Schneideapparate maximal diese Maße verarbeiten konnten.

Die große Chance kam 1993, als die Leiche des mit einer Todesspritze hingerichteten Joseph Paul Jernigan für wissenschaftliche Untersuchungen im Bereich der Medizin freigegeben wurde. Jernigan war einer der Todeskandidaten in texanischen Gefängnissen, die verfügt hatten, dass ihre Leiche der Wissenschaft zur Verfügung gestellt werden sollte. Wegen der Hinrichtungsart – im Bundesstaat Texas wird der Tod durch eine Injektion herbeigeführt – waren zwar die Organe für Transplantationen unbrauchbar, doch ansonsten waren es die Körper von jungen, relativ gesunden Männern.

Nach der Hinrichtung wurde Jernigans Leiche im Flugzeug nach Colorado gebracht, wo sie mit Hilfe verschiedener radiologischer Verfahren ausgewertet und in Bildern erfasst wurde. Zum Einsatz kamen dabei sämtliche in der Medizin gängigen bildgebenden Verfahren, von der herkömmlichen Röntgentechnik über Computer-, Kernspinresonanz- und Positronenemissionstomographie (CT, MRT und PET) bis zum Ultraschall. Der Leichnam wurde in eine Holzkiste gelegt und von allen Seiten mit Plastikschaum bedeckt, der aushärtete und eine Art Wiege bildete, in der die Leiche während des gesamten Aufnahmeverfahrens in stabiler Lage gehalten werden konnte. Dann wurde die Leiche bei -94°C eingefroren, in Viertel zerteilt und in eine Gelatine-Eis-Mischung gelegt.

Der Einfachheit halber nahm das Forscherteam zuerst die Füße in Angriff. Mit Hilfe eines Cromacrotoms, eines Präzisions-Schneidegerätes, wurden 1 mm dicke Horizontalschnitte von jedem Viertel abgehobelt.

Die Schnittflächen wurden mit Alkohol besprüht und dann mit einer Digitalkamera fotografiert. Die so entstandenen 1878 Farbaufnahmen konnten dann als elektronische Digitalbilder mit hoher Auflösung abgespeichert werden – insgesamt eine Datenmenge von 15 Gigabytes.

Nach den Schnittaufnahmen am Visible Man kam die Arbeit an der Visible Woman dran, einer 59-jährigen Frau aus Maryland, die 1993 an einem Herzblock gestorben war. Von dieser Frau stammen die weiblichen Anatomiebilder in diesem Buch. Das Visible Human Project™ war allein schon eine Errungenschaft. Im Hinblick auf die virtuelle Anatomie war es jedoch gerade erst der Anfang.

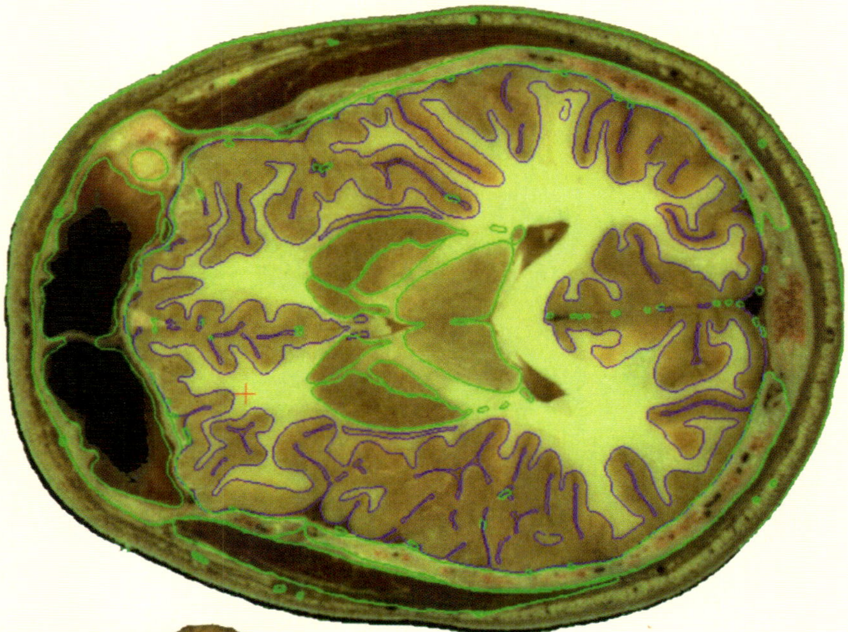

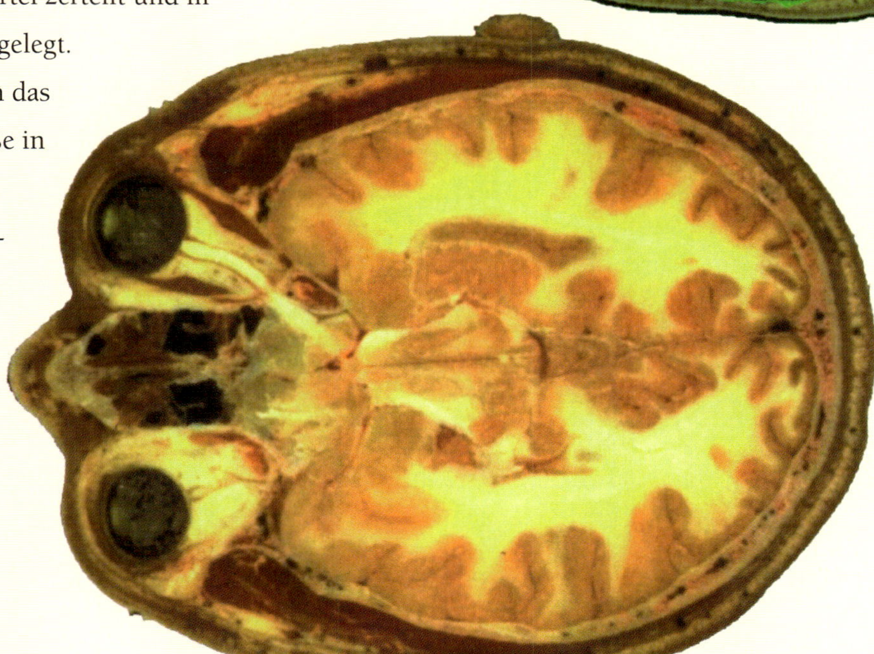

Horizontalschnitte durch den Kopf des Visible Human. Im oberen Bild sind die Stirnhöhlen als Hohlraum an der Vorderseite des Gehirns deutlich zu sehen. Das Bild darunter zeigt die Augen und die Sehnerven sowie die Nase und ein Stück des rechten Ohres.

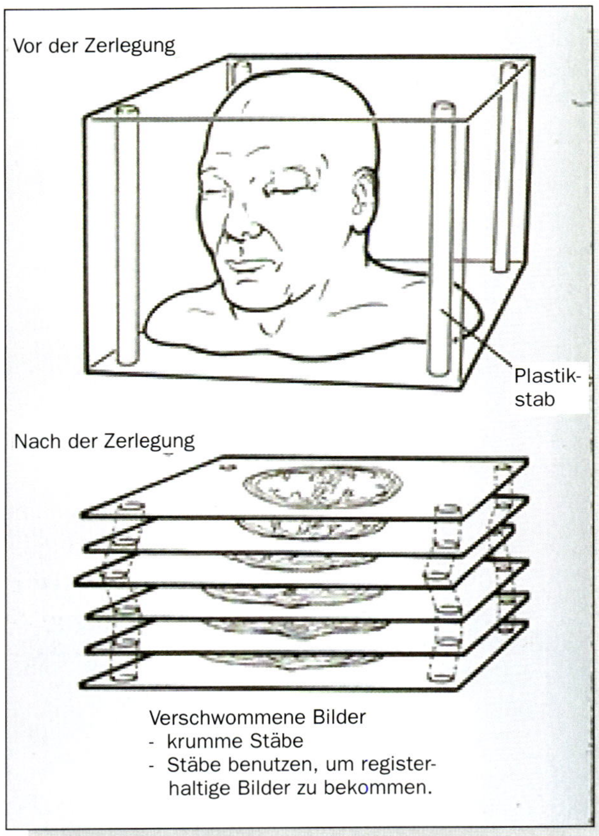

Ausschnitt aus den Erläuterungen zum Visible Human Project aus der Feder eines Teammitglieds. Die Leiche wurde in eine Serie von 1 mm dicken Schnitten zerlegt und diese wurden fotografiert. Die Anmerkung erklärt, wie die Schnitte abgestützt wurden, um die Bilder exakt ausrichten zu können.

Aus zwei Dimensionen werden drei

Sobald die Schnitte und die Aufnahmen des Visible Human gemacht waren, kam der nächste Schritt: die Daten so zu verarbeiten, dass daraus dreidimensionale Gebilde zusammengefügt werden konnten. Für jedes Gebilde wurden 500-700 Schnittbilder generiert. An diesen Digitalfotos wurden dann mit einem Konturenzeichner die Umrisse nachgezogen, sodass die reale menschliche Anatomie in Punkte umgesetzt wurde, die eine Struktur beschreiben. Sobald die Konturenbilder, die die Außenseite einer Struktur definierten, gemacht waren, wurden sie zu Gerüstbildern gebündelt. Dann generierte man eine Oberfläche, um die Formen durch Verbindungslinien zwischen den Umrissen aneinanderzufügen, und erzielte damit eine gitterähnliche Wirkung. Das bezeichnet man als Triangulation, weil die Linien zwischen den Konturen Dreiecke bilden.

Jede Struktur umfasst so mehrere tausend Dreiecke, was die Bilder sehr umfangreich macht. Damit der Computer derart große Datenmengen bewältigen und dreidimensionale Bilder rasch bearbeiten kann, war es notwendig, die Bilder zu vereinfachen. Man erreichte dies durch „Abspeck"-Verfahren, die überflüssige Punkte oder Dreiecke „dezimierten". Das Ergebnis waren größere Dreiecke in geringerer Anzahl, die der Computer rasch verarbeiten konnte. Mit bloßem Auge bemerkte man jedoch keine Veränderung.

In die „abgespeckte" Bildversion konnten dann Oberflächen und Schattierungen eingearbeitet werden, damit die Bilder echter aussahen. Durch Fotos identischer Gewebeproben und Umlegen der Oberfläche um jedes Gebilde entstand ein reales, lebensnahes Bild.

Da einzelne Objekte aus getrennten Dateien aufgebaut werden, können sie folglich auch eingefärbt und schattiert, ausgeblendet oder durchscheinend gemacht werden. Das heißt, man kann die Modelle möglichst lebensnah aussehen lassen oder sie fortschreitend so abtragen, dass die jeweils darunter liegenden Strukturen zum Vorschein kommen. Zum Beispiel kann man Haut und Muskeln entfernen, um die darunter befindlichen Organe oder das Kreislaufsystem allein deutlicher hervortreten zu lassen. Da die Bilder dreidimensional, anatomisch richtig und in Echtzeit wiedergegeben werden, bedeutet dies, dass sie ganz genau sind und durch den Betrachter in ihrer Position verändert werden können. Sie lassen sich drehen und somit aus jedem Gesichtswinkel betrachten.

Darstellung der Leber

Diese Bildfolge einer virtuellen Leber zeigt die Möglichkeiten, aber auch die Ästhetik der virtuellen Anatomie.

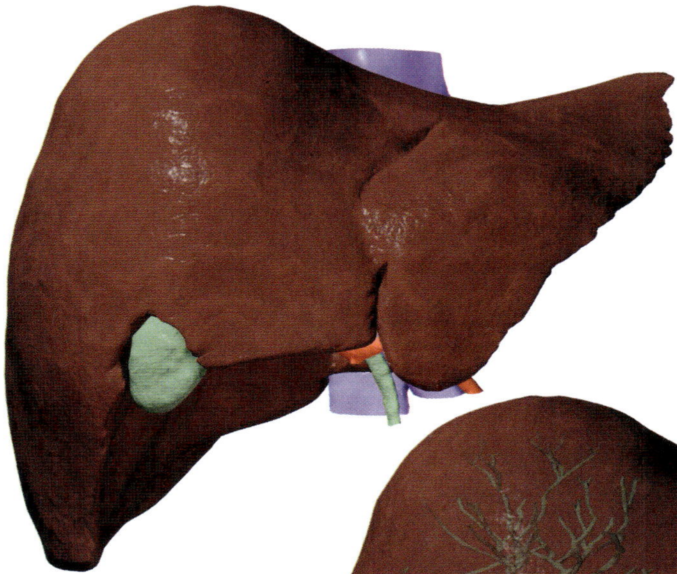

Außenansicht der Leber. Die Gallenblase ist als grünes Gebilde an der Unterseite zu sehen.

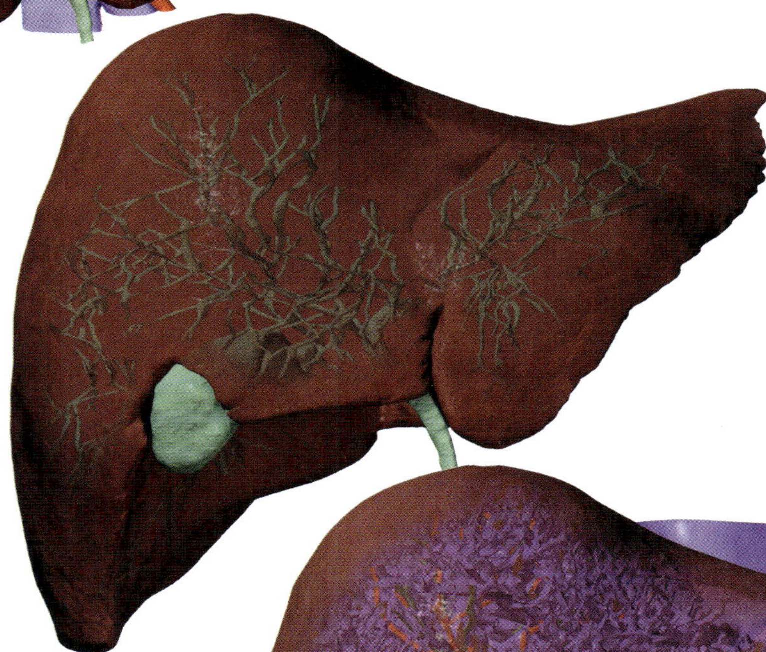

Die Leberlappen sind hier durchsichtig gemacht, um das Gallengangsystem zu zeigen, in dem die Galle gebildet wird, sowie den Gallengang, der als grüner Schlauch aus der Leberunterseite herausführt.

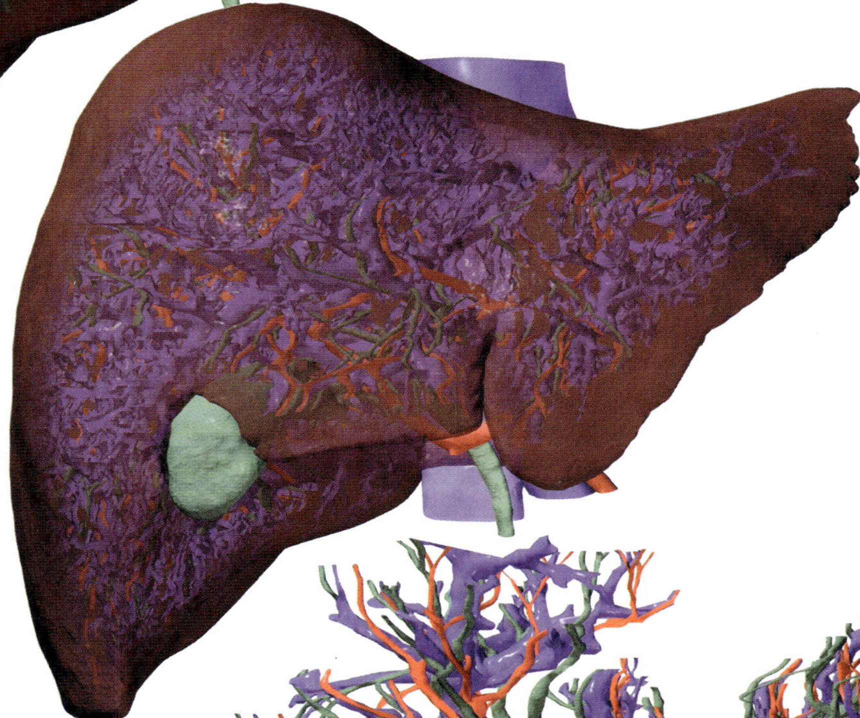

Hier erkennt man das verästelte Blutgefäßsystem (Arterien sind rot und Venen blau eingezeichnet).

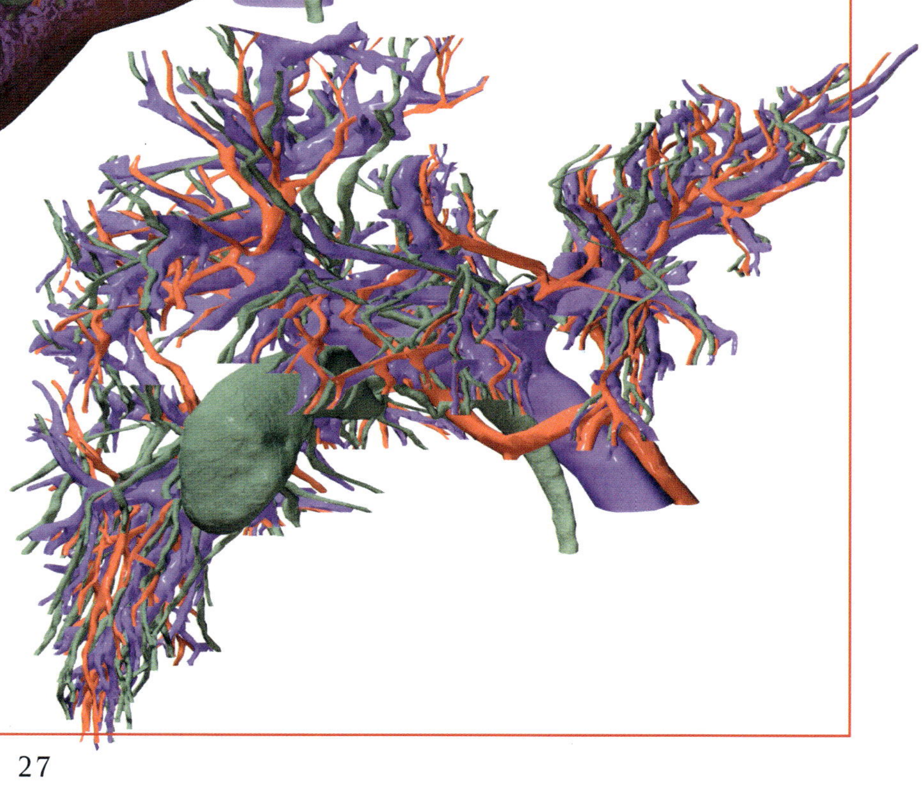

Das Blutgefäß- und Gallengangsystem der Leber, dargestellt in unglaublicher Detailfülle.

GERADE ERST DER ANFANG

Das Visible Human Project™ ist einzigartig in dem Sinn, dass die Schnittbilder von einer tatsächlichen Leiche stammen. Jeder Benutzer weiß, dass die Aufnahmen exakt, genau und realitätsnah sind. Im Hinblick auf die virtuelle Anatomie stellt es jedoch erst den Anfang dar. Wer die virtuelle Anatomie der Visible Productions benutzt, kann verschiedene Aspekte auswählen und die Anatomie dieses Körperteils so am Bildschirm aufrufen, wie sie wirklich ist, nicht bloß in einer Art Zeichentrickversion. Es ist möglich, die Abbildungen so aussehen zu lassen, als ob sie von einer Leiche stammten (umgekehrt ist in den meisten Anatomie-Textbüchern das Bestreben ersichtlich, die Abbildungen so aussehen zu lassen, als ob sie von einem lebenden Individuum herrührten).

Da die Bilder von einer echten Leiche stammen, sind sie exakt in Bezug auf die Lagebeziehungen der Organe und Körperbausteine zueinander, geben also genau wieder, was sich wo befindet. Sie geben jedoch auch korrekt wieder, wie die Organe beim lebenden Menschen aussehen. Beim Sezieren von Leichen ist das anders. Die Bilder sind – zusätzlich zum Präparieren von Leichen – daher ein wichtiges Anschauungsmaterial für den Anatomieunterricht.

Anatomie und medizinische Ausbildung

Ein weiterer wichtiger Pluspunkt der virtuellen Anatomie im Unterricht ist, dass sie wiederholt verwendet und präpariert werden kann. Eine fertig sezierte Leiche ist nicht mehr zu gebrauchen – sie kann nicht zweimal seziert werden. Die virtuelle Leiche kann immer wieder, so oft man will, verwendet werden. Die Anwender der virtuellen Anatomie müssen sich nicht mehr begnügen mit dem, was auf einer Seite oder auf dem Bildschirm abgebildet ist.

Was der Anwender auf dem Bildschirm zur Verfügung hat, ist nur der Ausgangspunkt für weitere Untersuchungen an einem Produkt der virtuellen Anatomie. Der Benutzer kann durch Knopfdruck auf einer tieferen Ebene Untersuchungen anstellen. Das ist ungeheuer wichtig für das Unterrichtssystem. Derzeit ist der Anatomieunterricht fast ausschließlich auf zweidimensionale Zeichnungen angewiesen. Die Verfügbarkeit von dreidimensionalem Computermaterial wird das Verständnis und das Lernen ungeheuer erleichtern.

Im Gegensatz zum konventionellen Unterricht, bei dem das Umblättern einer Seite den Übergang zum nächsten Thema darstellt, ist die virtuelle Anatomie nicht linear. Es ist durchaus möglich, sich einen Abschnitt eines Programms, das sich z. B. mit dem Skelett befasst, anzusehen und dann weiterzuspringen, um zu sehen, wie die Muskeln und Gelenke in dieser speziellen Region funktionieren oder wie zwei Organe miteinander in Verbindung stehen und zusammenarbeiten, und so ihre Funktionsweise besser zu begreifen. Dann kann man zum Ausgangspunkt zurückkehren. So lassen sich ganze Systeme oder einzelne Körperteile, in denen sie enthalten sind, untersuchen. Die Verwendung solcher Lernhilfen trägt dazu bei, die komplizierten Zusammenhänge zu erklären, die so wichtig für den Lernprozess und das Begreifen der Zusammenhänge hinter den Fakten sind.

Ein ganz besonderer Vorteil der dreidimensionalen, computergenerierten Anatomie ist, dass der Anwender das Datenmaterial interaktiv nutzen und sich selbst in die Daten einklinken kann. Dieser Interaktivitätsaspekt der virtuellen Anatomie kann gar nicht hoch genug bewertet werden und ist ein sehr wirksames Lehrmittel. Es ist ein großer Unterschied, ob man sich ein zweidimensionales

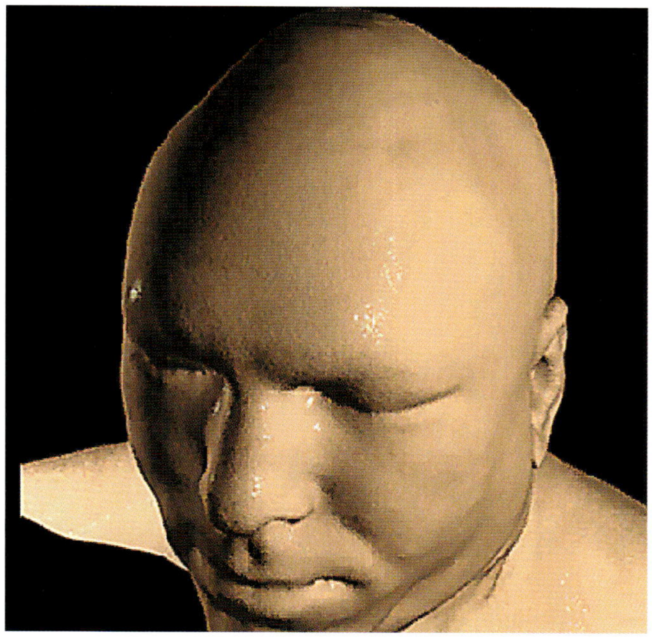

Bildsequenzen wie diese vom Kopf sind unglaublich nützliche Übungsmaterialien. Durch die Entfernung einer Schicht nach der anderen werden die Lagebeziehungen der einzelnen anatomischen Details untereinander erkennbar.

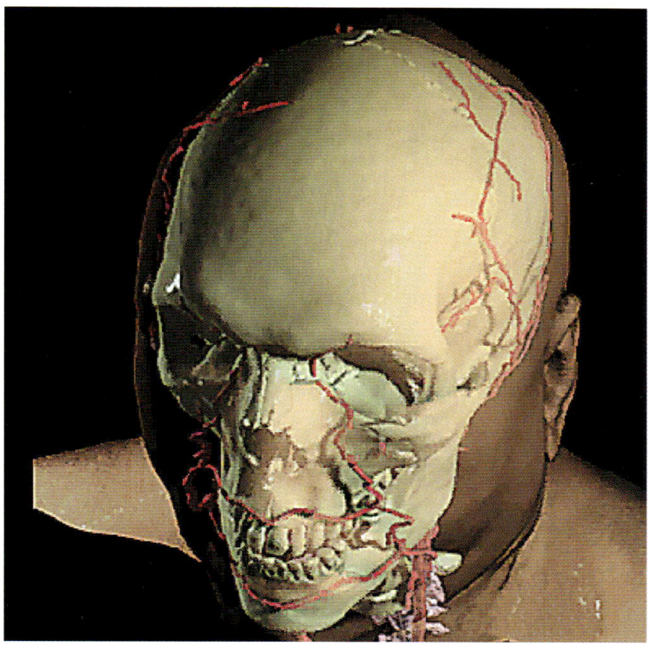

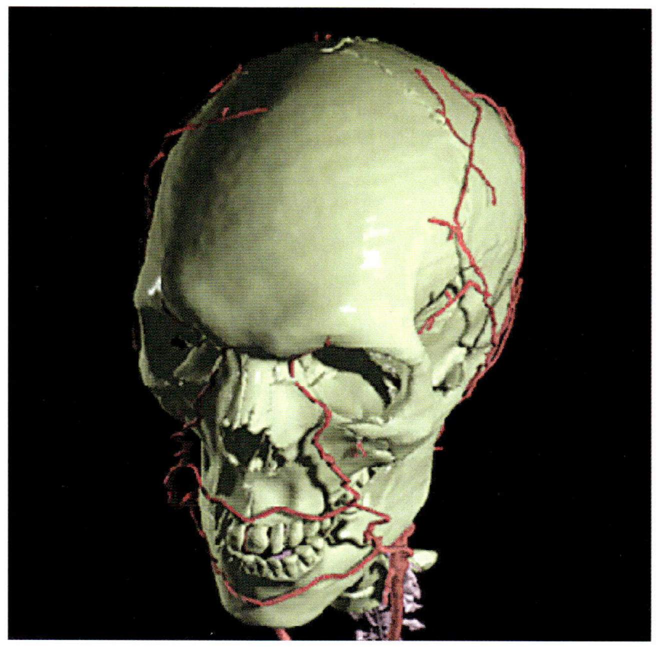

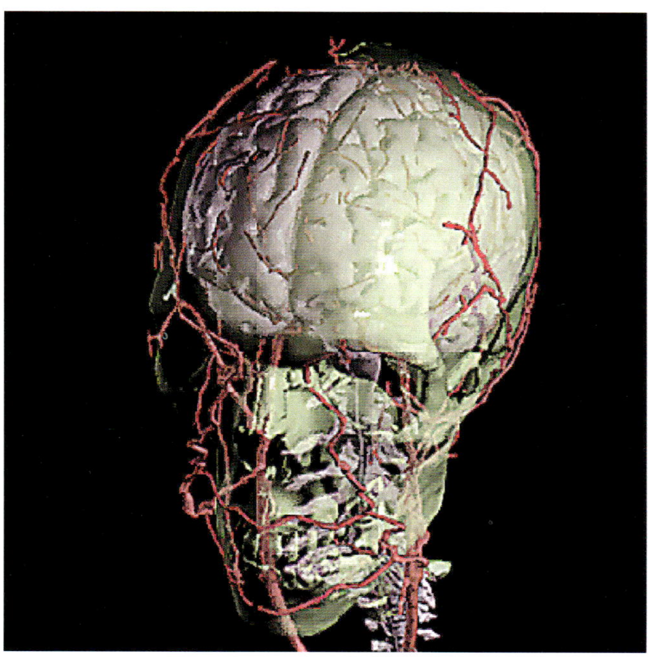

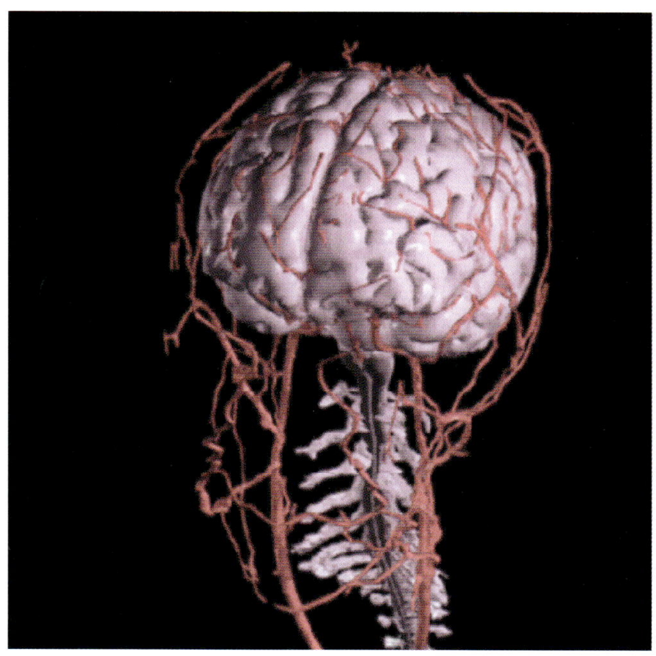

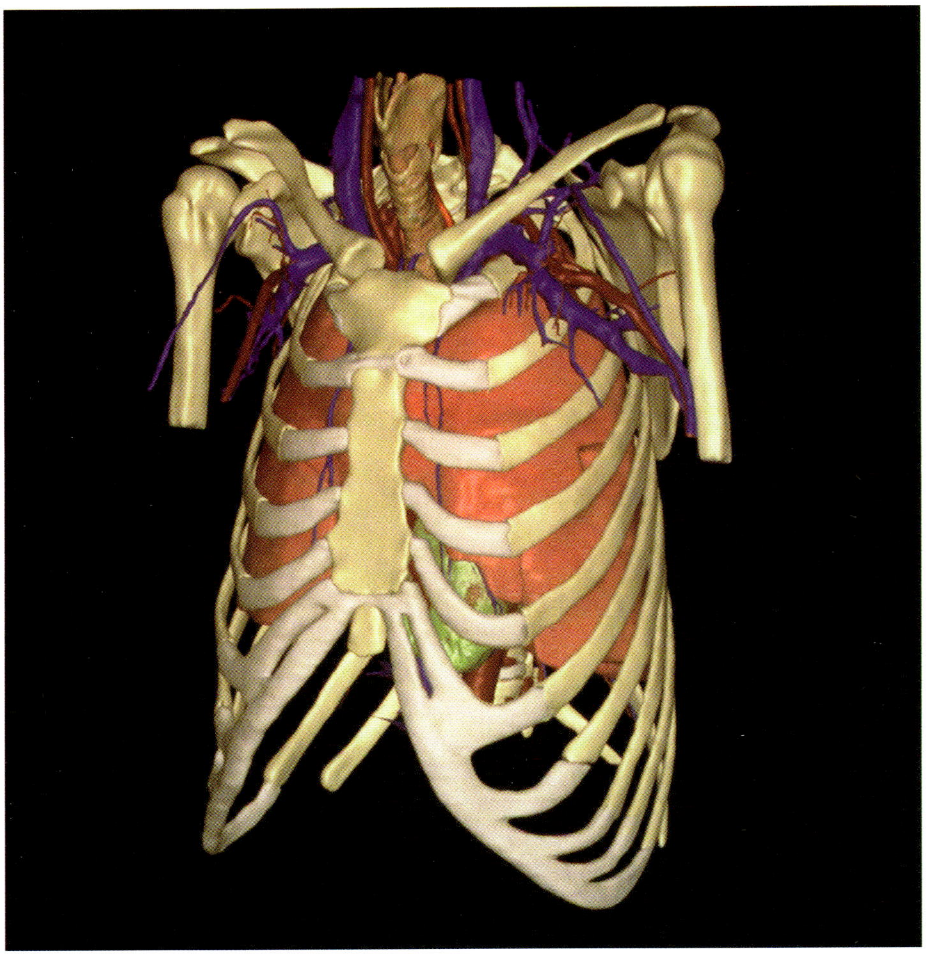

Dank ihrer unglaublichen Detailgenauigkeit eignen sich diese Bilder als Lehrmittel. Sie stellen zugleich aber auch eigenständige Kunstwerke dar.

Bild einer Lunge in einem Buch ansieht oder auf dem Computerbildschirm einer virtuellen lebendigen Lunge beim Atmen zusehen kann.

Das Echo aus den medizinischen Berufen auf diese 3D-Anatomie war überwältigend. Ärzte meinen dazu, dass die Modelle von Visible Productions das traditionell verfügbare Material bei weitem übertreffen und die Möglichkeit bieten, nicht nur ihr eigenes Wissen zu vertiefen, sondern auch anschaulicher zu unterrichten und außerdem noch ihre Patienten über eventuell bevorstehende chirurgische Eingriffe eingehend aufzuklären. Damit erreicht man, dass sie ihren Zustand besser verstehen, und zerstreut ihre Befürchtungen.

Die Anwendungsmöglichkeiten für virtuelle Anatomie sind unbegrenzt. Die Modelle sind erst der Anfang. Einmal entstanden, kann jedes einzelne von ihnen beliebig gehandhabt, verändert und sogar in Bewegung versetzt werden. Anhand von wirklichkeitsgetreuen Modellen kann man die Wirkung eines Medikaments in einem Gewebe veranschaulichen. Dies könnte besonders für Pharmakonzerne sowie für Studenten, die die Wirkung von Medikamenten untersuchen, wichtig werden. Es ist aber auch möglich, durch Gewebe „hindurchzufliegen" und sie in ihrem Normalzustand zu beobachten. Die nächste Phase wäre dann, ein krankes Gewebe zu betrachten und die Unterschiede zwischen diesem und dem gesunden Gewebe zu beobachten. Schließlich könnte der Betrachter durch das kranke Gewebe hindurchgeführt werden, während das Medikament verabreicht wird, und dabei die Wirkung erkennen, die dieses spezielle Medikament hat. Dieser Aspekt könnte sich für die Vermarktung von Pharmaerzeugnissen als nutzbringend erweisen.

Das Datenmaterial, aus dem diese Modelle entstanden – das Visible Human Project™ –, ist eine potentielle Fundgrube, auch für andere Verwendungszwecke. Die Daten sind über das Internet frei zugänglich. Jeder, der entschlossen und geduldig genug ist, kann sie herunterladen – was allerdings etwa zwei Wochen dauert!

Biomechanik

Ein weiteres Gebiet, auf dem Visible Productions derzeit arbeitet, ist die Biomechanik. Da nun die Organ- und Gewebemodelle bereits existieren, können die Prinzipien der Biomechanik darauf angewendet werden. Das heißt, der Computer kann jetzt eine atmende Lunge oder ein schlagendes Herz zeigen. Es ist möglich, die Leiche in Bewegung zu zeigen. Man kommt jetzt zu dem Punkt, an dem naturgetreue physikalische Eigenschaften auf Modelle und Gewebe übertragbar werden, sodass dann Angehörige der medizinischen Berufe oder Studenten in einer virtuellen Welt mit einem virtuellen Skalpell diese durchtrennen und somit chirurgische Eingriffe am Computer simulieren können.

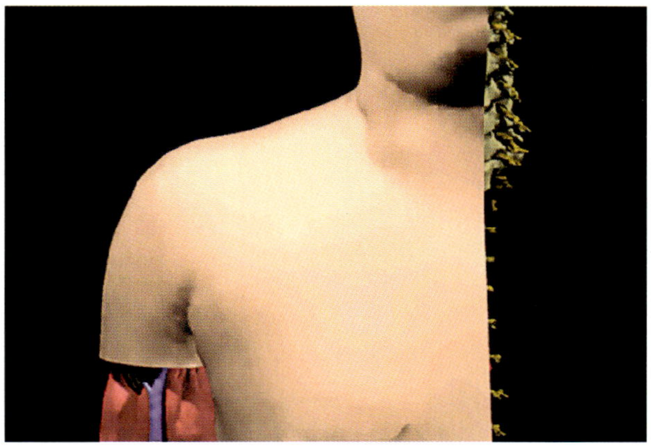

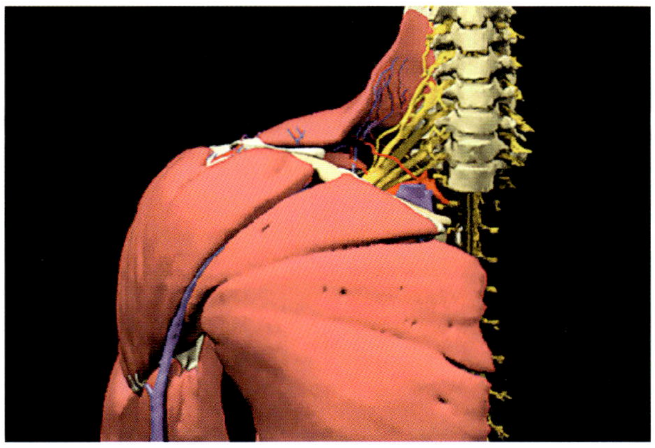

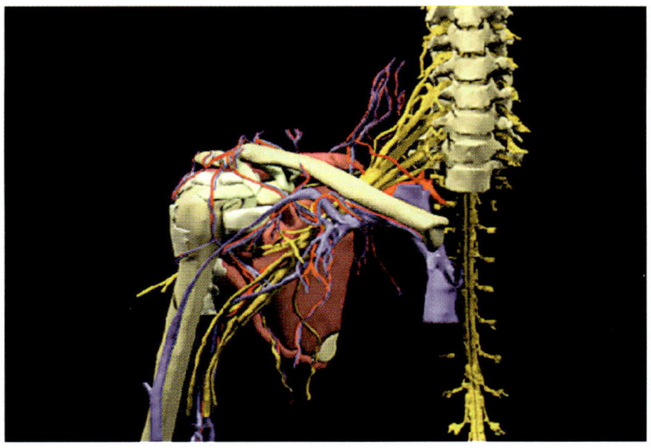

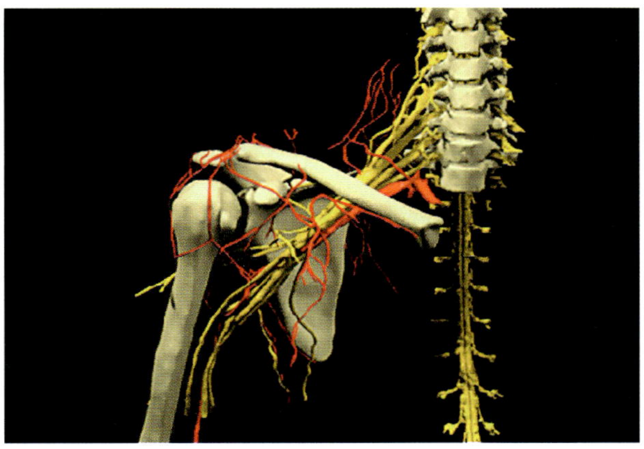

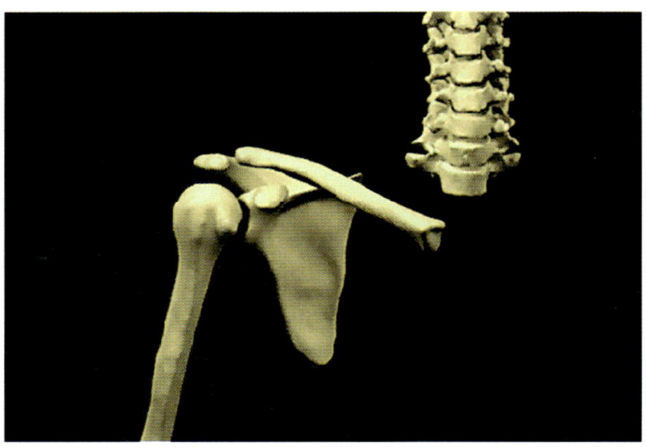

Einen virtuellen Patienten zu haben, den man operieren oder sezieren, aber auch herumgehen lassen, auseinandernehmen und nach unterschiedlichen Kriterien betrachten kann – das ist die Idealvorstellung. Für Chirurgen könnten sich solche Verfahren als äußerst wertvoll erweisen: Sie könnten damit nämlich schwierige Operationen vor dem eigentlichen Eingriff üben und so mögliche Schwierigkeiten bereits im Vorfeld herausfinden. Auch die Planung bzw. Einübung ärztlicher Maßnahmen bei Katastrophen und Massenunfällen wäre dadurch möglich.

Von unschätzbarem Wert wäre die Verfügbarkeit solcher virtueller Patienten außerdem für Forschungs- und Entwicklungszwecke. Sie würden es möglich machen, chirurgische Verfahren, neue medizinische Apparate und Instrumente, ja sogar die Planung von Notfallambulanzen und Operationssälen rasch zu entwickeln und zu erproben.

Die Erstellung der Bilder allein ist schon eine beachtliche Leistung, doch damit geben sich Tom und seine Mitarbeiter nicht zufrieden. Sie arbeiten weiter mit dem Ziel, die praktische Ausbildung von Anatomen und Medizinern zu revolutionieren. Jeder, der sich für Anatomie oder Medizin begeistert, wird sich für diese Bilder interessieren. Sie sind nicht nur fantastisch anzusehen, sondern auch wirklichkeitstreu – sie stammen von einem echten menschlichen Körper. Man braucht sie nur näher zu betrachten, um festzustellen, dass sie sich in Details – zum Beispiel durch eine Zahnlücke, durch den entfernten Wurmfortsatz – von den Textbuchbeispielen unterscheiden.

Durchaus gewürdigt werden muss die Tatsache, dass die Quelle des Bildmaterials – ein zum Tode verurteilter Mörder – letztendlich damit der Menschheit einen wertvollen Dienst erwiesen hat, wie schon in früheren Jahrhunderten häufig die Leichen zum Tode verurteilter Straftäter Ausgangspunkt anatomischer Studien waren.

Oberer Brustbereich und Schulter nach Abtragung der einzelnen Gewebeschichten. Schön an diesen Bildschirmbildern ist, dass man sie drehen und aus jedem beliebigen Blickwinkel betrachten kann. Durch interaktive Betrachtung lernt der Studierende, Funktionsweise und Lagebeziehungen der anatomischen Strukturen untereinander besser zu verstehen.

HINWEISE FÜR DEN LESER

Der 3D-Anatomie-Atlas besteht aus zwei Teilen: Der erste Teil ist der systematischen Anatomie, der zweite der topographischen Anatomie gewidmet. Die systematische Anatomie untersucht und beschreibt den menschlichen Körper aufgrund seiner Organsysteme (z. B. des endokrinen Systems, dessen Organe überall im Körper verteilt sind). Die topographische Anatomie hingegen behandelt schwerpunktmäßig einzelne Regionen oder Abschnitte des Körpers (z. B. Kopf und Hals).

Anatomische Terminologie

Es hat sich als notwendig erwiesen, für die verschiedenen Körperteile sowie ihre jeweiligen Lagebeziehungen weltweit gleiche Bezeichnungen zu verwenden. Aus Gründen der Vereinheitlichung, aber auch aufgrund der historischen Entwicklung auf diesem Gebiet ist die anatomische Nomenklatur entweder dem Lateinischen entnommen oder aus dem Griechischen abgeleitet.

Im Fließtext werden überwiegend die deutschen Bezeichnungen verwendet. Die Bildunterschriften bringen, wo der verfügbare Platz es erlaubt, zusätzlich zur lateinischen Fachbezeichnung auch die deutsche Entsprechung, z. B. Vena cava superior (obere Hohlvene). Im Register sind die lateinischen Nomina anatomica mit Verweis auf die jeweilige deutsche Entsprechung (mit Seitenzahlen) enthalten.

Grundachsen und -ebenen

Zur Orientierung an der Körperoberfläche bzw. im Inneren geht man von der anatomischen Grundstellung aus, d. h. vom aufrecht stehenden Menschen mit nach vorne zeigenden Handflächen. Man denkt sich nun ein Koordinatensystem aus drei Achsen, die senkrecht zueinanander stehen. Ihre Schnittpunkte liegen in drei Ebenen:

- die Medianebene teilt den Körper vertikal in eine rechte und eine linke Hälfte; die parallel dazu stehenden Sagittalebenen gehen ebenfalls von vorne nach hinten durch den Körper;
- Senkrecht zu den Sagittalebenen und parallel zur Stirnfläche liegen die Frontalebenen;
- Die Transversalebenen durchschneiden den Körper horizontal und im rechten Winkel zur Sagittal- und Frontalebene.

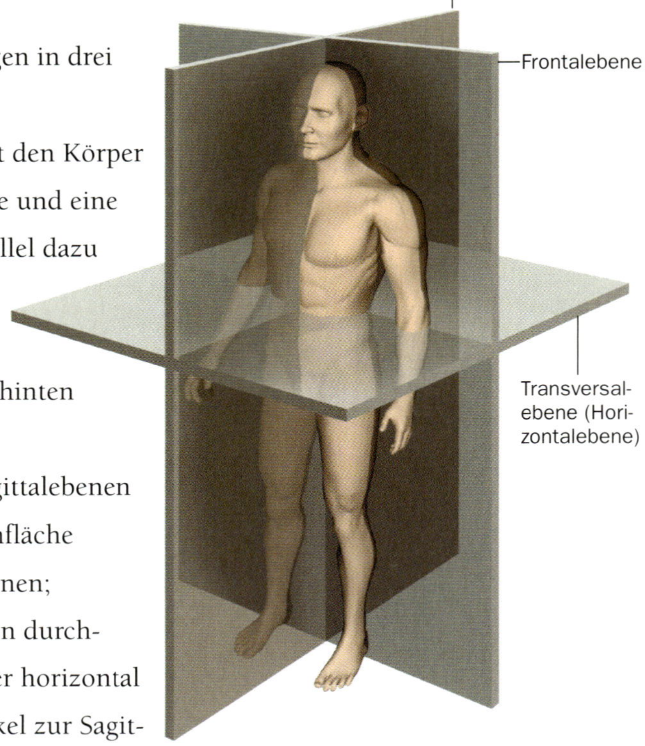

Schnittebenen

Zusätzlich zu diesen Grundebenen werden verschiedene Bezeichnungen (meist als Begriffspaare) für die Beschreibung der Lagebeziehungen einzelner Körperteile untereinander verwendet.

Anterior (ventral) und **posterior** (dorsal): zur Vorder- bzw. Rückseite hin. Die Speiseröhre z. B. verläuft dorsal in Bezug auf die Luftröhre, aber ventral in Bezug auf die Wirbelsäule.

Superior (kranial) und **inferior** (kaudal) beziehen sich auf unterschiedliche Höhe in der Vertikalen; ein als **superior** bezeichneter Körperteil liegt oberhalb in Bezug auf einen als **inferior** bezeichneten, also unteren; z. B. bezeichnet Apertura pelvis superior den Beckeneingang, die obere Öffnung des Beckenkanals; die Apertura pelvis inferior hingegen den Beckenausgang, die untere Beckenöffnung.

Medial (nur im Mund: mesial) und **lateral**: zur Medianebene hin (innen) bzw. von ihr fort (außen). Als Malleolus medialis bezeichnet man z. B. den

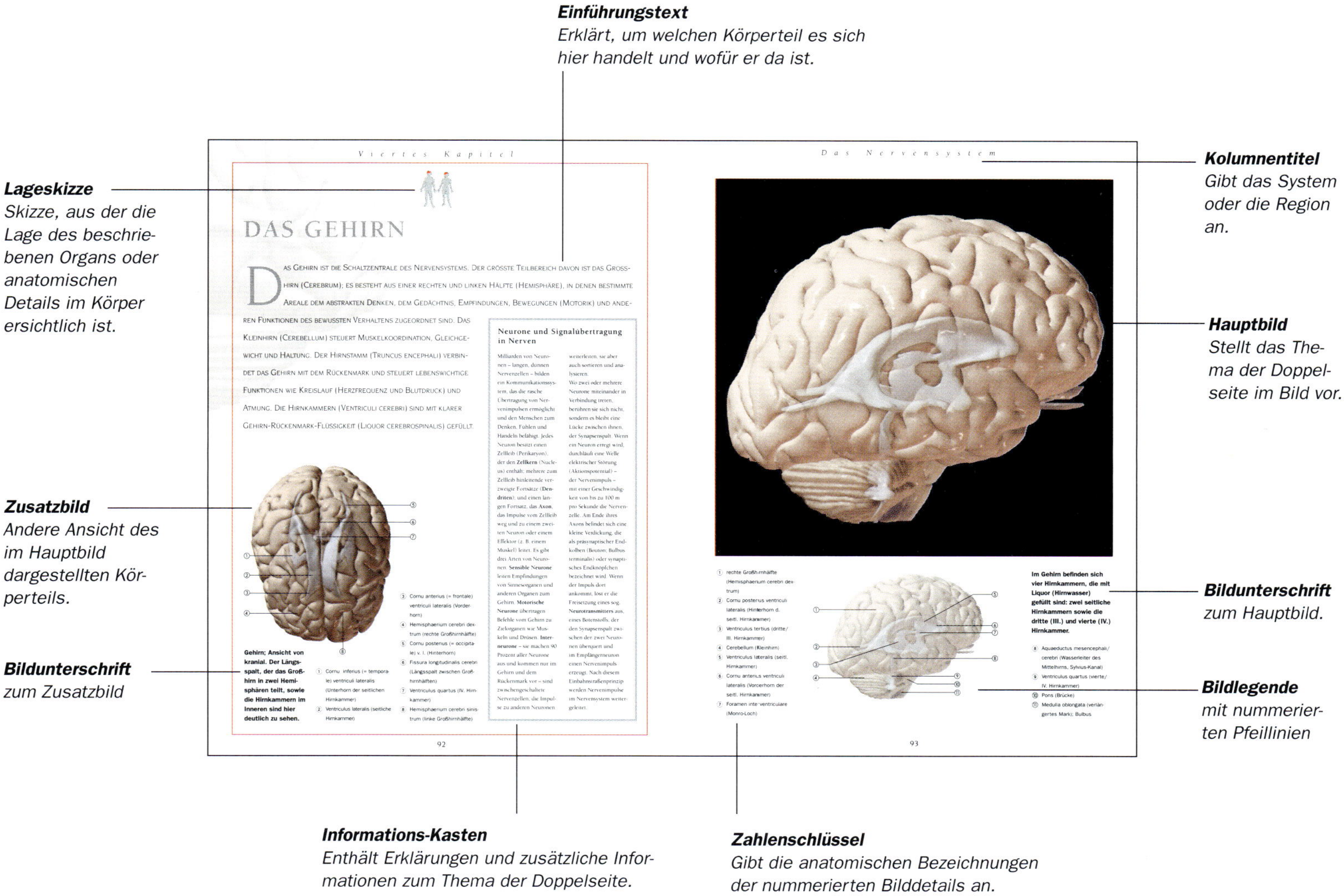

Typische Doppelseite mit Erklärungen zu den Details des Seitenaufbaus.

Innenknöchel (Schienbeinknöchel), als Malleolus lateralis den Außenknöchel (Wadenbeinknöchel). In der rechten Lunge liegt im Mittellappen das Segmentum laterale außen, das Segmentum mediale innen in Bezug auf die Medianebene.

Außerdem finden Kombinationen der oben genannten Richtungs- und Lagebezeichnungen Verwendung, wie z. B. ventrolateral.

An den Extremitäten gelten folgende Richtungs- und Lagebezeichnungen:

- *Proximal* und *distal*: näher an der Schulter oder Hüfte bzw. weiter davon entfernt.
- *Palmar* und *plantar*: zur Handfläche (Hohlhand) bzw. zur Fußsohle hin.
- *Radial* und *ulnar*: speichenseitig bzw. ellenseitig.
- *Tibial* und *fibular*: zur Schienbein- bzw. Wadenbeinseite hin.
- *Superficialis* und *profundus*: oberflächlich oder in einer tieferen Körperschicht gelegen; z. B. Arcus palmaris superficialis und profundus, der oberflächliche und der tiefe Hohlhandbogen).

Der vorliegende Anatomie-Atlas beschreibt die Strukturen des menschlichen Körpers aber auch in ihrer Funktionsweise. Vor allem eignet sich die systematische Anatomie gut zur Funktionsbeschreibung der verschiedenen Organe; sie baut ja auf der Erkennung zusammengehöriger Systembausteine auf. So dient beispielsweise das Verdauungssystem der Nahrungsaufnahme, der Verdauung, der Absorption der Nährstoffe aus den Nahrungsmitteln und der Entsorgung der Abfallprodukte. Es ist nicht nur schwierig, sondern auch wenig sinnvoll, die anatomischen Beziehungen zwischen unterschiedlichen, jedoch miteinander verbundenen Strukturen losgelöst vom funktionalen Zusammenhang zu untersuchen. Denn wenn ein Organ an ein anderes anschließt oder mit ihm in Verbindung steht, stellt sich die Frage: Warum ist das so? Und zu welchem Zweck?

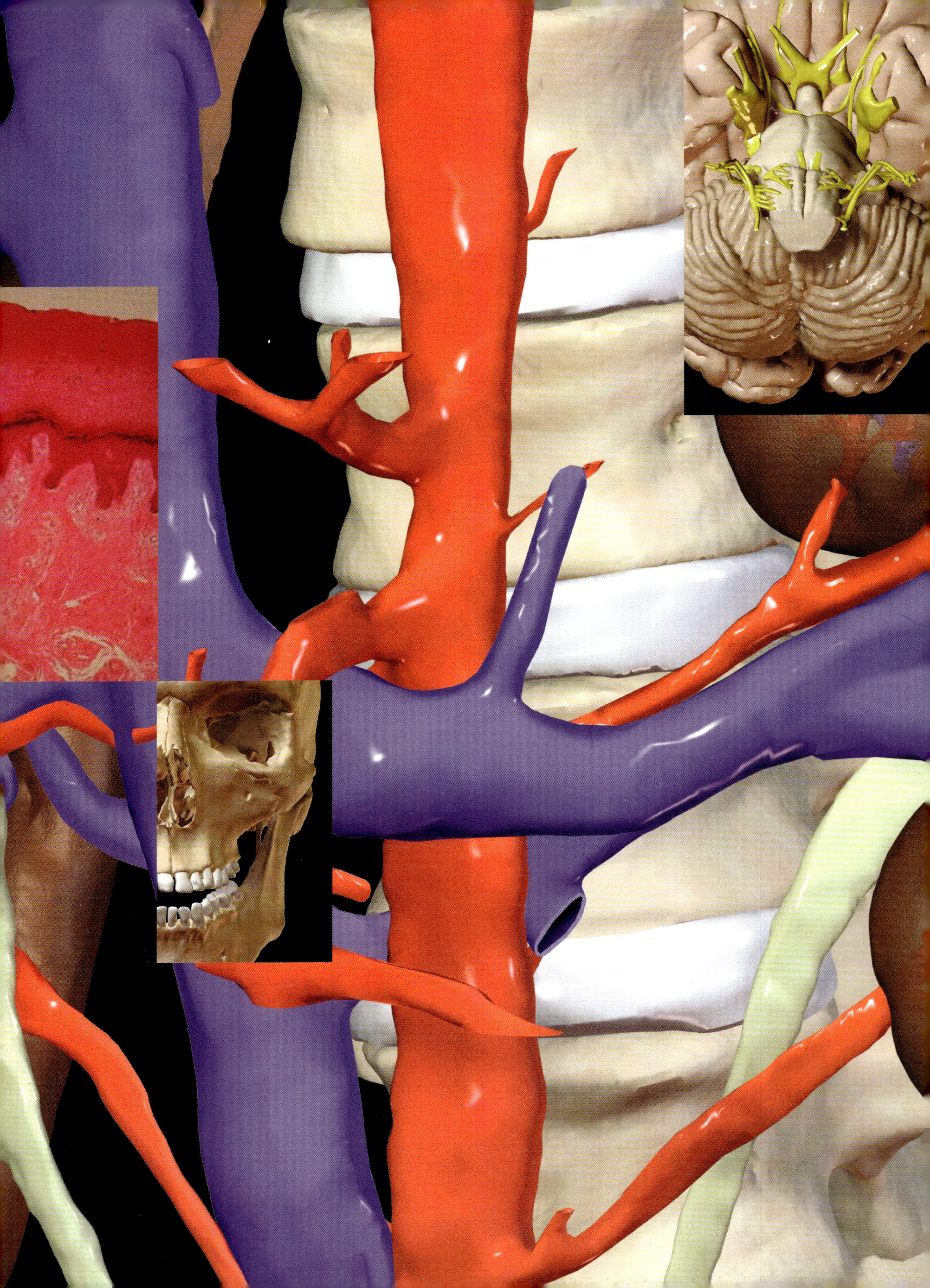

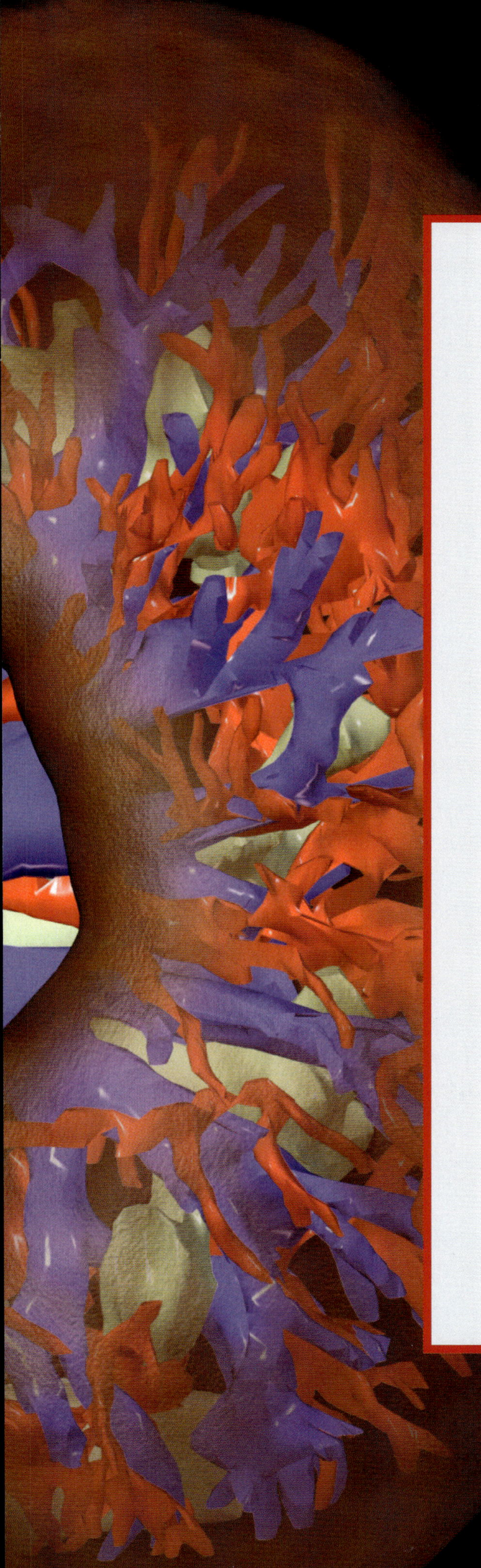

•ERSTER TEIL•

SYSTEMATISCHE ANATOMIE

Die Haut überzieht und schützt den Körper und bildet mit ihren Anhangsgebilden, Haaren und Nägeln, die äussere Hülle des Körpers. Als physikalische Schranke verhindert die Haut sowohl den Wasserverlust der Gewebe nach aussen als auch das Eindringen von Wasser in sie. Ausserdem verhindert sie das Eindringen von Krankheitserregern; repariert sich selbst nach Schnitt- oder anderen Verletzungen; filtert die schädlichen UV-Strahlen aus dem Sonnenlicht; nimmt Sinneseindrücke wie Berührung, Druck, Schmerz, Hitze und Kälte auf; und spielt eine wichtige Rolle bei der Aufrechterhaltung einer Körpertemperatur von ca. 37° C unabhängig von der Aussentemperatur.

DIE HAUT

Alle Körperteile bedeckt und schützt eine lebendige „Außenhülle" in Form der Haut. Die Haut fungiert aber auch als wichtiges Sinnesorgan, denn durch Rezeptoren in der Haut kann der Mensch eine große Vielfalt von Sinneseindrücken aufnehmen.

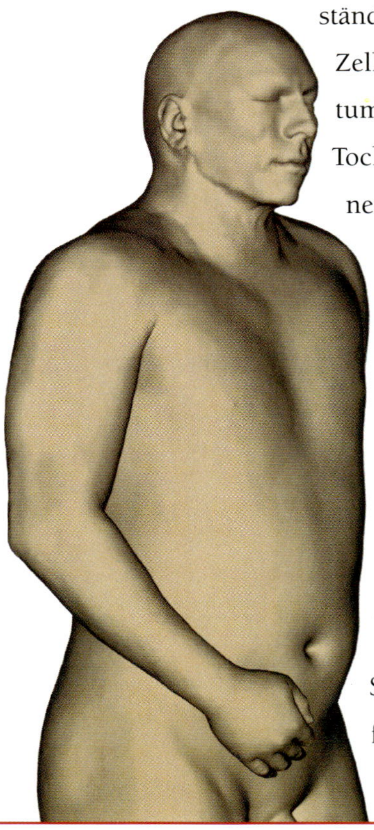

Der Bau der Haut

Die Haut (Cutis) besteht aus zwei Schichten, der Oberhaut (Epidermis) und der Lederhaut (Dermis oder Corium). Die Hautoberfläche bildet die Epidermis, die als Schutz wirkt und aus mehreren **Strata** (Schichten) besteht. Die äußerste Schicht, die Hornhaut (Stratum corneum), besteht aus abgestorbenen, abgeplatteten Zellen, die Keratin (widerstandsfähiges, wasserabstoßendes Protein, das auch in Haaren und Nägeln enthalten ist) enthalten. Da dieser „Schutzmantel" in Form von Schuppen ständig abgestoßen wird, produzieren lebende Zellen in der untersten Epidermisschicht (Stratum basale) durch Teilung ständig Ersatz. Die Tochterzellen wandern zur Oberfläche, verhornen dabei, werden flacher und sterben ab. Andere Zellen in der Basalschicht produzieren Körnchen des braunen Pigments Melanin, das vor schädigenden UV-Strahlen schützt. Die dickere Lederhaut (Dermis) ist eine Bindegewebsschicht mit eingelagerten Kollagen- und Elastinfasern, die ihr Dehnbarkeit und Elastizität verleihen. Sie enthält außerdem Nervenendigungen und Rezeptoren; Blutgefäße; Schweißdrüsen, die kühlenden Schweiß produzieren und ihn über Ausführungsgänge an die Hautoberfläche abgeben; Haarfollikel, tiefe Schächte, aus denen die Haare herauswachsen; und Talgdrüsen, die eine ölige Flüssigkeit (Sebum) absondern, die Haut und Haare weich, elastisch und wasserdicht macht. Beim Menschen unterscheidet man zwei Hauttypen: Der dickere Hauttyp (bis zu 4 mm) ist haarlos und weist eine dickere, schützende Oberhaut auf. Er kommt vor allem in Bereichen vor, die – wie die Handflächen, Fußsohlen und Fingerspitzen – an der Fortbewegung und am Greifen beteiligt sind und daher besonders abriebfest sein müssen. Die dünne, behaarte Haut bedeckt den restlichen Körper; ihre Oberhaut ist dünner; ihr fehlt eine der insgesamt fünf Schichten – das Stratum lucidum, das beim dickeren Hauttyp vorhanden ist.

Haare und Nägel

Außer an den Lippen, um das Genitale, an den Handflächen und Fußsohlen ist die Hautoberfläche behaart, und zwar von Millionen Haaren. Zellen in der Haarzwiebel am unteren Ende des Haarfollikels teilen sich zu Tochterzellen, die den im Follikel emporwachsenden Haarschaft bilden. Das Terminalhaar/Kopfhaar hat Schutzfunktion, während das feinere Vellushaar/Wollhaar der anderen Körperpartien die Sinneswahrnehmungen unterstützt. Die Nägel sind Hornplatten, Anhangsgebilde der Oberhaut, die Finger- und Zehenspitzen schützen, aber auch den Zugriff der Finger verstärken.

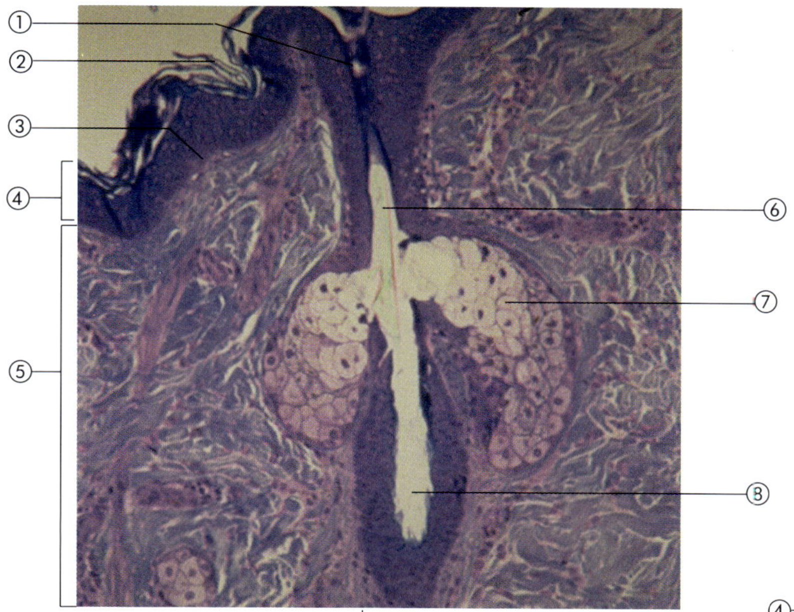

Unten: Querschnitt durch die Fingerhaut. Die dicke Hornschicht der Oberhaut ist widerstandsfähig gegen den Abrieb, der durch ständige Berührungen verursacht wird. Die Lederhaut ist reich an Rezeptoren. Daher sind die Finger hochempfindlich.

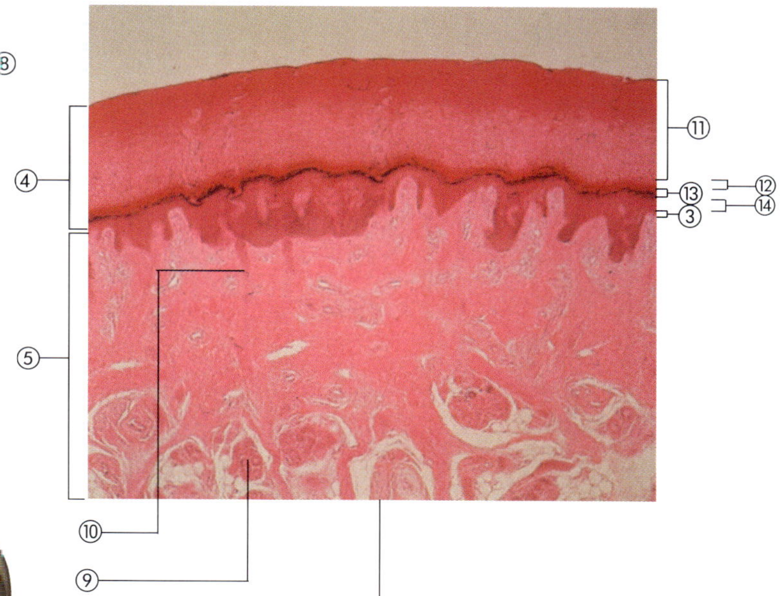

Oben: Querschnitt durch die dünne Kopfhaut. Die Oberhautschicht ist viel dünner als bei dicker Haut. Zu sehen sind auch die Haarfollikel, Trichter in der Lederhaut, aus denen die Haare herauswachsen, sowie die Talgdrüsen, die den Talg in den Follikel absondern.

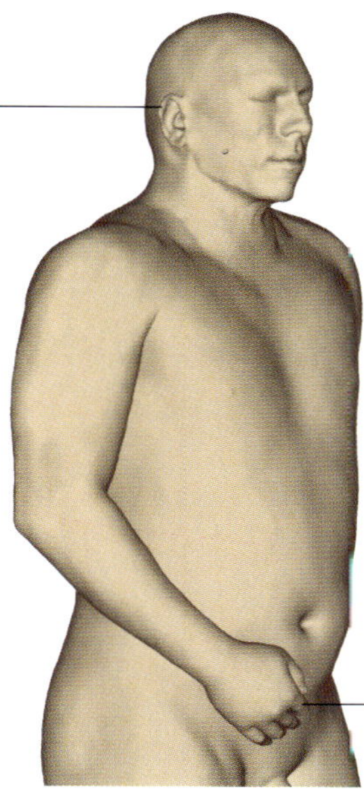

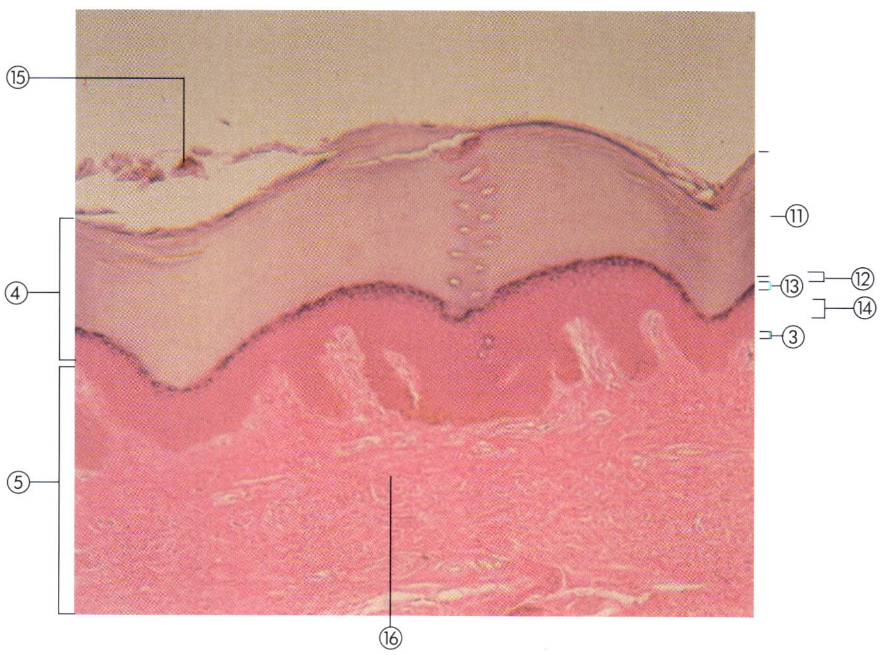

Links: Der Querschnitt durch dicke Haut, wie sie an den Fußsohlen zu finden ist, lässt eine relativ dicke Oberhautschicht erkennen. Deutlich zu sehen ist die Hornschicht (Stratum corneum), die oberste Hautschicht, die sehr widerstandsfähig gegen Abrieb ist und die darunterliegenden Schichten schützt.

1. Haarschaft
2. Stratum corneum (Hornschicht)
3. Stratum basale (Basalschicht)
4. Epidermis (Oberhaut)
5. Dermis (Lederhaut)
6. Haarfollikel
7. Talgdrüse
8. Haarzwiebel
9. Schweißdrüse
10. Ausführungsgang der Schweißdrüse
11. Stratum corneum (Hornschicht)
12. Stratum lucidum (helle Schicht)
13. Stratum granulosum (Langerhans-Granulosaschicht)
14. Stratum spinosum (Stachelzellschicht)
15. Tote Zellen, die von der Oberhaut als Hornschuppen abgestoßen werden
16. Kollagenfasern

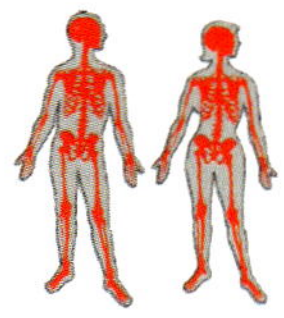

Im Gegensatz zu den verstaubten Knochenresten, die man in archäologischen Museen sieht, ist das Skelett des lebenden Menschen ein kräftiges, leichtes Stützgerüst, das sowohl bewegungsfreundlich als auch biegsam ist. Es stützt und formt den Körper, fungiert aber auch als Verankerung für die Skelettmuskeln, die durch Kontraktion die Bewegungen bewirken, und als schützende Hülle für die inneren Organe, die sonst leicht verletzt werden könnten.

DAS SKELETT

Stark, aber leicht und biegsam: Das Skelett ist nicht nur ein ideales Stützgerüst und eine Schutzhülle für die inneren Organe, es ermöglicht auch eine große Bewegungsvielfalt.

Das Skelett des Menschen besteht im Durchschnitt aus: 206 Knochen, von denen viele auf der gegenüberliegenden Abbildung zu sehen sind; flexiblem Knorpel, der am Aufbau der Ohrmuscheln, der Nase und eines Teils der Rippen beteiligt ist und in den Gelenken die Knochenenden überzieht; und starken Bändern, die das Skelett dadurch stabilisieren, dass sie an den Gelenken, wo Knochen auf Knochen trifft, die Knochen zusammenhalten. Das Skelett allein macht ungefähr 20 Prozent des Körpergewichts aus.

Knochenarten

Man kann die Knochen nach ihrer Form in vier Hauptarten einteilen: lange, kurze, platte und unregelmäßig geformte Knochen. Die Form ist auch ein Hinweis auf ihre mechanische Funktion.

- Lange oder Röhrenknochen: Alle Knochen der Gliedmaßen (mit Ausnahme der Hand- und Fußwurzelknochen sowie der Kniescheibe, sind länger als breit. Jeder Röhrenknochen besteht aus einem Schaft (Diaphyse) und je einer Epiphyse an den beiden Enden, die meist breiter sind als der Schaft. Sie wirken als Hebel, die den Körper bewegen, wenn sie durch die Muskelkontraktionen angezogen werden. Manche von ihnen, vor allem die Knochen der Beine, spielen eine große Rolle beim Tragen des Gewichtes.
- Kurze Knochen: Die Hand- und Fußwurzelknochen sind etwa würfelförmig. Sie bilden eine Verbindungsbrücke am Hand- und auch am Sprunggelenk, wo nur eingeschränkte Beweglichkeit, dafür aber große Stabilität erforderlich ist.
- Platte Knochen – z. B. Brustbein, Rippen, Schulterblätter und Schädelknochen – sind dünn, flach und leicht gebogen. Manche – wie die Rippen und die Schädelknochen – bilden schützende Käfige; die beiden Schulterblätter bieten große Ansatzflächen für die Muskeln.
- Unregelmäßig geformte Knochen, zu denen die Gesichtsknochen des Schädels, die Wirbel und die Beckenknochen gehören, sind alle jene Knochen, die in keine der drei anderen Kategorien passen.

Knorpel

Knorpel, eine besondere Form von Bindegewebe, überzieht die Gelenkenden und ist am Aufbau von Ohren, Nase und Rippen beteiligt.
Auch die Bandscheiben bestehen aus Knorpel.
Diese biegungsfeste und elastische Substanz ist fest, weist eine hohe Zugbelastbarkeit auf und ist widerstandsfähig gegen Druck- und Scherkräfte.
An den Gelenken ist der Knorpel besonders widerstandsfähig gegen Abnutzung, glatt und hat eine polierte Oberfläche, die von der Gelenkflüssigkeit „geschmiert" wird.

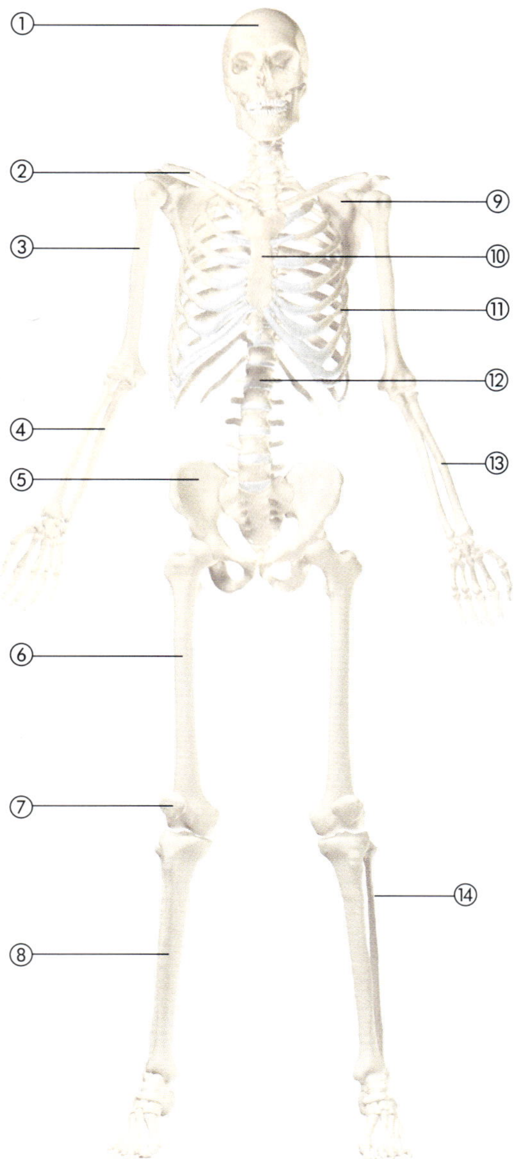

Vorderansicht des Skeletts mit den Armen in anatomischer Grundstellung.

① Cranium (Schädel)
② Clavicula (Schlüsselbein)
③ Humerus (Oberarmbein)
④ Ulna (Elle)
⑤ Cingulum pelvicum (Beckengürtel)
⑥ Femur (Oberschenkelbein)
⑦ Patella (Kniescheibe)
⑧ Tibia (Schienbein)
⑨ Scapula (Schulterblatt)
⑩ Sternum (Brustbein)
⑪ Costa (Rippe)
⑫ Columna vertebralis (Wirbelsäule)
⑬ Radius (Speiche)
⑭ Fibula (Wadenbein)

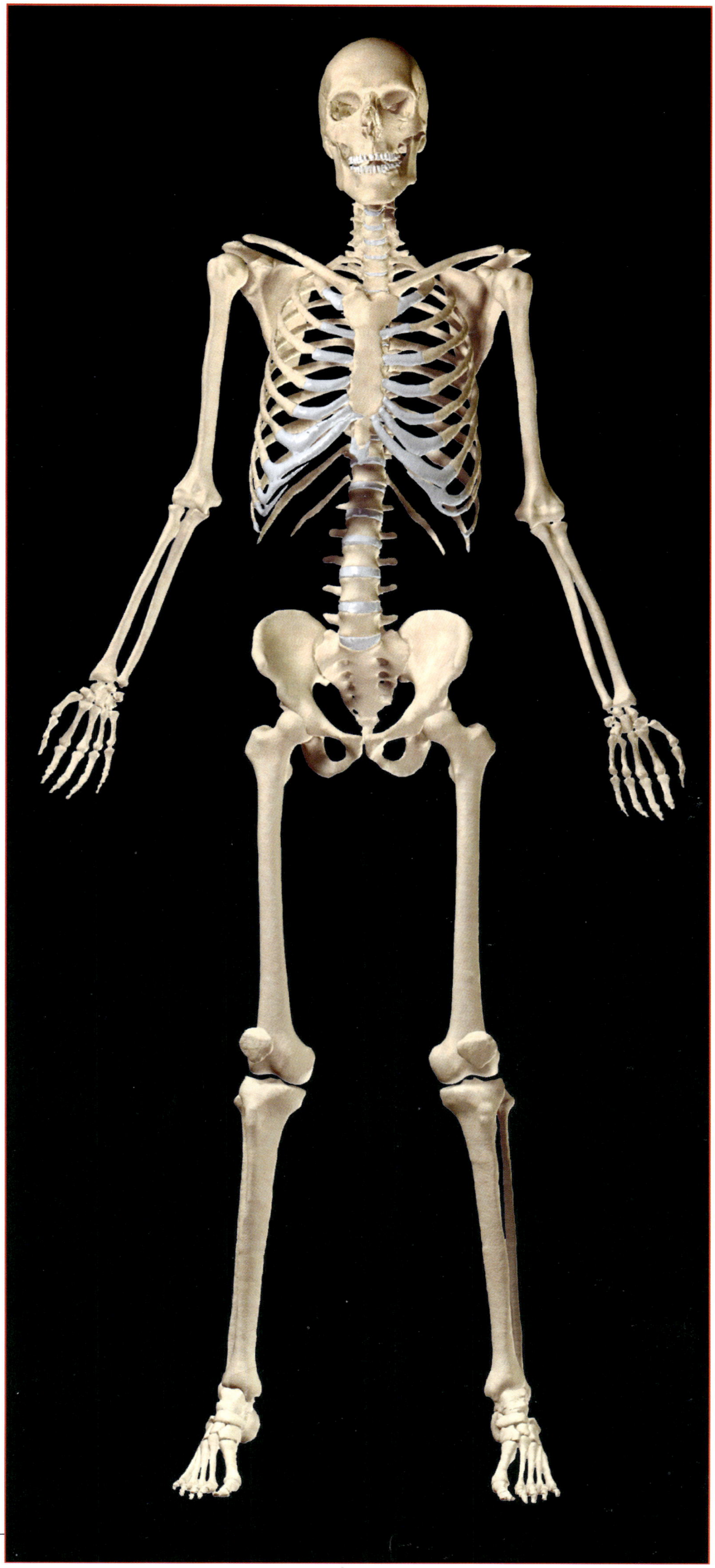

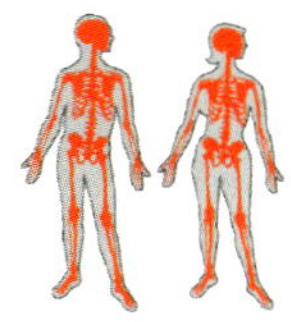

DAS SKELETT IN SEINER JETZIGEN FORM ENTWICKELTE SICH VOR ETWA 5 MILLIONEN JAHREN, ALS DIE URMENSCHEN AUF ZWEI BEINEN ZU GEHEN BEGANNEN. DIE S-FÖRMIGE WIRBELSÄULE HÄLT DEN KÖRPER AUFRECHT UND TRÄGT DEN KOPF, LÄSST SICH ABER AUCH BIEGEN. DAS NAHEZU SENKRECHT STEHENDE BECKEN BALANCIERT DEN OBERKÖRPER DIREKT ÜBER DIE FÜSSE AUS, DIE STARKEN BEINKNOCHEN TRAGEN DIE HAUPTLAST DES KÖRPERGEWICHTS.

DAS SKELETT

Die leichte Krümmung des Körpers bewirkt eine mechanische Abstützung und Kraft – von der S-förmig gekrümmten, wie eine Feder wirkenden Wirbelsäule bis zur leicht gebogenen Form der Röhrenknochen von Armen und Beinen.

① Scapula (Schulterblatt)
② Vertebra (Wirbel)
③ Radius (Speiche)
④ Ulna (Elle)
⑤ Fibula (Wadenbein)
⑥ Cranium (Schädel)
⑦ Humerus (Oberarmbein)
⑧ Os ilii (Darmbein)
⑨ Os sacrum (Kreuzbein)
⑩ Os ischii (Sitzbein)
⑪ Os pubis (Schambein)
⑫ Tibia (Schienbein)
⑬ Calcaneus (Fersenbein)

Das Achsenskelett (Skeleton axiale) – bestehend aus Rückgrat, Schädel, Rippen und Brustbein – bildet die Hauptachse des Körpers. Das Arm- und Beinskelett (Skeleton appendiculare) besteht aus den Gliedmaßenknochen sowie den Knochen des Schulter- und Beckengürtels, die die Gliedmaßen mit dem Achsenskelett verbinden.

Knochengewebe

Knochen bestehen aus lebenden Geweben, die Kalzium und andere Minerale speichern und Blutzellen bilden. Das Knochengewebe enthält Zellen und diese umgebende Knochenkittsubstanz (Matrix), die sich ihrerseits zusammensetzt aus ca. 35 % Protein, vor allem Kollagen (sorgt für Biegsamkeit), und etwa 65 % Mineralsalzen, vor allem Kalzium- und Phosphatsalzen, die für die Härte der Knochen wichtig sind. Diese Kombination macht Knochen fünfmal so stark wie Stahl. Nach ihrer Funktion unterscheidet man Osteozyten (Zellen, die die Kittsubstanz erhalten), Osteoblasten (Knochenbildnerzellen) und Osteoklasten (Knochenfreßzellen). Osteoblasten und Osteoklasten arbeiten ständig an der Umformung der Knochen, und zwar je nach den Kräften, die durch die Muskeln auf sie einwirken, und setzen je nach Bedarf Kalzium frei oder speichern es.

Der Knochen besteht aus zwei Typen von Knochengewebe, die gemeinsam seine Stärke und Leichtigkeit bewirken. Die Knochenrinde (Kompakta oder Kortikalis) an der am stärksten beanspruchten Außenseite des Knochens setzt sich aus parallelen Knochensäulen (Osteonen) zusammen, die aus konzentrischen Kittsubstanzlamellen bestehen. Ein Zentralkanal in jedem Osteon enthält Blutgefäße. Winzige Zwischenräume zwischen den Osteonen schließen einzelne Osteozyten ein. Die leichtere netz- bzw. schwammartige Knochensubstanz (Spongiosa) im Inneren besteht aus Knochenbälkchen (Trabeculae) und bildet wabenförmige Hohlräume, in denen sich das Knochenmark befindet. Man unterscheidet zwischen dem gelben Fettmark und dem roten Knochenmark, das hauptsächlich in den platten Knochen bei Erwachsenen zu finden ist und die Blutzellen bildet. Die Oberfläche der Knochen ist mit der Knochenhaut (Periost), einer dünnen Bindegewebsmembran, überzogen.

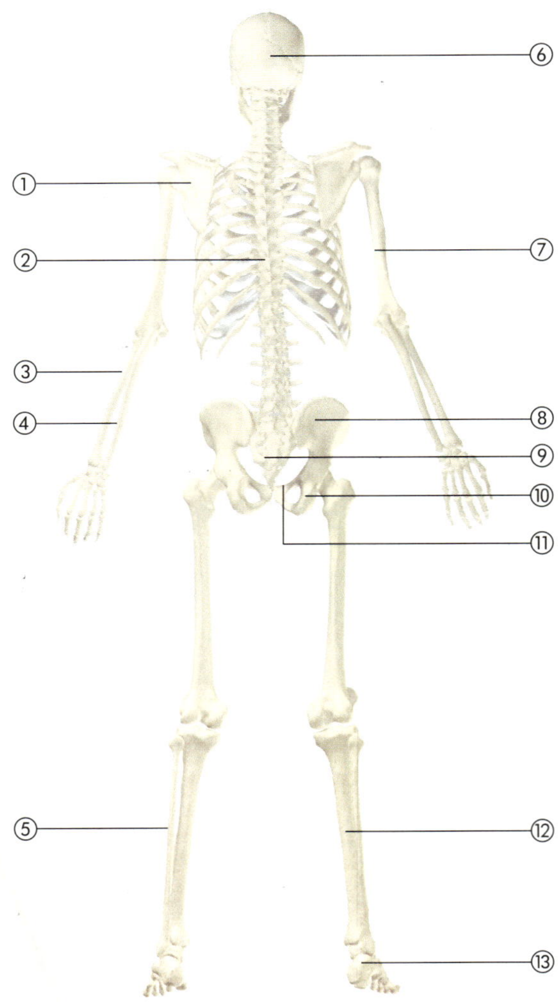

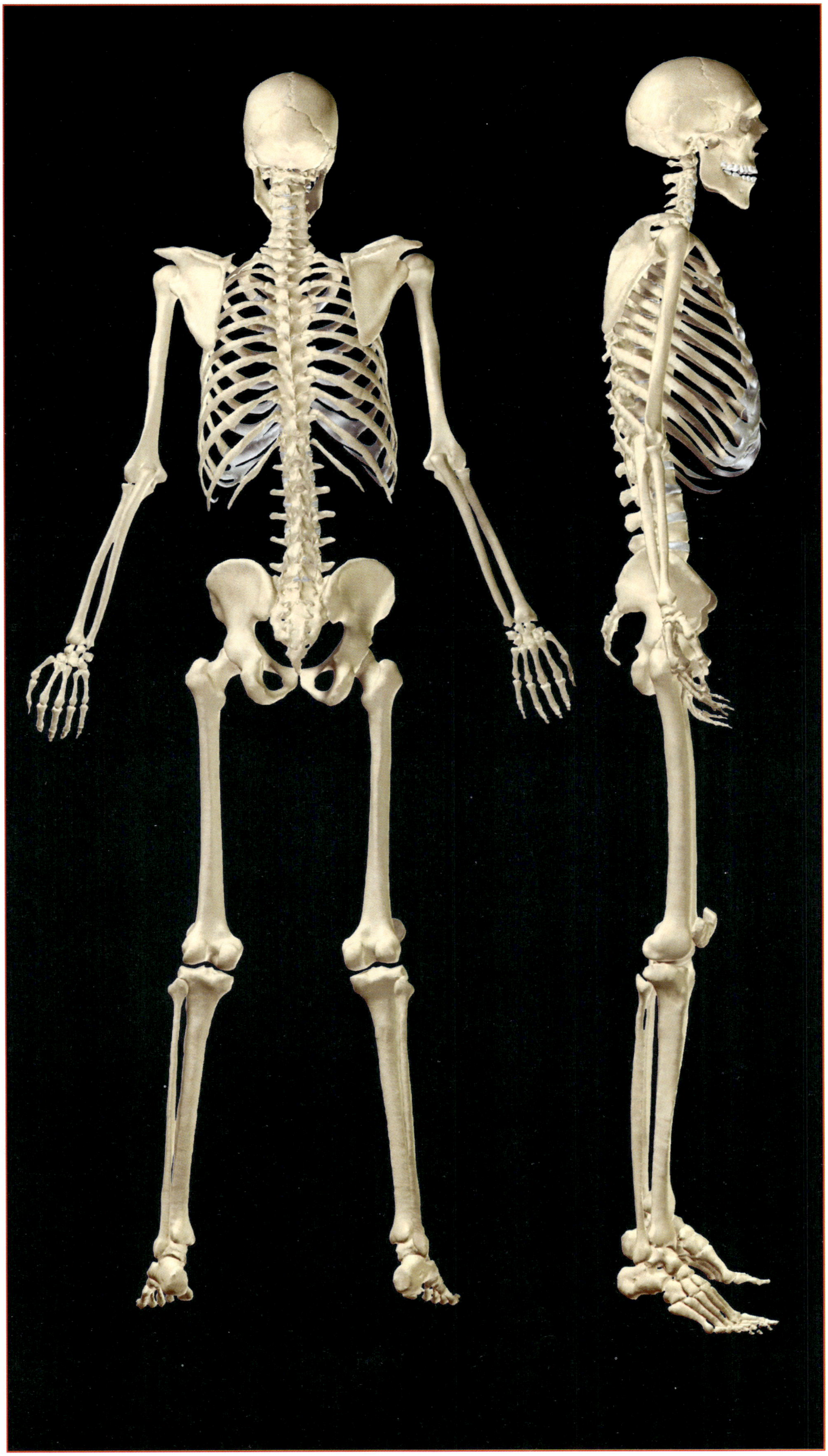

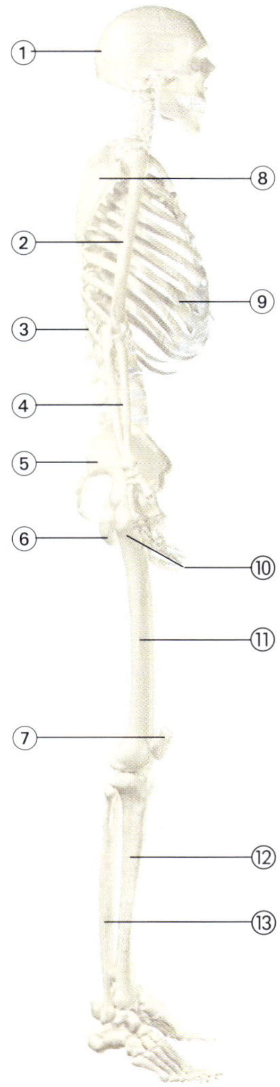

Skelett, Ansicht von dorsal (links) und von lateral (rechts). In der Seitenansicht ist die S-förmige Krümmung der Wirbelsäule gut zu sehen. Der Stamm steht dadurch über den Füßen, was zum Gleichgewicht beiträgt.

1. Cranium (Schädel)
2. Humerus (Oberarmbein)
3. Vertebra (Wirbel)
4. Radius (Speiche)
5. Os ilii (Darmbein)
6. Os ischii (Sitzbein)
7. Patella (Kniescheibe)
8. Scapula (Schulterblatt)
9. Costa (Rippe)
10. Trochanter major (großer Rollhügel)
11. Femur (Oberschenkelbein)
12. Tibia (Schienbein)
13. Fibula (Wadenbein)

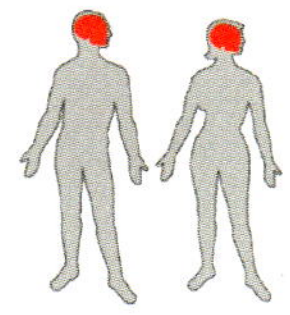

DER SCHÄDEL IST DIE SCHUTZKAPSEL UM DAS GEHIRN UND DIE MEISTEN SINNESORGANE UND DER KOMPLIZIERTESTE TEIL DES SKELETTS. ER BESTEHT AUS INSGESAMT 22 KNOCHEN: AM AUFBAU DES HIRNSCHÄDELS SIND 8 KNOCHEN BETEILIGT, AM GESICHTSSCHÄDEL 14.

DER SCHÄDEL

Der Schädel bildet eine knöcherne Schutzhülle nicht nur um das Gehirn, sondern auch um das Gleichgewichts-, Hör-, Seh-, Geschmacks- und Riechorgan.

Außer dem großen, von den Knochen des Hirnschädels gebildeten Hohlraum gibt es noch weitere kleinere Höhlen im Schädel: die Nasenhöhle, die Augenhöhlen (Orbitae) und die Paukenhöhle in den Schläfenbeinen. Die Paukenhöhle enthält jeweils drei winzige Gehörknöchelchen für die Schallübertragung zum eigentlichen Hörorgan im Innenohr. Kleine Öffnungen und Gänge (Foramina) in den Schädelknochen sind die Ein- bzw. Austrittsstellen für Blutgefäße (wie die Karotis-Arterien) und Nerven. Das Rückenmark steht durch das größte Loch, das Hinterhauptsloch (Foramen magnum) in der Schädelbasis, mit dem Gehirn in Verbindung. Die das Foramen magnum flankierenden Gelenkfortsätze bilden mit dem Atlas, dem ersten Wirbel, das Gelenk, das die Nickbewegungen des Kopfes ermöglicht.

Der Aufbau der Schädelknochen

In der Frühphase der Entwicklung besteht beim Fetus das Skelett aus faserigen Bindegewebsmembranen oder aus Knorpel. Nach und nach werden diese durch Knochengewebe ersetzt; diesen Vorgang nennt man Ossifikation. Man unterscheidet zwischen endesmaler („im Bindegewebe") und enchondraler („im Knorpel") stattfindender Knochenbildung.

Die (meisten) Schädelknochen entstehen durch endesmale Ossifikation. Osteoblasten (siehe S. 40) bilden direkt im Bindegewebe, in einem Ossifikationszentrum (Knochenkern), Knochenkittsubstanz, aus der zuerst schwammartiger Knochen und später eine Außenschicht aus kompaktem Knochen entsteht. Bei Neugeborenen ist dieser Prozess in den Schädelknochen noch nicht abgeschlossen: Diese sind durch Zwickel aus noch nicht verknöchertem Bindegewebe (Fontanellen) miteinander verbunden. Diese nachgiebigen Verbindungen ermöglichen das leichte Zusammendrücken des Schädels bei der Geburt und geben dem frühkindlichen Ge-hirnwachstum den nötigen Spielraum. Bis zum 18. Lebensmonat ist die endesmale Ossifikation abgeschlossen: Die Fontanellen sind verschwunden.

Schädelbasis, Ansicht von unten (kaudal)

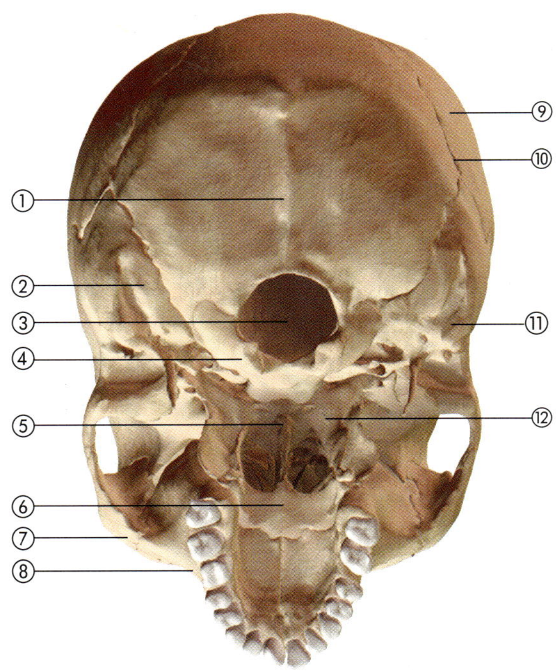

① Os occipitale (Hinterhauptsbein)
② Os temporale (Schläfenbein)
③ Foramen magnum
④ Condylus occipitalis (Gelenkkopf des Hinterhauptsbeins)
⑤ Vomer (Pflugscharbein)
⑥ Os palatinum (Gaumenbein)
⑦ Os zygomaticum (Jochbein)
⑧ Maxilla (Oberkiefer)
⑨ Os parietale (Scheitelbein)
⑩ Sutura lambdoidea (Lambdanaht)
⑪ Meatus acusticus externus (äußerer Gehörgang)
⑫ Os sphenoidale (Keilbein)

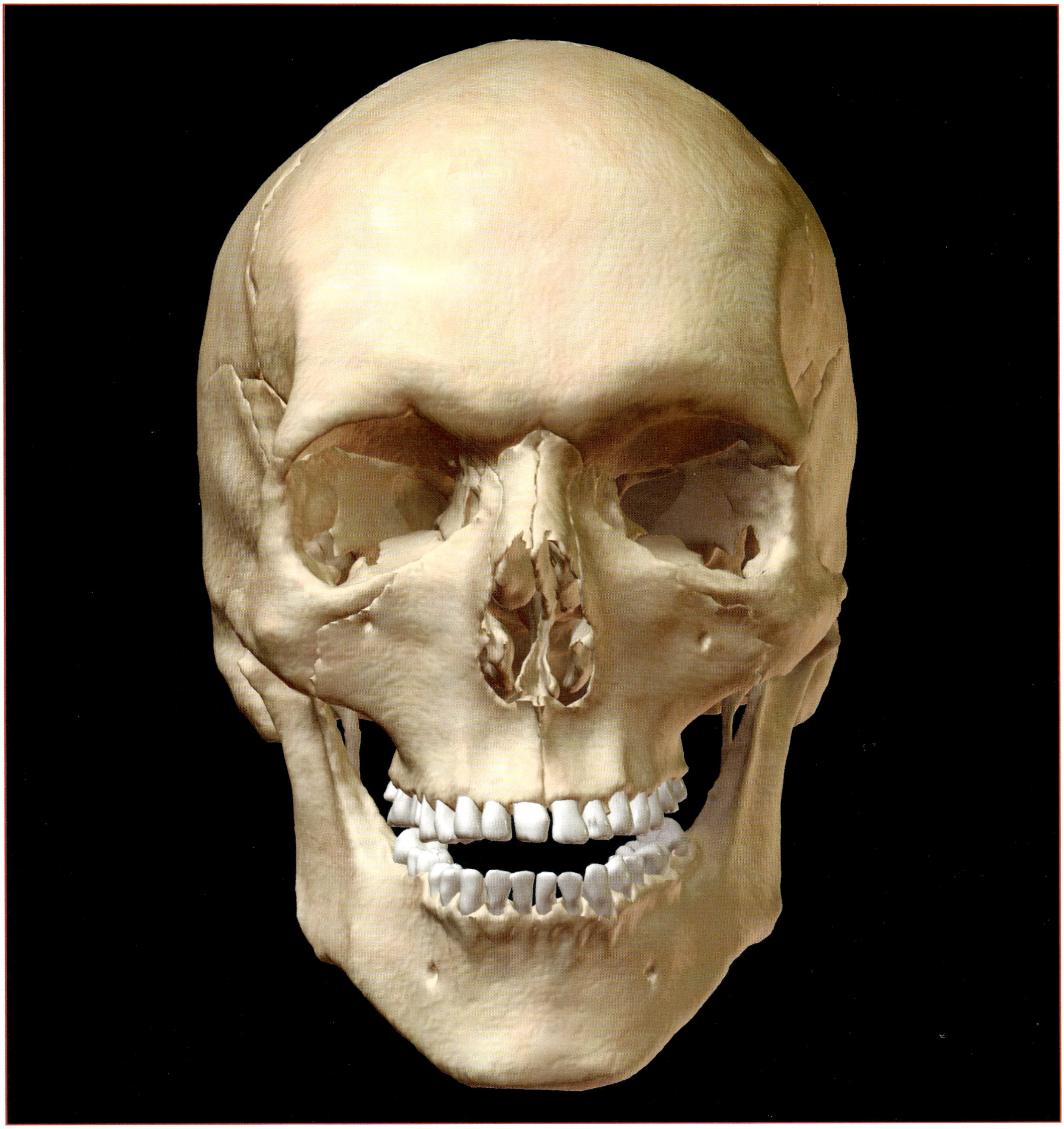

Kleine Löcher (Foramina) in der Schädeloberfläche bilden die Durchtrittsstellen für Blutgefäße und Nerven in das Schädelinnere.

1. Os frontale (Stirnbein)
2. Os parietale (Scheitelbein)
3. Os temporale (Schläfenbein)
4. Orbita (Augenhöhle)
5. Os lacrimale (Tränenbein)
6. Os zygomaticum (Jochbein)
7. Maxilla (Oberkiefer)
8. Mandibula (Unterkiefer)
9. Os nasale (Nasenbein)
10. Os sphenoidale (Keilbein)
11. Foramen infraorbitale (Unteraugenhöhlenloch)
12. Foramen mentale (Kinnloch)

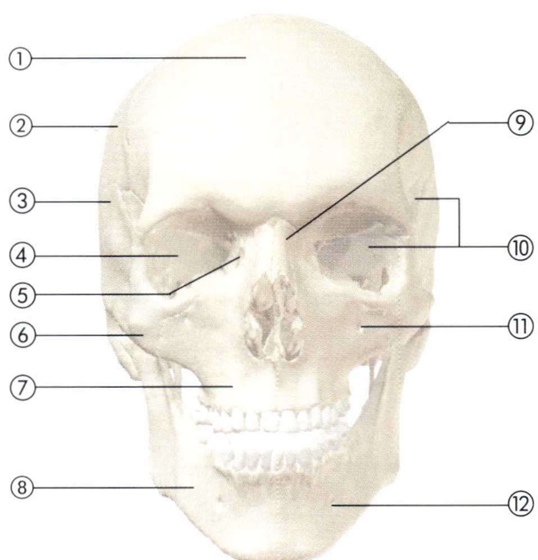

Beim Erwachsenen sind alle Schädelknochen – mit Ausnahme des Unterkiefers (Mandibula) – durch Nähte (Suturae), d. h. unbewegliche Gelenke (Haften), miteinander verbunden. Bei den Schädelnähten sind die Knochenränder wie Teile eines Puzzles ineinander verzahnt und bilden eine straffe, unbewegliche Hafte. Dank der dünnen Schädelknochen sowie der luftgefüllten Hohlräume (Sinus) in manchen Knochen des Hirn- und Gesichtsschädels bleibt der Schädel leicht.

DER SCHÄDEL

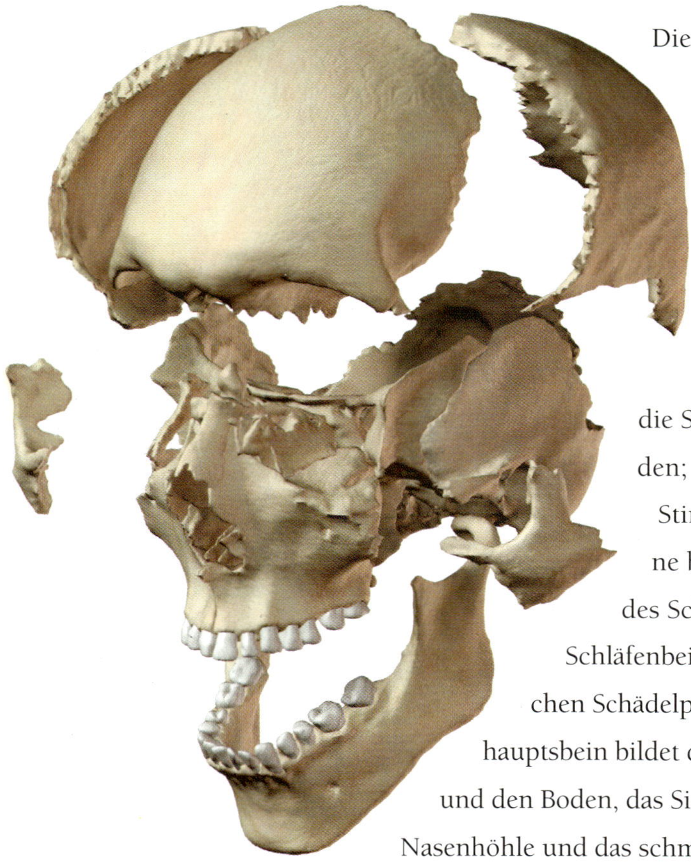

„Explosions"-Ansicht des Schädels. Sie zeigt die Schädelknochen und ihre gezackten, in den Schädelnähten miteinander verzahnten Ränder.

Die acht Hirnschädelknochen tragen und schützen das Gehirn. Das Schädeldach (Calvaria) bildet die obere, seitliche und hintere Schädelwand; die Schädelbasis den Boden; das Stirnbein die Stirn. Zwei Scheitelbeine bilden die Seitenteile des Schädeldachs, zwei Schläfenbeine die unteren seitlichen Schädelpartien; das Hinterhauptsbein bildet die Schädelrückseite und den Boden, das Siebbein einen Teil der Nasenhöhle und das schmetterlingsförmige Keilbein den Mittelteil der Schädelbasis als Schlussstein, der die anderen Schädelknochen zusammenhält. Die 14 Knochen des Gesichtsschädels bilden auch die Einlassöffnungen für Nahrung und Luft. Die an ihnen angehefteten Muskeln bewegen die Gesichtshaut und erzeugen den Gesichtsausdruck (Mimik). Zu den paarigen Gesichtsknochen zählen: die Oberkiefer, die auch den Vorderteil des harten Gaumens und den Schlussstein bilden, mit dem alle anderen Gesichtsknochen (außer dem Unterkiefer) in gelenkiger Verbindung stehen; die Jochbeine; die Nasenbeine, die den Nasensattel bilden; die einen Teil der Augenhöhle bildenden Tränenbeine; die Gaumenbeine, aus denen der hintere Teil des harten Gaumens besteht; und die unteren Nasenmuscheln in der Nasenhöhle. Unpaare Gesichtsknochen sind das Pflugscharbein der Nasenscheidewand sowie der Unterkiefer. Die Zähne stecken in den Zahnfächern des Ober- und Unterkiefers.

Knochen als chemische Fabriken

Die Knochen haben nicht nur als Stützgerüst, Organschutz und im Bewegungsapparat wichtige Aufgaben, sie spielen auch eine lebenswichtige Rolle als Kalziumspeicher und bei der Blutbildung. Kalzium ist – wie Eisen und Zink – eines von etwa 20 Mineralen aus der Nahrung, die für das normale Funktionieren des Körpers unerlässlich sind. 99 Prozent des Kalziumvorrates sind in den Knochen gespeichert. Kalzium gibt Knochen und Zähnen die Härte, wird für die Muskelkontraktion sowie die Übertragung von Nervenimpulsen und für die Blutgerinnung gebraucht. Für die Erhaltung eines konstanten Kalziumspiegels im Blut sorgen zwei Hormone (siehe S. 110) mit entgegengesetzter Wirkung: Das eine sorgt für die Freisetzung von Kalzium aus den Knochen in den Blutstrom, das andere für den Abzug von Kalzium aus dem Blut und seine Speicherung in den Knochen. Die Blutzellen – rote und weiße Blutkörperchen sowie Blutplättchen (siehe S. 124) – werden vom roten Knochenmark gebildet, das bei Erwachsenen in den Schädelknochen, Wirbeln, Schlüsselbeinen, im Brustbein, in den Rippen, Schulterblättern, im Becken und in den oberen Enden des Oberschenkel- und Oberarmknochens vorhanden ist. Bei gesunden Erwachsenen werden pro Sekunde etwa 2 Millionen rote Blutkörperchen gebildet.

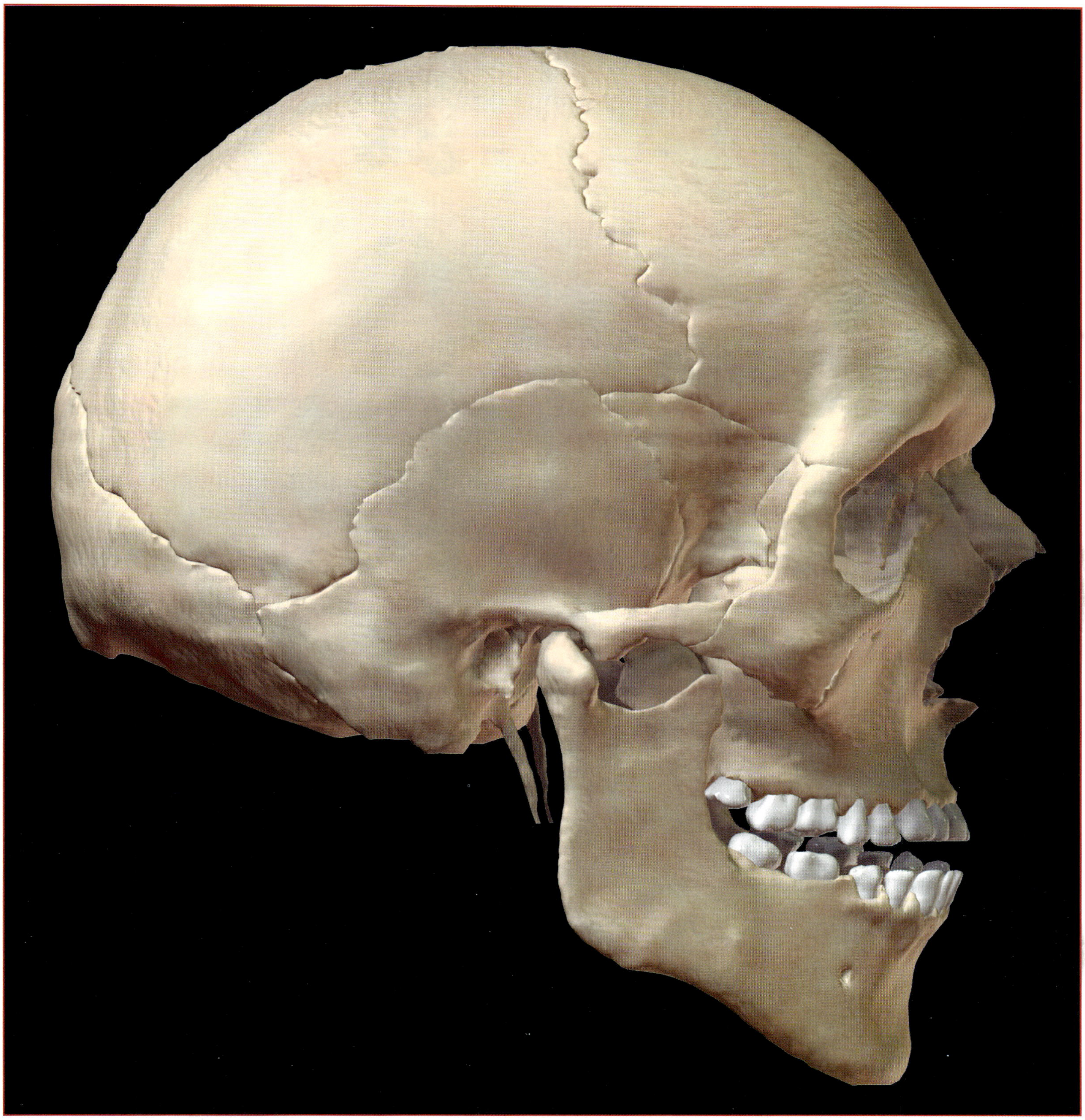

Schädel, Ansicht von lateral. Auf diesem Bild sind die Schädelnähte zwischen den Schädelknochen deutlich zu sehen.

① Os parietale (Scheitelbein)
② Sutura squamosa (Schuppennaht)
③ Os temporale (Schläfenbein)
④ Sutura lambdoidea (Lambdanaht)
⑤ Os occipitale (Hinterhauptsbein)
⑥ Meatus acusticus externus (äußerer Gehörgang)
⑦ Processus styloideus (Griffelfortsatz des Schläfenbeins)
⑧ Mandibula (Unterkiefer)
⑨ Sutura coronalis (Kranznaht)
⑩ Os frontale (Stirnbein)
⑪ Os sphenoidale (Keilbein)
⑫ Os ethmoidale (Siebbein)
⑬ Os nasale (Nasenbein)
⑭ Os lacrimale (Tränenbein)
⑮ Os zygomaticum (Jochbein)
⑯ Maxilla (Oberkiefer)

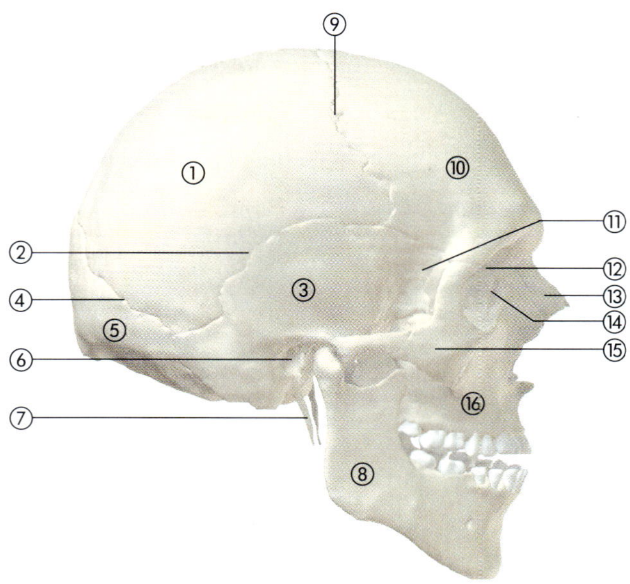

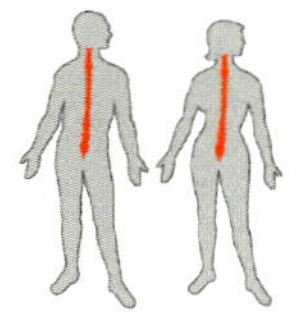

ALS STARKER, ABER BIEGSAMER STAB AUS VIELEN EINZELKNOCHEN, DEN WIRBELN, BILDET DIE WIRBELSÄULE (AUCH ALS RÜCKGRAT BEZEICHNET) DIE STÜTZE FÜR KOPF UND RUMPF. DIE GELENKE ZWISCHEN JE ZWEI BENACHBARTEN WIRBELN LASSEN ZWAR EINZELN NUR BEGRENZTE BEWEGUNGEN ZU, INSGESAMT ERGEBEN SIE JEDOCH EINE BEACHTLICHE BIEGSAMKEIT.

DIE WIRBELSÄULE

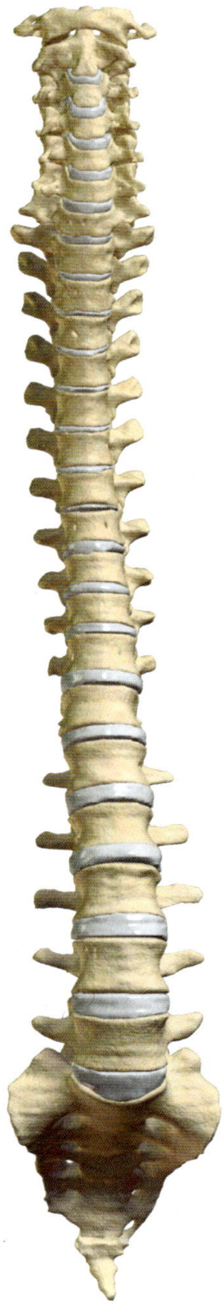

Diese Vorderansicht zeigt einige der Fortsätze, an denen Muskeln und Bänder ansetzen, die die Wirbelsäule halten.

Die Wirbelsäule erstreckt sich vom Schädel bis zu ihrer Verankerung im Becken (siehe S. 54), durch das sie das Gewicht von Kopf und Stamm auf die Beine überträgt. Sie umschließt und schützt das empfindliche Rückenmark (siehe S. 96), das vom kaudalen Ende des Gehirns abwärts verläuft. Die Seitenansicht zeigt die S-förmige Krümmung, die der Wirbelsäule die Stärke und Biegsamkeit einer Sprungfeder verleiht, den Stamm genau über den Füßen und damit besser im Gleichgewicht hält und bei der Fortbewegung als Stoßdämpfer wirkt.

Erwachsene haben 26 Wirbel (davon 24 freie; die zwei übrigen– das Kreuzbein und das Steißbein – sind Verschmelzungen von Einzelwirbeln. Der Aufbau ist im Prinzip bei allen Wirbeln gleich.

Der kleine pfeilerförmige, gewichtstragende Wirbelkörper (Corpus) setzt sich nach hinten im ringförmigen Wirbelbogen (Arcus) fort; gemeinsam umschließen sie das Wirbelloch (Foramen vertebrale), durch welches das Rückenmark zieht. Zwei Querfortsätze und ein Dornfortsatz bilden die Ansatzstellen für die Bänder und Rückenmuskeln, die die Wirbelsäule vor zu starker Beugung schützen und sie aufrecht halten. Jeweils zwischen zwei benachbarten Wirbelkörpern liegen die Zwischenwirbelscheiben (Bandscheiben), Knorpelscheiben mit einem Gallertkern, die Bewegung in geringem Umfang ermöglichen und als elastische Puffer Stöße beim Gehen, Laufen oder Springen abfangen.

Die Wirbel werden nach ihrer Lage, Größe, Form und Rolle in fünf Gruppen eingeteilt. Der biegsame Hals besteht aus 7 Halswirbeln, von denen der oberste, der Atlas, mit dem Schädel ein Gelenk bildet, das Nickbewegungen (Ja-Nicken) ermöglicht, und mit dem 2. Halswirbel (Axis) ein Radgelenk (siehe S., 50), das das Kopfschütteln (Nein-Bewegung) zulässt. Den mittleren Abschnitt der Wirbelsäule bilden die 12 Brustwirbel, die gelenkig mit den Rippen verbunden sind. Die Hauptlast des Gewichts von Kopf und Rumpf tragen die anschließenden 5 kräftigen Lendenwirbel. Das dreieckige Kreuzbein, eine Verschmelzung von 5 Sakralwirbeln, bildet kräftige Gelenke mit den Beckenknochen. Das Steißbein besteht aus 3-5 verschmolzenen Wirbeln.

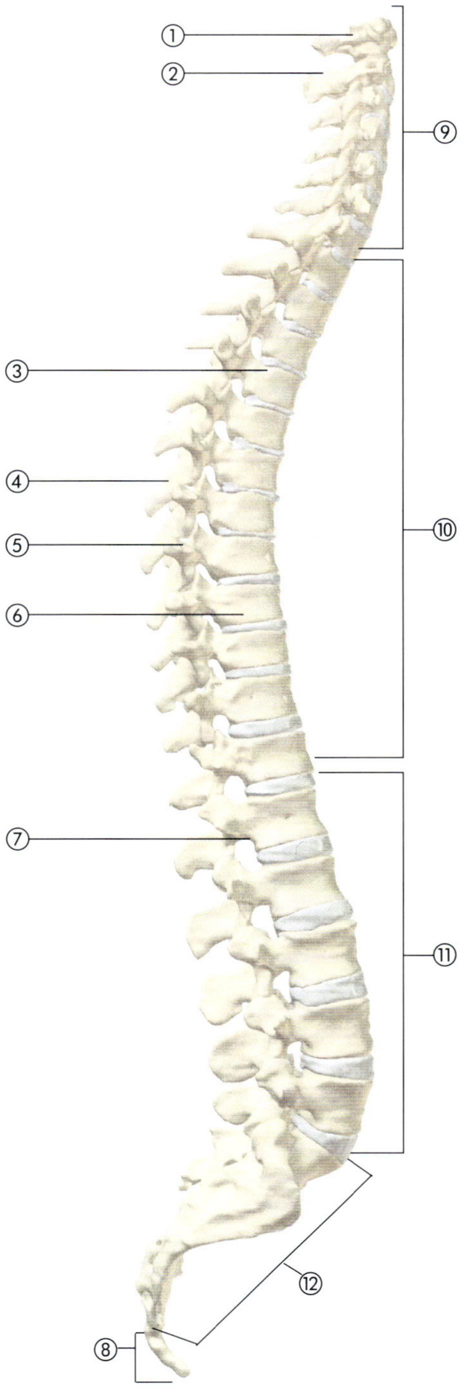

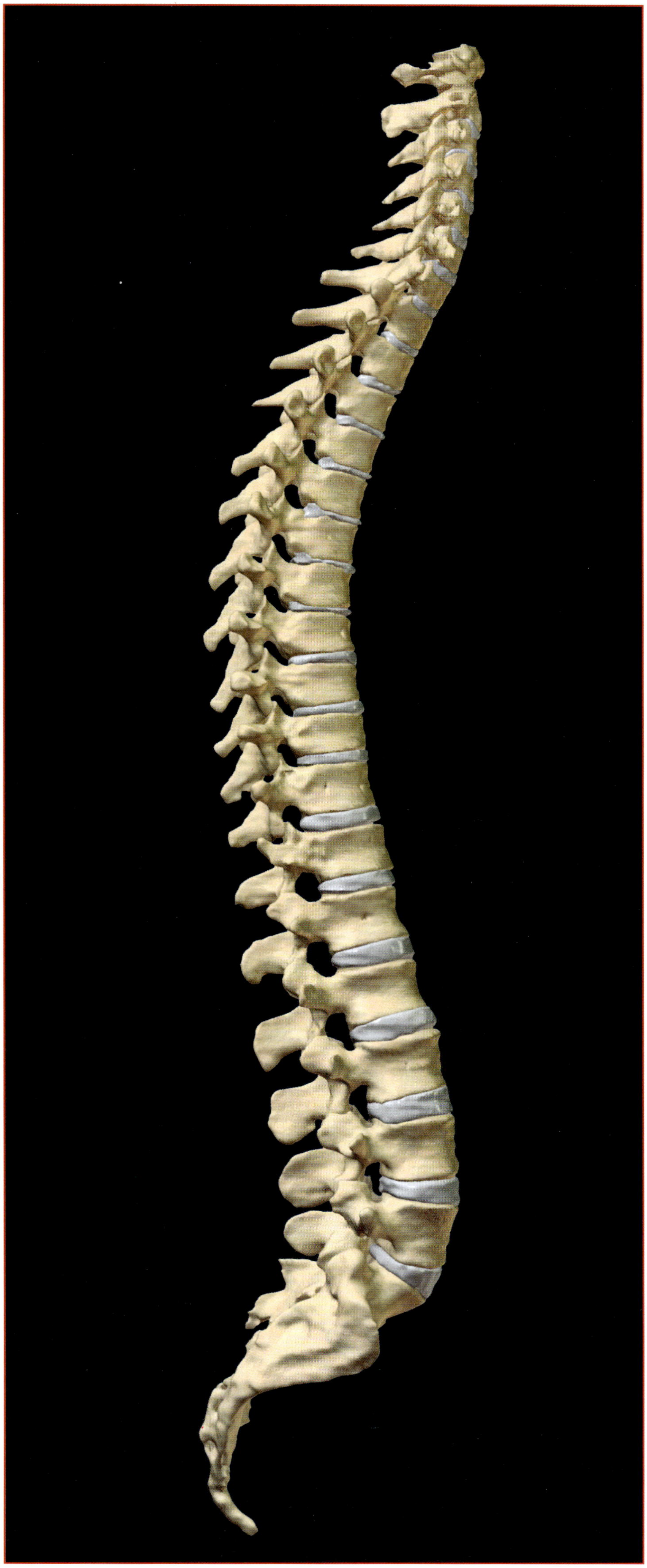

① Atlas (Träger)
② Axis (Dreher)
③ Corpus vertebrae thoracicae (Wirbelkörper eines Brustwirbels)
④ Processus spinosus (Dornfortsatz)
⑤ Processus transversus (Querfortsatz)
⑥ Discus intervertebralis (Zwischenwirbel- oder Bandscheibe)
⑦ Foramen intervertebrale (Zwischenwirbelloch)
⑧ Os coccygis (Steißbein)
⑨ Vertebrae cervicales (7 Halswirbel)
⑩ Vertebrae thoracicae (12 Brustwirbel)
⑪ Vertebrae lumbales (5 Lendenwirbel)
⑫ Os sacrum (Kreuzbein)

Die Seitenansicht (rechts) der Wirbelsäule lässt die vier Krümmungen erkennen, die zusammen die S-Form ergeben.

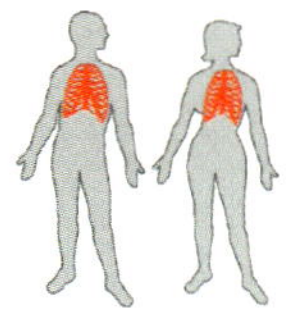

WARUM DER KNÖCHERNE THORAX AUCH BRUSTKORB ODER RIPPENKÄFIG HEISST, IST HIER KLAR ZU SEHEN. ER BIETET SCHUTZ FÜR HERZ, LUNGE UND EINEN GROSSTEIL VON MAGEN UND LEBER IM OBERBAUCH. DER BRUSTKORB IST ABER AUCH ELASTISCH GENUG, UM DAS HEBEN UND SENKEN DES BRUSTKORBS BEIM ATMEN (SIEHE S. 132) ZU ERMÖGLICHEN, DAS LUFT IN DIE LUNGE BZW. AUS IHR HERAUSSTRÖMEN LÄSST.

DER BRUSTKORB

Unten: Brustkorb, Ansicht von dorsal (links) und von lateral (rechts); gegenüberliegende Seite: Ansicht von ventral mit dem Brustbein.

Der Brustkorb besteht aus 12 Rippenpaaren, die mit den 12 Brustwirbeln (siehe S. 46) gelenkig verbunden sind, und aus dem Brustbein an der Vorderseite. Die Rippen sind flache Knochen, die so gekrümmt und leicht verdreht sind, dass sie abwärts und nach vorne zur Brustvorderwand verlaufen. Das rückwärtige Ende jeder Rippe ist mit den entsprechenden Brustwirbeln durch ein flaches Gelenk (siehe S. 50), das als Rippen-Wirbel-Gelenk bezeichnet wird und eingeschränkte Gleitbewegungen ermöglicht, verbunden. Am Vorderende sind die oberen 10 Rippenpaare mit dem Brustbein entweder direkt oder indirekt durch hyaline Rippenknorpel verbunden, die gemeinsam mit den Rippen-Wirbel-Gelenken die hohe Beweglichkeit des Brustkorbs bewirken. Die Rippenpaare 1-7 (die sog. „echten" Rippen) sind mit dem Brustbein durch Rippenknorpel verbunden. Die übrigen werden als „falsche" Rippen bezeichnet: bei den Rippenpaaren 8-10 sind die Rippenknorpel durch den Rippenbogen miteinander und mit dem Rippenknorpel der 7. Rippe verbunden; die Rippenpaare 11 und 12, die sog. „freien" Rippen, sind nur an der Wirbelsäule befestigt; ihr Vorderende läuft in den Bauchmuskeln aus.

Das dolchförmige Brustbein besteht aus drei Teilen. Der oberste (Handgriff; Manubrium sterni) hat eine Einziehung (Incisura jugularis) und ist mit den Schlüsselbeinen, die zum Schultergürtel (siehe S. 50) gehören, und mit den ersten Rippen verbunden. Der Mittelteil (Corpus sterni) ist dort, wo er mit den Knorpeln der Rippen 3-7 gelenkig verbunden ist, eingekerbt. Am Knick zwischen Brustbein-Handgriff und -Körper, dem sog. Louis-Winkel (Angulus sterni) ermöglicht ein scharnierähnliches Knorpelgelenk, dass der Brustbein-Körper beim Einatmen nach außen schwingt. Das untere Ende des Brustbeins, der Schwertfortsatz, hat mit keiner Rippe Kontakt.

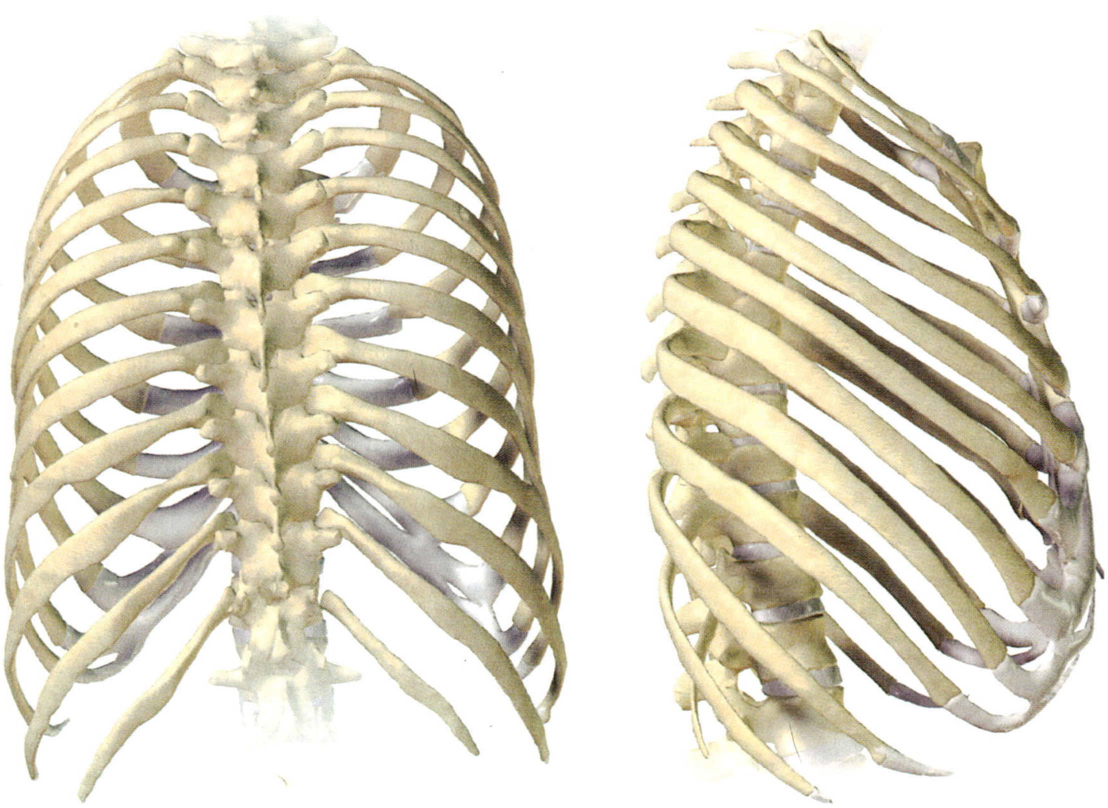

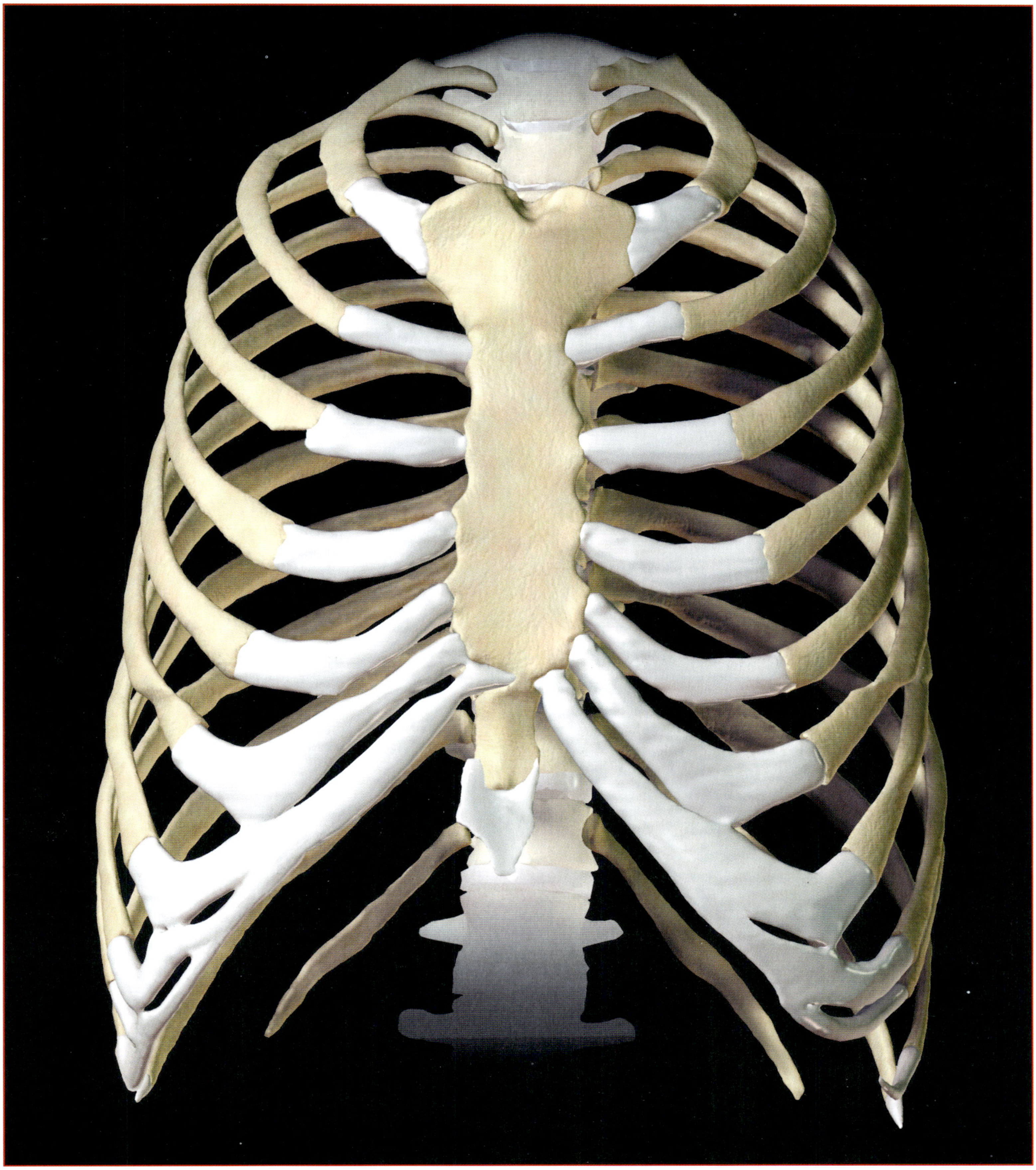

Vorderansicht des Brustkorbs. Das elastische Skelett der Brustwand besteht aus Knochen und Knorpeln. Es umhüllt und schützt die empfindlichen Brustorgane, lässt aber auch genug Bewegungsspielraum für die Atmung.

1. Incisura clavicularis
2. Angulus sterni (Louis-Winkel)
3. Corpus sterni (Brustbeinkörper)
4. Processus xiphoideus (Schwertfortsatz)
5. Articulatio sternocostalis (Rippen-Wirbel-Gelenk)
6. Costae spuriae (unechte Rippen)
7. Vertebra thoracica I (1. Brustwirbel)
8. Manubrium sterni (Brustbein-Handgriff)
9. Costa vera (echte Rippe)
10. Cartilago costalis (Rippenknorpel)
11. Vertebra thoracica XII (12. Brustwirbel)
12. Costa fluitans (freie Rippe)

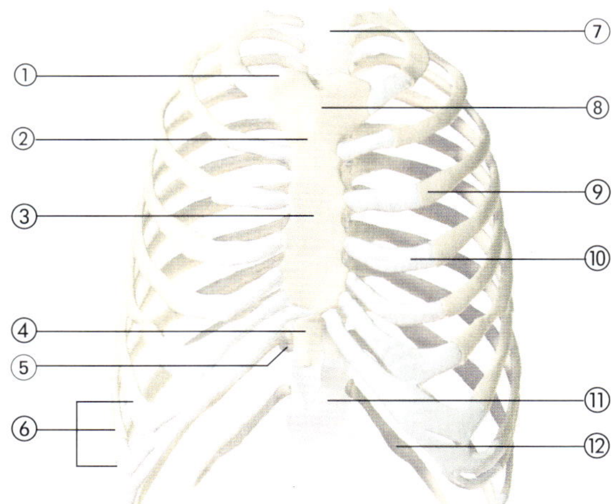

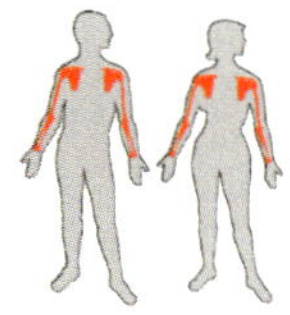

ANDERS ALS ANDERE SÄUGETIERE GEHEN MENSCHEN AUF DEN „HINTERBEINEN". DIE „VORDERBEINE" DES MENSCHEN SIND DAHER FREI FÜR DAS GREIFEN UND WIE DER DAMIT VERBUNDENE SCHULTERGÜRTEL FÜR GREIFBEWEGUNGEN STATT FÜR DIE FORTBEWEGUNG AUSGEBILDET.

SCHULTER UND ARM

Jeweils zwei Knochen bilden eine Schulter: das Schlüsselbein und das Schulterblatt. Zusammen bilden sie je eine Hälfte des Schultergürtels, der den Arm mit dem Achsenskelett verbindet. Der Schultergürtel ist wesentlich leichter und beweglicher als der Beckengürtel (siehe S. 54) und nicht an der Wirbelsäule befestigt. Das erklärt sich daraus, dass er kein Gewicht zu tragen hat, gibt ihm aber gleichzeitig eine sonst in keiner Körperpartie vorfindbare Beweglichkeit. Das lange, schmale Schlüsselbein bildet an seinem einen Ende mit dem Brustbein (siehe S. 48), am anderen Ende mit dem Schulterblatt ein Gelenk und fungiert als Halterung für die Schulter und den Arm. Das dreieckige Schulterblatt dient als große Ansatzfläche für die Muskeln und weist eine Vertiefung, die sog. Schulterpfanne, auf. Der Oberarmkopf passt in die Schulterpfanne und bildet mit ihr das Schultergelenk, ein Kugelgelenk mit hoher Beweglichkeit. Das Armskelett besteht aus drei Knochen – dem Humerus im Oberarm und der Elle (innen) sowie der Speiche (außen) im Unterarm. Sie sind nicht so kräftig gebaut wie das Femur oder das Schienbein im Bein. An ihren proximalen Enden bilden Elle und Speiche am Ellbogen ein Scharniergelenk mit dem Humerus. Hier bildet die Speiche auch ein Radgelenk mit der Elle; dadurch kann sich die Speiche über die Elle schieben, sodass die Umwendbewegung der Handfläche um 180° möglich wird. Die distalen Enden der Speiche und der Elle sind gelenkig mit den Handwurzelknochen verbunden und bilden mit diesen das Handgelenk.

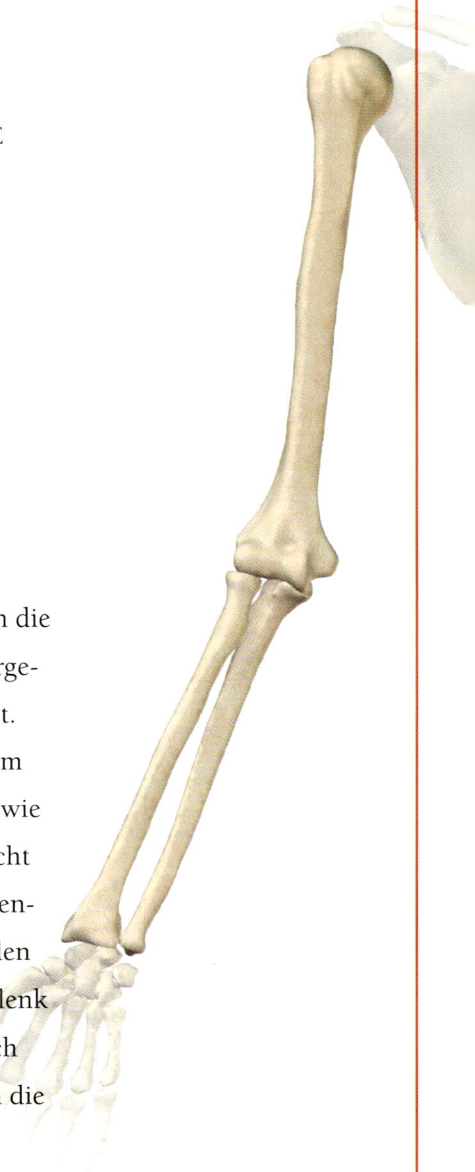

Der Oberarmknochen (Humerus) und die beiden Unterarmknochen bilden ein Scharniergelenk, den Ell(en)bogen.

Gelenke

Ein Gelenk ist eine Verbindung von mindestens zwei Knochen. Die Gelenke gestatten Bewegungen der Knochen und festigen die Verbindungsstelle, denn die Knochenpartner jedes Gelenks werden von starken Bindegewebszügen, den Bändern, zusammengehalten, die zwar straff, aber gleichzeitig geschmeidig und elastisch sind.
Die Haften (Synarthrosen), wie z. B. die Schädelnähte (Suturen), lassen keine – oder fast keine – Bewegung zu. Knorpelgelenke, wie die Zwischenwirbelfugen, gestatten nur eingeschränkte Bewegungen. Echte Gelenke (Diarthrosen), zu denen die meisten Gelenke zählen, sind frei beweglich.
In echten Gelenken macht eine ölige Flüssigkeit, die sog. Gelenkschmiere, den glatten Knorpel, der die Knochenenden überzieht, gleitfähig.
Die verschiedenen Arten der echten Gelenke unterscheidet man nach dem Freiheitsgrad.
Kugelgelenke, wie Schulter- und Hüftgelenk, gestatten Bewegungen in viele Richtungen.
Scharniergelenke, wie Ell(en)bogen, Knie und Fußgelenk, ermöglichen wie ein Türscharnier Bewegungen in einer einzigen Ebene.
Zapfen- oder Radgelenke, wie z. B. das mittlere untere Kopfgelenk zwischen Atlas und Axis am Hals: ein Knochen dreht sich bei dieser Gelenkform um einen anderen.
Flache Gelenke zwischen den Handwurzel- und Fußwurzelknochen ermöglichen nur geringe Bewegungen.
Eigelenke, wie die zwischen Speiche und Handwurzelknochen an der Handwurzel, ermöglichen Bewegungen seit-, vor- und rückwärts.
Sattelgelenke wie das Daumengrundgelenk geben Bewegungsspielraum in zwei Ebenen.

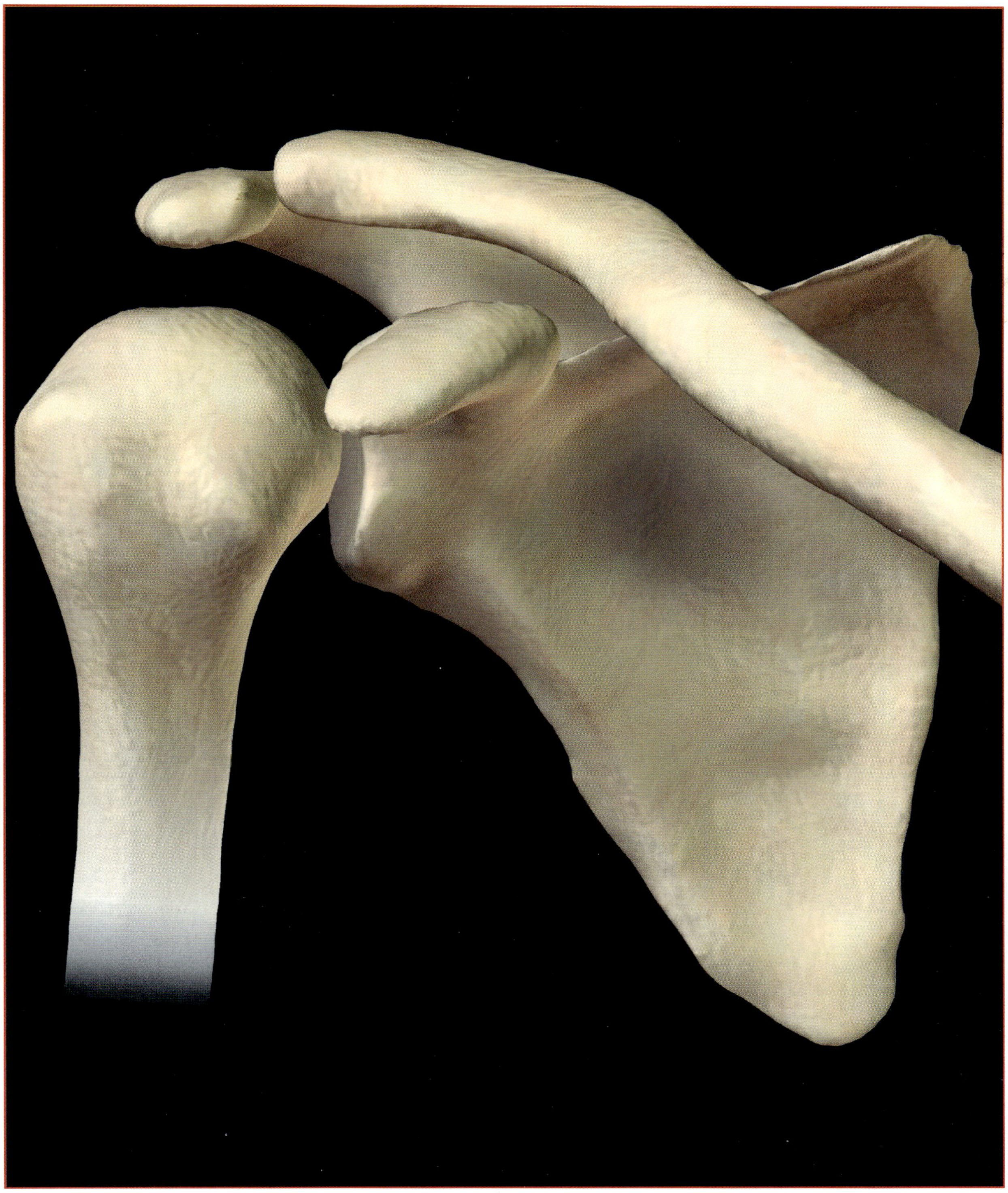

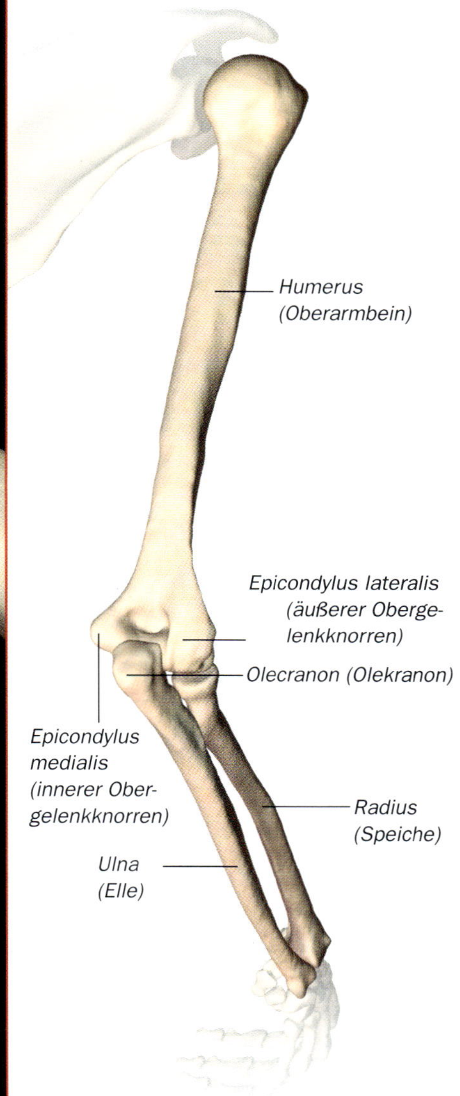

Oben: rechter Arm, Ansicht von dorsal. Im Ellbogengelenk sind vielfältige Unterarmbewegungen möglich.

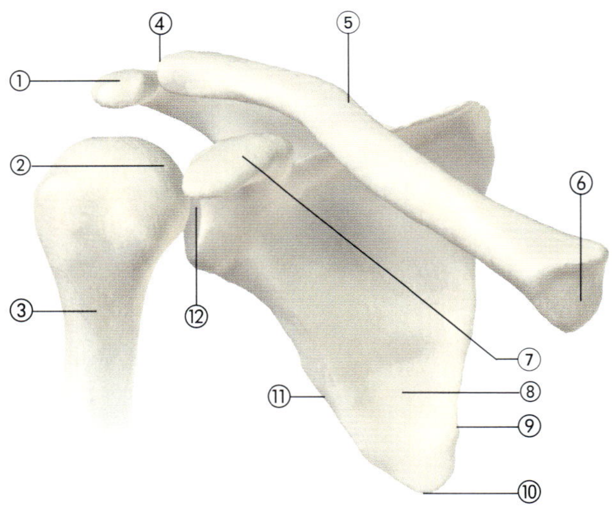

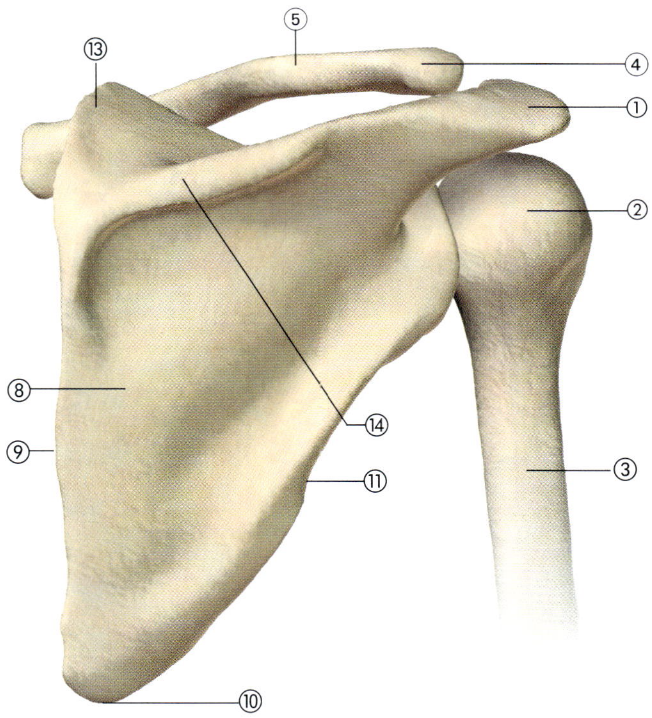

Schulterknochen: Ansicht von ventral (oben) und von dorsal (rechts).

① Acromion
② Caput humeri
③ Corpus humeri
④ Extremitas acromialis claviculae (laterales Schlüsselbeinende)
⑤ Clavicula
⑥ Extremitas sternalis claviculae(mediales Schlüsselbeinende)
⑦ Processus coracoideus (Rabenschnabelfortsatz)
⑧ Scapula (Schulterblatt)
⑨ Margo medialis scapulae (medialer Schulterblattrand)
⑩ Angulus inferior scapulae (unterer Schlüsselbeinwinkel)
⑪ Margo lateralis scapulae
⑫ Cavitas glenoidalis (Schulterpfanne)
⑬ Angulus superior scapulae
⑭ Spina scapulae (Schultergräte)

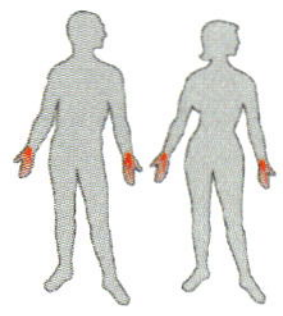

Die Hände sind die beweglichsten und vielseitigsten Körperteile: Stark genug, um schwere Gewichte zu halten und zu packen; präzise genug, um Gemüse mit einem Messer kleinzuschneiden; aber auch fein genug, um Aquarelle zu malen. Diese Vielseitigkeit ergibt sich durch die grosse Zahl, die Formen und die Anordnung der 27 Knochen, aus denen das Handskelett besteht. Die Handknochen gehören drei Gruppen an.

HAND UND HANDGELENK

Die große Zahl kleiner Knochen, aus denen sich die Hand zusammensetzt, verleihen ihr große Beweglichkeit und Vielseitigkeit.

Acht kurze Handwurzelknochen (Carpalia; Ossa carpi) in zwei Reihen bilden die Handwurzel. Sie sind nach ihrer jeweiligen Form benannt. In der proximalen Reihe sind dies: Erbsenbein, Dreieckbein, Mondbein und Kahnbein; in der distalen Reihe Hakenbein, Kopfbein, kleines und großes Vieleckbein. Das Erbsenbein (ein Sesambein) kann als Vorsprung am Rand der unteren Reihe ertastet und betrachtet werden. Die Handwurzelknochen bilden eine Brücke zwischen den Knochen des Unterarms und denen der Handfläche und Finger. Sie sind durch flache Gelenke miteinander verbunden, doch ist ihre Verschiebbarkeit durch straffe Bänder eingeschränkt.

Die fünf Mittelhandknochen (Metacarpalia; Ossa metacarpi) sind Röhrenknochen. Der Mittelhandknochen des Daumens bildet mit dem großen Vieleckbein ein Sattelgelenk, das dem Daumen erhöhte Beweglichkeit verleiht: Er kann über die Handfläche streichen oder aber die Finger berühren bzw. sich ihnen gegenüberstellen. Dank dieser Befähigung, den Daumen als Gegensteller zu den anderen Fingern einzusetzen (Opposition), kann die Hand präzise Bewegungen ausführen und kräftig zupacken. Die distalen Enden (Köpfe) der Mittelhandknochen sind als Knöchel bei geschlossener Faust zu sehen.

Die Finger (Digiti) einschließlich des Daumens (Pollex) bestehen aus insgesamt 14 Röhrenknochen, den Fingergliedern (Phalangen). Jeder Finger besteht aus drei Gliedern – Grund-, Mittel- und Endglied; nur der Daumen hat lediglich zwei (Grund- und Endglied). Die vielen Gelenke – Kugelgelenke bei den Fingergrundgelenken bzw. Scharniergelenke zwischen den Fingergliedern – ermöglichen vielerlei Bewegungen.

Enchondrale Ossifikation

Ossifikation nennt man den Vorgang der Knochenbildung sowohl vor der Geburt als auch im Babyalter, in der Kindheit und Jugend. Der Großteil der Knochen – abgesehen von den Schädelknochen und den Schlüsselbeinen (siehe S. 42-45 und 50) – entsteht durch sog. enchondrale („im Knorpel" stattfindende) Ossifikation. Zunächst wird das Skelett aus Bindegewebs-„Schablonen" gebildet. Allmählich werden diese Knorpelmodelle abgebaut und durch kompaktes und schwammartiges, von den Osteoblasten gebildetes Knochengewebe ersetzt. Während der Kindheit werden die Knochen länger und dicker und ermöglichen so das Längenwachstum. Gegen Ende der Pubertät, wenn das Längenwachstum aufhört, ist die Knochenbildung weitgehend abgeschlossen.

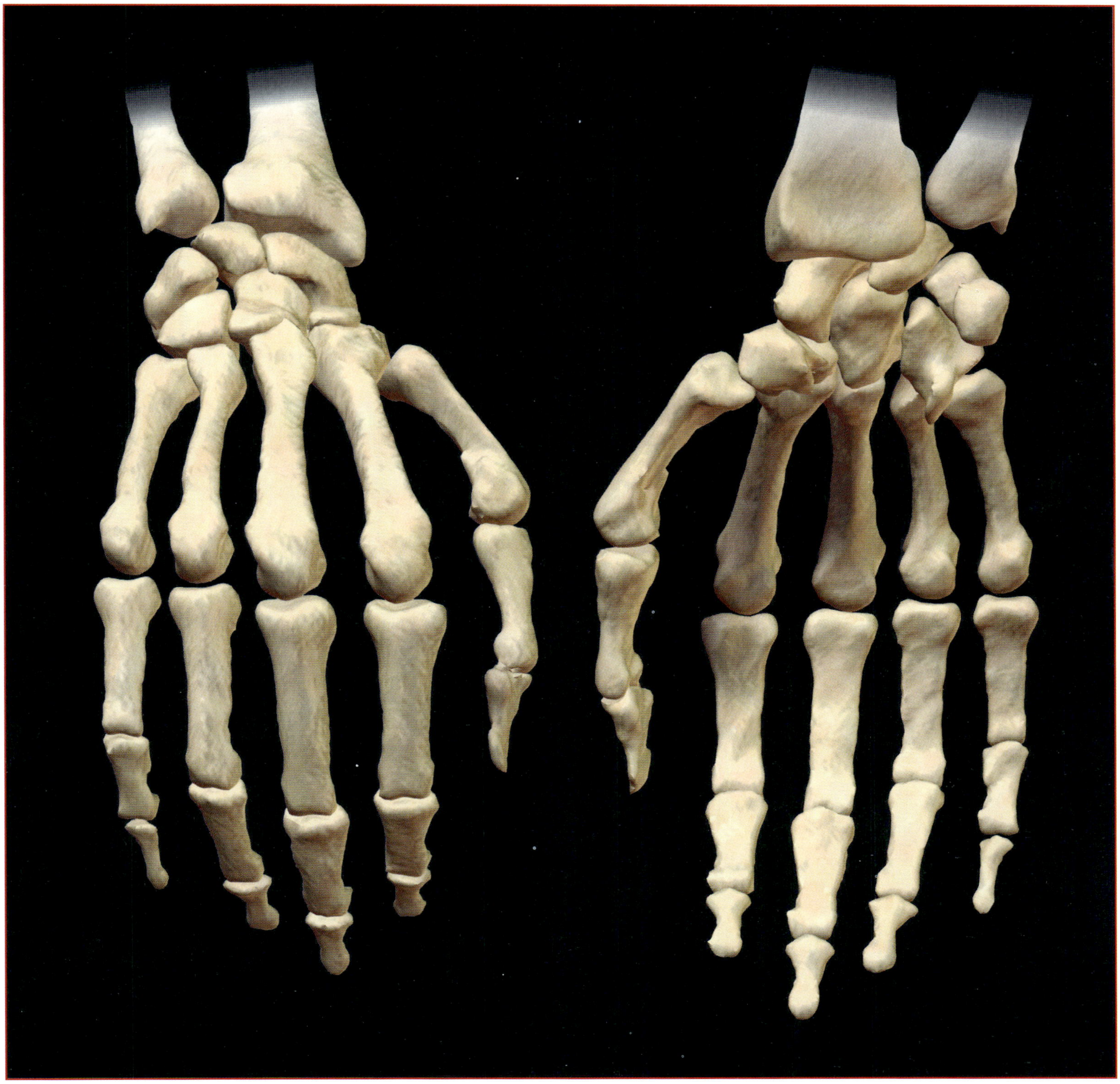

Skelett der rechten Hand: Links ist die Ansicht von dorsal (Handrücken), rechts die Ansicht von palmar (Hohlhand) abgebildet.

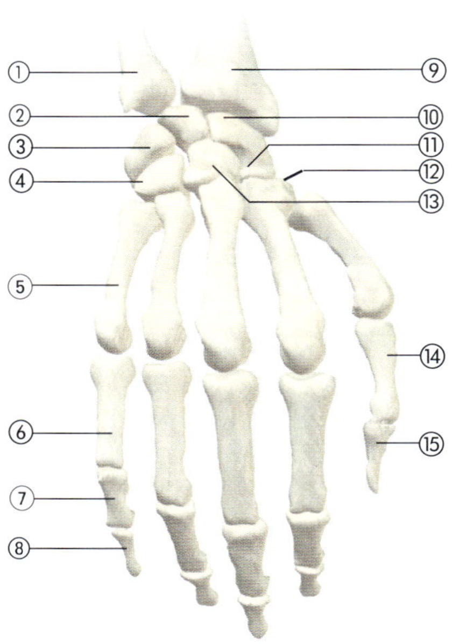

Handskelett, Ansicht von dorsal

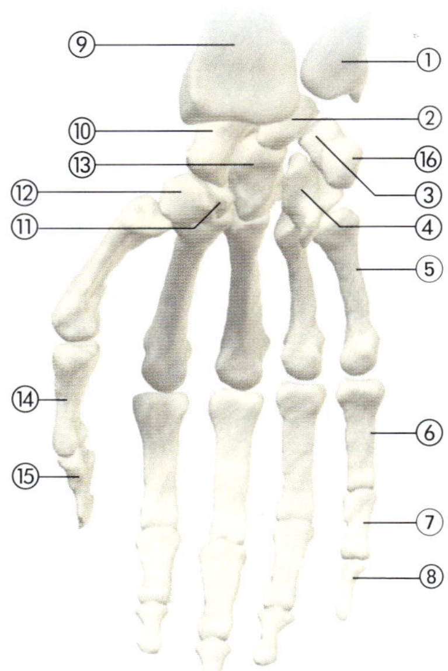

Handskelett, Ansicht von palmar

1. Ulna (Elle)
2. Os lunatum (Mondbein)
3. Os triquetrum (Dreieckbein)
4. Os hamatum (Hakenbein)
5. Os metacarpi V (Mittelhandknochen des Kleinfingers)
6. Phalanx proximalis digiti minimi (Kleinfingergrundglied)
7. Phalanx media digiti minimi (Kleinfingermittelglied)
8. Phalanx distalis digiti minimi (Kleinfingerendglied)
9. Radius (Speiche)
10. Os scaphoideum (Kahnbein)
11. Os trapezoideum (kleines Vieleckbein)
12. Os trapezium (großes Vieleckbein)
13. Os capitatum (Kopfbein)
14. Phalanx proximalis pollicis (Daumengrundglied)
15. Phalanx distalis pollicis (Daumenendglied)
16. Os pisiforme (Erbsenbein)

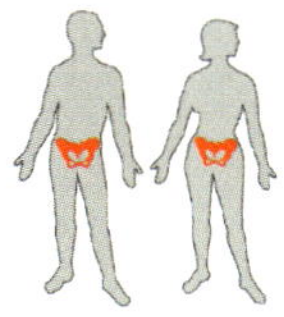

Das Becken bildet die Last- und Kraftübertragungsstelle zwischen Rumpf und unterer Extremität. Der knöcherne Beckenring besteht aus den beiden Hüftbeinen sowie dem Kreuzbein und dem Steissbein, den beiden untersten Abschnitten der Wirbelsäule. Das Becken hält den Körper aufrecht, überträgt aber auch das Rumpfgewicht auf die Beine sowie – in umgekehrter Richtung – die bei Bewegung entstehenden Kräfte. Es stützt und schützt die Fortpflanzungsorgane und die Harnblase im Unterbauch. Seine grosse Oberfläche ist die Anheftungsstelle mächtiger Muskeln, wie des Gluteus maximus (grosser Gesässmuskel), der von dort in die Beine zieht.

DAS BECKEN

Weibliches (links) und männliches (rechts) Becken, Ansicht von oben . Das weibliche Becken ist breiter und runder als das herzförmige männliche und dadurch seiner besonderen Rolle bei der Geburt angepasst.

Jedes Hüftbein besteht aus drei während der Pubertät miteinander verschmelzenden Knochen – dem Darmbein, Sitzbein und Schambein. Das Darmbein, das den größten Teil des Hüftbeins ausmacht, ist durch das Iliosakralgelenk (Kreuzbein-Darmbein-Gelenk) an der Beckenrückwand mit dem Kreuzbein verbunden. Das darunter und rückwärts davon liegende Sitzbein trägt das Körpergewicht, wenn man sitzt. An der Beckenvorderseite bildet die Schambeinfuge, eine knorpelige Scheibe, die Verbindung zwischen den beiden Schambeinen. Bänder verstärken das Kreuzbein-Darmbein-Gelenk und die Schambeinfuge. An der Außenseite des Hüftbeins, wo Darmbein, Sitzbein und Schambein aneinanderstoßen, liegt die Hüftpfanne (Acetabulum). Mit dem Femurkopf bildet sie das Hüftgelenk, das von kräftigen Bändern umspannt wird und daher weniger Bewegungsfreiheit bietet als das Schultergelenk (siehe S. 50).

Das Becken ist bei Mann und Frau unterschiedlich ausgebildet. Das weibliche Becken ist flacher und die Öffnung in der Mitte – der Beckeneingang – ist runder und breiter als die entsprechende – herzförmige – beim Mann. Das Kreuzbein ist bei der Frau ebenfalls breiter und kürzer, der Schambogen daher weiter. Diese Unterschiede sind wichtig für den Geburtsvorgang. Der Beckeneingang muss groß genug sein, damit der Kopf des Kindes bei der Geburt passieren kann.

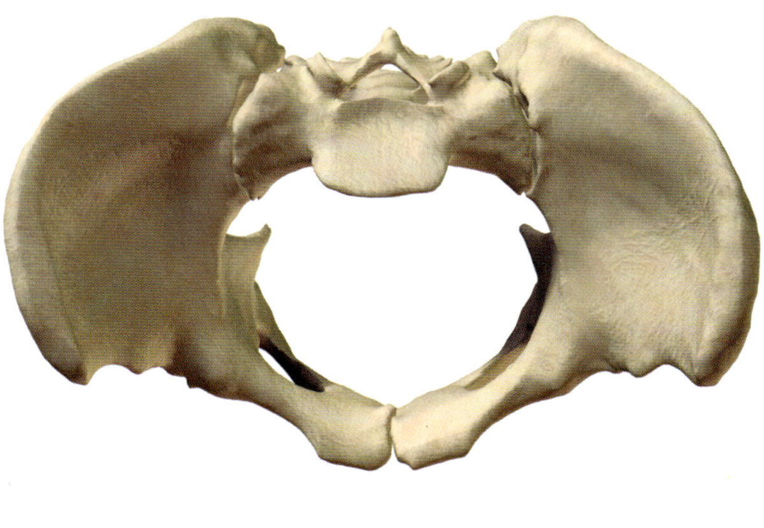

Weibliches Becken

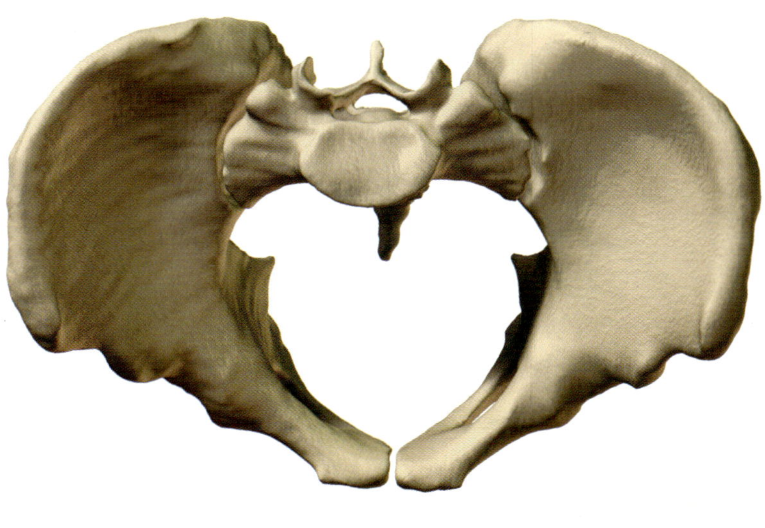

Männliches Becken

Weibliches (oben) und männliches Becken (unten), Ansicht von ventral. Das Becken nimmt innerhalb des Skeletts eine Schlüsselstellung ein. Es ist nicht nur die Verbindungsstelle zwischen Rumpf und unterer Extremität, sondern liefert auch große Ansatzflächen für die Muskeln und umhüllt schützend die Harnblase und die Geschlechtsorgane.

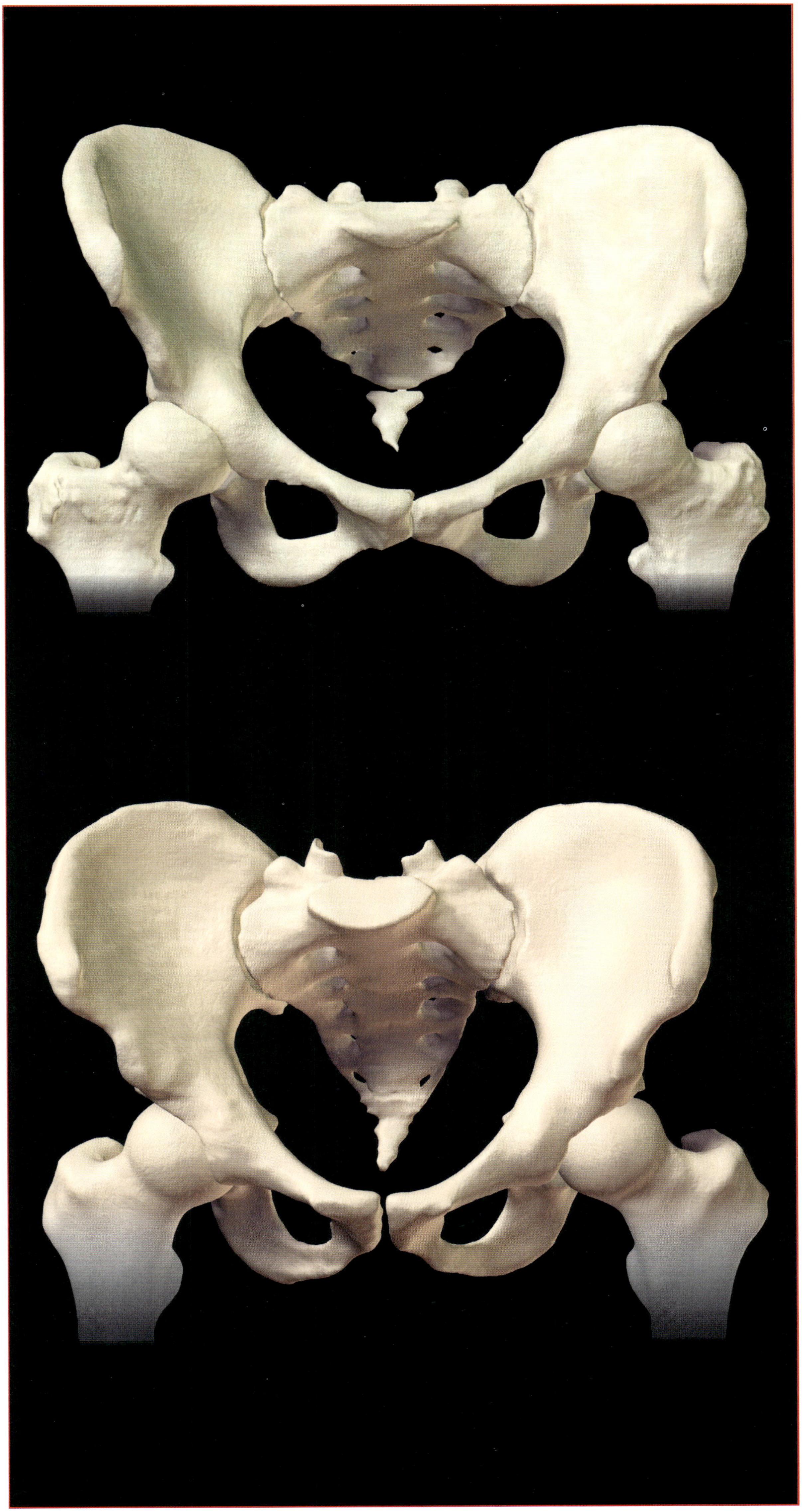

Weibliches Becken

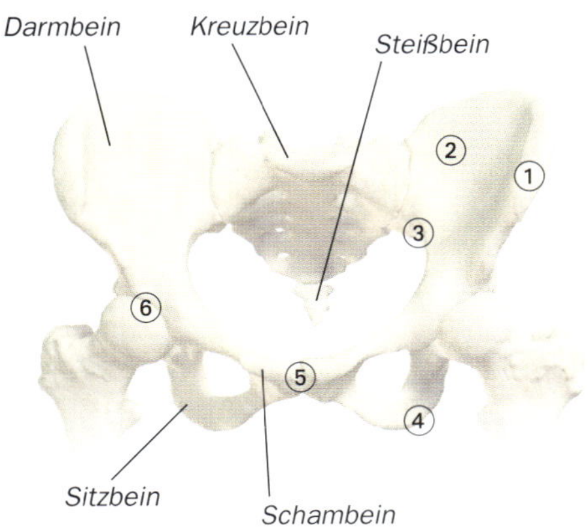

Männliches Becken

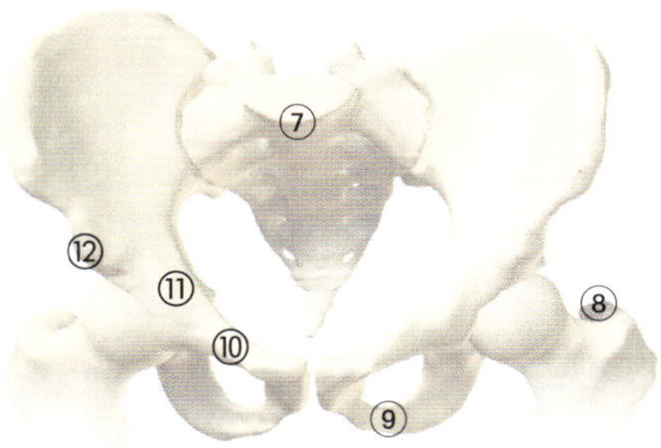

1. Crista iliaca (Darmbeinkamm)
2. Fossa iliaca (Darmbeingrube)
3. Incisura ischiadica major (große Darmbeineinkerbung)
4. Tuberositas (Rauigkeit des Sitzbeins)
5. Symphysis pubica (Schambeinfuge)
6. Acetabulum (Hüftpfanne)
7. Promontorium des Kreuzbeins
8. Trochanter major (großer Rollhügel) des Oberschenkelbeins
9. Ramus inferior ossis pubis (unterer Schambeinast)
10. Ramus superior ossis pubis (oberer Schambeinast)
11. Eminentia iliopubica
12. Spina iliaca anterior inferior (vorderer unterer Darmbeinstachel)

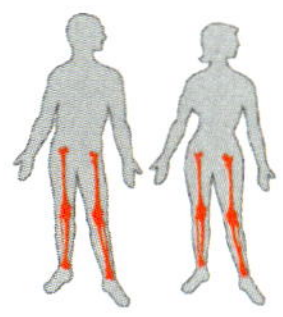

OBERE UND UNTERE GLIEDMASSEN HABEN ZWAR GEMEINSAMKEITEN, Z. B. DIE ZAHL DER KNOCHEN (30) UND DIE BAUWEISE, JEDOCH UNTERSCHIEDLICHE AUFGABEN. DIE LÄNGEREN, STÄRKEREN KNOCHEN UND BREITEN FÜSSE DER UNTEREN EXTREMITÄT SORGEN FÜR STANDFESTIGKEIT, TRAGEN DAS GEWICHT UND NEHMEN DIE BEIM LAUFEN UND SPRINGEN FREIGESETZTEN KRÄFTE AUF. DAS BEIN GLIEDERT SICH IN DEN OBERSCHENKEL, UNTERSCHENKEL UND FUSS (SIEHE S. 216-221).

BEIN UND FUSSGELENK

Das Oberschenkelbein (Femur) ist der größte Knochen und trägt das Körpergewicht. Der abgerundete Schenkelkopf paßt genau in die Hüftpfanne (siehe S. 55) seitlich im Becken und bildet mit diesem ein durch straffe Bänder verstärktes Kugelgelenk. Der Schenkelhals sitzt angewinkelt auf dem langen Schaft, der – wie bei anderen Knochen – zur Erhöhung der Belastbarkeit leicht gebogen ist. Wo der Schenkelhals in den Schaft mündet, befinden sich der große und der kleine Rollhügel, Ansatzstellen für die Schenkel- und Gesäßmuskeln. Am distalen Ende verbreitert sich das Femur zum äußeren und inneren Obergelenkknorren, die mit den Unterschenkelknochen ein Scharniergelenk, das Kniegelenk, bilden. Die Kniescheibe, ein dreieckiges Sesambein, eingelagert in die Sehnen des vierköpfigen Oberschenkelmuskels (siehe S. 84), schützt die Vorderseite des Kniegelenks. Das Schienbein ist der kräftigere der beiden Unterschenkelknochen und überträgt das Gewicht des Körpers auf das Fußgelenk. An seinem proximalen Ende bilden äußerer und innerer Gelenkknorren (Condylus) mit dem Femur das Kniegelenk, das distale Ende mit dem Sprungbein ein Scharniergelenk – das obere Sprunggelenk. Der andere Unterschenkelknochen, das Wadenbein, ist an beiden Enden mit dem Schienbein gelenkig verbunden.

Anders als bei den Unterarmknochen gewähren diese Gelenke keinen Bewegungsspielraum, sondern sorgen für Standfestigkeit. Der Innenknöchel des Schienbeins und der Außenknöchel des Wadenbeins bilden die charakteristischen Knochenvorsprünge beidseits des Fußgelenks.

Knochenumbau und -reparatur

Form und Größe der Knochen bleiben nicht das ganze Leben lang gleich. Die Knochen bestehen nämlich aus dynamischen und aktiven Geweben, die sich ständig erneuern. Diesen Knochenumbau bewirken zwei entgegengesetzt wirkende Prozesse: die Knochenneubildung durch Osteoblasten und der Knochenabbau durch Osteoklasten (siehe S. 40). Die Knochenform wird zur Anpassung an mechanische Belastung durch Muskelbeanspruchung und durch die Schwerkraft verändert. Die Neubildung von Knochen ermöglicht auch das Ausheilen von Knochenbrüchen (Kallusbildung).

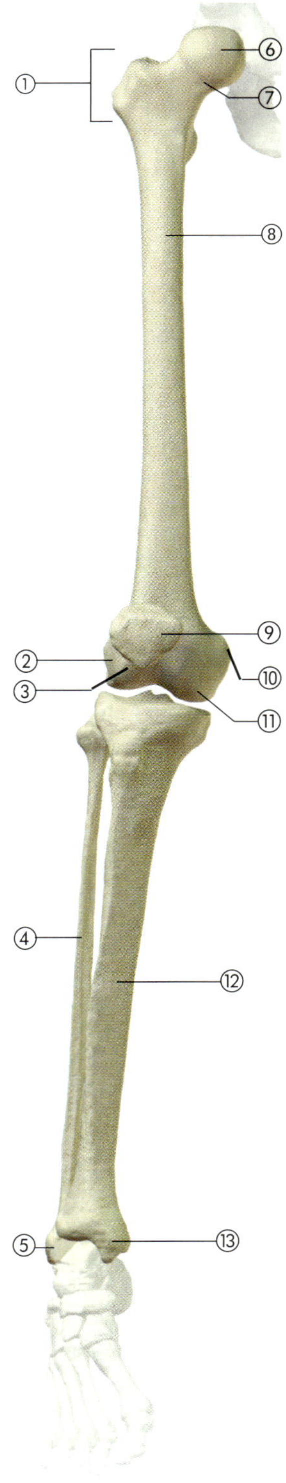

Die beiden größten Knochen des Beines – Oberschenkel- und Schienbein – bilden am Knie ein Scharniergelenk.

1. Trochanter major (großer Rollhügel)
2. Epicondylus lateralis (äußerer Obergelenkknorren)
3. Condylus lateralis (äußerer Gelenkknorren)
4. Fibula (Wadenbein)
5. Malleolus lateralis (Außenknöchel)
6. Caput femoris (Schenkelkopf)
7. Collum femoris (Schenkelhals)
8. Os femoris (Oberschenkelknochen)
9. Patella (Kniescheibe)
10. Epicondylus medialis (innerer Obergelenkknorren)
11. Condylus medialis (innerer Gelenkknorren)
12. Tibia (Schienbein)
13. Malleolus medialis

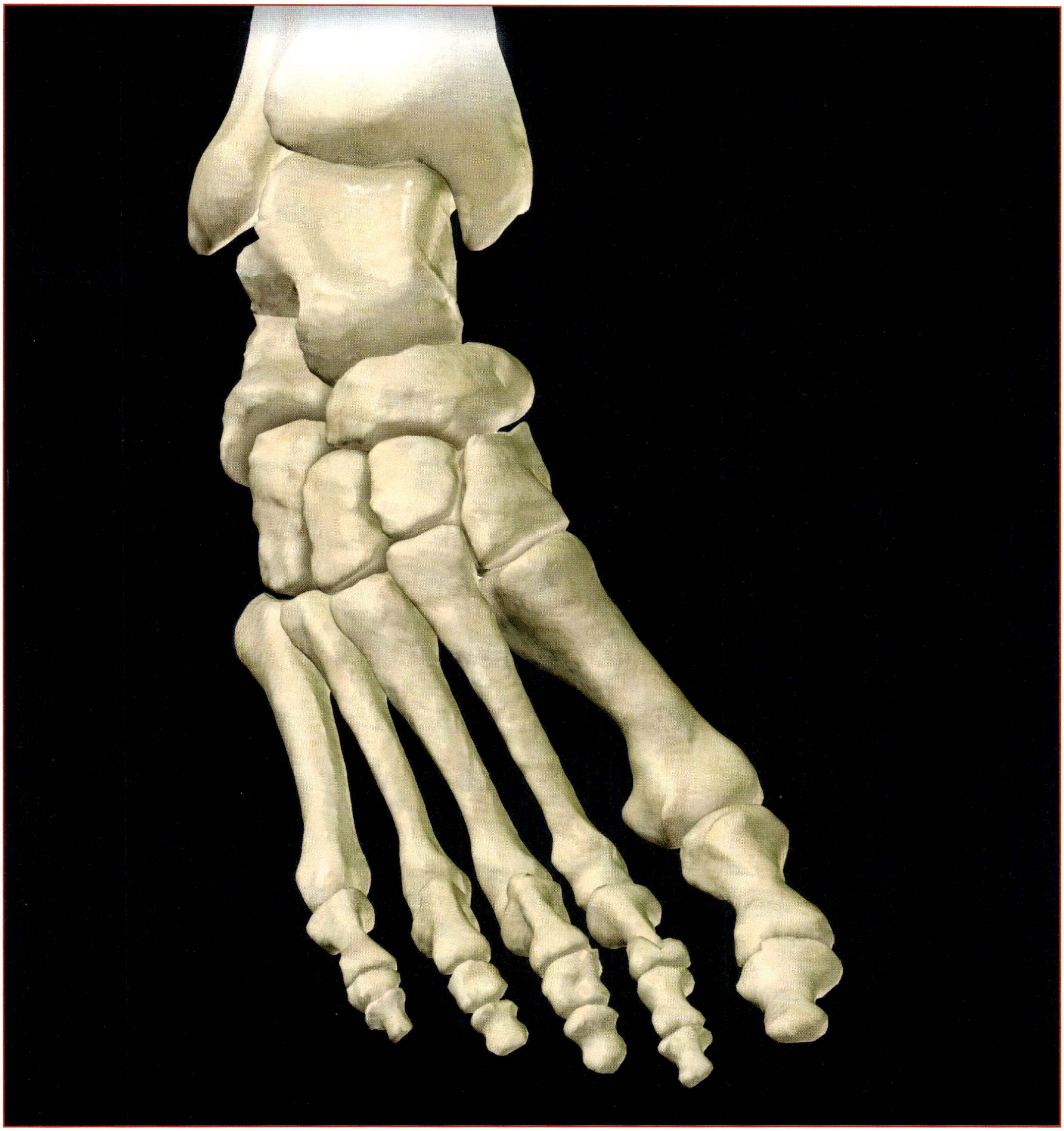

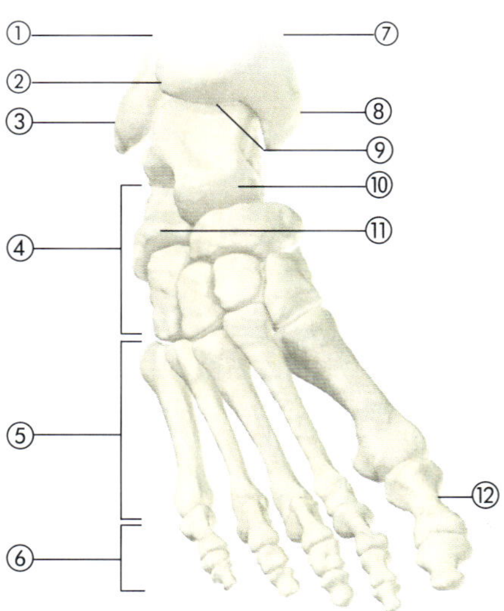

① Fibula (Wadenbein)

② Articulatio tibiofibularis distalis (distales Schienbein-Wadenbein-Gelenk; Tibiofibulargelenk)

③ Malleolus lateralis (Außenknöchel; Wadenbeinknöchel)

④ Ossa tarsi (Fußwurzelknochen)

⑤ Ossa metatarsi (Mittelfußknochen)

⑥ Phalanges (Zehenglieder)

⑦ Tibia (Schienbein)

⑧ Malleolus medialis (Innenknöchel; Schienbeinknöchel)

⑨ Facies articularis malleoli (Gelenkfläche des Innenknöchels)

⑩ Talus (Sprungbein)

⑪ Calcaneus (Fersenbein)

⑫ Hallux (Großzehe)

Das obere Sprunggelenk (hier: des rechten Fußes) ist ein Scharniergelenk; es verbindet das Schienbein mit dem Sprungbein, einem der Fußwurzelknochen.

DIE FÜSSE TRAGEN DAS GEWICHT DES KÖRPERS, HALTEN IHN IM GLEICHGEWICHT UND VERHINDERN, DASS ER IM STEHEN ODER IN BEWEGUNG VORNÜBERFÄLLT. SIE WIRKEN AUCH ALS HEBEL, DIE BEI DER FORTBEWEGUNG DEN KÖRPER VORWÄRTS DRÜCKEN. DER FUSS BESTEHT AUS 26 KNOCHEN – ALSO NUR EINEM WENIGER ALS DIE HAND –, IST ABER WENIGER BEWEGLICH. SEINE KNOCHEN SIND BREITER UND FLACHER ALS DIE DER HAND. IHRE ANORDNUNG SOWIE DIE KRÄFTIGEN BÄNDER, DIE SIE HALTEN, GEBEN WENIG SPIELRAUM, ERLEICHTERN DEM FUSS ABER SEINE AUFGABE ALS TRAG- UND BEWEGUNGSORGAN. TROTZ IHRER GERINGEN BEWEGLICHKEIT SIND DIE AUS VIELEN EINZELKNOCHEN BESTEHENDEN FÜSSE SO GESCHMEIDIG, DASS SIE AUF EBENEM UND UNEBENEM UNTERGRUND BEQUEM GEHEN KÖNNEN.

DER FUSS

1. Calcaneus (Fersenbein)
2. Os cuboideum (Würfelbein)
3. Os metatarsi V (5. Mittelfußknochen)
4. Phalanx proximalis (Zehengrundglied)
5. Phalanx media (Zehenmittelglied)
6. Phalanx distalis (Zehenendglied)
7. Talus (Sprungbein)
8. Os naviculare (Kahnbein)
9. Os cuneiforme laterale / äußeres (3.) Keilbein
10. Os cuneiforme intermedium / mittleres (2.) Keilbein
11. Os cuneiforme mediale / inneres (1.) Keilbein
12. Phalanx distalis hallucis (Großzehenendglied)

Wie die Hände bestehen auch die Füße aus drei Knochengruppen. Das Skelett der Fußwurzel (Tarsus) besteht aus 7 Fußwurzelknochen. Das Sprungbein bildet mit dem Schienbein und Wadenbein das obere Sprunggelenk. Das Fersenbein, der größte Knochen des Fußes, bildet die Ferse und ist die Ansatzstelle für die Achillessehne der Wadenmuskeln (siehe S. 219). Beim Stehen tragen zunächst Sprung- und Fersenbein das Körpergewicht, bevor sie es nach vorne verlagern. Weitere Fußwurzelknochen sind das Kahnbein, das Würfelbein sowie das äußere, mittlere und innere Keilbein.

Der Mittelfuß (Metatarsus) besteht aus fünf Mittelfußknochen. Dort, wo deren distale Enden mit den Zehengrundgliedern gelenkig verbunden sind, bilden sie den Fußballen. Der 1. Mittelfußknochen ist der kräftigste und trägt die größte Last. Die Fußwurzel- und Mittelfußknochen formen – dank ihrer Anordnung und der Verstärkung durch Bänder und Sehnen – das Fußgewölbe, das die Sohle vom Untergrund abhebt. Das Fußgewölbe federt den Aufprall beim Gehen und Laufen dadurch ab, dass es sich erst durchdrückt, dann aber wieder in seine ursprüngliche Form zurückspringt, und verteilt die Körperlast. Fußwurzel- und Mittelfußknochen wirken auch als Hebelarme; sie heben beim Gehen und Laufen den Körper an und drücken ihn vorwärts.

Die 14 Zehenglieder sind viel kürzer und weniger beweglich als die Fingerglieder. Alle Zehen sind dreigliedrig, bis auf die Großzehe (Hallux), die nur zwei Glieder aufweist. Funktionell spielen die Zehen eine geringere Rolle als Rückfuß und Mittelfuß, tragen jedoch zum Ausbalancieren des Körpergewichts bei.

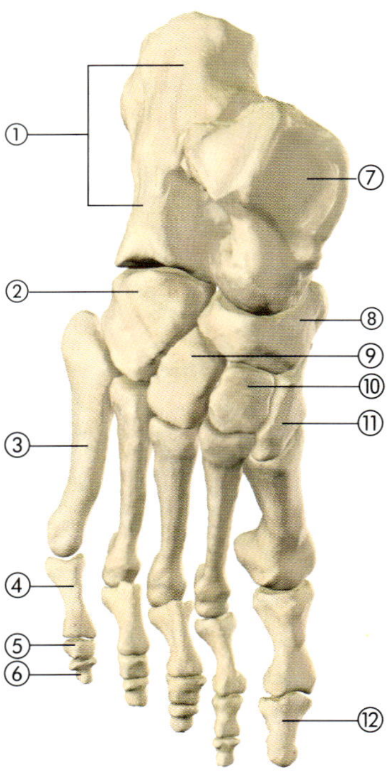

Ansicht von dorsal (Fußrücken)

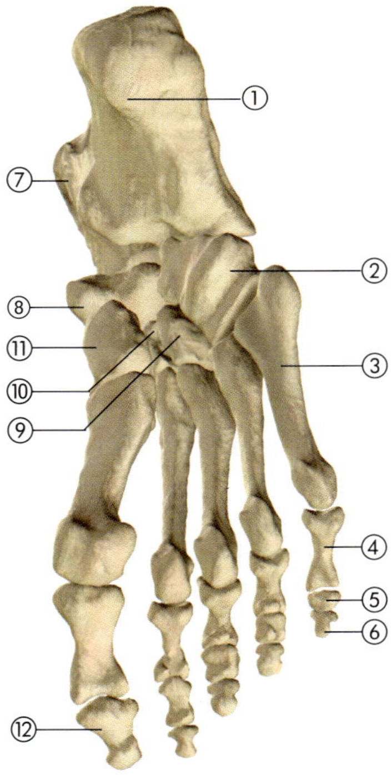

Ansicht von plantar (Fußsohle)

Die Knochen des rechten Fußes: links die Ansicht von dorsal (Fußrücken); rechts die Ansicht von plantar (Fußsohle).

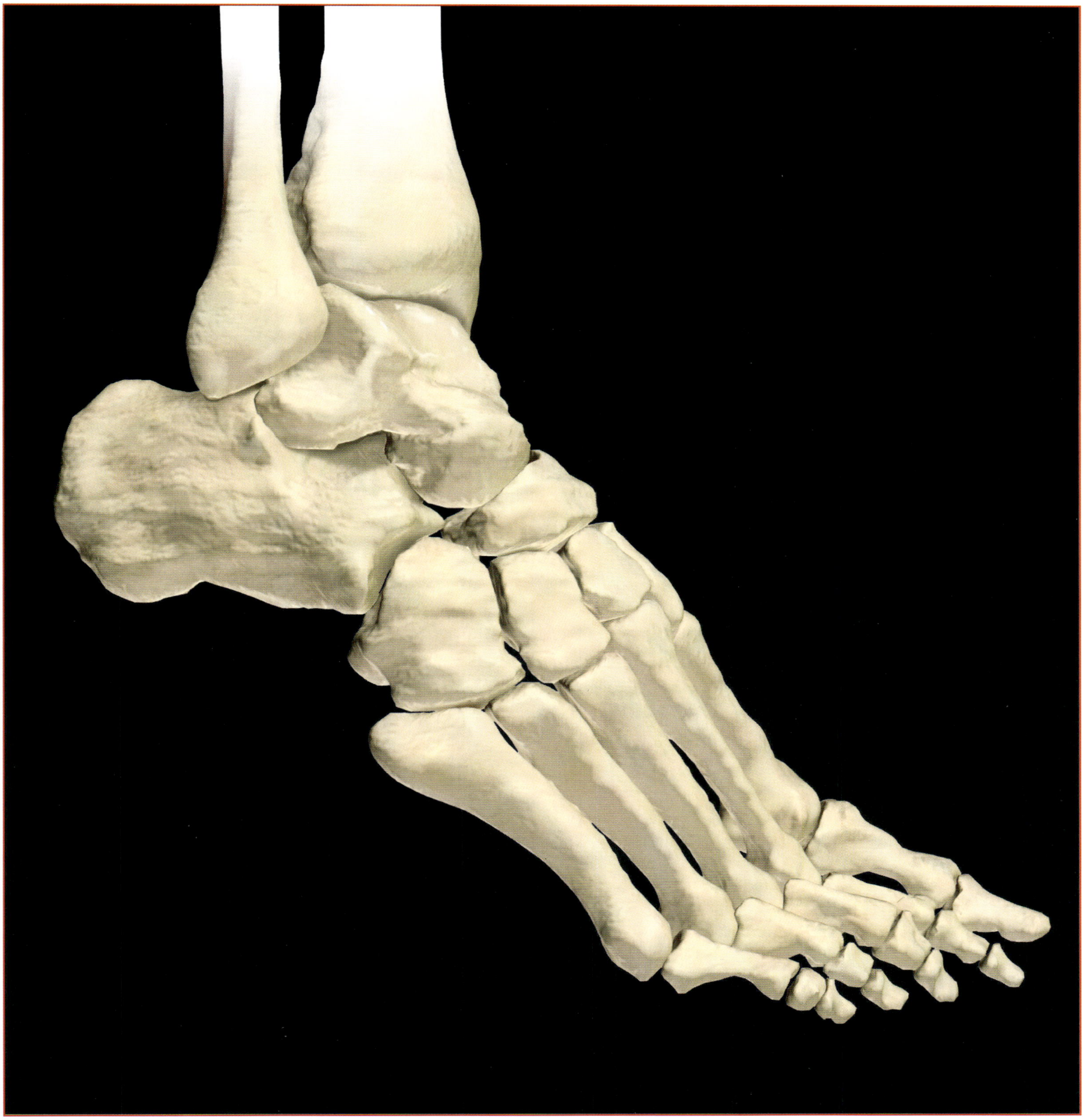

Skelett des rechten Fußes. Diese Ansicht von lateral zeigt die wie Sprungfedern wirkenden Bögen des Fußgewölbes, die sich beim Aufprall durchdrücken und dann wieder in ihre Bogenform zurückkehren.

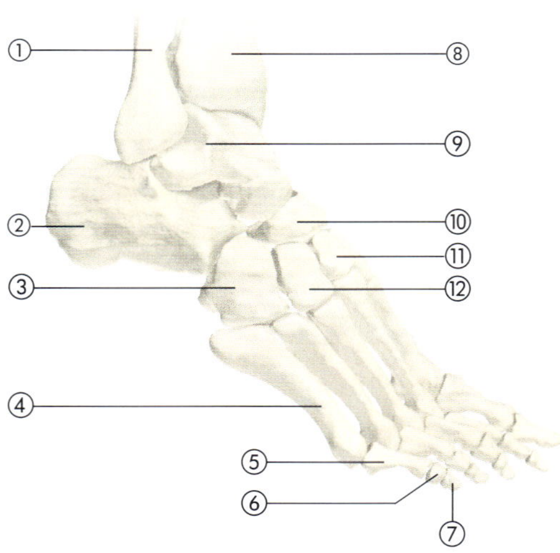

① Fibula (Wadenbein)
② Calcaneus (Fersenbein)
③ Os cuboideum (Würfelbein)
④ Os metatarsale V (Mittelfußknochen der kleinen Zehe)
⑤ Phalanx proximalis (Zehengrundglied)
⑥ Phalanx media (Zehenmittelglied)
⑦ Phalanx distalis (Zehenendglied)
⑧ Tibia (Schienbein)
⑨ Talus (Sprungbein)
⑩ Os naviculare (Kahnbein)
⑪ Os cuneiforme intermedium / mittleres (2.) Keilbein
⑫ Os cuneiforme laterale / äußeres (3.) Keilbein

DANK DER MUSKELN KÖNNEN WIR UNS BEWEGEN. DAFÜR SORGEN 640 SKELETTMUSKELN, DIE MINDESTENS EIN GELENK ÜBERQUEREN UND AN KNOCHEN BEFESTIGT SIND. SIE MACHEN ETWA 40 PROZENT DES GESAMTGEWICHTS AUS UND VERLEIHEN DEM KÖRPER (ZUSAMMEN MIT DEN KNOCHEN UND DER HAUT) SEINE GESTALT.

DIE MUSKELN

Muskelgewebe verbraucht Energie für die Kontraktion, d. h., es wird kürzer und entfaltet dabei die Kraft, die Zug auf Knochen ausübt und eine Vielzahl von Bewegungen hervorruft. Muskeln halten auch den Körper aufrecht und sichern Gelenke. Die bei der Muskelkontraktion freigesetzte Wärme hält den Körper warm.

Ursprung und Ansatz

Kennzeichnend für Skelettmuskeln ist, dass sie an zwei oder mehr Stellen durch Bindegewebsstränge, die Sehnen, an Knochen befestigt sind. Wenn sich ein Muskel kontrahiert, bleibt der eine Knochen an seinem Platz, der andere bewegt sich. Die Anheftungsstelle am unbewegten Knochen heißt Ursprung (Origo), die am bewegten Knochen Ansatz (Insertio).

Der Körper bewegt sich, wenn Muskeln sich über Gelenke hinweg kontrahieren, und zwar vom Ansatz in Richtung Ursprung.

Bewegungsumfang

Welche Bewegungen ein Muskel ermöglicht, hängt von seiner Lage ab, aber auch von den übrigen Muskeln, mit denen er zusammenwirkt, und mit der Art, zu der das von ihm überquerte echte Gelenk (siehe S. 50) gehört. Die wichtigsten Bewegungsarten sind nachstehend aufgelistet. Bei vielen Muskeln weist seine Bezeichnung – z. B. Flexor oder Extensor – bereits auf die Hauptbewegungsart hin.

Flexion: Verkleinert den Gelenkwinkel durch Annäherung der Knochen aneinander. Beispiel: Beugung des Arms.

Extension: Gegenbewegung zur Flexion; vergrößert den Gelenkwinkel. Beispiel: Ausstrecken des Arms.

Abduktion: Bewegung eines Knochens von der Mittellinie des Körpers weg. Beispiel: Heben des Armes nach außen.

Adduktion: Gegenbewegung zur Abduktion; Heranführung eines Gliedes an die Mittellinie. Beispiel: Abwärtsbewegung des Armes zur Mittelinie des Körpers.

Elevation: Heben, z. B. der Augenbraue oder der Schulterblätter beim Achselzucken.

Depression: Senkung: Abwärtsdrücken; Gegenbewegung zur Hebung.

Supination: Auswärtsdrehung, z. B. der Hand; dabei wird die Speiche um die Elle bewegt, um die Handfläche nach außen zu wenden.

Pronation: Einwärtsdrehung; Gegenbewegung zur Supination. Beispiel: Einwärtsdrehung der Hand.

Rotation: Drehung eines Glieds um seine Längsachse.

Oberflächliche Schicht der Muskulatur, Ansicht von ventral. Die Haut und das Unterhaut-Fettgewebe sind entfernt, sodass die großen oberflächlichen Skelettmuskeln zum Vorschein kommen, darunter auch die mimische Muskulatur, die Armbeuger im Ellbogen und die Beinstrecker im Knie.

1. M. frontalis (Stirnmuskel)
2. M. orbicularis oculi (Ringmuskel des Auges)
3. M. deltoideus (Deltamuskel)
4. M. biceps brachii (zweiköpfiger Oberarmmuskel; Bizeps)
5. M. brachialis (Oberarmmuskel)
6. M. brachioradialis (Oberarm-Speichen-Muskel)
7. M. flexor carpi radialis (radialer Handbeuger)
8. M. quadriceps femoris (vierköpfiger Schenkelstrecker)
9. M. tibialis anterior (vorderer Schienbeinmuskel)
10. M. zygomaticus (Jochbeinmuskel)
11. M. orbicularis oris (Ringmuskel des Mundes)
12. M. sternocleidomastoideus (Kopfwender)
13. M. pectoralis major (großer Brustmuskel)
14. M. rectus abdominis (gerader Bauchmuskel)
15. M. obliquus abdominis externus (äußerer schräger Bauchmuskel)
16. M. palmaris longus (langer Hohlhandsehnenspanner)
17. M. tensor fasciae latae (Schenkelbindenspanner)
18. M. sartorius (Schneidermuskel)
19. M. peroneus longus (langer Wadenbeinmuskel)
20. M. extensor digitorum longus (langer Zehenstrecker)

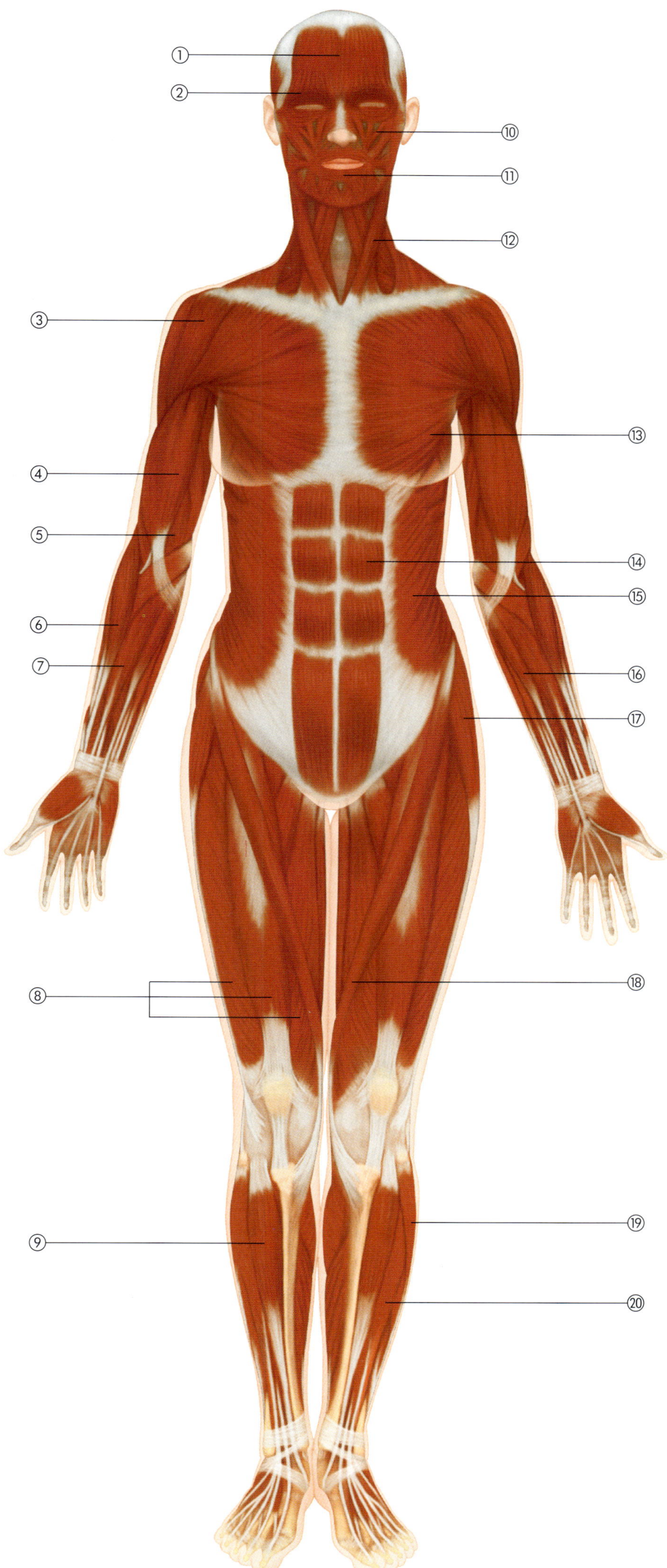

1
2
3
4
5
6
7
8
9
10
11
12
13
14
15
16
17
18
19
20

AUF DEN ERSTEN BLICK ERSCHEINEN DIE LATEINISCHEN ODER GRIECHISCHEN NAMEN DER SKELETTMUSKELN UNVERSTÄNDLICH. DOCH BEI NÄHEREM HINSEHEN KANN MAN DARIN EINES ODER MEHRERE DER NACHSTEHENDEN FORM-, LAGE- ODER FUNKTIONSKRITERIEN ENTDECKEN.

DIE MUSKELN

Form: Geometrische Formen, wie z. B. beim dreieckigen Deltamuskel (M. deltoideus), dem Trapezmuskel (M. trapezius) und dem Rautenmuskel (M. rhomboideus).

Lage: Hinweis auf die Region oder den Knochen, zu der bzw. zu dem der Muskel gehört. Die Zwischenrippenmuskeln (Mm. intercostales; lat. costa = Rippe) verlaufen zwischen den Rippen; der Stirnmuskel (M. frontalis) liegt auf dem Stirnbein (Os frontale) auf.

Zahl der Köpfe: Manche Muskeln haben mehr als einen Ursprung oder Kopf (-ceps kommt von lat. caput = Kopf). Der Bizeps und der Trizeps des Oberarms (M. biceps und triceps brachii) haben zwei bzw. drei Köpfe, der M. quadriceps femoris hat sogar vier.

Faserrichtung in Bezug auf die Mittellinie des Körpers: Bei einem als M. rectus (gerade) bezeichneten Muskel verläuft die Faser parallel zur Mittellinie, wie beim M. rectus femoris (dem geraden Oberschenkelmuskel); mit transversus bezeichnet man Muskeln mit einem Faserverlauf im rechten Winkel zur Mittellinie, z. B. M. transversus abdominis (querer Bauchmuskel); obliquus weist auf einen Faserverlauf schräg zur Mittellinie hin, z. B. beim M. obliquus externus abdominis, dem äußeren schrägen Bauchmuskel.

Relative Größe: maximus heißt größter und minimus kleinster, wie beim großen und kleinen Gesäßmuskel (M. gluteus maximus und minimus); longus heißt langer und brevis kurzer Muskel, z. B. M. peroneus longus und brevis, Unterschenkelmuskeln, die den Fuß bewegen.

Ursprung und Ansatz: Der Kopfwender, M. sternocleidomastoideus, entspringt zweiköpfig am Brustbein (lat. sternum; daher sterno-) und dem Schlüsselbein (Clavicula, von lat. clavis bzw. griech. kleis = Schlüssel; daher cleido-) und inseriert am Warzenfortsatz (lat. processus mastoideus) des Schläfenbeins.

Bewegungsart (siehe S. 60): Als Flexor (Beuger) wird ein Muskel bezeichnet, wenn er im Gelenk eine Beugung bewirkt. Weitere solche Bezeichnungen sind: Extensor (Strecker), Abductor (Abspreizer), Adductor (Anzieher), Levator (Heber), Depressor (Senker), Tensor (Spanner), Supinator (Auswärtsdreher), Pronator (Einwärtsdreher).

Kombinierte Namen: Der M. extensor carpi radialis longus ist ein Strecker (Extensor) des Handgelenks (lat. carpi), der längs der Speiche (lat. radius; daher radialis) des Unterarms verläuft und länger ist als andere Handstrecker.

Oberflächliche Muskulatur, Ansicht von dorsal. Die Abbildung zeigt die Haltemuskeln von Kopf und Nacken, die Strecker (Extensoren) des Armes im Ellbogen und die Flexoren (Beuger) des Beins im Kniegelenk. Die Sehnen, die diese Muskeln an die Knochen anheften, sind deutlich zu sehen, z. B. die Achillessehne, die größte Sehne überhaupt.

① M. occipitofrontalis, Venter occipitalis (Hinterhauptsabschnitt des Sehnenhaubenmuskels)
② M. trapezius (Trapezm.)
③ M. deltoideus (Deltam.)
④ M. triceps brachii (dreiköpfiger Oberarmmuskel)
⑤ M. extensor digitorum (Fingerstrecker)
⑥ M. adductor magnus (großer Anzieher)
⑦ M. gastrocnemius (Wadenmuskel)
⑧ M. soleus (Schollenmuskel)
⑨ M. sternocleidomastoideus (Kopfwender)
⑩ M. infraspinatus (Untergrätenmuskel)
⑪ M. teres major (großer Rundmuskel)
⑫ M. latissimus dorsi (breitester Rückenmuskel)
⑬ M. obliquus abdominis externus (äußerer schräger Bauchmuskel)
⑭ M. gluteus medius (mittlerer Gesäßmuskel)
⑮ M. gluteus maximus (großer Gesäßmuskel)
⑯ M. biceps femoris (zweiköpfiger Oberschenkelmuskel)
⑰ M. semitendinosus (halbsehniger Muskel)
⑱ M. semimembranosus (halbmembranöser Muskel)
⑲ Flexoren der Oberschenkelmuskeln
⑳ Achillessehne

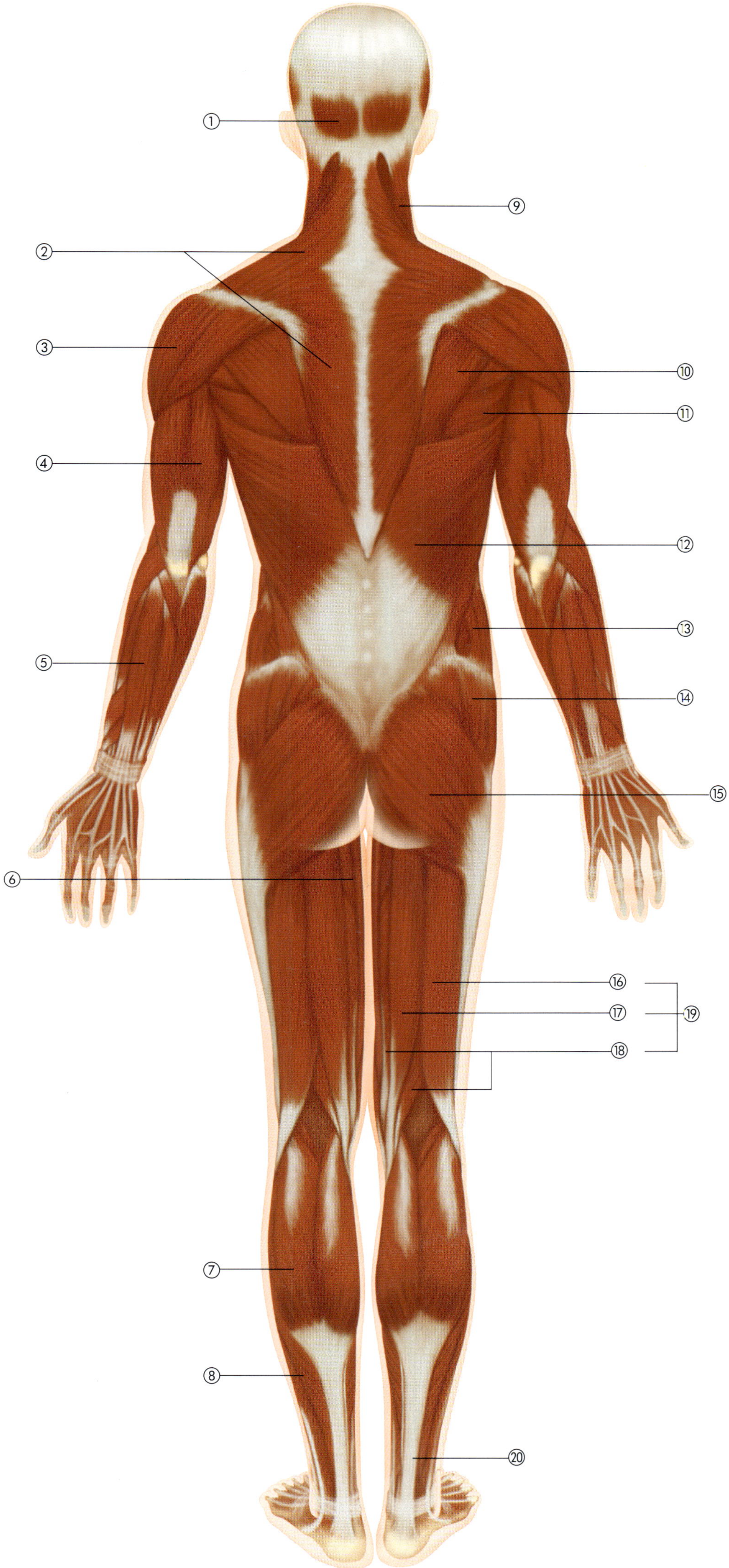
1
2
3
4
5
6
7
8
9
10
11
12
13
14
15
16
17
18
19
20

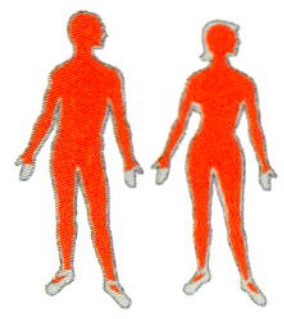

BISHER WAR IN DIESEM ATLAS NUR VON SKELETTMUSKELN DIE REDE, DOCH ES GIBT NOCH ZWEI ANDERE MUSKELARTEN: GLATTE UND HERZMUSKULATUR. ALLE DREI MUSKELTYPEN WEISEN GEMEINSAMKEITEN AUF, OBWOHL SIE SICH NACH LAGE UND FUNKTION UNTERSCHEIDEN. SIE BESTEHEN ALLESAMT AUS LANGEN MUSKELZELLEN, DEN SOG. FASERN (FIBRILLEN), DIE ERREGBAR SIND, ALSO AUF EINEN NERVENREIZ (SIEHE S. 90) ODER EIN HORMON (SIEHE SEITE 106) ANSPRECHEN, UND KONTRAKTIL (ZUSAMMENZIEHBAR) SIND, WENN SIE STIMULIERT WERDEN. DIE MUSKELFASERN ENTHALTEN AKTIN- UND MYOSINFILAMENTE, DURCH DEREN ZUSAMMENWIRKEN BEI STIMULATION DER MUSKEL VERKÜRZT WIRD. DIE MUSKELFASERN SIND AUSSERDEM DEHNBAR UND ELASTISCH.

MUSKELGEWEBE

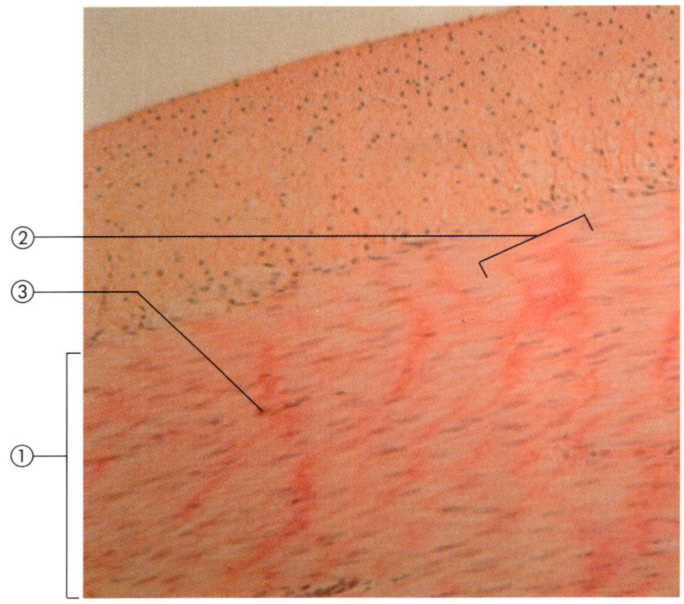

Glatte Muskelfasern aus der Wand eines Hohlorgans. Typisch ist die Verflechtung der kurzen, spindelförmigen Fasern zu Schichten. Die Streifen – wie bei den anderen 2 Muskelarten – fehlen hier.

① Glatte Muskelschicht
② Glatte Muskelfaser
③ Zellkern einer glatten Muskelfaser

Glatte Muskulatur

Glatte Muskeln befinden sich in der Wand innerer Hohlorgane wie Dünndarm, Harnblase oder Blutgefäße. Ihre Fasern sind kurz und spindelförmig, nicht gestreift und bilden meist Schichten. Ihre Kontraktionen werden nicht willentlich gesteuert – daher bezeichnet man sie auch als unwillkürliche Muskeln – , sondern vom vegetativen (autonomen) Nervensystem (siehe S. 98). Ohne dass das Bewusstsein beteiligt ist, befördern sie beispielsweise mit langsamen, anhaltenden Kontraktionen die Nahrung durch den Darm oder entleeren die Harnblase.

Skelettmuskulatur

Aufgrund der Filamentanordnung werden die Skelettmuskeln quergestreifte Muskeln, und weil sie dem Willen unterworfen sind, auch willkürliche Muskeln genannt. Ihre Fasern sind die längsten, verkürzen sich rasch und kräftig, ermüden aber leicht. Das Perimysium fasst die Fasern zu Muskelfaserbündeln (Fasciculi) zusammen. Das bindegewebige Epimysium umhüllt den gesamten Muskel.

Herzmuskulatur

Diese Muskelart kommt nur im Herzen vor. Die Fasern sind gestreift und stark verzweigt. Die Herzmuskeln kontrahieren und erschlaffen automatisch, ohne äußere Stimulation, und pumpen durch das Zusammendrücken der Herzwand unaufhörlich Blut in den Körper. Der Schlagrhythmus des Herzens wird durch das vegetative Nervensystem je nach Bedarf beschleunigt oder verlangsamt; die meisten Menschen können ihn aber nicht bewusst beeinflussen.

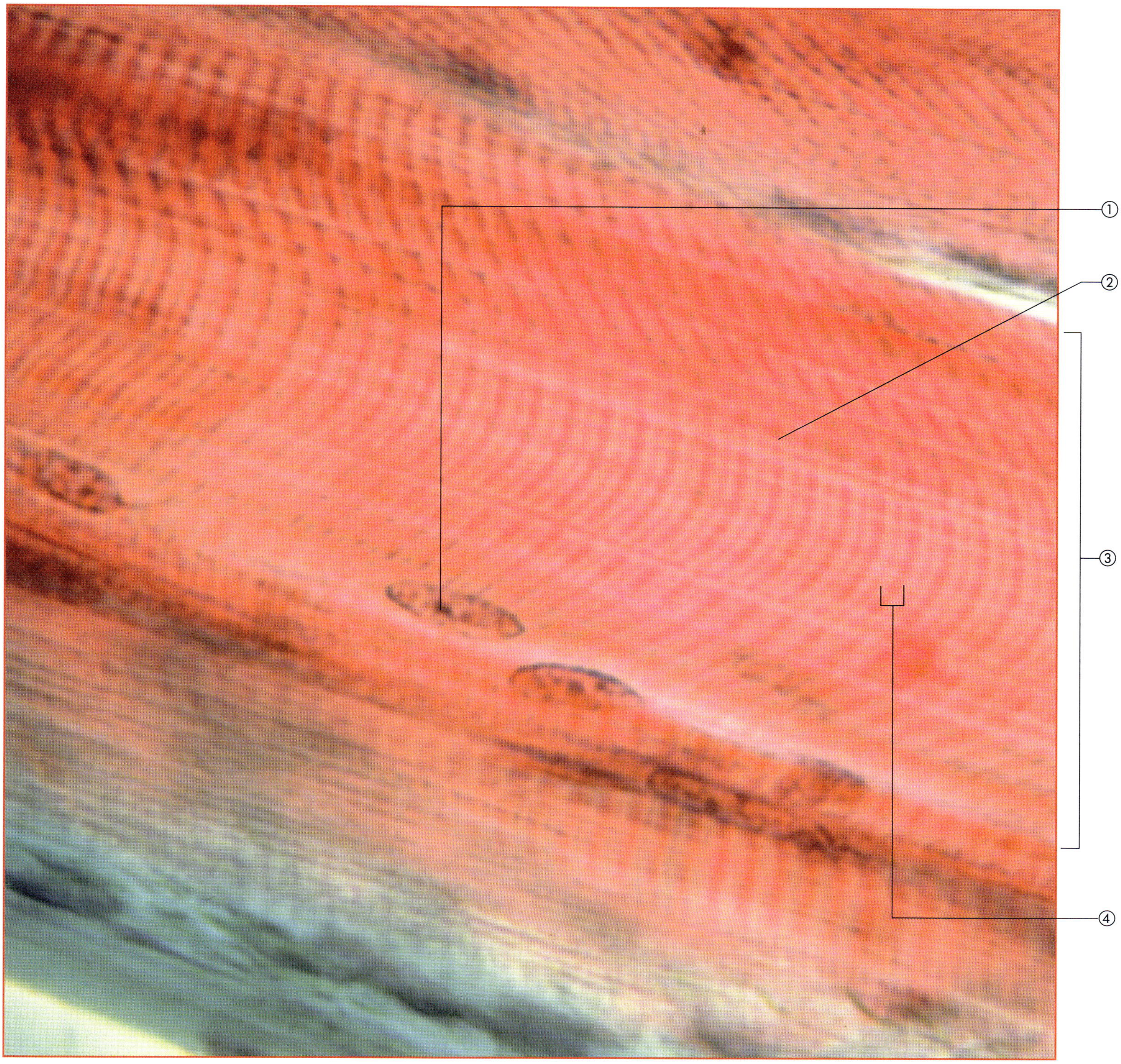

Oben: mikroskopische Ansicht eines Abschnitts von 3 parallel verlaufenden Skelettmuskelfasern. Die mittlere Faser weist das typische Streifenmuster auf, das durch die Anordnung der kontraktilen Filamente zustande kommt.

① Zellkern (Nucleus)
② Querstreifen
③ Skelettmuskelfaser
④ Sarkomer

Rechts: Geflecht aus verzweigten Herzmuskelfasern der Herzwand. Die Fasern sind durch Zwischenscheiben miteinander verbunden, über die die elektrischen Impulse übertragen werden, die die Kontraktion des Herzmuskels auslösen.

① Streifen
② Zwischenscheibe
③ Herzmuskelfaser
④ Zellkern
⑤ Zweig einer Herzmuskelfaser

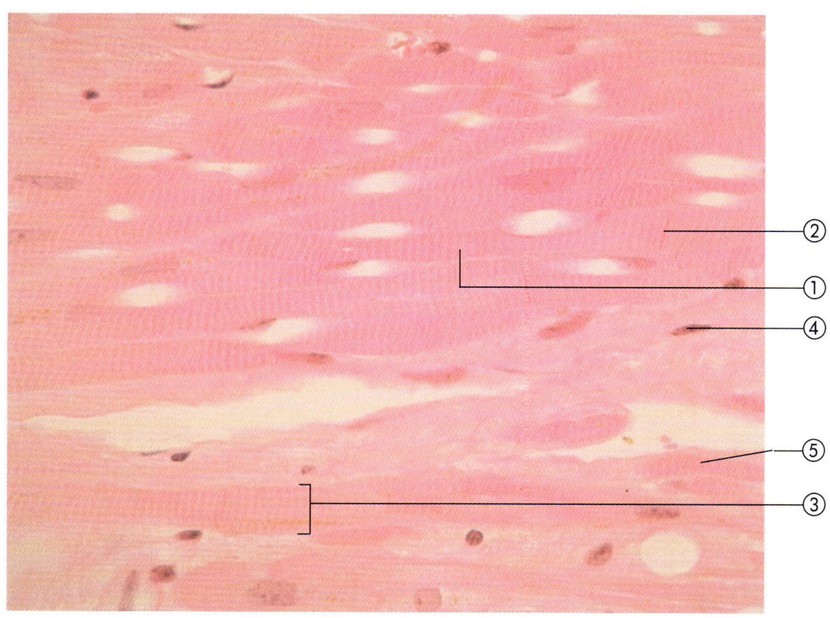

Am Kopf und Hals sorgen über 30 kleine Gesichtsmuskeln für Hautverschiebungen im Gesicht und ermöglichen dadurch nonverbale Kommunikation, durch die vielfältige Gefühle von Freude bis Zorn zum Ausdruck gebracht werden können (mimische Muskulatur). Größere Muskeln bewegen und halten den Kopf; außerdem schließen sie den Unterkiefer beim Sprechen und Essen.

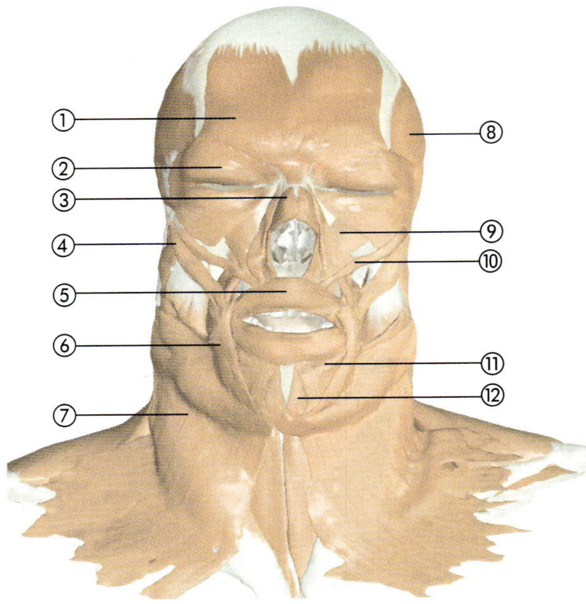

KOPF UND HALS

Zu den Gesichtsmuskeln zählen der Stirnmuskel (M. frontalis), der die Kopfhaut nach vorne zieht und das Stirnrunzeln und Heben der Augenbrauen bewirkt; der Augenschließmuskel (M. orbicularis oculi), der die Augenhöhle ringförmig umschließt; der Oberlippenheber (M. levator labii superioris), der auch die Nasenflügel als Ausdruck von Abscheu bläht; der Schließmuskel des Mundes (M. orbicularis oris), der die Lippen schließt; der Mundwinkelsenker (M. depressor anguli oris); der Unterlippensenker (M. depressor labii inferioris), der außerdem die Lippe nach außen stülpt; und das Platysma, eine Halsmuskelplatte, die seitlich vom Kinn zum Hals zieht und die seitlichen Mundpartien nach unten zieht.

Muskelformen

Alle Skelettmuskeln haben einige Grundzüge gemeinsam: Ihr Mittelteil, der Bauch, wird durch die beiden Enden an Knochen oder anderes Gewebe angeheftet. Form, Kraft und Beweglichkeit der einzelnen Muskeln hängen von der Anordnung ihrer Faserbündel ab.

Parallelfaserige Muskeln: Faserbündel verlaufen parallel zur Muskellängsachse. Sie können spindelförmig, dickbäuchig (Beispiel: M. biceps brachii, der zweibäuchige Oberarmmuskel) oder bandförmig (Beispiel: M. sartorius, der Schneidermuskel am Oberschenkel) sein.

Gefiederte Muskeln: Faserbündel setzen schräg an einer Sehne an, die mitten durch den Muskel verläuft. Man unterscheidet: Einfach gefiedert, lat. unipennatus: alle Faserbündel sind an derselben Seite der Sehne befestigt (Beispiel: M. extensor digitorum longus, der lange Zehenstrecker des Unterschenkels); doppelt gefiedert (bipennatus): die Faserbündel setzen wie bei einer Feder zu beiden Seiten der Mittelsehne an (Beispiel: M. rectus femoris, der gerade Oberschenkelmuskel); mehrfach gefiedert: mit vielen zweifach gefiederten Einzelteilen (Beispiel: M. deltoideus, der Deltamuskel der Schulter).

Ringmuskeln: Konzentrische Reihen von Muskelbündeln bilden einen Schließmuskel (Sphinkter), der die Öffnungen der Körperoberfläche schließt (Beispiel: M. orbicularis oculi, der Ringmuskel des Auges).

Diese Muskeln üben Zugkräfte auf die Gesichtshaut aus und verschieben sie; die Folge sind Veränderungen des Gesichtsausdrucks.

① M. frontalis (Stirnmuskel)
② M. orbicularis oculi (Ringmuskel des Auges)
③ M. nasalis (Nasenmuskel)
④ M. zygomaticus major (großer Jochbeinmuskel)
⑤ M. orbicularis oris (Ringmuskel des Mundes)
⑥ M. depressor anguli oris (Mundwinkelsenker)
⑦ Platysma
⑧ M. temporalis (Schläfenmuskel)
⑨ M. levator labii superioris (Oberlippenheber)
⑩ M. zygomaticus minor (kleiner Jochbeinmuskel)
⑪ M. depressor labii inferioris (Unterlippensenker)
⑫ M. mentalis (Kinnmuskel)

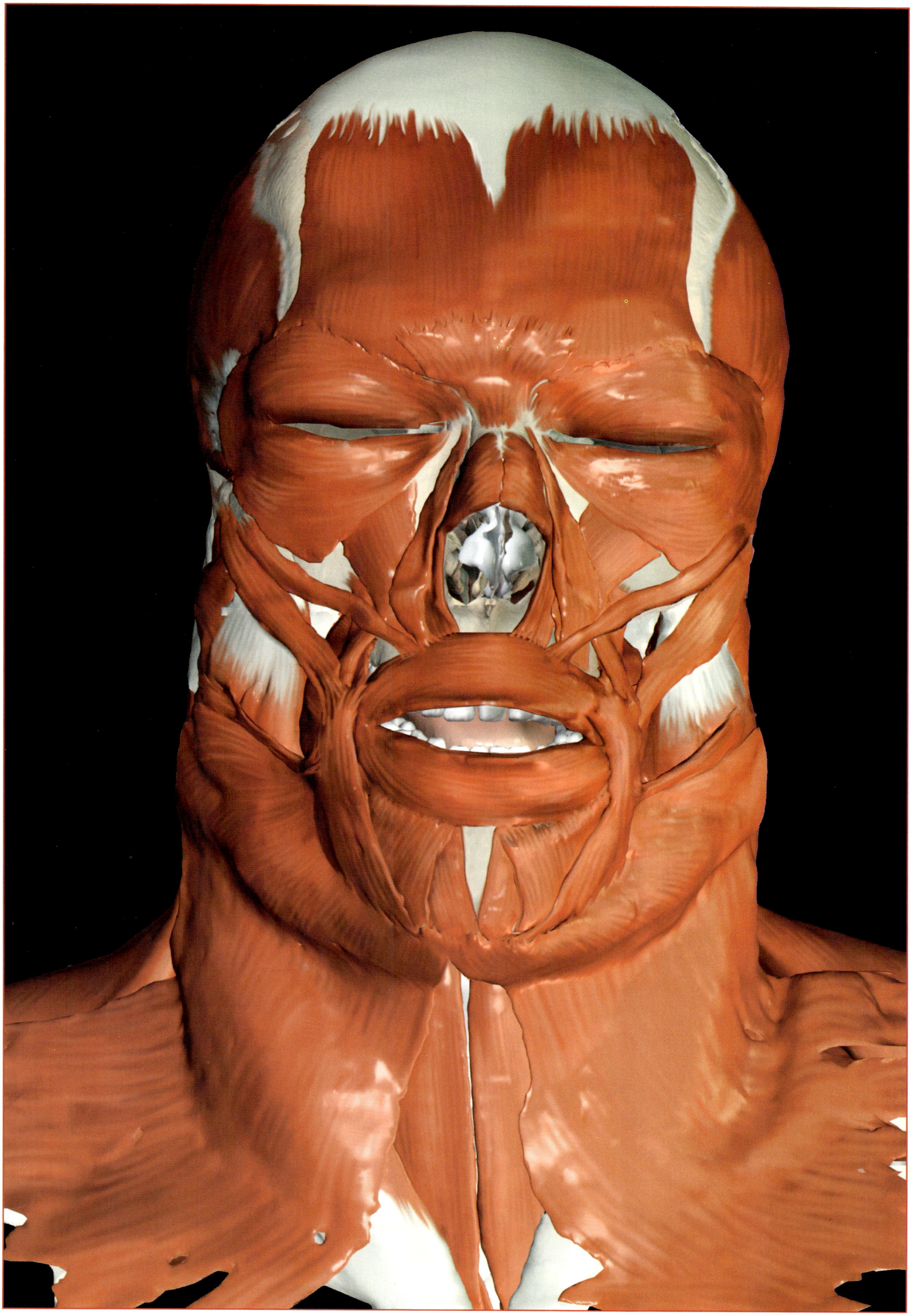

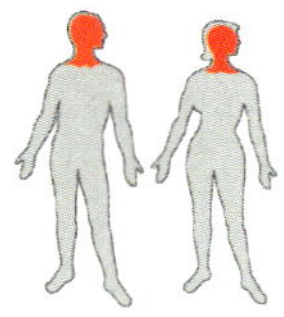

KOPF UND HALS

Breite, kräftige Kaumuskeln bewegen den Unterkiefer beim Essen. Die Halsmuskeln stützen und bewegen den Kopf.

1. M. occipitalis (Hinterhauptsmuskel)
2. M. temporalis (Schläfenmuskel)
3. M. masseter (Kaumuskel)
4. M. sternocleidomastoideus (Kopfwender)
5. M. trapezius (Trapezmuskel)
6. Galea aponeurotica (Sehnenhaube)
7. M. frontalis (Stirnmuskel)
8. Knorpelplatten der äußeren Nasenwand
9. M. zygomaticus major (großer Jochbeinmuskel)
10. M. buccinator (Wangenmuskel; Trompetermuskel)
11. M. depressor anguli oris (Mundwinkelsenker)

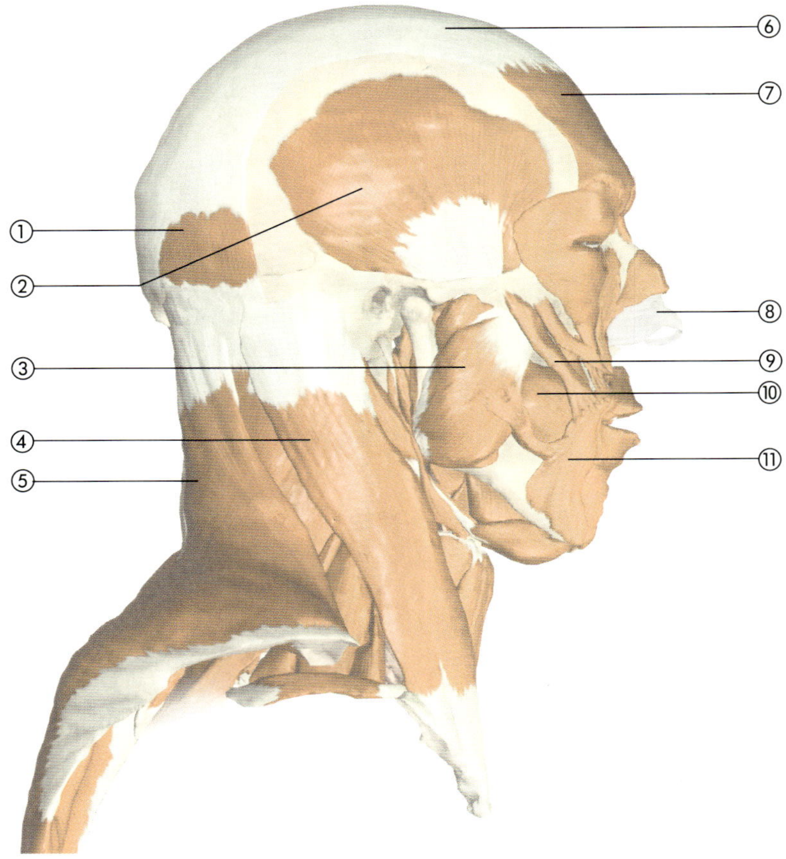

Die Seitenansicht von Kopf und Hals läßt weitere Muskeln erkennen, die für die Mimik sowie für die Kopfhaltung und -bewegungen zuständig sind. Der Lachmuskel (M. risorius) zieht beim Lachen die Mundwinkel seitwärts. Der Jochbeinmuskel hebt die Mundwinkel beim Lächeln und Lachen. Der Wangen- oder Trompetermuskel zieht die Wangen beim Saugen nach innen und zwängt beim Kauen die Nahrung zwischen den Zähnen ins Mundhöhleninnere. Der Schläfen- und der Kaumuskel sind kräftige Muskeln, die den Unterkiefer nach oben ziehen, beispielsweise um beim Kauen den Mund zu schließen. Der Hinterhauptsmuskel ist mit dem Stirnmuskel durch die Sehnenhaube (Galea aponeurotica) verbunden. Sie bewegen gemeinsam die Kopfhaut vorwärts (Stirnmuskel) und rückwärts (Hinterhauptsmuskel). Die Kopfwender (Mm. sternocleidomastoidei) neigen den Kopf und ziehen ihn brustwärts; ein M. sternocleidomastoideus allein dreht den Kopf nach einer Seite. Der M. trapezius wirkt entgegengesetzt: Er zieht Kopf und Schultern rückwärts.

Muskelkontraktion

Eine einzelne Muskelfaser – deren Länge zwischen 1 mm und 30 cm schwanken kann – besteht aus tausenden von parallelen, stabähnlichen Myofibrillen, die sich über die gesamte Faserlänge erstrecken. Jede Myofibrille setzt sich aus einer Kette miteinander verbundener Einheiten, den Sarkomeren, zusammen. Innerhalb jedes Sarkomers befinden sich parallel angeordnete Reihen kontraktiler Eiweißfäden: dünne Aktinfilamente, die an den beiden Enden des Sarkomers befestigt sind, in der Mitte aber nicht zusammentreffen; und dicke Myosinfilamente in der Mitte des Sarkomers. In Ruhelage überlappen sich Aktin- und Myosinfilamente teilweise.

Wenn ein Muskel zur Kontraktion stimuliert wird, laufen elektrische Impulse zu den Muskelfasern und veranlassen, dass die Aktinfilamente zur Mitte des Sarkomers gleiten. Dies geschieht, weil die Aktin- und die Myosinfilamente wiederholt untereinander Querverbindungen auf- und abbauen; dieser Vorgang erfordert Energie und bringt eine Art von Zahnradeffekt hervor, durch den die Aktinfilamente zur Mitte des Sarkomers gezogen werden. Durch das Gleiten der Aktinfilamente verkürzen sich die Myofibrillen und ihre Fasern und ziehen den Muskel zusammen. Nach Abklingen der Stimulation gleiten die Aktinfilamente zurück, der Muskel erschlafft.

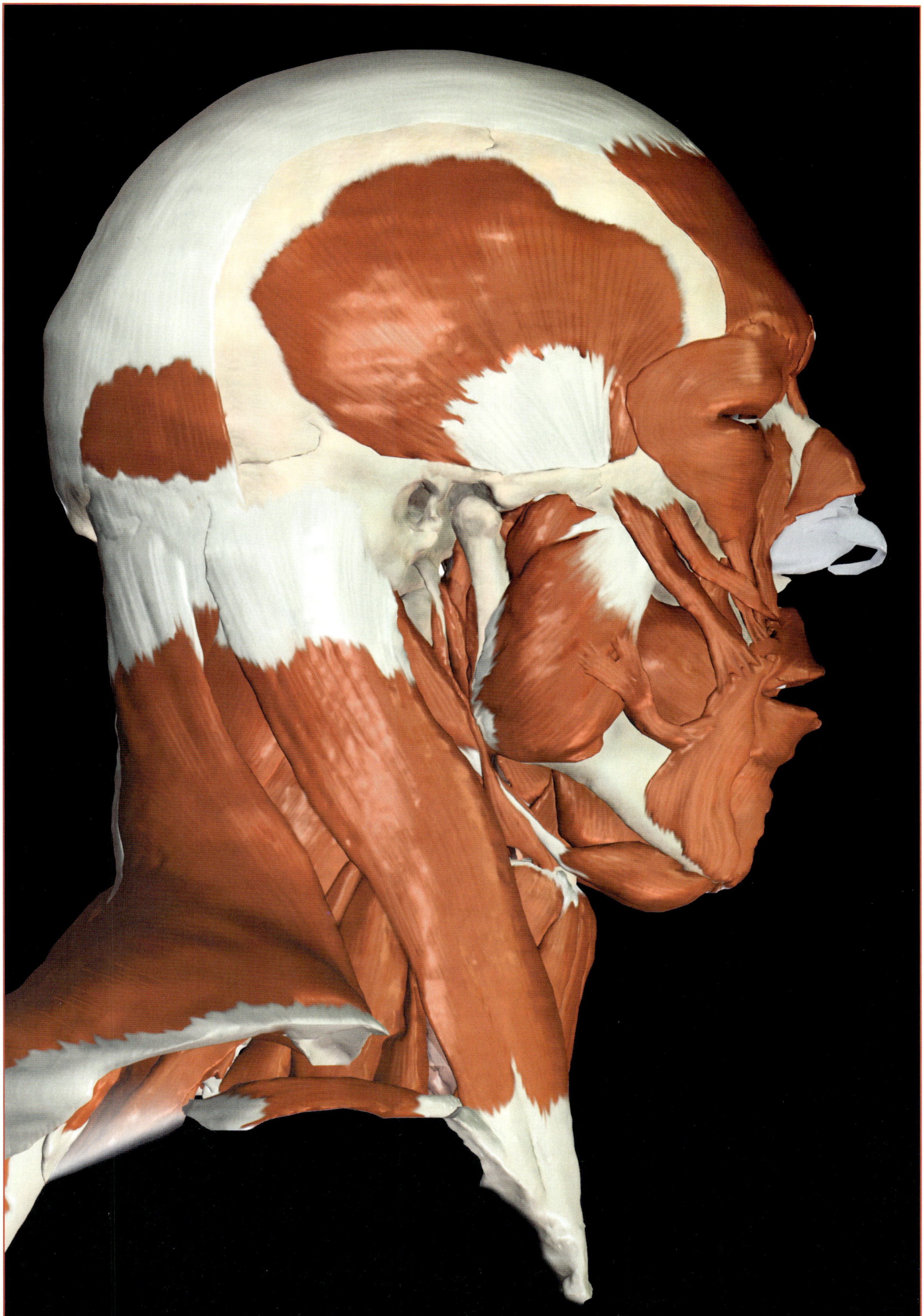

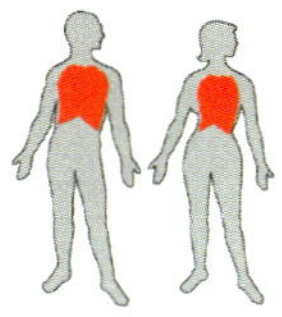

Am augenfälligsten unter den oberflächlichen Muskeln der Brustwand ist der fächerförmige M. pectoralis major, der am Schlüsselbein, Brustbein und den Rippenknorpeln der Rippen 1-6 entspringt und am grossen Oberarmhöcker (Tuberculum majus humeri) inseriert. Er beugt den Arm im Schultergelenk und bewirkt damit die Anteversion, Adduktion und Innenrotation (zum Körper hin). Der M. pectoralis major ist bei Tätigkeiten wie beim Klettern, Werfen und Stossen im Einsatz.

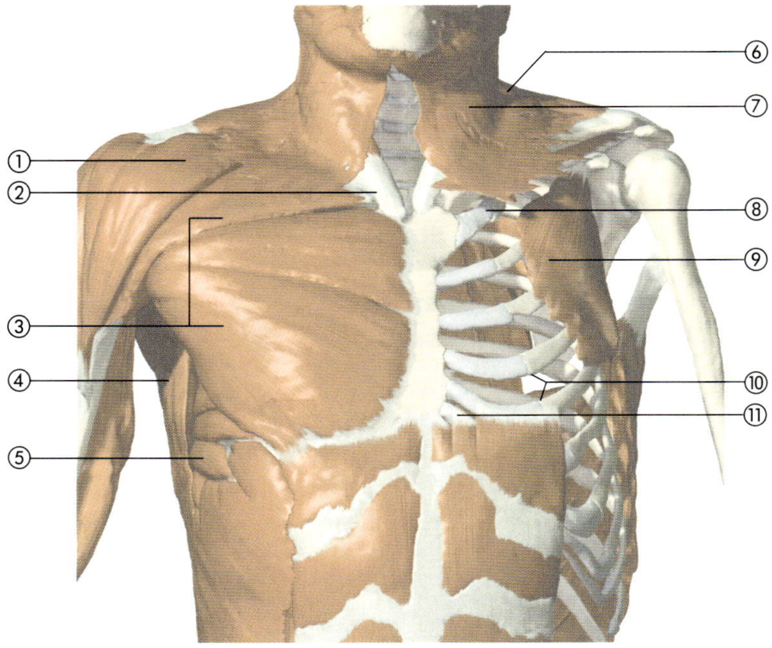

DIE BRUST

Der M. pectoralis minor, der unter dem M. pectoralis major liegt, entspringt an den Rippen und setzt am Schulterblatt an. Bei unveränderter Lage der Rippen senkt er das Schulterblatt und zieht es nach vorne. Bei festgestelltem Schulterblatt hilft er beim Heben der Rippen (Hilfseinatemmuskel). Der M. serratus anterior (nach seinem Aussehen Sägemuskel genannt), spielt beim Heben des Armes und bei horizontalen Armbewegungen eine wichtige Rolle. Schräg zwischen den Rippen verlaufen die Mm. intercostales (Zwischenrippenmuskeln), die an den Atembewegungen der Brustwand beteiligt sind.

Wie Muskeln wirken

Die meisten Skelettmuskeln wirken als Teile eines Hebelsystems. Ein Hebel ist eine starre Stange, die sich um einen Drehpunkt bewegt, wenn eine Kraft (K) angewendet wird, um eine andere, als Last (L) bezeichnete Kraft zu überwinden. Mit Hebeln lassen sich größere Lasten mit weniger Kraftanstrengung bewegen, als normalerweise möglich wäre. In unserem Körper wirken die Knochen als Hebel, den Drehpunkt (D) bildet ein Gelenk, die Kraft erzeugt die Muskelkontraktion und die Last ist der Körperteil, der bewegt werden soll.

Es gibt im Körper drei Arten von Hebelsystemen, die nach der Anordnung von Kraft und Last in Bezug auf den Drehpunkt unterschieden werden.
1. Gruppe: Der Drehpunkt (D) liegt zwischen K und L, wie bei einer Wippe oder Schere. Z. B.: Der M. trapezius (K) hebt den Kopf (L), das Gelenk zwischen Atlas und Kopf bildet den Drehpunkt.
2. Gruppe: Die Last (L) befindet sich zwischen D und K, wie bei einem Schubkarren. Damit wir auf Zehenspitzen stehen, ziehen die Wadenmuskeln (K) den Körper (L) aufwärts, wobei der Fußballen als Drehpunkt (D) wirkt.
3. Gruppe: Die Kraft (K) ist zwischen L und D, wie bei einer Zange. Die meisten Skelettmuskeln arbeiten in Hebelsystemen der 3. Gruppe. Im Ellenbogengelenk (D) zieht der Bizeps (K) die Speiche aufwärts, um so den Unterarm und die Hand zu heben.

① M. deltoideus (Deltamuskel)
② M. sternocleidomastoideus (Kopfwender)
③ M. pectoralis major (großer Brustmuskel)
④ M. latissimus dorsi (breiter Rückenmuskel)
⑤ M. serratus anterior (vorderer Sägemuskel)
⑥ M. trapezius (Trapez-, Kapuzenmuskel)
⑦ Platysma (Hautmuskel des Halses)
⑧ Rippenknorpel (Cartilago costalis) der 1. Rippe
⑨ M. pectoralis minor (kleiner Brustmuskel)
⑩ Lage der Mm. intercostales (Zwischenrippenmuskeln)
⑪ Rippenknorpel der 6. Rippe

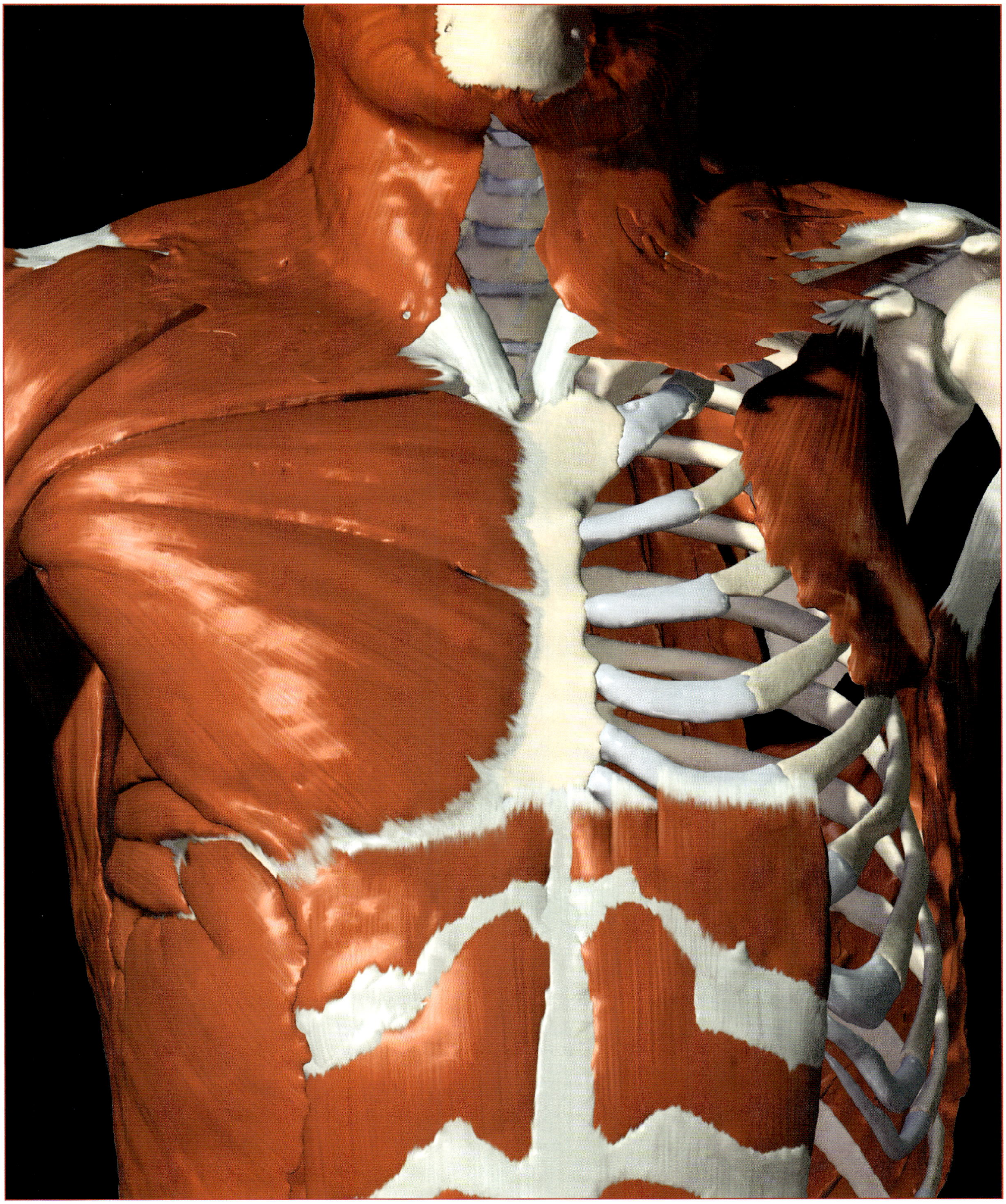

Die Muskeln der vorderen Brustwand sind zuständig für die Schulter- und Armbewegungen; außerdem sichern sie sowohl das Schulterblatt als auch das Schultergelenk.

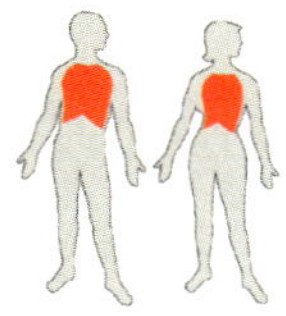

Die oberflächlichen Muskeln der hinteren Brustwand bewegen die Arme und sichern die Schulter. Der M. trapezius entspringt am Kopf und an der Wirbelsäule und setzt am Schulterblatt und dem Schlüsselbein an. Er hält das Schulterblatt fest, wenn andere Muskeln arbeiten, zieht die Schulter nach oben und hilft beim Halten des Kopfes. Sowohl der M. teres major als auch der M. infraspinatus entspringen am Schulterblatt und setzen am Humerus an. Der M. teres major bewirkt die Extension, Adduktion und Innenrotation des Armes; der M. infraspinatus sichert das Schultergelenk, indem er den Humeruskopf festhält, und ist für die Außenrotation des Armes zuständig. Der M. latissimus dorsi hat ein breites Ursprungsareal an der Wirbelsäule und am Becken und inseriert am Humerus. Er ist der Hauptmuskel für die Extension (Retroversion), Adduktion und Innenrotation des Armes: er hält den Arm, wenn er über den Kopf gehoben wird, und zieht ihn in kraftvoller Bewegung nach unten, z.B. beim Schwimmen oder Hämmern.

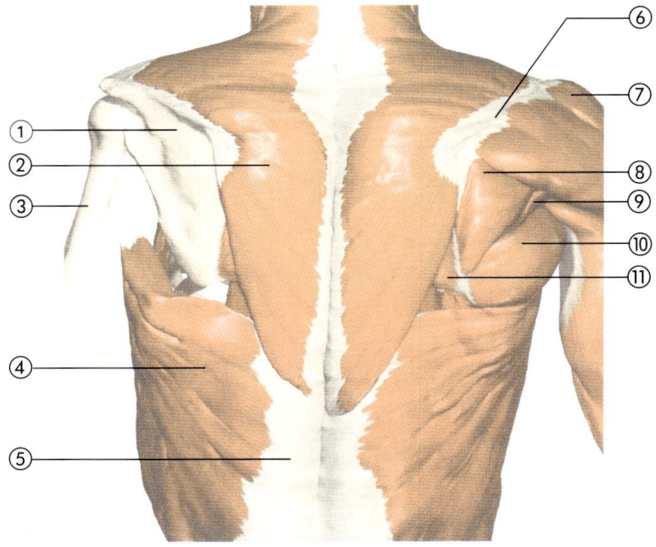

Ähnlich wie an der vorderen Brustwand ziehen auch über die rückwärtige Thoraxwand kräftige Muskeln, die das Schulterblatt fixieren und den Arm bewegen.

① Scapula (Schulterblatt)
② M. trapezius (Trapezmuskel)
③ Humerus (Oberarmbein)
④ M. latissimus dorsi (breiter Rückenmuskel)
⑤ Fascia thoracolumbalis (Brustkorb-Lenden-Faszie)
⑥ Spina scapulae (Schultergräte)
⑦ M. deltoideus (Deltamuskel)
⑧ M. infraspinatus (Untergrätenmuskel)
⑨ M. teres minor (kleiner Rundmuskel)
⑩ M. teres major (großer Rundmuskel)
⑪ M. rhomboideus major (großer Rautenmuskel)

DIE BRUST

Zusammenwirken der Muskeln

Die meisten Bewegungen erfordern die Zusammenarbeit mehrerer Muskeln in Gruppen. Da Muskeln nur ziehen, aber nicht drücken können, ziehen manche Muskeln einen Körperteil in eine bestimmte Richtung, während andere in die Gegenrichtung ziehen. Man unterteilt die Muskeln – je nach ihrer Rolle – in vier Gruppen.

Agonist: Muskel, der die Hauptkraft für eine bestimmte Bewegung erzeugt. Der M. pectoralis major ist der Hauptmuskel für die Armflexion.

Antagonist: Gegenspieler. Seine Wirkweise ist der des Agonisten entgegengesetzt. Beispiel: Der Antagonist des M. biceps brachii (Bizeps), des Agonisten der Unterarmflexion, ist der M. triceps brachii (Trizeps), der Unterarmstrecker.

Synergist: Mitspieler; Muskel, der mit einem Agonisten zusammenarbeitet, entweder mit unterstützender Wirkung oder um unnötige Bewegungen, die bei der Kontraktion des Agonisten auftreten können, abzuschwächen. Beispiel: Synergisten sichern das Handgelenk, wenn die Flexoren des Unterarms, deren Sehnen das Handgelenk überqueren, die Finger beugen.

Haltemuskel: Synergist, der einen Knochen fixiert, um den Ursprung eines Agonisten zu sichern. Das Schulterblatt (das nur durch Muskeln am Skelett befestigt ist) wird durch Muskeln wie den M. pectoralis minor und den M. trapezius festgehalten, während der Agonist, der M. deltoideus, den Arm seitwärts vom Körper wegführt.

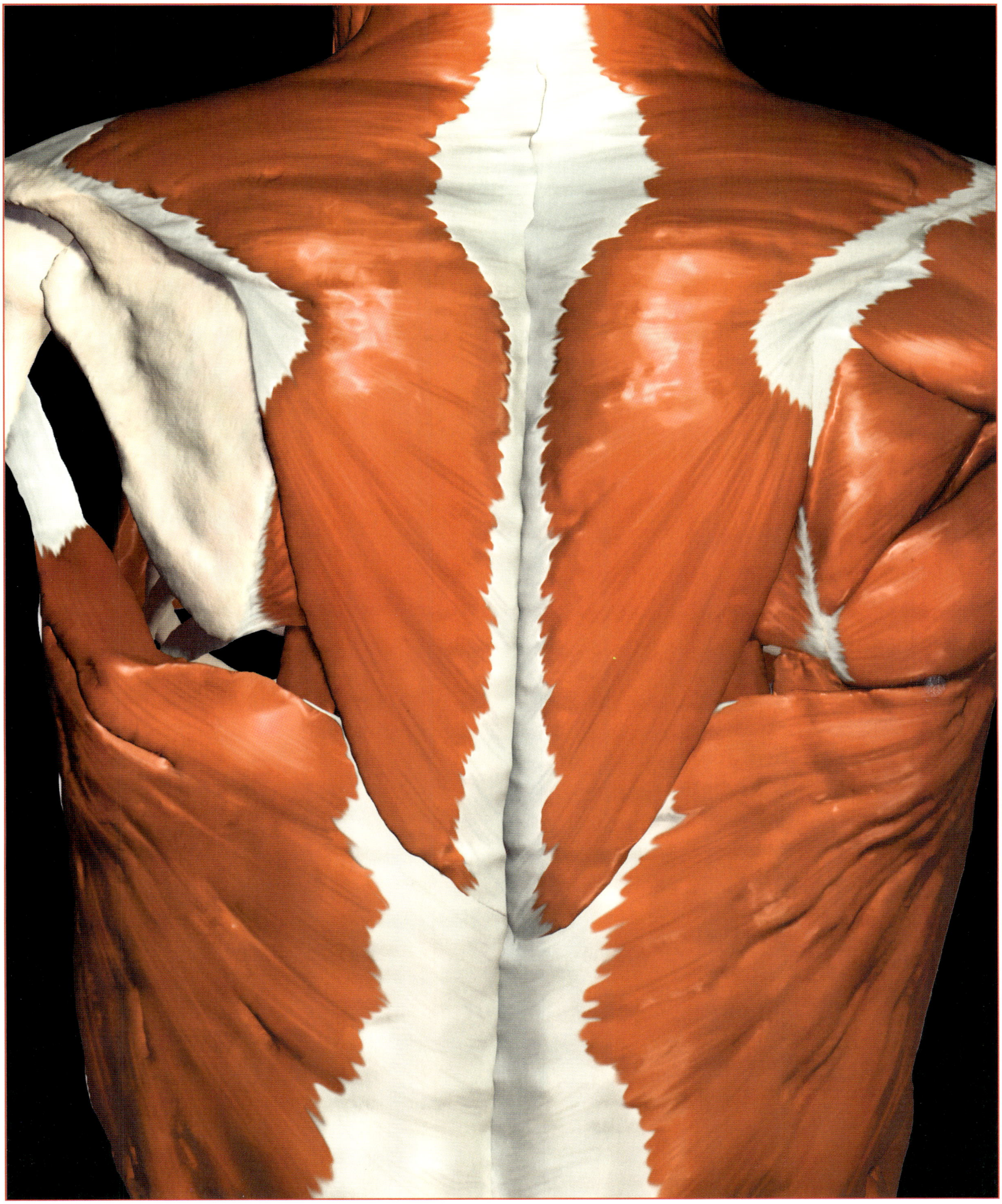

Rücken; Ansicht von dorsal. Auf der linken Seite sind M. deltoideus, infraspinatus und teres major entfernt, daher Schulterblatt und Schultergelenk sichtbar.

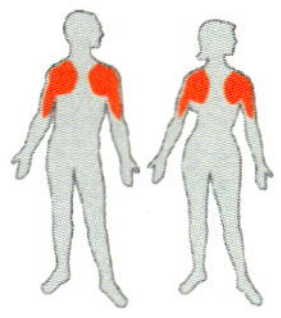

DIE SCHULTER- UND OBERARMMUSKELN SIND ZUSTÄNDIG FÜR DIE ARMBEWEGUNGEN. DIE MUSKELN, DIE DAS SCHULTERGELENK ÜBERQUEREN UND AM HUMERUS (SIEHE S. 50) INSERIEREN, BEWEGEN ENTWEDER DEN ARM ODER STABILISEREN DAS SCHULTERGELENK, DAS BEWEGLICHSTE, ABER AUCH INSTABILSTE KÖRPERGELENK. DIE AM OBERARM ENTSPRINGENDEN MUSKELN, DIE DAS ELLBOGENGELENK (EIN SCHARNIERGELENK) ÜBERSPANNEN UND IHREN ANSATZ AN DEN UNTERARMKNOCHEN HABEN, BEUGEN ODER STRECKEN DEN UNTERARM.

Die Schultermuskeln sichern das Schultergelenk, ein sehr bewegliches, aber auch recht instabiles Kugelgelenk.

SCHULTER UND OBERARM

Die Oberarmmuskeln beugen und strecken im Ellbogengelenk.

① Wirbelsäule (4. Halswirbel)
② M. trapezius
③ Clavicula (Schlüsselbein)
④ M. deltoideus (Deltamuskel)
⑤ M. pectoralis major (gr. Brustmuskel)
⑥ M. triceps brachii (Trizeps)
⑦ M. latissimus dorsi (breiter Rückenmuskel)
⑧ M. bizeps brachii (Bizeps)
⑨ M. serratus anterior (vorderer Sägemuskel)
⑩ M. brachialis (Oberarmmuskel)
⑪ M. extensor carpi radialis longus (langer radialer Handstrecker)
⑫ Costa nona (9. Rippe)

Von den 9 Schultermuskeln, die das Schultergelenk überqueren, haben 7 ihre Ursprünge am Schulterblatt; nur zwei – der M. pectoralis major und M. latissimus dorsi (siehe S. 72) – entspringen am Achsenskelett. Einer dieser sieben Schultermuskeln ist der M. deltoideus, der – wie der M. pectoralis major und M. latissimus dorsi – einer der Hauptmuskeln für die Armbewegungen ist.

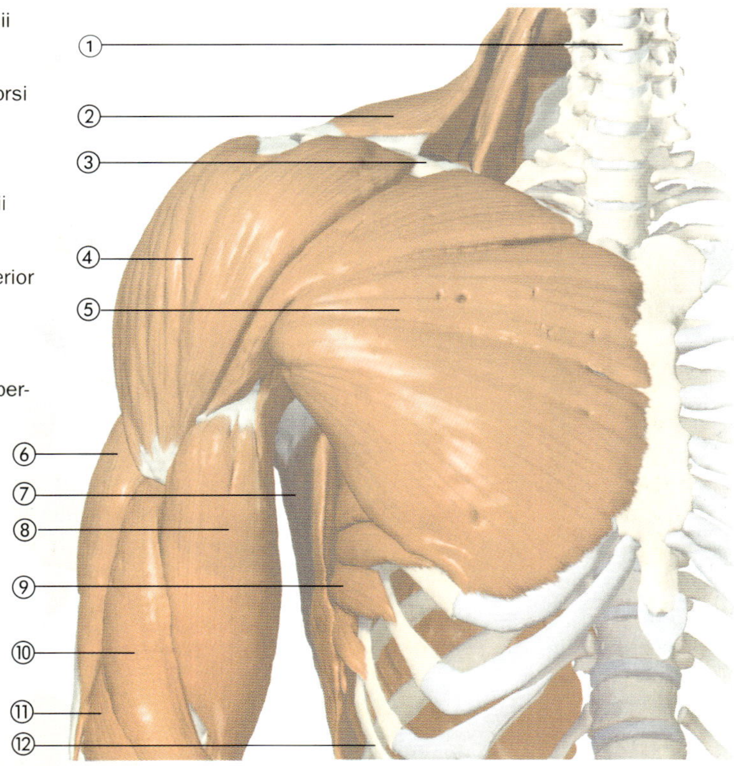

Der M. deltoideus überzieht das Schultergelenk, verleiht ihm die Rundung und ist an allen Armbewegungen beteiligt. Als Agonist ist er zuständig für die Abduktion des Armes (wobei er als Antagonist zu den beiden Adduktoren, M. pectoralis major und M. latissimus dorsi, wirkt); je nachdem, welcher Teil des Deltamuskels sich verkürzt, bewirkt er die Anteversion und Innenrotation des Oberarms oder aber die Retroversion und Außenrotation des Oberarms. Die übrigen Schultermuskeln sind – bis auf den M. coracobrachialis, einen kleinen Muskel, der für die Flexion und Adduktion des Humerus zuständig ist – an der Rückseite des Schultergelenks zu finden.

Die Muskeln an der Vorderseite des Unterarms winkeln den Arm im Ellbogengelenk an. Der kräftige M. brachialis entspringt am Humerus und inseriert an der Elle (Ulna); er übt Zug auf die Elle aus, um den Unterarm zu heben. Er verkürzt sich gleichzeitig mit dem Bizeps (siehe S. 78), der den Unterarm sowohl anhebt als auch auswärts dreht. Der weniger starke M. brachioradialis, der am distalen Humerusteil entspringt und am distalen Radius inseriert, wirkt als Synergist des M. brachialis und des M. biceps brachii, wenn diese das Ellbogengelenk bereits teilweise gebeugt haben.

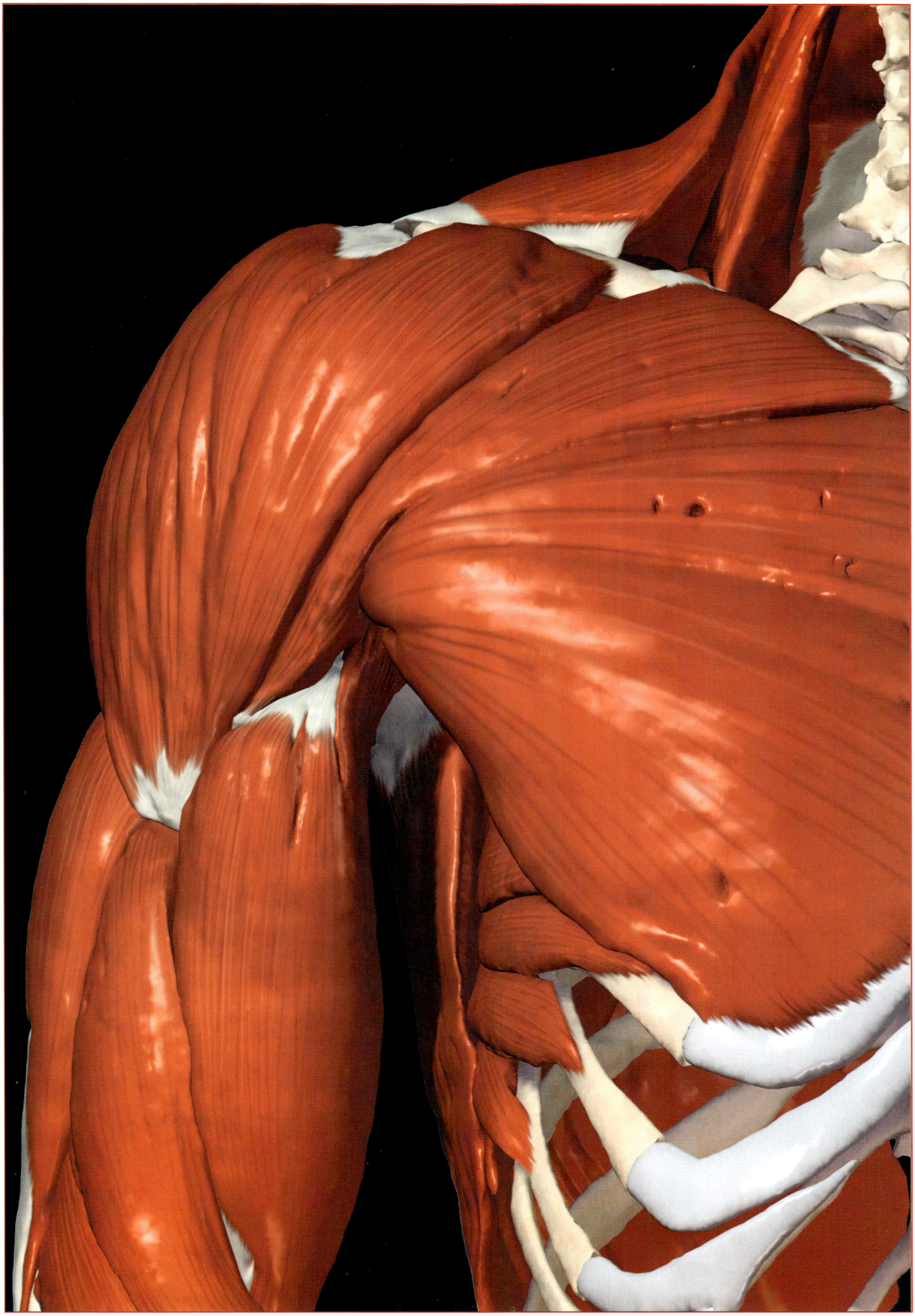

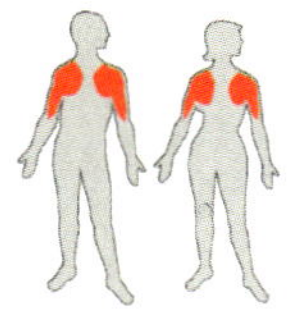

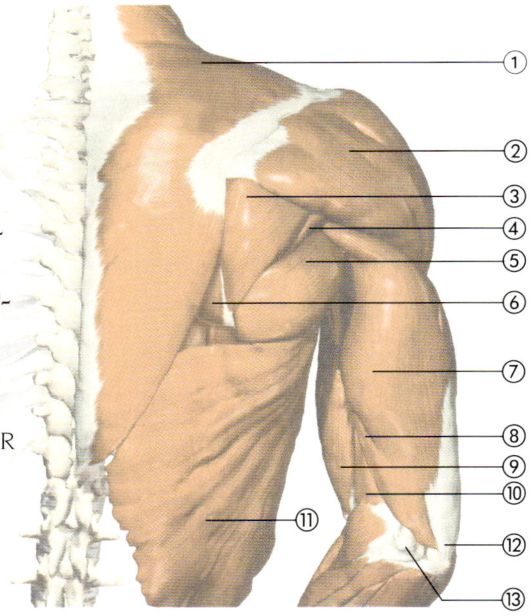

VIER SCHULTERMUSKELN DER DORSALEN GRUPPE, UND ZWAR DER M. SUPRASPINATUS, INFRASPINATUS, TERES MINOR UND SUBSCAPULARIS, ENTSPRINGEN AM SCHULTERBLATT UND INSERIEREN AM HUMERUS (siehe S. 50). IHRE SEHNEN VERSCHMELZEN UNTERWEGS MIT DER GELENKKAPSEL DES SCHULTERGELENKS. DIESE UNTER DEM BEGRIFF „ROTATORENMANSCHETTE" ZUSAMMENGEFASSTEN MUSKELN SICHERN DAS SCHULTERGELENK, INDEM SIE DEN HUMERUSKOPF IM KUGELGELENK FESTHALTEN. DER M. TERES MAJOR IST FÜR DIE EXTENSION, INNENROTATION UND ADDUKTION DES OBERARMS ZUSTÄNDIG.

SCHULTER UND OBERARM

Den größten Teil der Oberarmrückseite bildet der für die Extension des Ellbogengelenks verantwortliche M. triceps brachii (Trizeps). Von seinen drei Köpfen entspringt der lange (Caput longum) an der Scapula, die anderen beiden (Caput laterale und mediale) am Humerus; über eine gemeinsame Sehne inseriert er am Olekranon, dem Hakenfortsatz der Ulna (Elle), der als Vorsprung an der Ellbogenrückseite ertastet werden kann.

Schnelle und langsame Kontraktion

Wie rasch sich ein Muskel verkürzt und wie lange er im kontrahierten Zustand verbleiben kann, bevor er ermüdet (wenn die für die Kontraktion benötigte Energie ausbleibt), ist von Muskel zu Muskel verschieden. Dies beruht in erster Linie auf Unterschieden in den Muskelfasern. Es gibt drei Faserarten, die unterschiedliche Mengen des roten Farbstoffs Myoglobin (speichert – ähnlich wie das Hämoglobin im Blut – den für die Freisetzung von Energie benötigten Sauerstoff) enthalten und sich verschieden rasch kontrahieren.

- Die roten sog. Typ-I-Fasern enthalten reichlich Myoglobin, verkürzen sich langsam, sind aber zu lang anhaltenden Kontraktionen fähig und ermüden nicht so leicht.
- Die weißen sog. Typ-II-Fasern haben weniger Myoglobin, ermüden schneller, kontrahieren schnell und kräftig, aber für kurze Zeit.
- Intermediäre Fasern sind wegen ihres roten Myglobingehalts rot, kontrahieren aber auch schnell und ermüden nicht so leicht.

Die meisten Skelettmuskeln bestehen aus einem Fasergemisch, dessen Anteile von der Muskelfunktion abhängen. In den Nacken-, Rücken- und Beinmuskeln zum Beispiel, die den Körper aufrecht halten, überwiegen langsame rote Fasern; Muskeln wie die Armmuskeln, die von Zeit zu Zeit für plötzliche Kraftakte wie Werfen oder Heben gebraucht werden, bestehen überwiegend aus schnellen weißen Fasern; die Beinmuskeln z. B., die für das Laufen zuständig sind, enthalten mehr schnelle intermediäre Fasern.

Der dreiköpfige M. triceps brachii (Trizeps) an der Rückseite des Arms wirkt als Strecker des Ellbogengelenks und damit als Antagonist des M. biceps brachii (Bizeps).

1. M. trapezius
2. M. deltoideus
3. M. infraspinatus
4. M. teres minor
5. M. teres major
6. M. rhomboideus
7. M. triceps brachii (Caput longum)
8. M. triceps brachii (Caput mediale)
9. M. biceps brachii (Bizeps)
10. M. brachialis
11. M. latissimus dorsi
12. Sehne (Tendo) des M. triceps brachii
13. Epicondylus medialis humeri

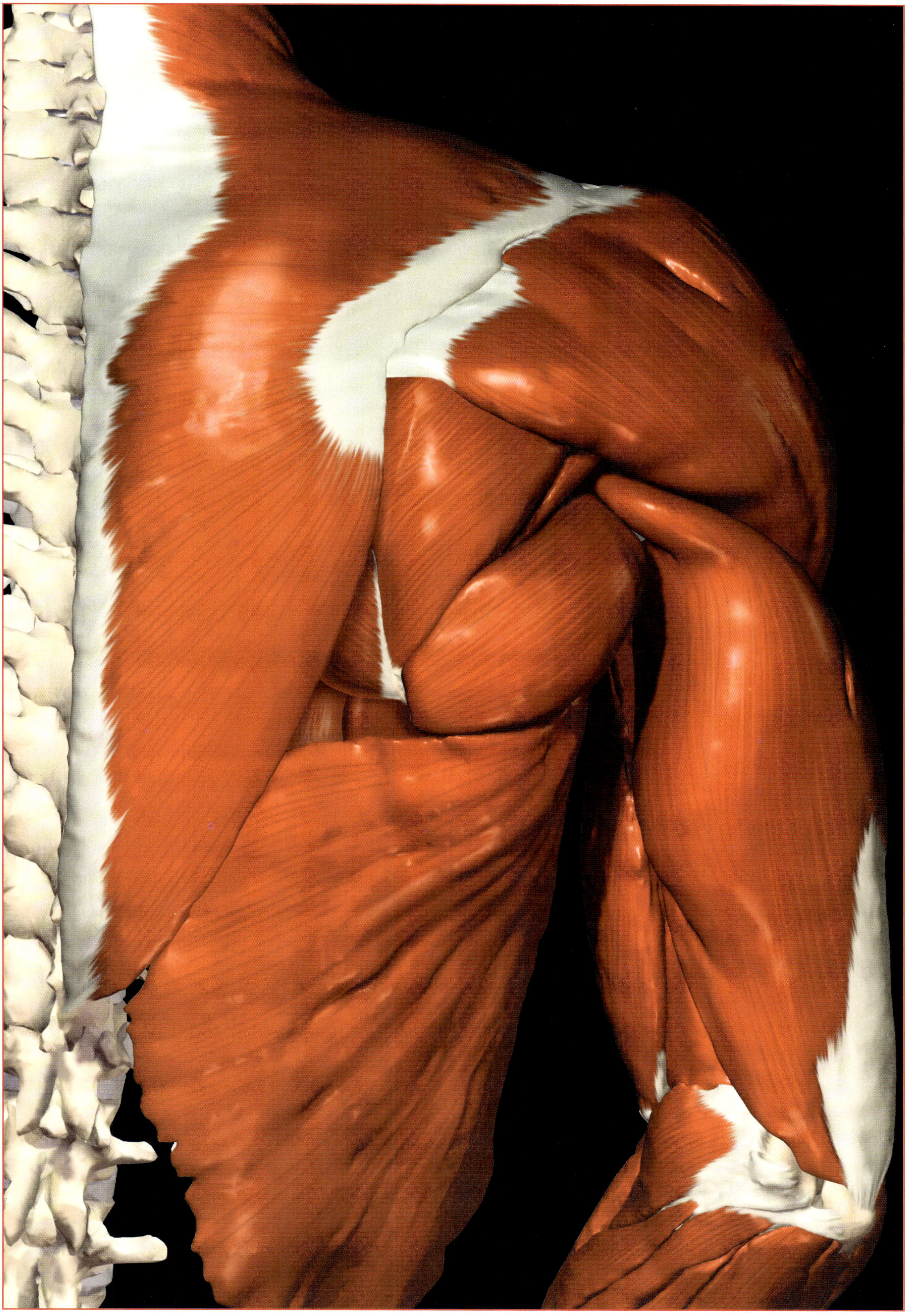

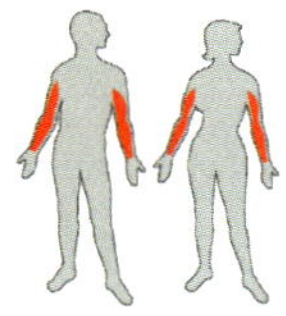

DER M. BICEPS BRACHII – DER ZWEIKÖPFIGE OBERARMMUSKEL – WIRD GERNE ALS BEWEIS FÜR KRÄFTIGE MUSKELN VORGEZEIGT, WEIL ER SICH IN KONTRAHIERTEM ZUSTAND SO SCHÖN AUFWÖLBT. ER IST EIN SPINDELFÖRMIGER MUSKEL MIT EINEM FLEISCHIGEN BAUCH, DER AN BEIDEN ENDEN SCHMAL IN SEHNEN AUSLÄUFT. DIE BEIDEN KÖPFE (DAHER SEIN NAME) BEFINDEN SICH AN SEINEM URSPRUNG, WO ZWEI SEHNEN IHN AM SCHULTERBLATT BEFESTIGEN, SEIN ANSATZ IST AN DER SPEICHE. DER BIZEPS BEUGT DEN ARM IM ELLBOGEN UND WIRKT AN DER SUPINATION DES UNTERARMS MIT, D. H., ER DREHT DEN UNTERARM SO, DASS DIE HANDFLÄCHE NACH OBEN ZEIGT.

DER BIZEPS DES OBERARMS

Rechte Schulter, Oberarm und Ellbogen; Ansicht von dorsal. Deutlich zu sehen sind der M. triceps brachii und sein Synergist, der M. anconeus, der bei der Streckung des Armes mitwirkt.

① M. deltoideus
② Scapula (Schulterblatt)
③ M. teres minor
④ M. teres major
⑤ M. triceps brachii
⑥ M. brachialis
⑦ M. extensor carpi radialis longus (langer radialer Handstrecker)
⑧ Epicondylus lateralis humeri
⑨ M. extensor carpi radialis brevis (kurzer radialer Handstrecker)
⑩ M. extensor digitorum (Fingerstrecker)
⑪ Epicondylus medialis humeri
⑫ Olekranon an der Ulna
⑬ M. anconeus (Knorrenmuskel)

Bau und Funktion der Sehnen

Skelettmuskeln werden durch Sehnen an den Knochen befestigt. Wenn sich der Muskel verkürzt, übt die Sehne Zug auf den Knochen aus, an dem sie befestigt ist, um diesen im Gelenk zum nächsten Knochen zu bewegen. Manche Sehnen verbinden einen Muskel mit weiteren Muskeln; wieder andere, wie die Sehnen im Gesicht, heften die mimischen Muskeln an die Haut an. Sehnen tragen auch zur Stabilisierung von Gelenken bei. Sehnen sind Verlängerungen der Bindegewebshüllen, die Muskelfasern bündeln und umgeben.

Sie bestehen aus dichtem Bindegewebe, das Bündel parallel verlaufender kollagener Fasern enthält. So entsteht ein elastisches, weißes, gegen Zugkräfte sehr widerstandsfähiges Gewebe.

Die meisten Sehnen setzen wie weiße Schnüre die dünnen Muskelenden fort. Verlängerungen ihrer Kollagenfasern, die sog. **Sharpey-Fasern**, verankern die Sehne fest in ihrem Knochen. Diese Fasern dringen durch die Knochenhaut (Periost) und lagern sich in der Knochenrinde (Kompakta, siehe S. 40) ein.

Lange Sehnen, wie die der Hände und Füße, sind von Sehnenscheiden umhüllt. Die darin enthaltene Schmierflüssigkeit sorgt für reibungsloses Gleiten der Sehnen, wenn die an ihnen befestigten Unterarmmuskeln Zug auf die Finger oder Zehen ausüben. Manche Sehnen, die sog. Aponeurosen, sind eher breitflächig als schnurförmig. Aponeurosen verbinden nicht nur Muskeln mit Knochen, sondern auch Muskeln untereinander.

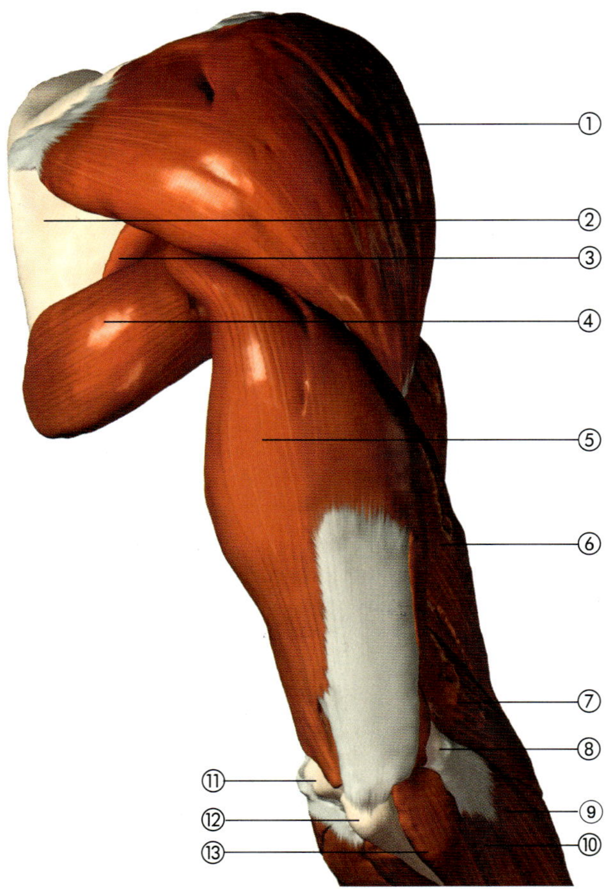

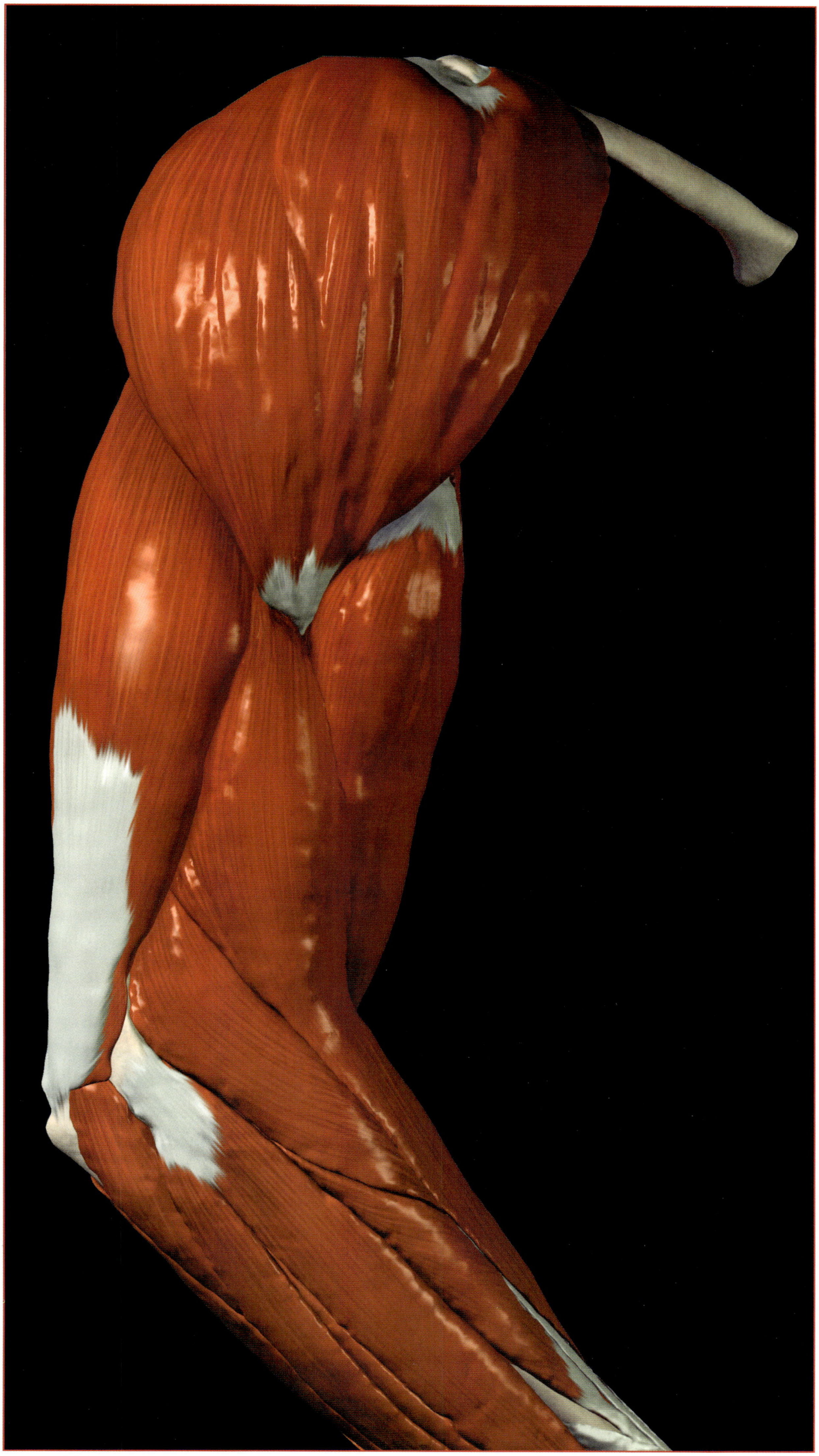

Rechte Schulter und rechter Oberarm; Ansicht von rechts. Zu sehen sind der M. biceps brachii sowie die anderen Flexoren an der Vorderseite des Oberarms; außerdem der M. triceps brachii, der wichtigste Extensor an der Rückseite des Oberarms.

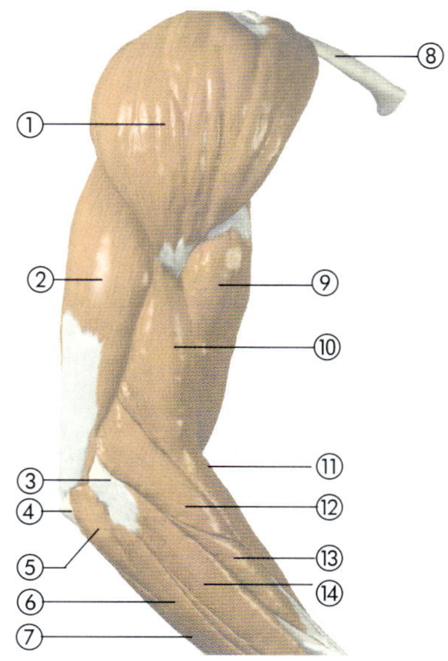

1. M. deltoideus
2. M. triceps brachii
3. Epicondylus lateralis humeri
4. Olecranon (Ellenfortsatz)
5. M. anconeus (Knorrenmuskel)
6. M. extensor carpi ulnaris
7. M. flexor carpi ulnaris
8. Clavicula
9. M. biceps brachii
10. M. brachialis
11. M. brachioradialis
12. M. extensor carpi radialis longus
13. M. extensor carpi radialis brevis
14. M. extensor digitorum

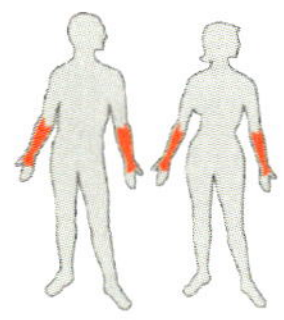

Die Geschicklichkeit und hohe Beweglichkeit der Hand beruht auf ihrem Gerüst aus kleinen Knochen und auf der Vielzahl der Unterarm- und Handmuskeln, die diese bewegen. Die meisten Bewegungen des Handgelenks und der Finger bewirken Unterarmmuskeln. Sie entspringen am Ellbogen, laufen in langen Sehnen aus, die in die Hand ziehen und ihre Ansätze an den Handwurzel- oder Fingerknochen haben. Die Sehnen laufen unter Haltebändern, den sog. Retinacula, durch und werden von gleitfähigen Sehnenscheiden umhüllt.

UNTERARM UND HAND

Die meisten Muskeln an der Vorderseite (Innen- oder Unterseite) des Unterarms sind Flexoren (Beuger). Ihre Sehnen werden vom Retinaculum flexorum (Halteband der Beugersehnen), zusammengehalten. Zu den oberflächlichen Muskeln gehören: der M. flexor digitorum (Fingerbeuger); der M. flexor carpi ulnaris (ulnarer Handbeuger, der auch die Adduktion des Handgelenks bewirkt); der M. flexor carpi radialis (Flexion und Abduktion des Handgelenks); und der M. palmaris longus (Handbeuger und Hohlhandsehnenspanner). Ein tiefer Muskel, der M. flexor pollicis longus, beugt den Daumen. Der M. pronator teres bewirkt die Pronation des Unterarms, also die Umwendung der Handfläche nach unten. Der M. brachioradialis ist ein Synergist des M. biceps brachii bei der Unterarmbeugung.

Die meisten Muskeln an der Rückseite (Außen- oder Oberseite) des Unterarms sind Extensoren (Strecker), die als Antagonisten der Flexoren an der Unterarmvorderseite wirken. Ihre Sehnen werden vom Retinaculum extensorum (Halteband der Streckersehnen) zusammengehalten. Zu den oberflächlichen Muskeln gehören: die Mm. extensores carpi radialis longus und brevis (Extension und Abduktion des Handgelenks); der M. extensor carpi ulnaris (Extension und Adduktion des Handgelenks; und der M. extensor digitorum (Fingerstrecker). Weitere Extensoren sind die Daumenstrecker, M. extensor pollicis brevis und longus, der Zeigefingerstrecker (M. extensor indicis) sowie der Kleinfingerstrecker, M. extensor digiti minimi. Die Feinabstimmung der von den Unterarmmuskeln hervorgerufenen Bewegungen besorgen kleinere Handmuskeln, darunter die Mm. lumbricales (Regenwurmmuskeln) und interossei (Zwischenknochenmuskeln), die als Flexoren die Fingergrundgelenke (Knöchelgelenke) beugen, aber als Extensoren der Fingermittel- und -endgelenke wirken; sowie die Muskeln des Daumenballens (Thenar), darunter der M. flexor pollicis brevis (kurzer Daumenbeuger) und der M. abductor pollicis brevis (kurzer Daumenabspreizer).

① M. brachioradialis
② M. flexor carpi radialis
③ M. flexor digitorum superficialis
④ Retinaculum flexorum
⑤ M. abductor pollicis brevis
⑥ M. palmaris longus (langer Hohlhandsehnenspanner)
⑦ M. flexor carpi ulnaris (ulnarer Handbeuger)
⑧ M. extensor carpi ulnaris
⑨ M. extensor digiti minimi
⑩ M. extensor carpi radialis brevis
⑪ M. extensor digitorum
⑫ M. abductor pollicis longus
⑬ Retinaculum extensorum
⑭ M. interosseus dorsalis

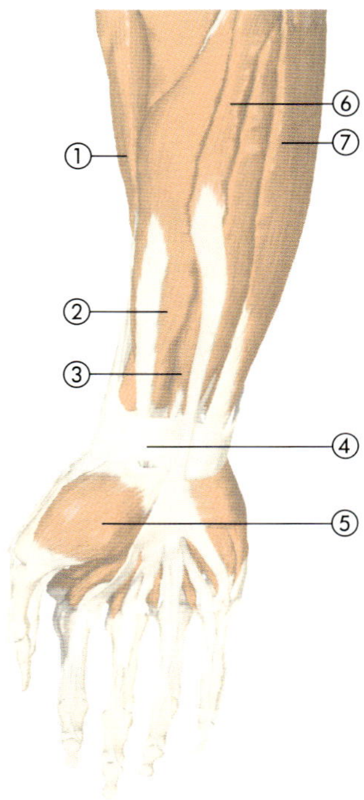

Ansicht von palmar

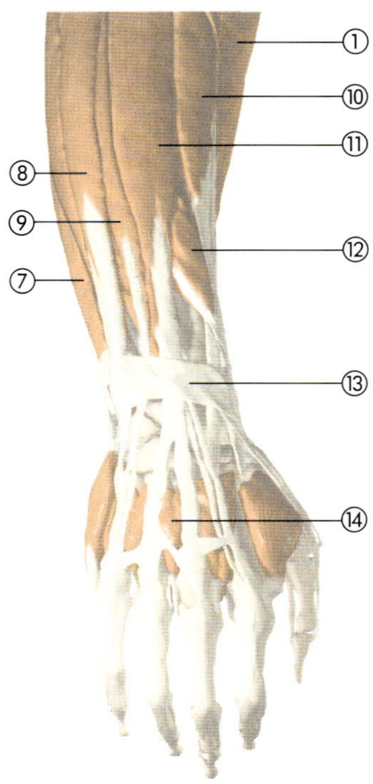

Ansicht von dorsal

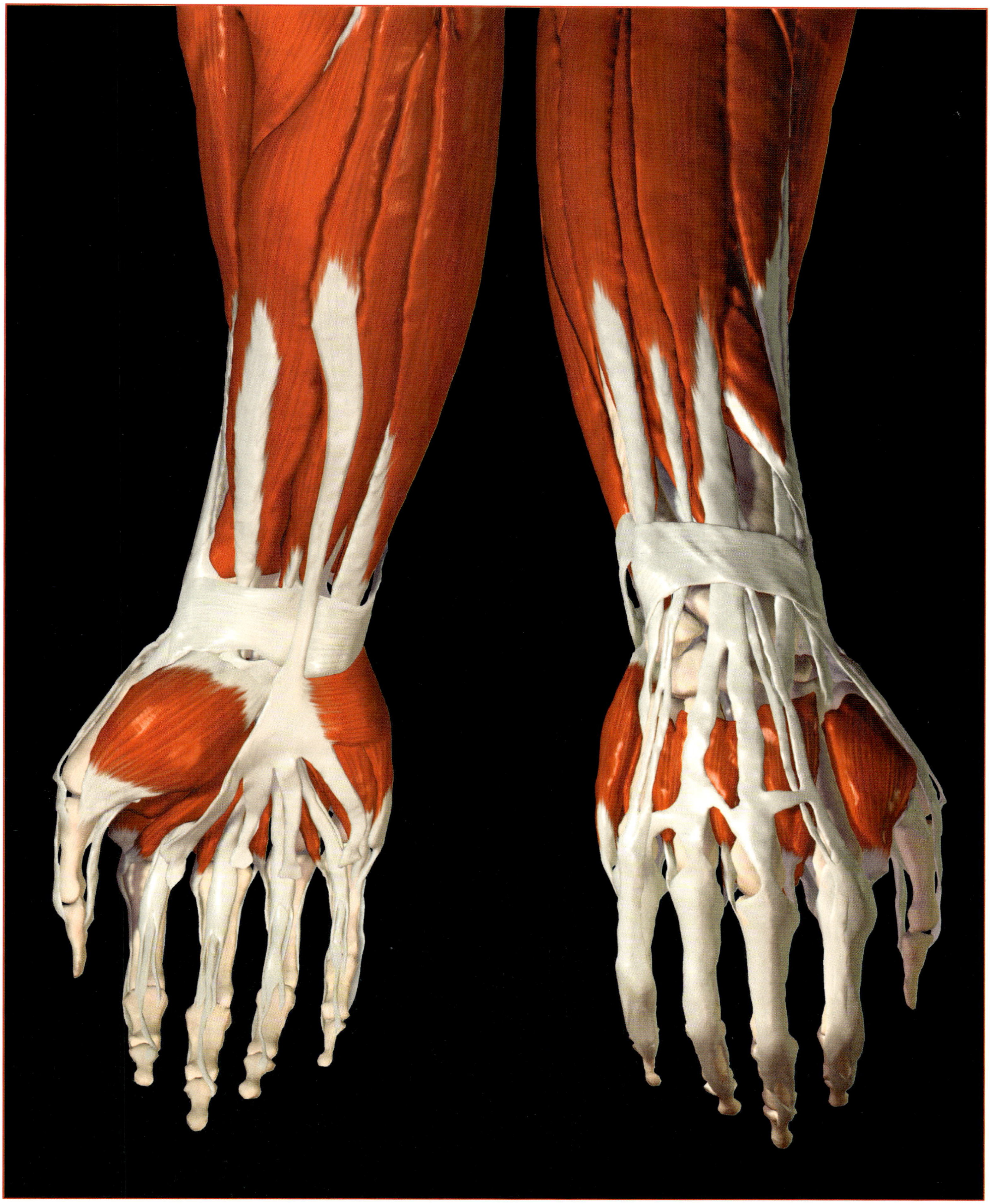

Rechter Unterarm und rechte Hand; links: Ansicht von palmar; rechts: Ansicht von dorsal. Zu sehen sind nur die oberflächlichen Muskeln.

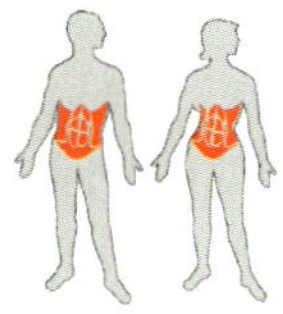

ANDERS ALS BEI DER BRUST GIBT ES BEIM BAUCH KEIN KNÖCHERNES STÜTZGERÜST FÜR SEINE WÄNDE. DIE ORGANE DES UNTERBAUCHS HALTEN UND SCHÜTZEN STATTDESSEN DIE VORDERE UND DIE SEITLICHEN BAUCHDECKEN. SIE BESTEHEN AUS VIER PAARIGEN FLACHEN MUSKELN UND DEREN APONEUROSEN (FLACHEN SEHNEN). DIESE MUSKELN DIENEN AUCH DER BEWEGUNG DER WIRBELSÄULE, UND ZWAR ZUR VORWÄRTS- UND SEITWÄRTSNEIGUNG DES RUMPFES, UND ZU SEINER DREHUNG. AUSSERDEM VERHINDERN SIE SEINE ÜBERSTRECKUNG NACH HINTEN.

DER BAUCH

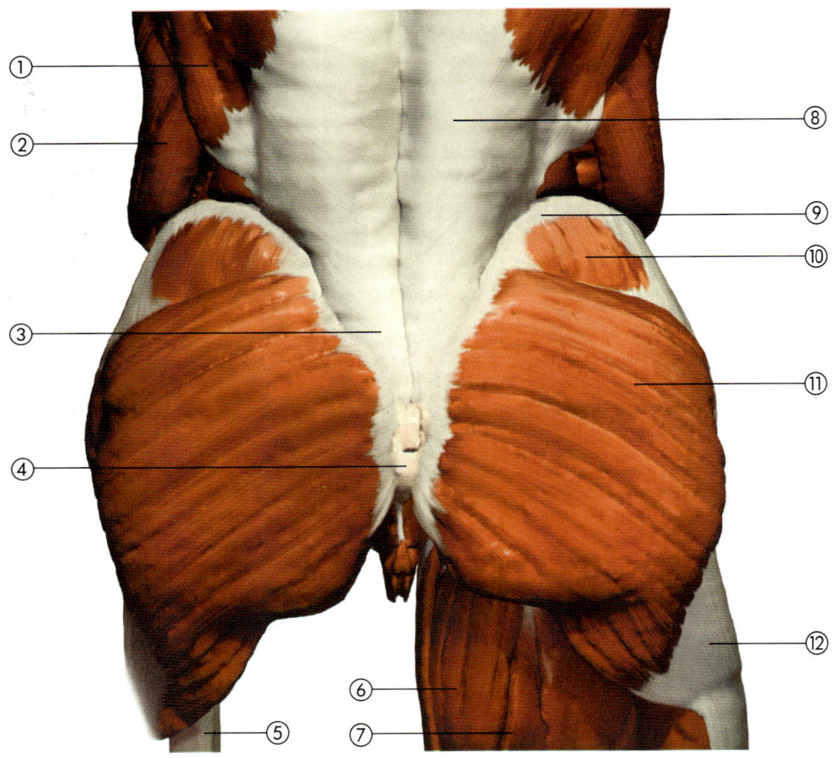

Hüft- und Oberschenkelmuskeln; Ansicht von dorsal. Die kräftigen Gesäßmuskeln strecken den Oberschenkel. Die Oberschenkelmuskeln strecken das Hüftgelenk und beugen das Kniegelenk.

1. M. latissimus dorsi
2. M. obliquus externus
3. Os sacrum (Kreuzbein)
4. Os coccygis (Steißbein)
5. Os femoris (Femur)
6. M. adductor magnus
7. M. semimembranosus
8. Fascia thoracodorsalis
9. Crista iliaca (Darmbeinkamm)
10. M. gluteus medius
11. M. gluteus maximus
12. Tractus iliotibialis

Der M. rectus abdominis in der vorderen Bauchwand entspringt am Brustbein und den Rippen und setzt am Darmbeinkamm an. Er beugt und dreht den Stamm, hilft beim Vorwärtsbeugen des Oberkörpers gegen Widerstand (z. B. beim Aufrichten aus der Rückenlage) und drückt die Bauchorgane nach innen. Dabei unterstützen ihn die schichtweise übereinander liegenden lateralen Bauchmuskeln: Zuoberst liegt beidseits der M. obliquus externus abdominis, dessen Fasern von hinten oben nach vorn unten verlaufen; er entspringt an den Rippen und setzt am Darmbeinkamm an. Die Fasern des darunter liegenden M. obliquus internus abdominis ziehen senkrecht (90°) zum Externus vom Ursprung am Darmbeinkamm zum Ansatz an den Rippen und der Linea alba (weiße Sehnenstreifen vom Brustbein bis zum Schambein). Unter dem M. obliquus internus abdominis liegt der M. transversus abdominis mit horizontal verlaufenden Fasern, der Hauptmuskel der „Bauchpresse".

Isotonische und isometrische Kontraktion

Nicht in jedem Fall verkürzen sich die Muskeln bei der Kontraktion. Die Muskelkontraktion ist ein aktiver Vorgang, bei dem eine Kraft – die Muskelspannung – erzeugt wird, die wiederum auf einen Körperteil einwirkt. Dieser Körperteil, hier als Last bezeichnet, übt eine entgegengesetzt wirkende Kraft aus, die dem Muskelzug Widerstand leistet. Bei der **isotonischen Kontraktion**, der bereits beschriebenen gängigsten Form, verkürzt sich der Muskel und löst eine Bewegung aus; die erzeugte Muskelspannung ist größer als die Last. Bei der **isometrischen Kontraktion** übt der Muskel ebenfalls eine Zugkraft aus, doch er verkürzt sich nicht, weil die Widerstandskräfte gleich stark sind. An den meisten Bewegungen sind sowohl isotonische als auch isometrische Kontraktionen beteiligt. Bei Bewegungen wie Winken oder Treten überwiegen isotonische, bei der Aufrechterhaltung isometrische Kontraktionen.

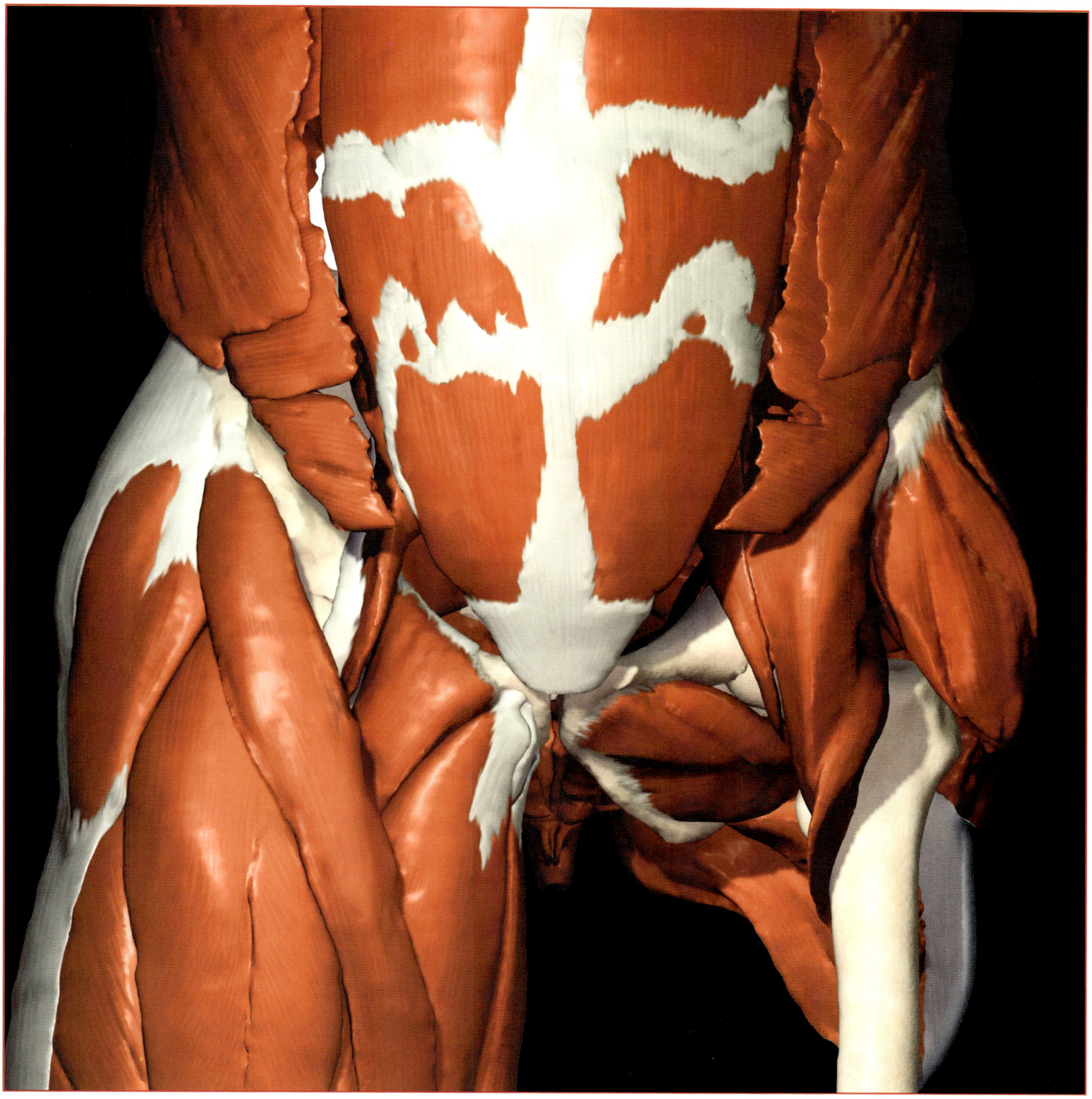

Hüft- und Oberschenkelmuskeln; Ansicht von ventral. Die Größe und Stärke dieser Muskeln ist ein Hinweis auf die wichtige Rolle der unteren Gliedmaßen bei der Fortbewegung und beim Tragen der Körperlast.

① M. obliquus externus abdominis
② Sehne des M. psoas
③ M. pectineus
④ M. tensor fasciae latae
⑤ M. rectus femoris
⑥ M. rectus abdominis
⑦ Spina iliaca anterior superior (vorderer oberer Darmbeinstachel)
⑧ M. iliopsoas
⑨ Os pubis des linken Hüftbeins (Ossis coxae sinistri)
⑩ Os femoris (Oberschenkelbein)
⑪ Os ischium des linken Hüftbeins
⑫ M. adductor longus
⑬ M. sartorius
⑭ M. gracilis

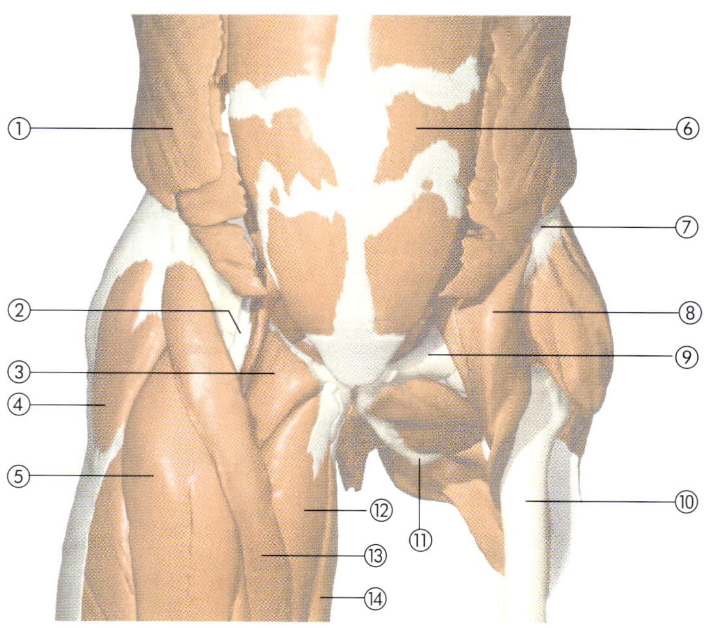

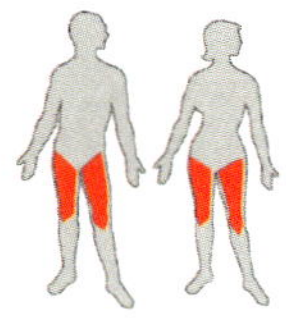

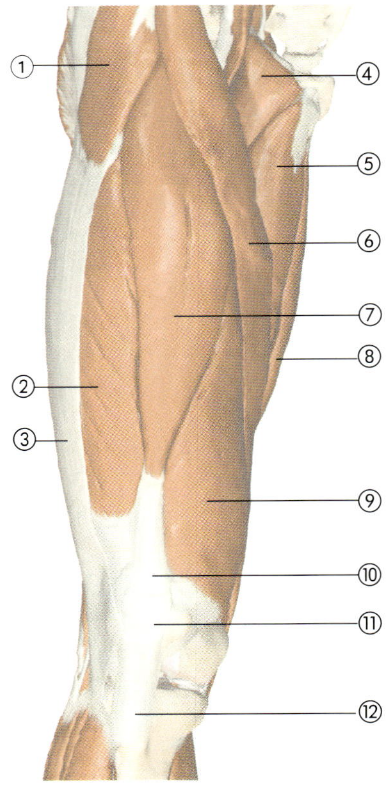

Mit den kräftigsten Muskeln im gesamten Körper bepackt, sind die Beine stark genug, um den Körper zu tragen und ihn fortzubewegen. Der Grossteil der Oberschenkelmuskeln entspringt am Beckenring und setzt am Schienbein an. Manche wirken nur auf das Hüftgelenk ein, andere nur auf das Kniegelenk, einige wenige auf beide Gelenke. Die Muskeln an der Vorderseite des Beckens und Oberschenkels bewirken die Flexion des Hüftgelenks zur Hebung des Oberschenkels, die Adduktion und Rotation des Oberschenkels und die Extension des Beines im Kniegelenk. Sie bewirken so das Vorwärtsschwingen des Beins beim Gehen.

HÜFTE, OBERSCHENKEL & KNIE

Die großen, kräftigen Oberschenkelmuskeln bewegen das auf ihnen lastende Körpergewicht beim Gehen oder Laufen.

Der kräftig ausgebildete, fleischige M. quadriceps femoris besteht aus vier Köpfen (daher der Name quadriceps): Der M. rectus femoris entspringt am Becken, die übrigen drei – die Mm. vastus lateralis, vastus medialis und vastus intermedius – am Femur. Alle vier haben einen gemeinsamen Ansatz über die Patella (Kniescheibe) am Schienbein. Der M. quadriceps femoris streckt das Kniegelenk beim Aufstehen, Klettern, Springen und Laufen. Der M. rectus femoris ist auch für die Flexion im Hüftgelenk zuständig.

Die Funktion des M. pectineus, der am Schambein entspringt und am Femur ansetzt, ist die Flexion und Adduktion des Hüftgelenks. Der bandförmige M. sartorius, der am Darmbein seinen Ursprung hat und an der Innenseite des Schienbeins ansetzt, bewirkt die Flexion und Außenrotation des Hüftgelenks.

Die Adduktoren unter den Oberschenkelmuskeln – die Mm. adductores magnus, longus und brevis sowie M. pectineus und M. gracilis – ziehen den Oberschenkel einwärts. Beim Gehen ist die Adduktion (und Abduktion) des Oberschenkels wichtig, um das Gewicht des Oberkörpers über den Beinen auszubalancieren. Die Mm. adductores magnus, longus und brevis entspringen im unteren Teil des Beckens und setzen an verschiedenen Femurteilen an; ihre Funktion ist die Flexion und Außenrotation des Hüftgelenks. Der M. gracilis hat seinen Ursprung ebenfalls im unteren Teil des Beckens, setzt aber am Schienbein an; er bewirkt ebenfalls die Flexion und die Innenrotation des Beins im Hüftgelenk.

Der M. tensor fasciae latae zieht von seinem Ursprung am Darmbein zum Schienbein, an dem er über den Tractus iliotibialis ansetzt; er ist zuständig für die Flexion, Abduktion und Innenrotation im Hüftgelenk.

① M. tensor fasciae latae (Schenkelbindenspanner)
② M. vastus lateralis (äußerer Oberschenkelmuskel)
③ Tractus iliotibialis
④ M. pectineus (Kammmuskel)
⑤ M. adductor longus (langer Anzieher)
⑥ M. sartorius (Schneidermuskel)
⑦ M. rectus femoris (liegt auf dem M. vastus intermedius auf)
⑧ M. gracilis (schlanker Muskel)
⑨ M. vastus medialis (innerer Oberschenkelmuskel)
⑩ Sehne des M. quadriceps femoris
⑪ Patella (Kniescheibe)
⑫ Ligamentum patellae

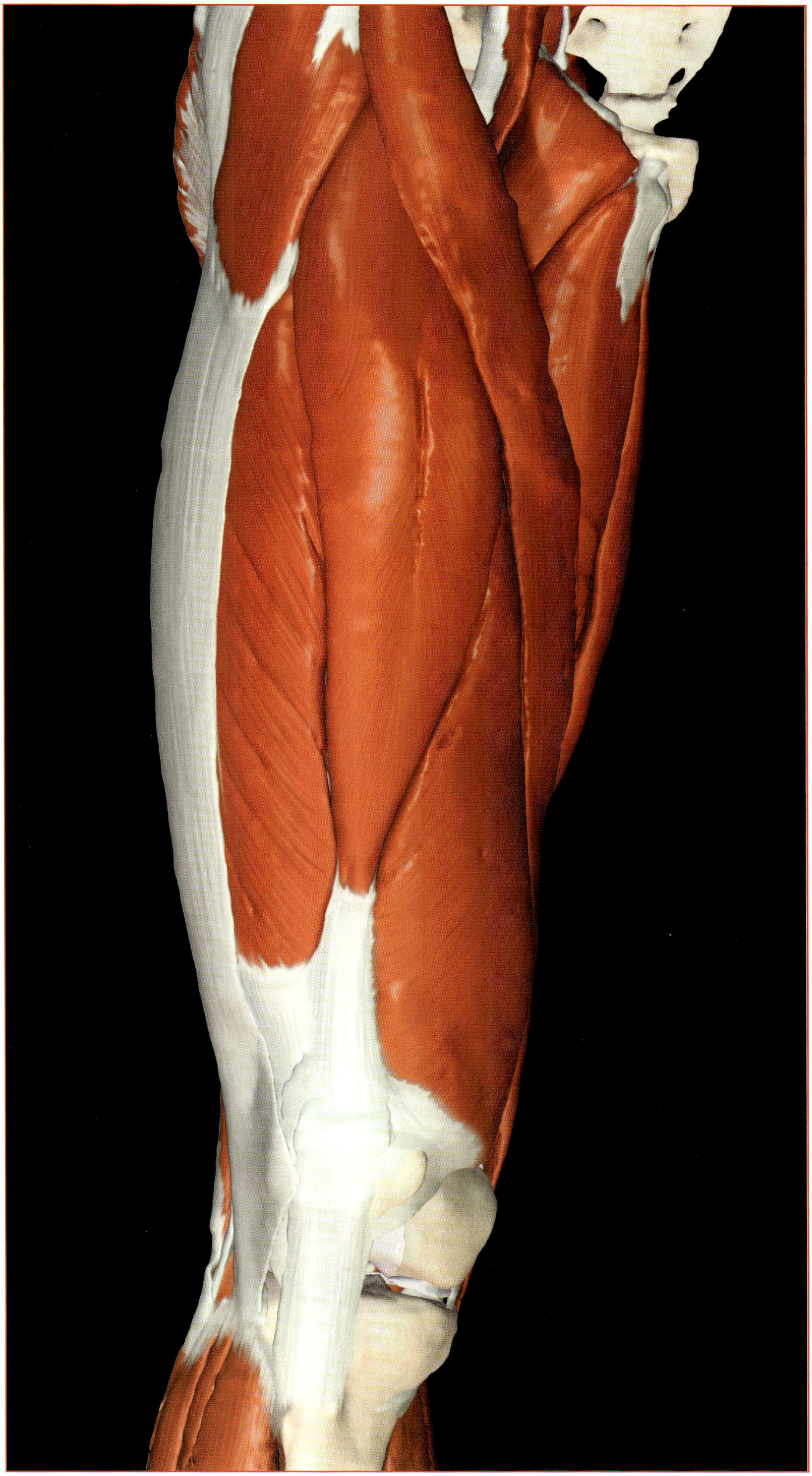

Rechter Oberschenkel und rechtes Knie; Ansicht von ventrallateral. Die kräftigen Muskeln, die den Oberschenkel heben und das Bein im Kniegelenk strecken, sind hier gut zu erkennen.

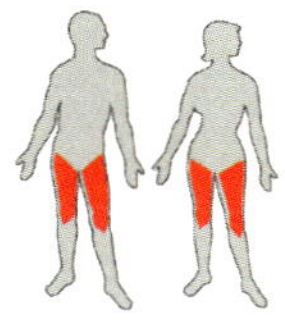

DIE MUSKELN AN DER RÜCKSEITE DER HÜFTE UND DES OBERSCHENKELS STRECKEN DAS HÜFTGELENK, INDEM SIE DEN OBERSCHENKEL NACH RÜCKWÄRTS ZIEHEN, SPREIZEN DAS BEIN AB (ABDUKTION) UND DREHEN ES; AUSSERDEM BEUGEN SIE DAS BEIN IM KNIEGELENK. DADURCH VERANLASSEN SIE DAS RÜCKWÄRTSSCHWINGEN DES BEINS BEIM GEHEN.

HÜFTE, OBERSCHENKEL & KNIE

Die breiten, fleischigen Muskelstränge an der Oberschenkelrückseite – der M. biceps femoris, M. semitendinosus und M. semimembranosus – gehören zu der Beugergruppe (Flexoren), deren Sehnen an der Rückseite des Kniegelenks gut tastbar sind, wenn man im Sitzen das Bein vorstreckt. Sie wirken als Antagonisten des M. quadriceps femoris und ziehen über zwei Gelenke: das Hüftgelenk und das Kniegelenk. Als Hauptmuskeln sorgen sie für die Extension im Hüftgelenk und die Flexion im Kniegelenk. Wie sie im konkreten Fall wirken, hängt davon ab, welches der beiden Gelenke – Hüft- oder Kniegelenk – jeweils festgestellt ist. Bei festgestelltem und gestrecktem Hüftgelenk bewirken die Muskeln der Beugergruppe die Flexion im Knie; wenn das Knie festgestellt und gestreckt ist, sorgen sie für die Extension im Hüftgelenk. Alle drei genannten Muskeln entspringen am Becken und inserieren am Schienbein, nur der M. biceps femoris hat einen Ansatz am Wadenbein. Die Muskeln der Beugergruppe sind aber nicht nur zuständig für die Streckung des Hüftgelenks und die Beugung des Kniegelenks, sondern auch für die Innen- und Außenrotation des Unterschenkels bei gebeugtem Knie.

Der M. gluteus maximus ist der größte Muskel des menschlichen Körpers. Er entspringt am Beckengürtel und inseriert am Femur und dem Tractus iliotibialis (siehe S. 217). Er ist zuständig für die Extension und die Außenrotation des Oberschenkels im Hüftgelenk, vor allem bei gebeugtem Knie. Voll zur Geltung kommt er dann, wenn eine kräftige Streckung des Oberschenkels erforderlich ist, um die Beugehaltung aufzuheben, wie beispielsweise beim Laufen oder Treppensteigen. Auch die kleineren Mm. glutei medius und minimus, die gemeinsam mit dem Gluteus maximus den Hauptteil des Gesäßes bilden, ziehen vom Beckengürtel zum Femur. Sie bewirken die Abduktion und Innenrotation des Oberschenkels – eine Funktion, die beim Gehen von Bedeutung ist, damit sichergestellt wird, dass der Fuß des Spielbeins nicht den Boden berührt.

Gesäß- und Oberschenkelmuskeln des rechten Beins, Ansicht von dorsal. Die Muskeln, die hier zu sehen sind, spielen für die Fortbewegung und die aufrechte Haltung eine Rolle.

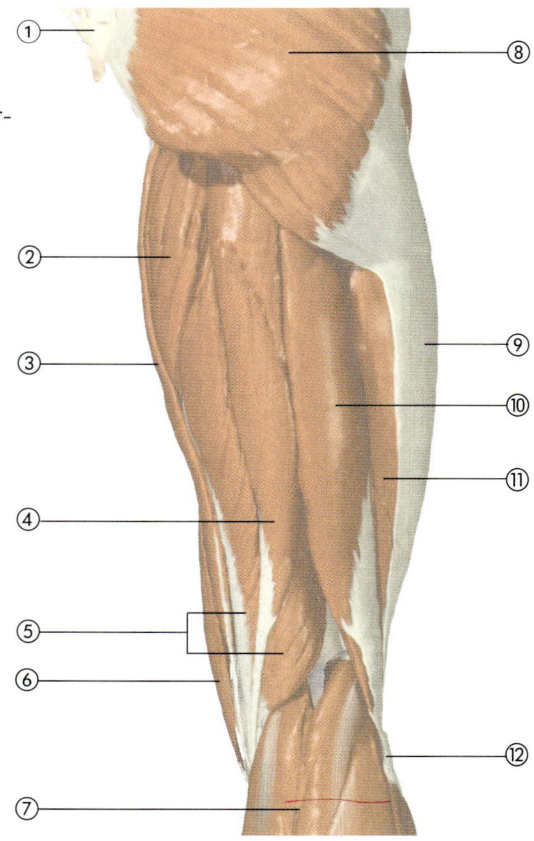

① Os coccygis
② M. adductor magnus
③ M. gracilis
④ M. semitendinosus
⑤ M. semimembranosus
⑥ M. sartorius
⑦ M. gastrocnemius
⑧ M. gluteus maximus
⑨ Tractus iliotibialis (Sehnenstrang vom Darmbein zum Schienbein)
⑩ M. biceps femoris
⑪ M. vastus lateralis
⑫ Sehne des M. biceps femoris

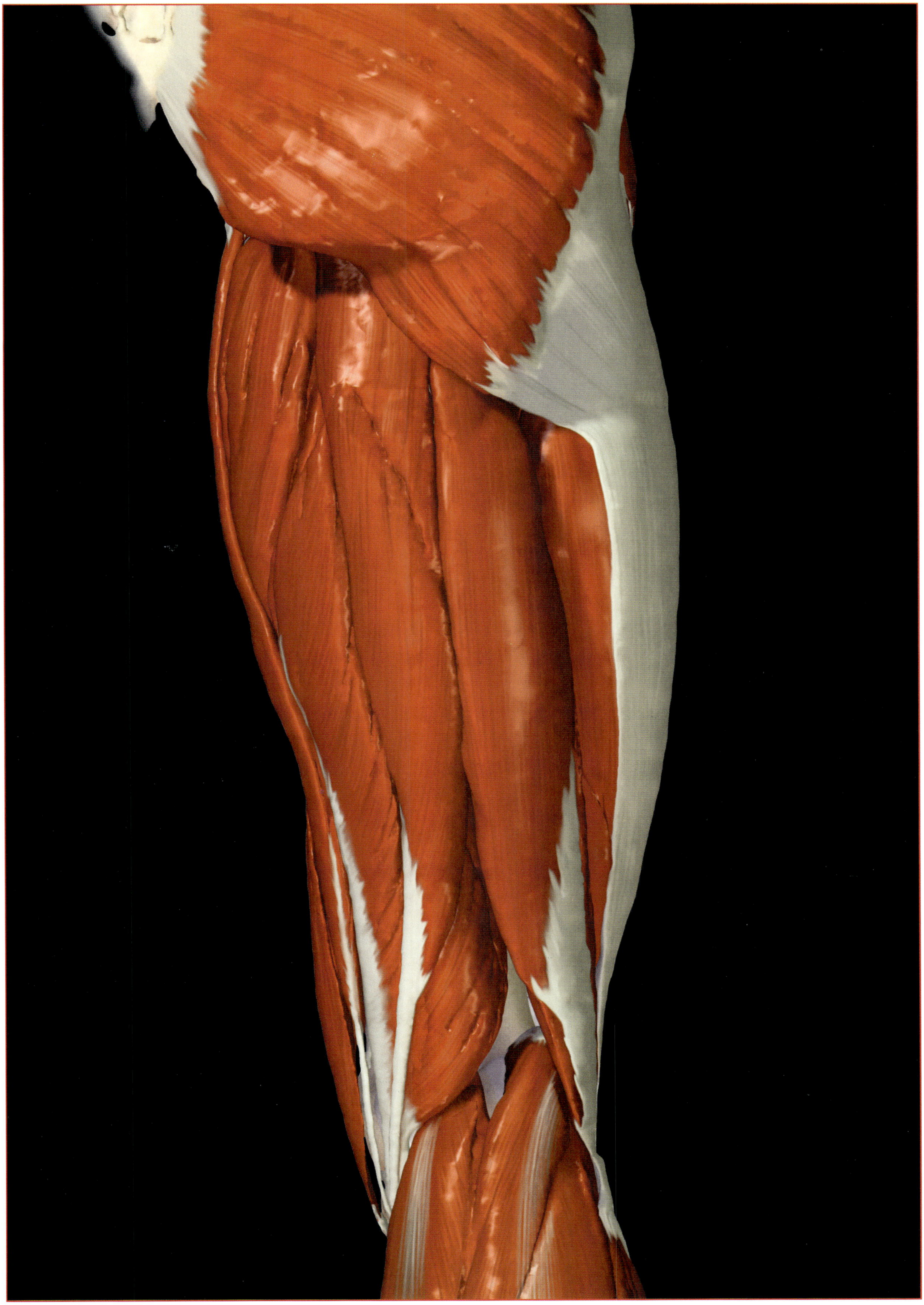

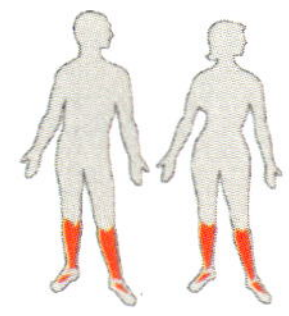

DIE UNTERSCHENKEL- UND FUSSMUSKELN BEWEGEN FUSS UND ZEHEN UND LIEFERN DEN NÖTIGEN SCHUB, UM DEN KÖRPER BEIM GEHEN UND LAUFEN VOM BODEN ABZUHEBEN; SIE SICHERN AUSSERDEM DEN FUSS BEIM STEHEN. DIE ANORDNUNG DER UNTERSCHENKELMUSKELN – SPITZ ZULAUFEND MIT LANGEN SEHNEN – UND FUSSMUSKELN IST ZWAR DER AN DEN HÄNDEN ÄHNLICH, DOCH SIND DIE FÜSSE KRÄFTIGER UND WENIGER BEWEGLICH ALS DIE HÄNDE. DAS VERWEIST AUF IHRE ROLLE BEIM TRAGEN UND FORTBEWEGEN DER KÖRPERLAST. IM SPRUNGGELENK, EINEM SCHARNIERGELENK, BEWIRKEN BESTIMMTE MUSKELN DIE DORSALEXTENSION UND PLANTARFLEXION DES FUSSES. ANDERE SIND ZUSTÄNDIG FÜR DIE FLEXION UND EXTENSION DER ZEHEN UND FÜR DIE INVERSION (SUPINATION, EINWÄRTSDREHUNG) ODER EVERSION (PRONATION, AUSWÄRTSDREHUNG) DER FUSSSOHLE. DIE FUSSMUSKELN WIRKEN BEI DEN ZEHENBEWEGUNGEN UND – GEMEINSAM MIT DEN UNTERSCHENKELMUSKELN – BEIM ABSTÜTZEN DER FUSSGEWÖLBE MIT.

UNTERSCHENKEL UND FUSS

Rechts: rechter Knöchel und Fuß, Ansicht von plantar; gegenüberliegende Seite: rechter Unterschenkel und Fuß; Ansicht von lateral (links) und von ventral (rechts).

1. M. flexor digitorum longus
2. Plantaraponeurose
3. M. flexor digitorum brevis
4. M. abductor hallucis
5. M. flexor hallucis longus (Sehne)
6. M. flexor hallucis brevis
7. Hallux (Großzehe)
8. Tendo calcaneus (Achillessehne)
9. Calcaneus (Fersenbein)
10. M. abductor digiti minimi
11. M. flexor digiti minimi brevis
12. M. lumbricalis

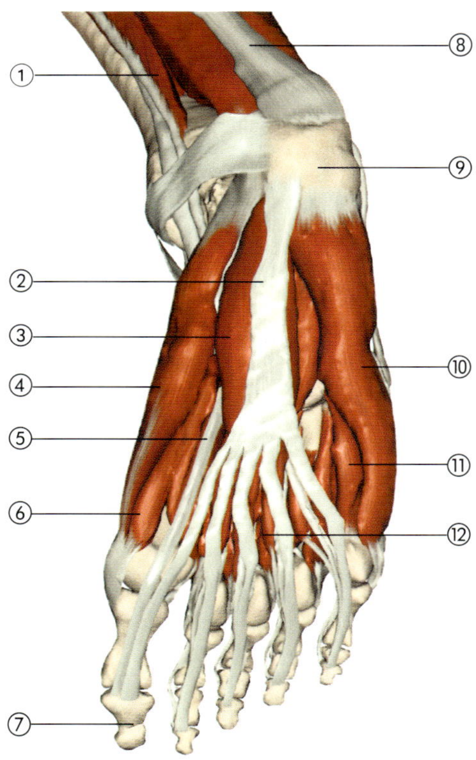

Die Extensoren an der Vorderseite des Unterschenkels sind für die Dorsalextension des Fußes im Sprunggelenk zuständig und ziehen den Fuß nach oben. Die Dorsalextension ist keine sehr starke Bewegung, verhindert aber, dass die Zehen am Boden schleifen, wenn der Fuß gehoben wird. Der Hauptmuskel dafür ist der M. tibialis anterior, der auch den Fuß einwärts dreht und das Fußgewölbe stützt. Weitere die Dorsalextension des Fußes bewirkende Muskeln sind: der M. extensor digitorum longus, der auch die Zehen streckt; der M. peroneus tertius, der auch den Fuß auswärts dreht; und der M. extensor hallucis longus, der auch die Großzehe streckt.

Die Muskeln an der Unterschenkelrückseite dienen der Plantarflexion des Fußes, der kraftvollsten Bewegung des Sprunggelenks; sie liefert den Vorwärtsschub in der Startphase beim Gehen und Laufen. Die Hauptmuskeln der Plantarflexion sind der M. gastrocnemius und der M. soleus. Gemeinsam setzen sie über die Achillessehne am Fersenbein an. Der M. flexor digitorum longus und der M. flexor hallucis longus dienen der Plantarflexion und Inversion des Fußes; ersterer beugt auch die Zehen, letzterer die Großzehe. Die Zehenbeugung gibt dem Fuß besseren Halt auf dem Boden. Der lange und kurze Wadenbeinmuskel (M. peroneus longus und brevis) außen am Unterschenkel bewirken ebenfalls die Plantarflexion und Eversion des Fußes und tragen so dazu bei, dass der Fuß auf dem Untergrund flach aufliegt.

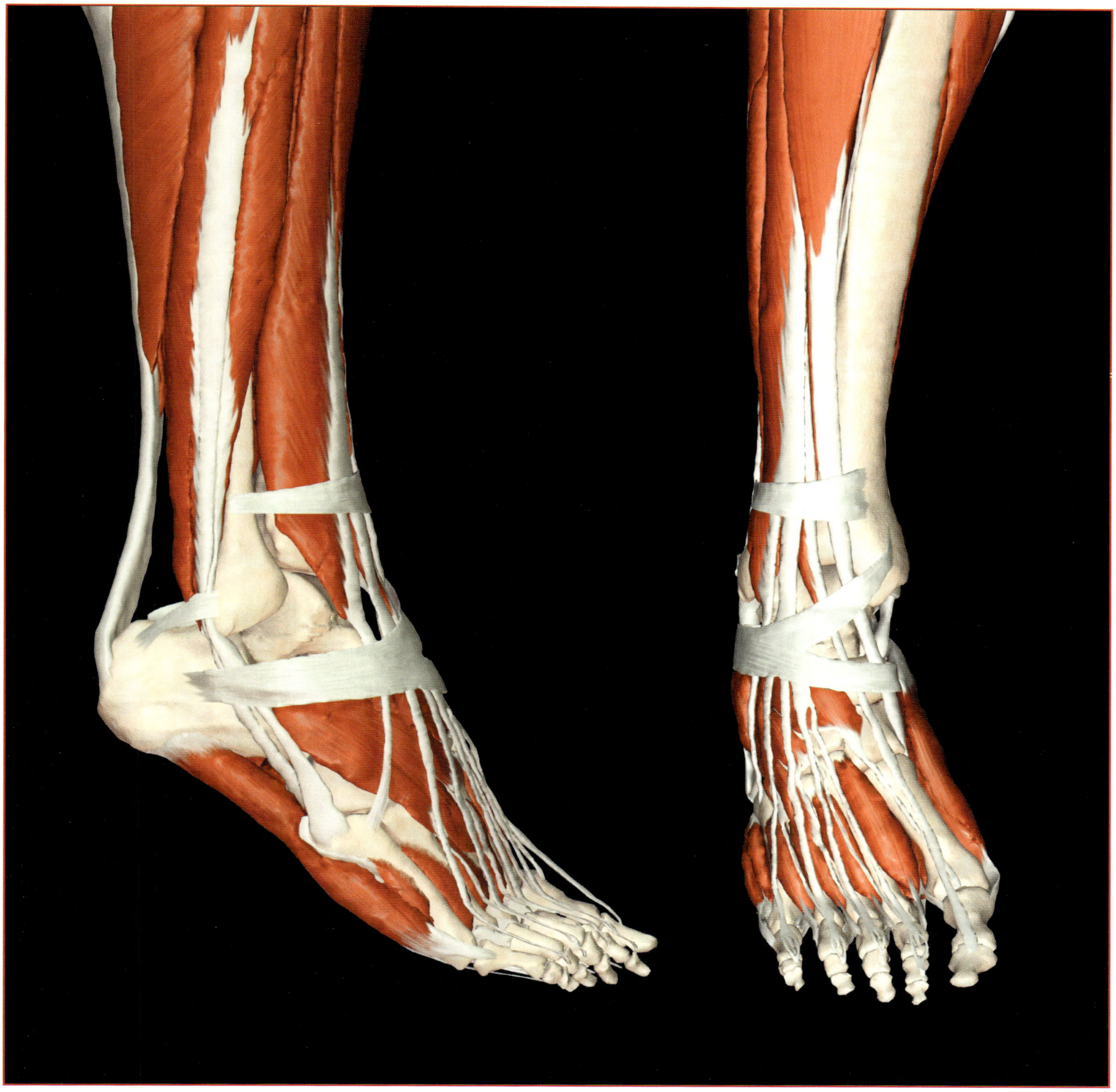

1. M. gastrocnemius
2. M. soleus
3. M. peroneus longus
4. M. peroneus brevis
5. Tendo calcaneus (Achillessehne)
6. M. peroneus tertius
7. Malleolus lateralis (Außenknöchel; Wadenbeinknöchel)
8. Calcaneus (Fersenbein)
9. M. extensor digitorum brevis
10. M. tibialis anterior
11. M. extensor digitorum longus
12. M. extensor hallucis longus
13. M. extensor hallucis brevis
14. Sehne des M. extensor digitorum longus
15. Tibia (Schienbein)
16. Retinacula extensorum (Haltebänder der Streckersehnen)
17. M. interosseus dorsalis

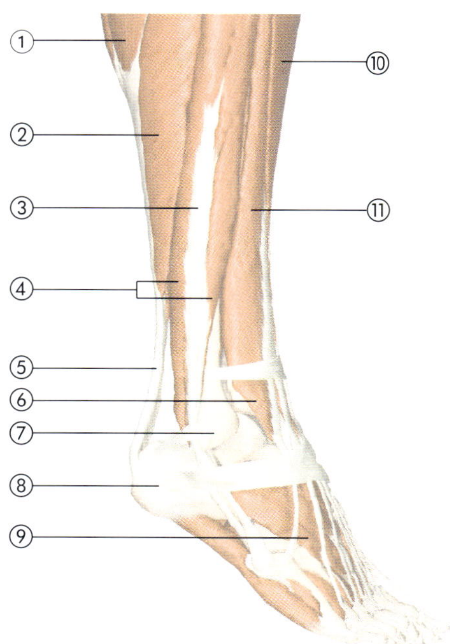

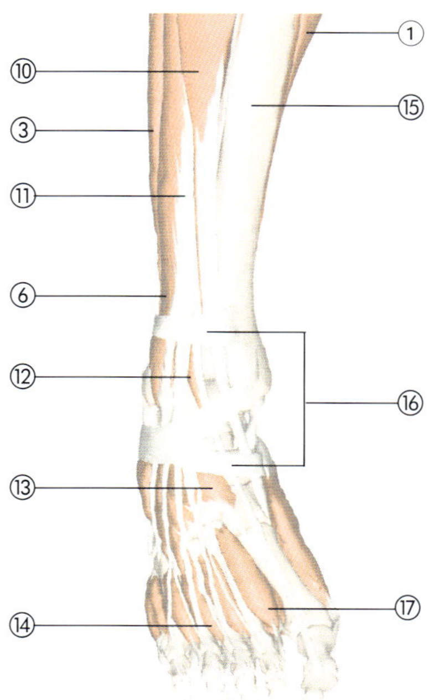

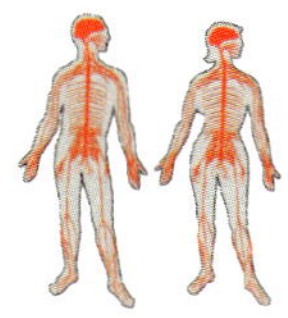

Das Nervensystem ist ein Kommunikationsnetzwerk, das die meisten Vorgänge im Organismus steuert und miteinander abstimmt. Jeder Gedanke, jede Erinnerung, jedes Gefühl und jede Sinneswahrnehmung, aber auch jede Betätigung ist von den Vorgängen in diesem System beeinflusst. Zusätzlich reguliert das Nervensystem unbemerkt verschiedene Abläufe, z. B. die Anpassung der Körpertemperatur oder die Veränderung der Herzfrequenz, im Dienst der Homöostase, also der Erhaltung des Gleichgewichts und der Stabilität im gesunden Körper trotz sich ändernder Umweltbedingungen und interner Verhältnisse.

Das Nervensystem durchzieht den gesamten Körper und stellt ein superschnelles Netzwerk im Dienste der Koordination und Steuerung dar. Seinen Kern bilden Gehirn und Rückenmark, die Nachrichten über die Nerven empfangen und aussenden.

DAS NERVENSYSTEM

Die Bausteine dieses Kommunikationsnetzwerks sind Milliarden miteinander verschalteter Neurone oder Nervenzellen überall im Körper. Einzigartig sind diese Zellen wegen ihrer Fähigkeit, elektrische Impulse blitzschnell weiterzuleiten. Dadurch können alle für die Kontrolle der Vorgänge im Körper benötigten Informationen im Bruchteil einer Sekunde gesammelt, verarbeitet und verteilt und bei veränderten inneren und äußeren Bedingungen laufend auf den neuesten Stand gebracht werden. Drei miteinander verbundene Funktionen wirken im Nervensystem wie in einem Computer zusammen. Erstens melden Millionen sensibler Rezeptoren Reize (lat. stimuli) aufgrund sich ändernder Verhältnisse im Körper und um ihn herum an das Gehirn (Eingabe über die Sinnesorgane). Zweitens nimmt das Gehirn als Zentraleinheit die Auswertung, Speicherung und Verknüpfung der eingehenden Meldungen vor und entscheidet, was nun geschehen soll. Drittens aktiviert die motorische Ausgabe die sog. Effektoren (Muskeln oder Drüsen) und ruft dadurch eine Reaktion hervor. Wenn jemand z. B. einen Elefanten auf sich zurasen sieht (Eingabe über das Sehorgan), bedeutet das Gefahr (Verarbeitung und Verknüpfung); die Beinmuskeln werden aktiviert (motorischer Ausgabebefehl) und so wird die Flucht eingeleitet.

Die Bauteile des Nervensystems

Das Nervensystem umfasst zwei Hauptteile. Das Zentralnervensystem (ZNS) besteht aus Gehirn und Rückenmark und wirkt – wie oben beschrieben – als zentrale Steuereinheit. Das periphere Nervensystem setzt sich aus kabelartigen Nerven und diese wiederum aus den gebündelten Fortsätzen von Neuronen zusammen.

Es gibt zwei Grundtypen von Neuronen: Sensible Neurone übertragen Signale von Rezeptoren zum ZNS, motorische Neurone Signale des ZNS zu Muskeln und Drüsen. Es gibt zwei Gruppen motorischer Neurone. Die Neurone des animalischen oder somatischen Nervensystems leiten Signale an die Skelettmuskeln weiter, um sie zu Bewegungen zu veranlassen. Die motorischen Neuronen, aus denen das autonome Nervensystem (ANS, siehe S. 98) besteht, steuern die automatischen, also unwillkürlichen Vorgänge, wie die Atmung und Verdauung, indem sie Drüsen und andere Organe aktivieren.

1. Encephalon (Gehirn)
2. Rückenmark (Medulla spinalis)
3. Plexus brachialis (Armnervengeflecht)
4. N. medianus (Mittelnerv)
5. N. radialis (Speichennerv)
6. Plexus lumbalis (Lendennervengeflecht)
7. N. ulnaris (Ellennerv)
8. Plexus sacralis (Kreuzbeinnervengeflecht)
9. N. femoralis (Oberschenkelnerv)
10. N. ischiadicus (Ischiasnerv)
11. Cerebrum (Großhirn)
12. Truncus encephali (Hirnstamm)
13. Cerebellum (Kleinhirn)

Nervi spinales (Spinalnerven):

14. Nn. cervicales (Halsnerven)
15. Nn. thoracici (Brustnerven)
16. Nn. lumbales (Lendennerven)
17. Nn. sacrales (Kreuzbeinnerven)

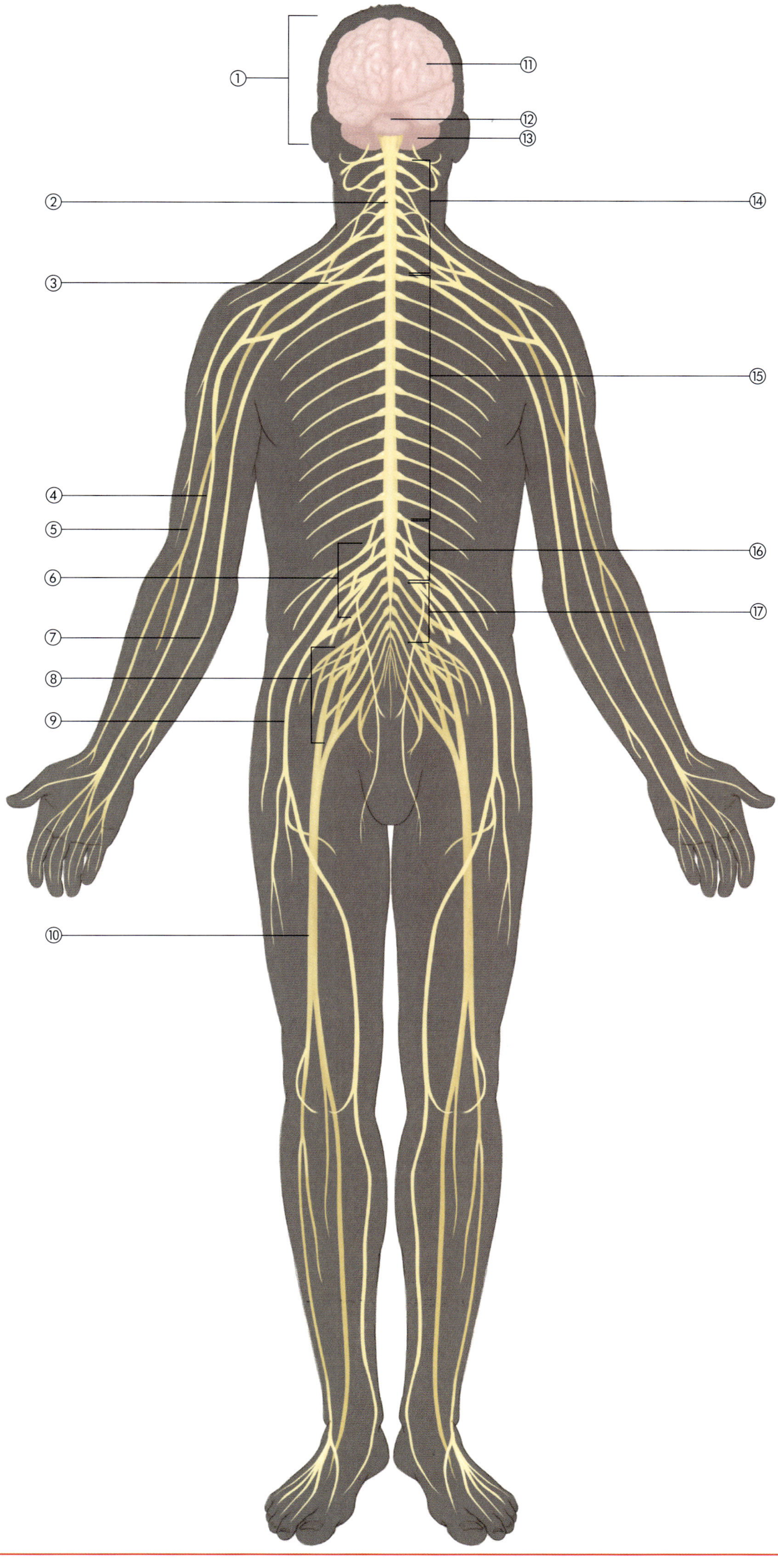
1
2
3
4
5
6
7
8
9
10
11
12
13
14
15
16
17

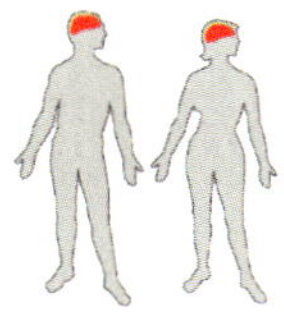

DAS GEHIRN

DAS GEHIRN IST DIE SCHALTZENTRALE DES NERVENSYSTEMS. DER GRÖSSTE TEILBEREICH DAVON IST DAS GROSSHIRN (CEREBRUM); ES BESTEHT AUS EINER RECHTEN UND LINKEN HÄLFTE (HEMISPHÄRE), IN DENEN BESTIMMTE AREALE DEM ABSTRAKTEN DENKEN, DEM GEDÄCHTNIS, EMPFINDUNGEN, BEWEGUNGEN (MOTORIK) UND ANDEREN FUNKTIONEN DES BEWUSSTEN VERHALTENS ZUGEORDNET SIND. DAS KLEINHIRN (CEREBELLUM) STEUERT MUSKELKOORDINATION, GLEICHGEWICHT UND HALTUNG. DER HIRNSTAMM (TRUNCUS ENCEPHALI) VERBINDET DAS GEHIRN MIT DEM RÜCKENMARK UND STEUERT LEBENSWICHTIGE FUNKTIONEN WIE KREISLAUF (HERZFREQUENZ UND BLUTDRUCK) UND ATMUNG. DIE HIRNKAMMERN (VENTRICULI CEREBRI) SIND MIT KLARER GEHIRN-RÜCKENMARK-FLÜSSIGKEIT (LIQUOR CEREBROSPINALIS) GEFÜLLT.

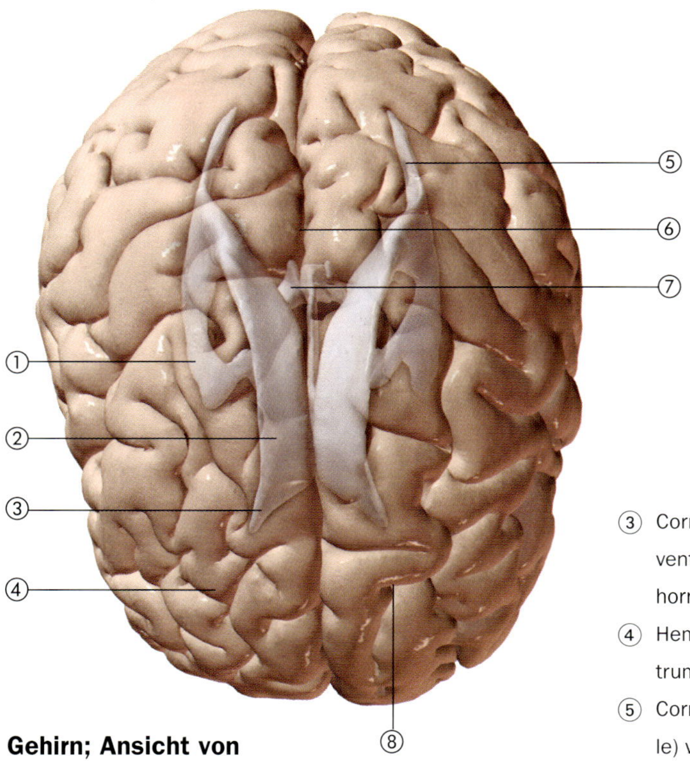

Gehirn; Ansicht von kranial. Der Längsspalt, der das Großhirn in zwei Hemisphären teilt, sowie die Hirnkammern im Inneren sind hier deutlich zu sehen.

① Cornu inferius (= temporale) ventriculi lateralis (Unterhorn der seitlichen Hirnkammer)

② Ventriculus lateralis (seitliche Hirnkammer)

③ Cornu anterius (= frontale) ventriculi lateralis (Vorderhorn)

④ Hemisphaerium cerebri dextrum (rechte Großhirnhälfte)

⑤ Cornu posterius (= occipitale) v. l. (Hinterhorn)

⑥ Fissura longitudinalis cerebri (Längsspalt zwischen Großhirnhälften)

⑦ Ventriculus quartus (IV. Hirnkammer)

⑧ Hemisphaerium cerebri sinistrum (linke Großhirnhälfte)

Neurone und Signalübertragung in Nerven

Milliarden von Neuronen – langen, dünnen Nervenzellen – bilden ein Kommunikationssystem, das die rasche Übertragung von Nervenimpulsen ermöglicht und den Menschen zum Denken, Fühlen und Handeln befähigt. Jedes Neuron besitzt einen Zellleib (Perikaryon), der den **Zellkern** (Nucleus) enthält; mehrere zum Zellleib hinleitende verzweigte Fortsätze (**Dendriten**); und einen langen Fortsatz, das **Axon**, das Impulse vom Zellleib weg und zu einem zweiten Neuron oder einem Effektor (z. B. einem Muskel) leitet. Es gibt drei Arten von Neuronen. **Sensible Neurone** leiten Empfindungen von Sinnesorganen und anderen Organen zum Gehirn. **Motorische Neurone** übertragen Befehle vom Gehirn zu Zielorganen wie Muskeln und Drüsen. **Interneurone** – sie machen 90 Prozent aller Neurone aus und kommen nur im Gehirn und dem Rückenmark vor – sind zwischengeschaltete Nervenzellen, die Impulse zu anderen Neuronen weiterleiten, sie aber auch sortieren und analysieren.

Wo zwei oder mehrere Neurone miteinander in Verbindung treten, berühren sie sich nicht, sondern es bleibt eine Lücke zwischen ihnen, der Synapsenspalt. Wenn ein Neuron erregt wird, durchläuft eine Welle elektrischer Störung (Aktionspotential) – der Nervenimpuls – mit einer Geschwindigkeit von bis zu 100 m pro Sekunde die Nervenzelle. Am Ende ihres Axons befindet sich eine kleine Verdickung, die als präsynaptischer Endkolben (Bouton; Bulbus terminalis) oder synaptisches Endknöpfchen bezeichnet wird. Wenn der Impuls dort ankommt, löst er die Freisetzung eines sog. **Neurotransmitters** aus, eines Botenstoffs, der den Synapsenspalt zwischen den zwei Neuronen überquert und im Empfängerneuron einen Nervenimpuls erzeugt. Nach diesem Einbahnstraßenprinzip werden Nervenimpulse im Nervensystem weitergeleitet.

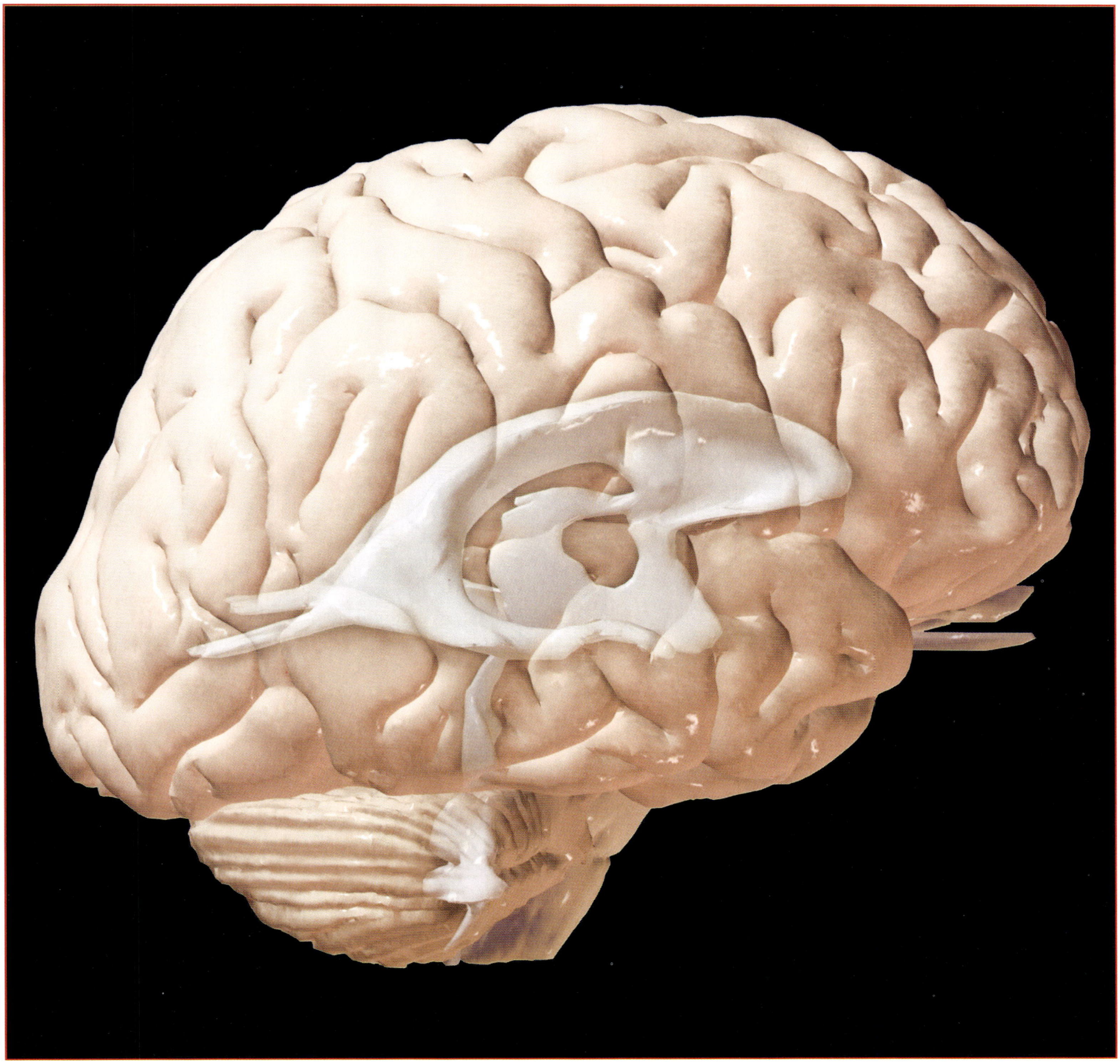

1. rechte Großhirnhälfte (Hemisphaerium cerebri dextrum)
2. Cornu posterius ventriculi lateralis (Hinterhorn d. seitl. Hirnkammer)
3. Ventriculus tertius (dritte/III. Hirnkammer)
4. Cerebellum (Kleinhirn)
5. Ventriculus lateralis (seitl. Hirnkammer)
6. Cornu anterius ventriculi lateralis (Vorderhorn der seitl. Hirnkammer)
7. Foramen interventriculare (Monro-Loch)

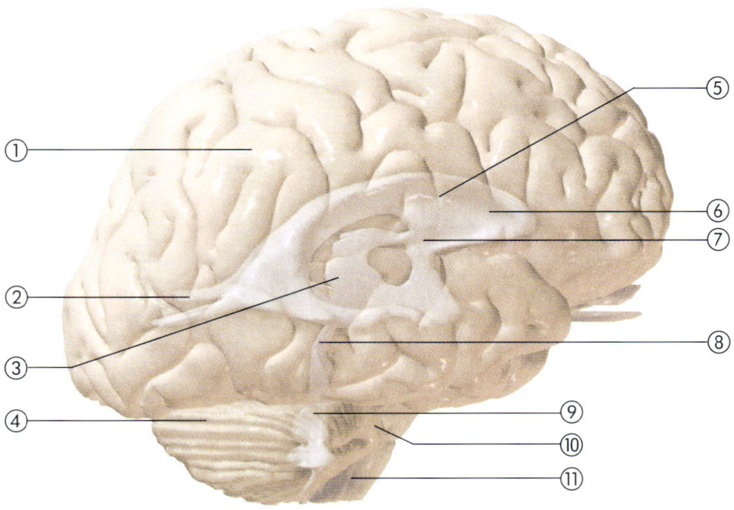

Im Gehirn befinden sich vier Hirnkammern, die mit Liquor (Hirnwasser) gefüllt sind: zwei seitliche Hirnkammern sowie die dritte (III.) und vierte (IV.) Hirnkammer.

8. Aquaeductus mesencephali/cerebri (Wasserleiter des Mittelhirns, Sylvius-Kanal)
9. Ventriculus quartus (vierte/IV. Hirnkammer)
10. Pons (Brücke)
11. Medulla oblongata (verlängertes Mark); Bulbus

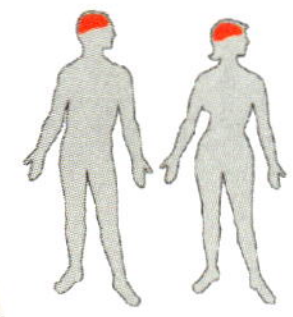

DIE ZWÖLF PAARIGEN HIRNNERVEN GEHEN (BIS AUF DEN N. TROCHLEARIS, DER VON DORSAL KOMMT) VON DER GEHIRNUNTERSEITE AUS. SIE LEITEN ZUM GROSSTEIL EMPFINDUNGEN VON DER HAUT UND DEN SINNESORGANEN DES KOPFES UND HALSES ZUM GEHIRN UND ÜBERTRAGEN MOTORISCHE BEFEHLE VOM GEHIRN ZU DEN MUSKELN DIESER REGIONEN. MANCHE HIRNNERVEN ENTHALTEN AUSSCHLIESSLICH SENSIBLE, ANDERE MOTORISCHE UND SENSIBLE NERVENFASERN GEMISCHT.

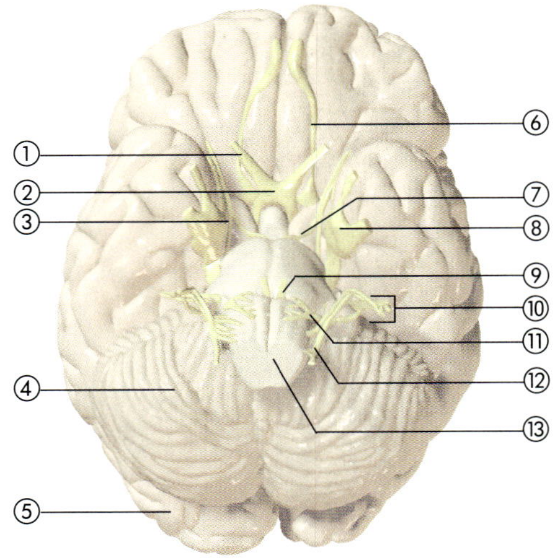

DAS GEHIRN

Hirnnerven werden mit römischen Ziffern numeriert und nach ihrer Hauptfunktion benannt.

*N. olfactorius (I; Riechnerv): leitet Geruchsempfindungen aus der Nasenhöhle.
*N. opticus (II; Sehnerv): leitet optische Signale aus der Netzhaut (Retina) des Auges.
*N. oculomotorius (III; Augenbewegungsnerv), N. trochlearis (IV; Augenrollnerv) und N. abducens (VI; Augenabziehnerv): bewegen die Augäpfel.
*N. trigeminus (V; Drillingsnerv): Impulse vom Auge, Gesicht und von den Zähnen; versorgt die Kaumuskeln.
*N. facialis (VII; Gesichtsnerv): versorgt die mimischen Muskeln im Gesicht.
*N. vestibulocochlearis (VIII; Vorhof-Schnecken-Nerv): Hör- und Gleichgewichtsnerv.
*N. glossopharyngeus (IX; Zungen-Rachen-Nerv): leitet Geschmacksempfindungen von der Zunge; steuert das Schlucken.
*N. Vagus (X; „umherschweifender Nerv“): zieht in die Brust und in den Bauch und steuert viele lebenswichtige Funktionen wie den Herzschlag.
*N. accessorius (XI; Beinerv): steuert die Kopf- und Schulterbewegungen und ist an der Stimmbildung beteiligt.
*N. hypoglossus (XII; Unterzungennerv): motorischer Zungennerv; steuert Zungenbewegungen.

Die Blut-Hirn-Schranke

Damit das Gehirn seinen hohen Energiebedarf decken kann, braucht es eine konstante, ausreichende Blutzufuhr, die es mit genügend Glukose und Sauerstoff versorgt. Bei einem Anteil von nur 2 Prozent am Körpergewicht erhält es pro Zeiteinheit ganze 20 Prozent des Blutstroms. Bei Sauerstoffmangel fällt das Gehirn rasch aus und stirbt ab. Trotz dieses absoluten Blutbedarfs muß das Gehirn jedoch – mehr als jedes andere Organ – vor Schwankungen in den Blut- und Gewebsflüssigkeitsspiegeln bestimmter Substanzen geschützt werden, die z. B. nach dem Essen oder körperlicher Betätigung auftreten können; solche Schwankungen könnten nämlich ein ungeordnetes „Feuern“ der Neuronen und den Zusammenbruch der Schaltzentrale bewirken. Diesen Schutz bewirkt die Blut-Hirn-Schranke. Die Wände der Kapillaren, die die Gewebe des Gehirns versorgen, bilden eine Schranke, die den Durchfluss der meisten Substanzen, einschließlich vieler Medikamente, verhindert und nur kleine Moleküle wie Glukose, Sauerstoff und Kohlendioxid passieren lässt. Einige lipidlösliche Substanzen wie Äthanol (Alkohol) und Nikotin sowie Schmerzmittel (Anästhetika) können diese Schranke ebenfalls überwinden – daher ihre Auswirkung auf das ZNS.

① N. opticus (II)
② Chiasma opticum (Sehnervenkreuzung)
③ N. trochlearis (IV)
④ Cerebellum
⑤ Hemisphaerium cerebri dextrum
⑥ N. olfactorius (I)
⑦ N. oculomotorius (III)
⑧ N. trigeminus (V)
⑨ N. abducens (VI)
⑩ N. facialis (VII), vestibulocochlearis (VIII), glossopharyngeus (IX) und vagus (X)
⑪ N. hypoglossus (XII)
⑫ N. accessorius (XI)
⑬ Medulla oblongata

Gehirnbasis mit Hirnnerven; Ansicht von kaudal. Die Stirnseite des Gehirns weist zum Oberrand der Abbildung; die Hirnnervenpaare sind farbig gekennzeichnet.

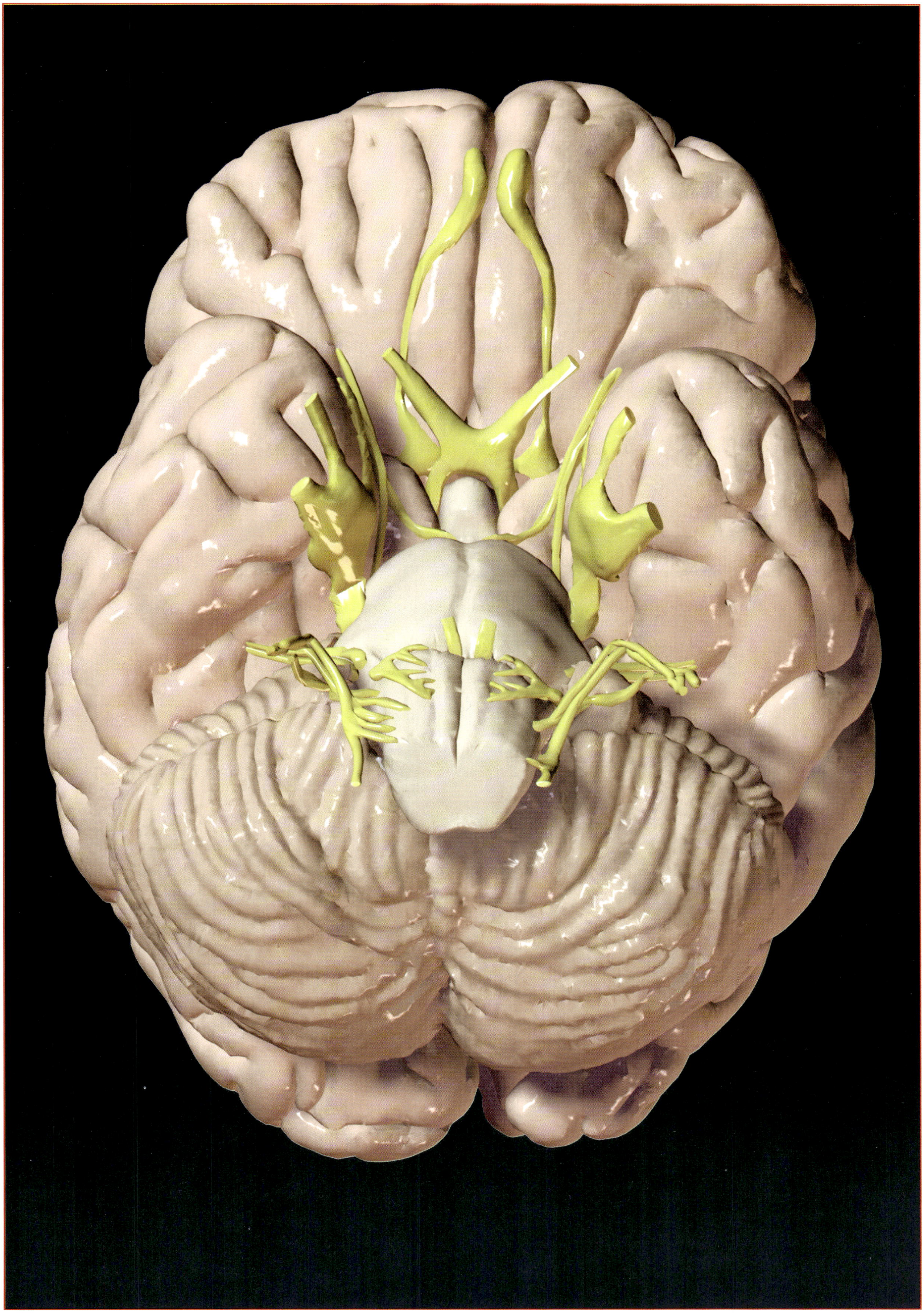

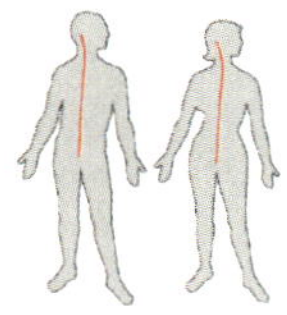

Das Rückenmark steht über den Hirnstamm mit dem Gehirn in Verbindung und erstreckt sich auf einer Länge von etwa 45 cm vom Foramen magnum (siehe S. 42), dem grossen Loch in der Schädelbasis, über den Rücken bis zur Höhe des ersten Lendenwirbels. Sein grösster Durchmesser beträgt ca. 1,8 cm, was etwa Fingerbreite entspricht. Das Rückenmark wird vom Wirbelkanal wie von einer knöchernen Tunnelröhre schützend umgeben. Im Rückenmark wurzeln 31 paarige Spinalnerven, die seitlich aus den Zwischenwirbellöchern hervortreten.

DAS RÜCKENMARK

Die Rolle des Rückenmarks

Das Rückenmark dient über die Spinalnerven dem Informationsaustausch zwischen dem Gehirn und dem übrigen Körper. Es ist nicht nur eine lebenswichtige Schaltstelle für die Kommunikation, sondern auch an vielen Reflexhandlungen beteiligt. Reflexe sind blitzschnelle unwillkürliche Reaktionen, die den Körper vor Gefahren schützen, wie z. B. das automatische Zurückziehen der Hand, wenn man etwas Heißes berührt.

Binnenstruktur des Rückenmarks

Im Querschnittsbild des Rückenmarks erkennt man in der Mitte einen H-förmigen/schmetterlingsförmigen Kern aus grauer Substanz, der aus Interneuronen, den Endigungen sensorischer Neurone und den Zellleibern motorischer Neurone besteht. Die graue Substanz wird umgeben von weißer Substanz, die aus Nervenfasern besteht und in drei Stränge gebündelt ist, die nach oben und unten ziehen. Aufsteigende Bahnen leiten Empfindungsmeldungen, die über die sensiblen Neurone der Spinalnerven eintreffen, zum Gehirn. Absteigende Bahnen übermitteln Befehle vom Gehirn über die motorischen Neurone der Spinalnerven zu Muskeln und Drüsen.

Feinbau der Nerven

Nerven sind cremefarbene, glänzende Schnüre, die sozusagen die Verkabelung des Körpers, das periphere Nervensystem, bilden. Gemeinsam ist den Hirnnerven, die aus dem Gehirn austreten, und den aus dem Rückenmark austretenden Rückenmarks- oder Spinalnerven der innere Aufbau. Ein Nerv enthält Bündel (Fasciculi) von Neuronen – oder, genauer, die langen Nervenfasern (Axone) von Neuronen. Jedes Nervenfaserbündel wird von einer Bindegewebehülle (Perineurium) umschlossen. Den Nerv als Ganzes, also mehrere solche Bündel und die Blutgefäße des Nervs, umhüllt das Epineurium, die äußere Bindegewebshülle. Die meisten Nerven bestehen sowohl aus sensiblen als auch aus motorischen Neuronen, sind also gemischte Nerven.

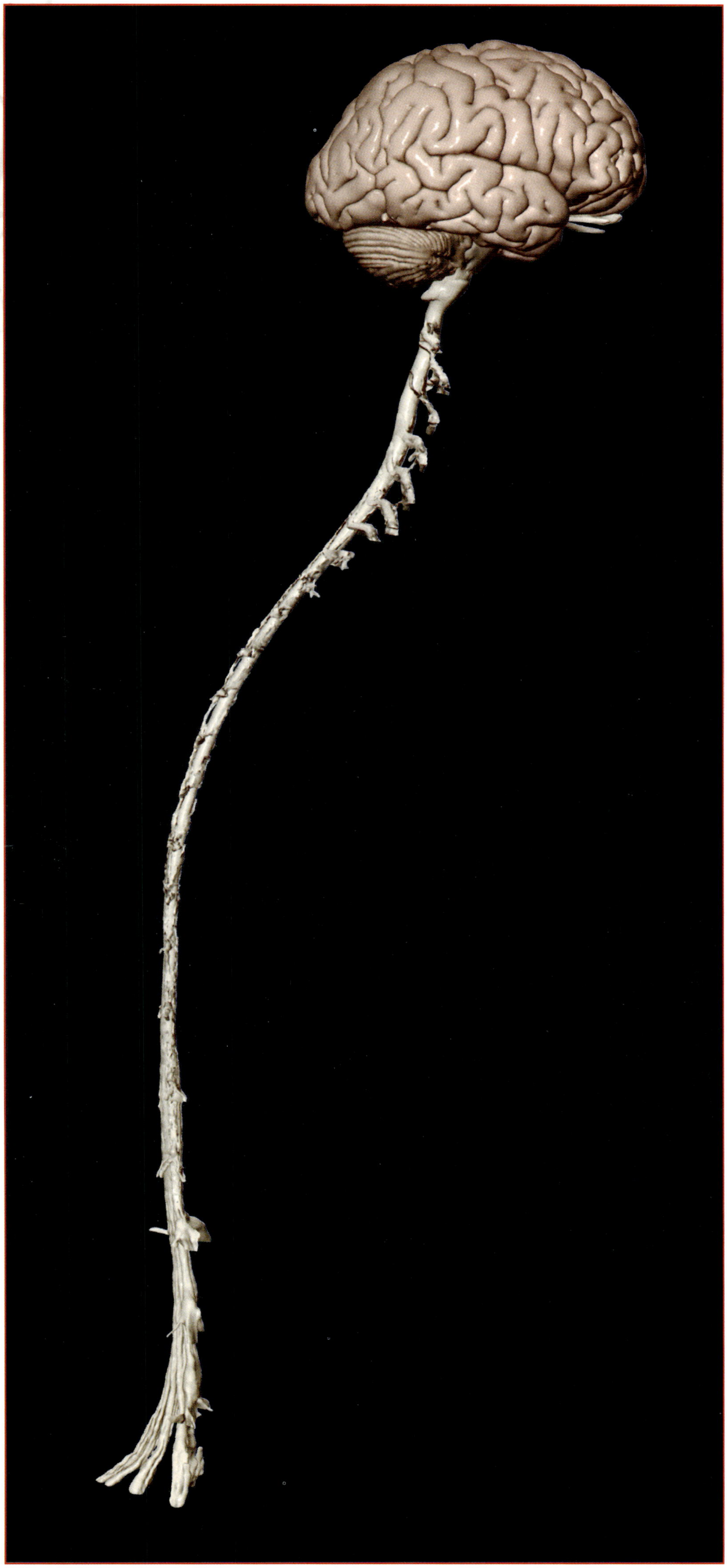

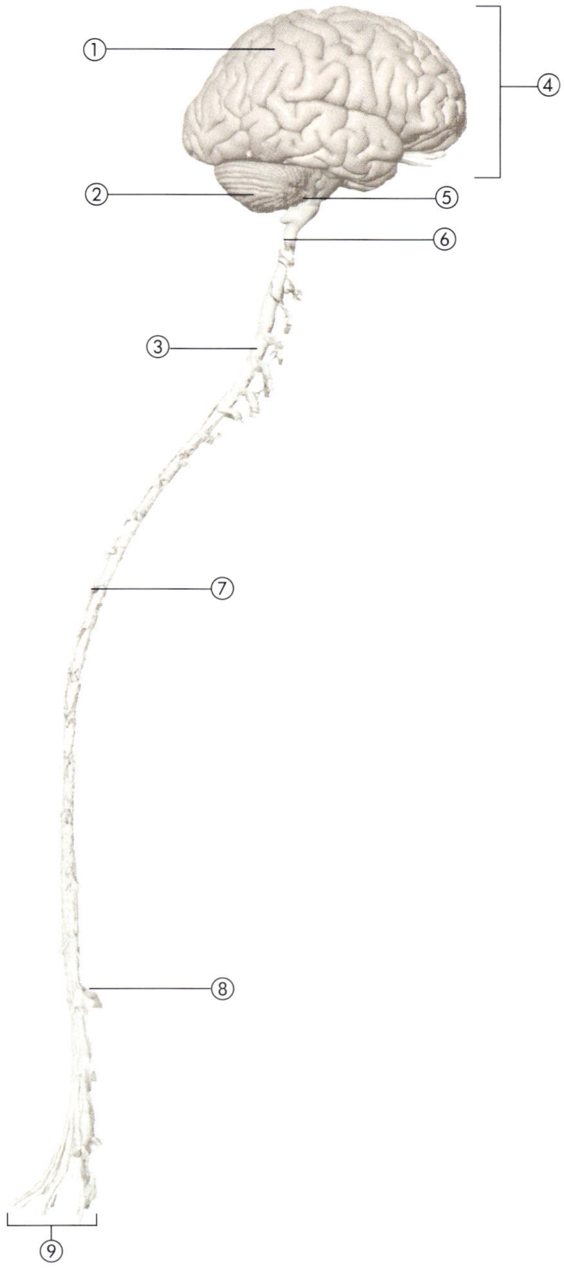

Gehirn und Rückenmark; Ansicht von lateral. Die Krümmung des Rückenmarks ergibt sich aus der Krümmung der Wirbelsäule, die es umgibt und schützt.

1. Hemisphaerium cerebri dextrum (rechte Großhirnhälfte)
2. Cerebellum (Kleinhirn)
3. Medulla spinalis (Rückenmark)
4. Encephalon (Gehirn)
5. Truncus encephali (Hirnstamm)
6. N. cervicalis (Halsnerv)
7. N. thoracicus (Brustnerv)
8. N. lumbalis (Lendennerv)
9. Cauda equina („Pferdeschweif")

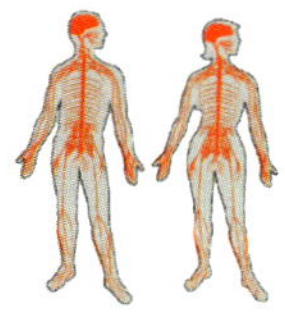

Das autonome Nervensystem (ANS) wird auch als vegetatives Nervensystem bezeichnet. Als Teil des peripheren Nervensystems steuert es ständig die unwillkürlichen Körperfunktionen und erhält so die Homöostase – den Prozess, der stabile innere Bedingungen trotz sich verändernder innerer und äusserer Verhältnisse schafft – aufrecht. Wenn z. B. die Kohlendioxidwerte im Blut ansteigen, sorgt das ANS für tiefere und schnellere Atmung, um den Kohlendioxidspiegel zu senken und die Sauerstoffwerte zu erhöhen. Das ANS besteht aus motorischen Neuronen, die vom Gehirn und vom Rückenmark ausgehen und Nervenimpulse zu glatten Muskeln in Drüsen, Blutgefässen, weiteren Zielorganen und dem Herzmuskel weiterleiten.

DAS AUTONOME NERVENSYSTEM

Die Arbeit des ANS besteht darin, dass es indirekt Informationen von überall im Körper verteilten Sensoren empfängt, die Veränderungen des inneren und äußeren Milieus registrieren und entsprechende Meldungen über sensorische Nervenfasern zum Gehirn, vor allem zum Hypothalamus und Hirnstamm, senden. Über die Motoneuronen des ANS werden dann vom Gehirn oder vom Rückenmark Befehle ausgesendet, die zur Feinabstimmung der Aktivität von **Effektoren** bei sich ändernden Bedingungen führen. Der Duft köstlicher Speisen führt beispielsweise zu erhöhter Speichelbildung in den Speicheldrüsen.

Das ANS hat zwei Untersysteme, die als Gegenspieler das innere Gleichgewicht aufrecht erhalten. Das sympathische System ist vorwiegend auf Energieentladung ausgerichtet und bereitet den Körper auf Stress vor, z. B. durch Beschleunigung des Herzschlags oder Hemmung der Verdauung. Das parasympathische System sorgt für Erholung und Erhaltung der Energie, z. B. durch Senkung der Herzfrequenz oder Beschleunigung der Peristaltik. Die beiden Gruppen des ANS können dasselbe Organ innervieren, aber unterschiedliche Wirkungen haben, weil ihre motorischen Neuronen unterschiedliche Neurotransmitter freisetzen.

Animales (somatisches) und autonomes (vegetatives) Nervensystem

Die Motoneurone des somatischen Nervensystems ziehen vom ZNS zu den Skelettmuskeln, die sie steuern und die den Körper bewegen. Im ANS bildet eine Zwei-Neuronen-Kette die Verbindung zwischen dem ZNS und den Effektororganen, in diesem Fall glatte Muskelzellen, Herzmuskel- oder Drüsenzellen. Die präganglionäre (erste) Nervenfaser ist über eine Synapse im Ganglion (Nervenknoten) mit der postganglionären (zweiten) Nervenfaser verbunden. Im Falle des sympathischen Nervensystems gehen die präganglionären Neurone aus den Brust- und Lendenabschnitten des Rückenmarks hervor und haben Synapsen in einer Ganglienkette beidseits des Rückenmarks. Beim parasympathischen Nervensystem gehen die präganglionären Nervenfasern vom Hirnstamm und dem Sakralabschnitt des Rückenmarks aus und haben ihre Synapsen in Ganglien in oder nahe bei ihrem Zielorgan.

1. Gehirn
2. Rückenmark
3. Grenzstrangganglion
4. Grenzstrang (Truncus sympathicus)
5. N. oculomotorius (III)
6. N. facialis (VII)
7. N. glossopharyngeus (IX)
8. N. vagus
9. Kranialer Teil des Parasympathicus
10. Beckenteil des Parasympathicus (Nn. splanchnici pelvici)

Schematische Darstellung des autonomen Nervensystems. Botschaften, die über das sympathische System weitergeleitet werden, gelangen aus den Brust- und Lendensegmenten des Rückenmarks über die Ganglienkette beidseits des Rückenmarks zu ihrem Zielorgan.
Im parasympathischen System kommen die Botschaften entweder vom Hirnstamm oder aus dem Sakralsegment des Rückenmarks. Zwecks besserer Übersichtlichkeit ist beiderseits des Rückgrats jeweils nur ein System komplett dargestellt.

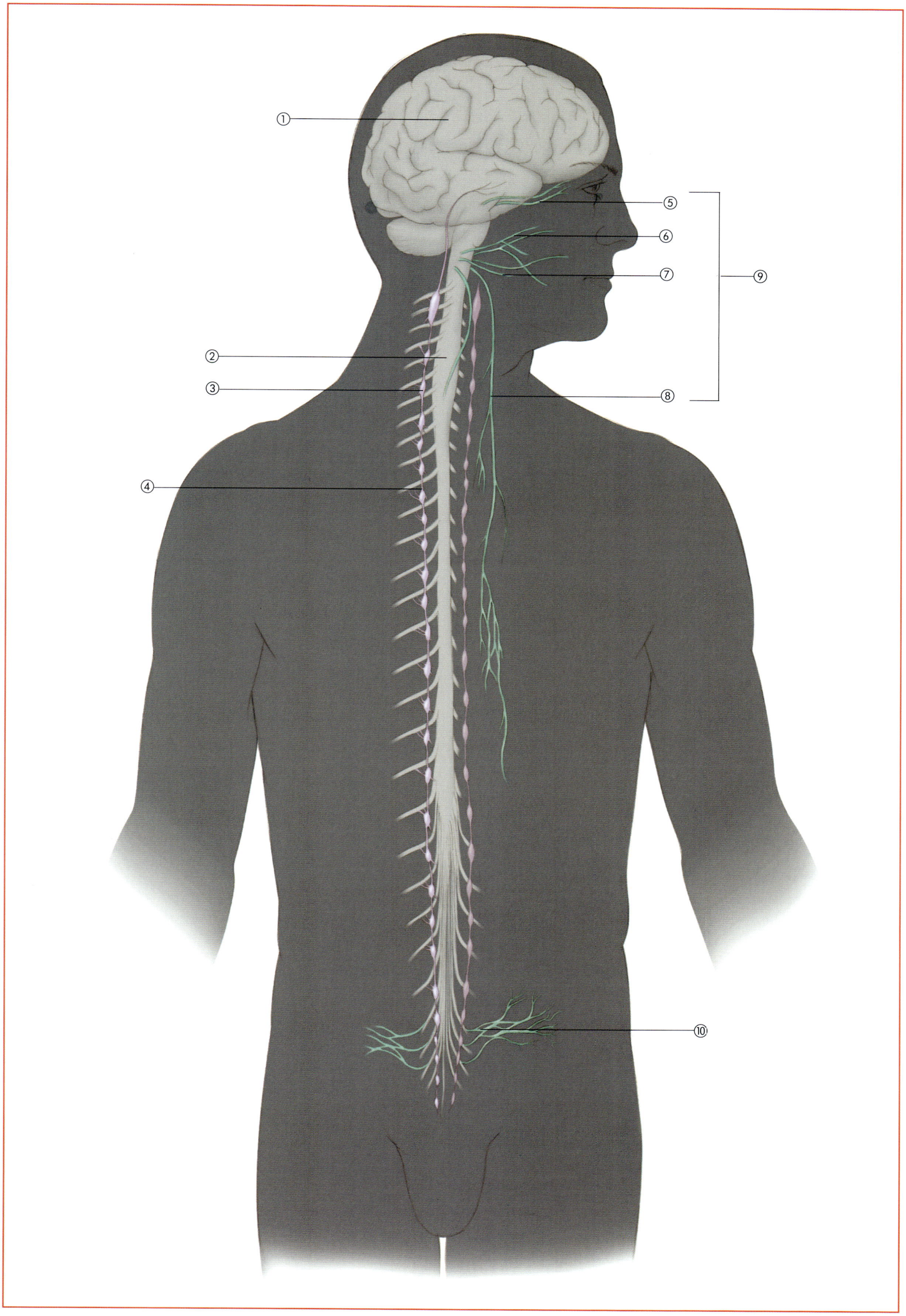
①
②
③
④
⑤
⑥
⑦
⑧
⑨
⑩

DER SEHSINN IST DER WICHTIGSTE DER FÜNF SINNE. ER IST DER SCHLÜSSEL ZUM BEGREIFEN UNSERER UMWELT, ERLEICHTERT ABER AUCH DIE KOMMUNIKATION. DIE SEHORGANE SIND DIE AUGEN: SIE NEHMEN LICHT WAHR UND SENDEN NERVENIMPULSE ZUM GEHIRN, DIE ALS „GESEHENE" BILDER AUSGEWERTET WERDEN.

Der Großteil des Augapfels liegt geschützt in der Augenhöhle (Orbita) des Schädels; nur ein Sechstel davon ist außerhalb sichtbar.

DAS AUGE

Nur ein kleiner Teil jedes Auges bzw. Augapfels ist sichtbar; der Rest des kugelförmigen Sehorgans liegt, geschützt durch ein Fettpolster, innerhalb der von bestimmten Schädelknochen (siehe S. 43) gebildeten Augenhöhle. Der Augapfel weist drei Schichten auf. Die äußere Augenhaut besteht überwiegend aus der weißen, schützenden Lederhaut (Sclera); an der Augenvorderseite bildet sie ein klares Fenster, die lichtdurchlässige Hornhaut (Cornea). Die an der Sclera und der Orbita befestigten äußeren Augenmuskeln bewegen den Augapfel. Die mittlere Augenhaut (Tunica vasculosa) bildet die Regenbogenhaut (Iris), den farbigen Ring um die Pupille, sowie den Aufhängeapparat der Linse (Lens). Die innere Augenhaut, die Netzhaut (Retina) enthält über 70 Prozent der insgesamt im Körper vorhandenen Rezeptoren. Diese Photorezeptoren nehmen die Muster wahr, die das von Gegenständen außerhalb des Körpers reflektierte Licht erzeugt, und senden Botschaften zum Gehirn.

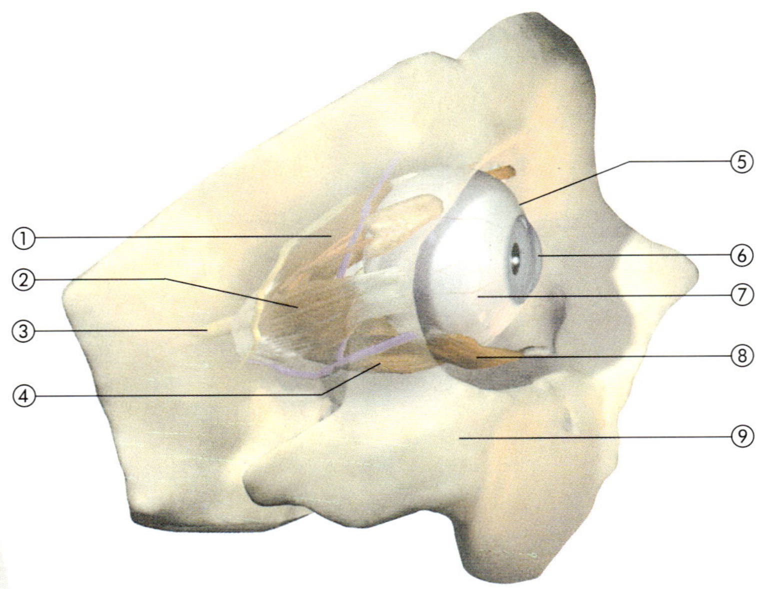

Das Sehen und die Sehrinde

Das bewusste Wahrnehmen visueller Bilder – das Sehen – geschieht in der primären Sehrinde, die im Hinterhauptslappen der linken und rechten Großhirnhälfte liegt. Nervenfasern ziehen von der Retina, der lichtempfindlichen Schicht des Auges, über die Sehnerven zu den primären Sehzentren . Unterwegs überkreuzen sich die inneren Fasern, sodass das linke primäre Sehzentrum Bilder von der rechten Gesichtshälfte erhält, das rechte primäre Sehzentrum Bilder von der linken. Verschiedene Zentren innerhalb der primären Sehrinde verarbeiten Informationen bezüglich Form, Farbe, Bewegung und Standort des betrachteten Gegenstandes. Weil jedes der beiden primären Sehzentren ein leicht abweichendes Bild des Objekts erhält, werden die beiden Bilder miteinander vereinigt, was das dreidimensionale Sehen und das Tiefensehen ermöglicht. In der Umgebung der primären Sehzentren liegen die sekundären Sehzentren, in denen die eintreffenden optischen Signale mit früher gesehenen Bildern verglichen werden. Dadurch ist das Erkennen vertrauter Gesichter oder Gegenstände möglich.

① M. rectus superior (oberer gerader Augenmuskel)
② M. rectus lateralis (äußerer gerader Augenmuskel)
③ N. opticus (Sehnerv)
④ M. rectus inferior (unterer gerader Augenmuskel)
⑤ Bulbus oculi (Augapfel)
⑥ Cornea (Hornhaut)
⑦ Sclera (Lederhaut)
⑧ M. obliquus inferior (unterer schräger Augenmuskel)
⑨ Os zygomaticum (Jochbein)

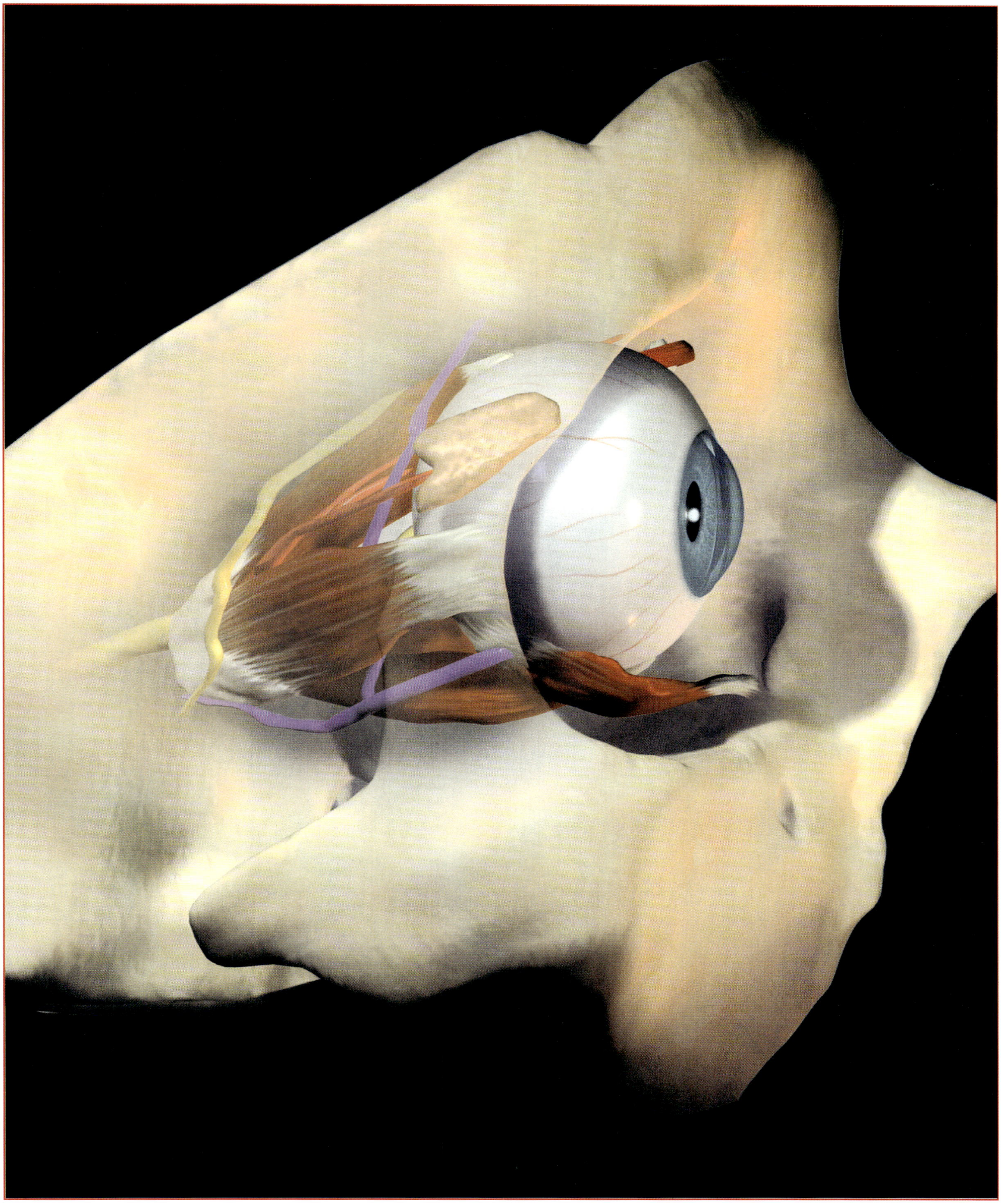

Augapfel in der Augenhöhle; Ansicht von rechts. Zu sehen sind die äußeren Augenmuskeln, die den Augapfel bewegen.

DANK DES GEHÖRSINNS KANN DER MENSCH ÜBER 400 000 VERSCHIEDENE TÖNE UND GERÄUSCHE WAHRNEHMEN. DAS OHR IST DAS HÖRORGAN, DAS DIESE GERÄUSCHE WAHRNIMMT, ABER AUCH ALS GLEICHGEWICHTSORGAN EIN WICHTIGE ROLLE SPIELT. DIE STRUKTUREN IM OHR BILDEN EIN LEITUNGSSYSTEM, DAS DIE SCHALLWELLEN – DRUCKWELLEN IM OHR – AUF DEN MIT FLÜSSIGKEIT GEFÜLLTEN TEIL DES INNENOHRS (CORTI-ORGAN) ÜBERTRÄGT. DORT ERREGEN DIE SO ERZEUGTEN FLÜSSIGKEITSSCHWINGUNGEN REZEPTOREN, DIE NERVENIMPULSE AN DAS GEHIRN SENDEN, DAS DIESE ALS TÖNE ODER GERÄUSCHE INTERPRETIERT.

DAS OHR

Der Großteil des Ohres liegt geschützt und verborgen innerhalb des Schläfenbeins; von außen ist nur die Ohrmuschel zu sehen.

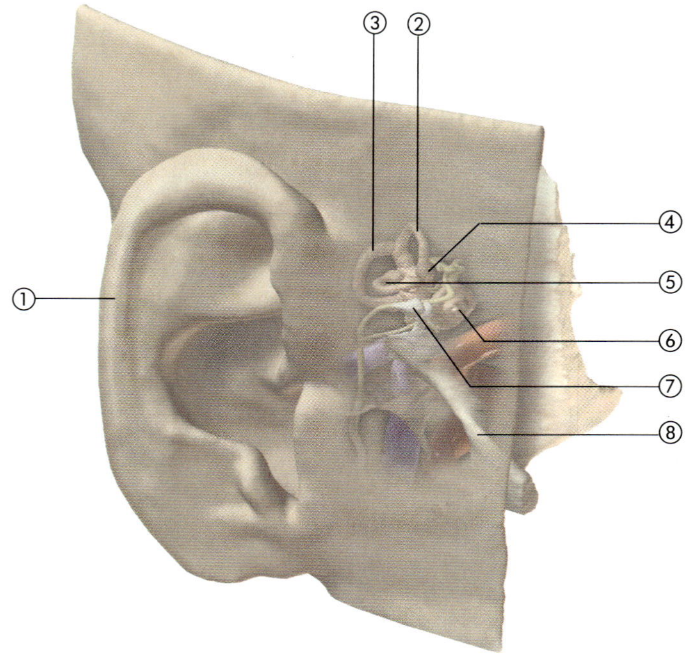

Das Ohr besteht aus drei Abschnitten, die zum Großteil an der Innenseite des Schläfenbeins liegen und von diesem geschützt sind. Das äußere Ohr umfaßt die Ohrmuschel, den einzigen sichtbaren Teil des Ohrs, und den 2,5 cm langen äußeren Gehörgang. An seinem inneren Ende verschließt eine straffe Membran, das Trommelfell, den Gehörgang. Das luftgefüllte Mittelohr durchqueren drei winzige Knochen, die Gehörknöchelchen; sie verbinden das Trommelfell mit der Membran, die das ovale Fenster (den Eingang zum Innenohr) verschließt. Die Schallwellen gelangen durch den Gehörgang zum Trommelfell, über die Gehörknöchelchen zum ovalen Fenster und in das Innenohr.

Der akustische Kortex

Die im Ohr ankommenden Schallwellen versetzen die Flüssigkeit in der Schnecke (Cochlea) des Innenohrs in Schwingungen. Im Inneren der Schnecke sprechen **Mechanorezeptoren** auf die Schwingungen an und senden Nervenimpulse über den N. cochlearis (Zweig des Vorhof-Schnecken-Nervs) über den Thalamus zum Gehirn. Der Thalamus ist ein Hirnareal, das die meisten Sinneseindrücke sammelt und zur Großhirnrinde weiterleitet.

Die vom Vorhof-Schnecken-Nerv übermittelten Nervenimpulse kommen in einem Areal der Großhirnrinde (**primäre Hörrinde**) an, das am Oberrand des Schläfenlappens liegt. Ein Teil der Nervenfasern überkreuzt sich unterwegs, sodass jede der beiden primären Hörrinden Signale von beiden Ohren erhält. Das primäre akustische Areal klassifiziert die Geräusche nach Kriterien wie Tonhöhe, Rhythmus und Lautstärke. Der **sekundäre akustische Kortex** liegt hinter der primären Hörrinde und ordnet diese Geräusche als Sprache, Musik oder Lärm ein, sodass sie wahrgenommen bzw. gehört werden.

① Auricula (Ohrmuschel)
② Canalis semicircularis anterior (vorderer Bogengang)
③ Canalis semicircularis posterior (hinterer Bogengang)
④ Ampulla canalis semicircularis (Ampulle)
⑤ Canalis semicircularis lateralis (äußerer Bogengang)
⑥ Cochlea (Schnecke)
⑦ Ossicula auditus (Gehörknöchelchen)
⑧ Processus zygomaticus des Schläfenbeins

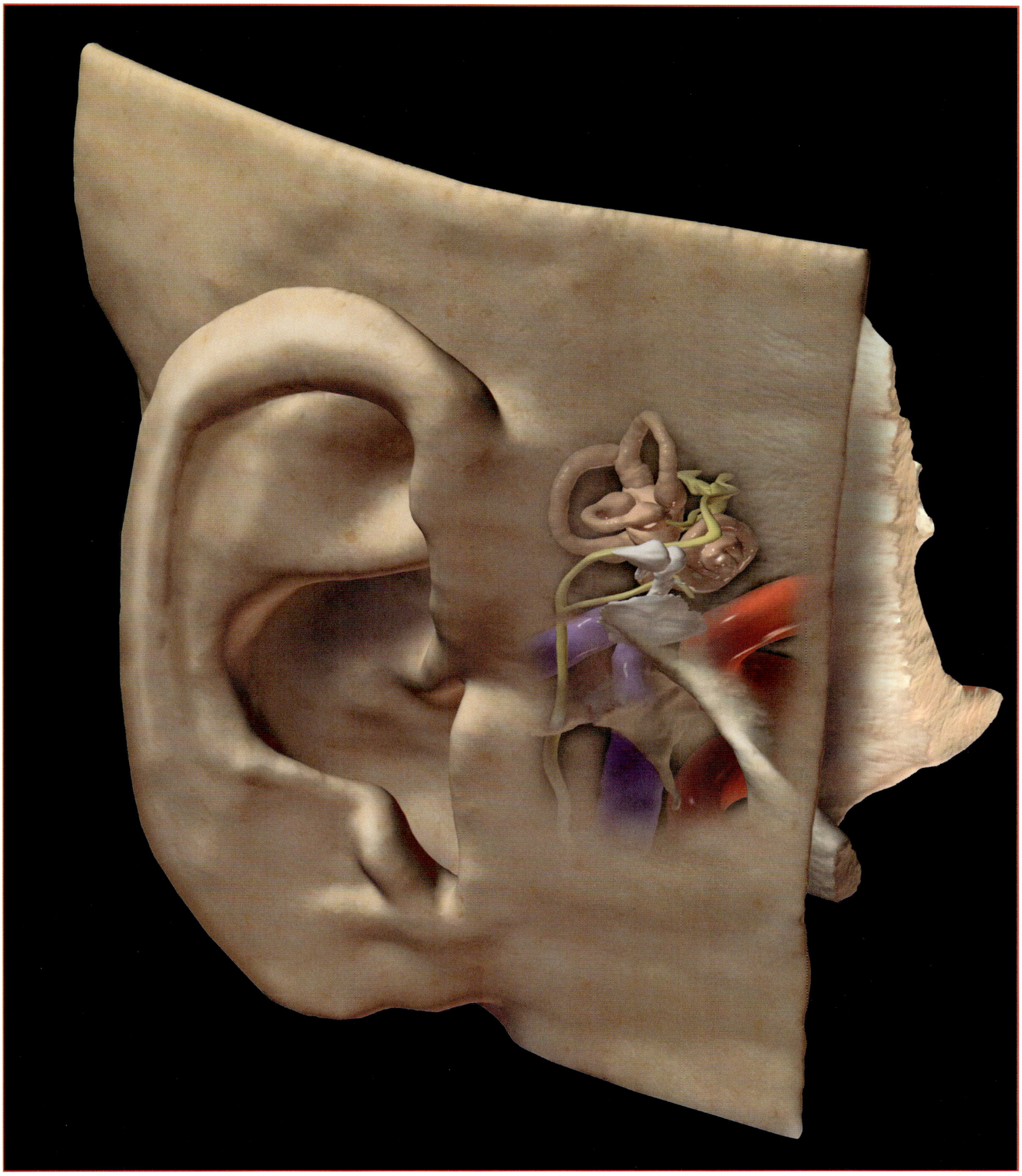

Rechtes Ohr; Ansicht von lateral. Ein Teil des Schläfenbeins ist entfernt, damit die Strukturen im Innenohr sichtbar werden.

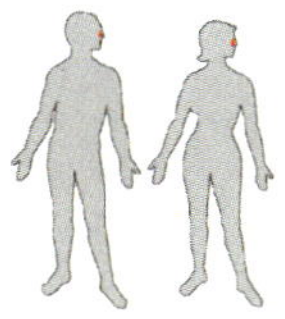

DIE NASE IST DER ÄUSSERSTE ABSCHNITT DER OBEREN ATEMWEGE. SIE ERWÄRMT, BEFEUCHTET UND FILTERT DIE EINGEATMETE LUFT. AUSSERDEM ENTHÄLT SIE GERUCHSREZEPTOREN. DIE ÄUSSERE NASE LIEGT AUF EINEM STÜTZGERÜST AUS ZWEI SCHÄDELKNOCHEN (NASENBEIN UND OBERKIEFER) SOWIE AUF BIEGSAMEN KNORPELPLATTEN AUF.

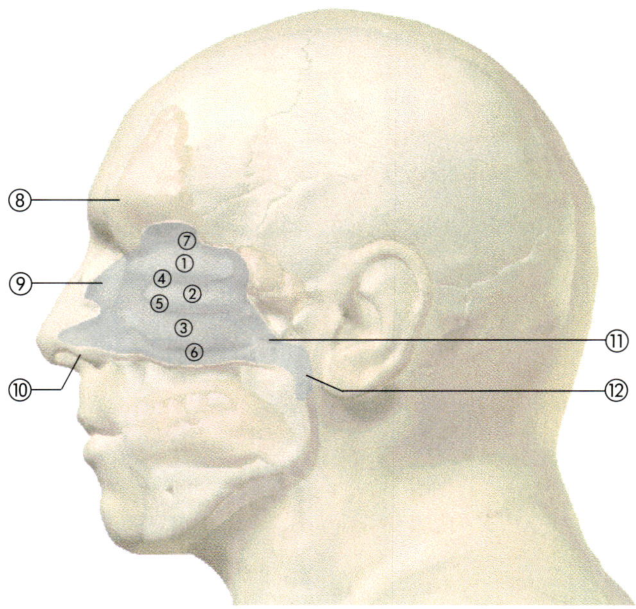

DIE NASE

Im Naseninneren befindet sich die Nasenhöhle. Ihr Dach bilden das Siebbein (Os ethmoidale) und das Keilbein (Os sphenoidale; siehe S. 45), ihren Boden der Gaumen, der sie von der Mundhöhle trennt. Die Nasenscheidewand (Septum nasi) teilt die Nasenhöhle vertikal in eine rechte und eine linke Hälfte. Die beiden Nasenlöcher stellen die Öffnungen nach außen dar. Nach innen mündet die Nasenhöhle in den Nasenrachenraum (Nasopharynx). Innen ist die Nasenhöhle mit einer Schleimhaut ausgekleidet, die einen wässrigen Schleim absondert. Dieser Schleim befeuchtet die einströmende Luft, löst Duftstoffe so, dass sie von den Riechzellen erfasst werden können, und filtert Verunreinigungen und Bakterien heraus.

Riechen, primäre Riechrinde und limbisches System

An der Oberseite der Nasenhöhle liegt das – etwa briefmarkengroße – **Riechfeld** (Regio olfactoria), ein Schleimhautareal, das mehr als 10 Millionen Riechzellen enthält – **Chemorezeptoren**, die in der Atemluft enthaltene und im Schleim gelöste Substanzen erfassen können. Die Riechzellen können über 10 000 Gerüche registrieren. Wenn sie erregt werden, senden sie Nervenimpulse über die Fasern des Riechnervs (N. olfactorius), die durch Öffnungen in der Siebplatte ziehen, zu den beiden Riechkolben (Bulbus olfactorius dexter und sinister) an der Basis des Stirnhirns.

Von dort zieht die Riechbahn zur primären Riechrinde (Cortex olfactorius) an der Unterfläche des Stirn- und Schläfenlappens im Gehirn. Diese primitive Rindenregion, die zum limbischen System – jenem Gehirnteil, der für die Gefühle und das Erinnerungsvermögen (siehe S. 168) zuständig ist – gehört, ist das primäre Riechzentrum, wo die bewusste Wahrnehmung der Gerüche erfolgt. Manche Informationen über Gerüche werden zu anderen Teilen des limbischen Systems und auch zum Hypothalamus geleitet, wo sie unbewusste, auf Gefühlen und Erinnerungen beruhende Reaktionen auf Gerüche hervorrufen: Der Duft eines bestimmten Nahrungsmittels kann beispielsweise Kindheitserinnerungen wachrufen.

Der sensorische Bereich der Nase liegt im oberen Teil der Nasenhöhle, dem Raum hinter den Nasenlöchern. Diese Ansicht der linken Kopfseite lässt die Nasenmuscheln (Conchae nasales) und die linken Stirnhöhlen erkennen.

① Concha nasalis superior (obere Nasenmuschel)
② Concha nasalis media
③ Concha nasalis inferior
④ Meatus nasi superior (oberer Nasengang)
⑤ Meatus nasi medius
⑥ Meatus nasi inferior
⑦ Regio olfactoria (Riechfeld)
⑧ Sinus frontalis (Stirnhöhle)
⑨ Cavitas nasi (Nasenhöhle)
⑩ Naris sinistra (linkes Nasenloch)
⑪ Ostium pharyngeum tubae auditoriae (rachenseitige Öffnung der Eustachischen Röhre)
⑫ Nasopharynx (Nasenrachenraum)

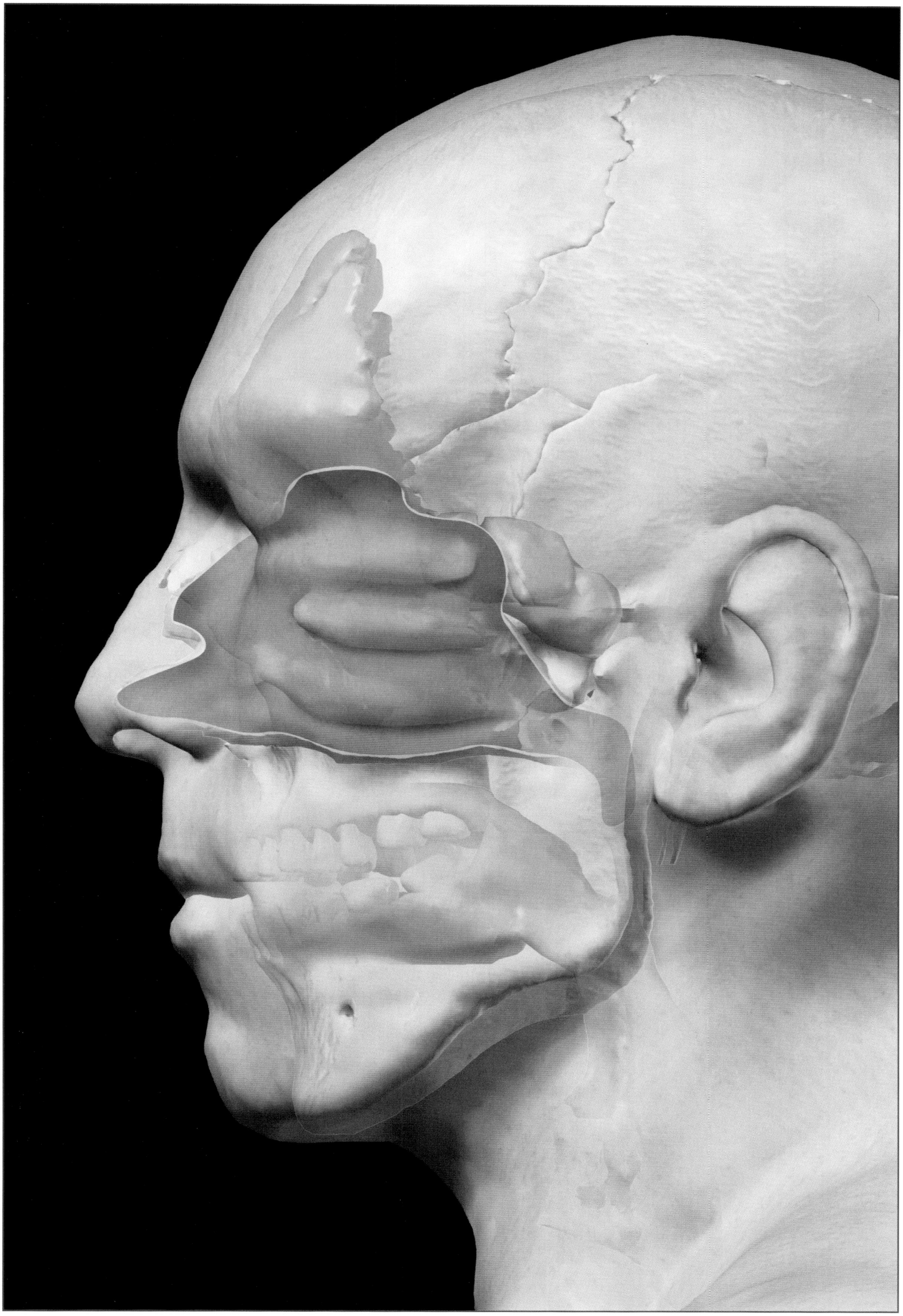

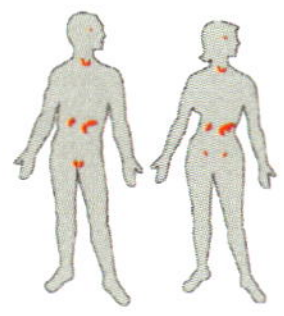

Zwei Systeme sorgen für die Steuerung und die Koordination der Vorgänge im Körper: Das Nervensystem (siehe S. 90) und das endokrine System (Hormonsystem), das aus den endokrinen Drüsen im Kopf und Rumpf besteht. Diese Drüsen steuern u. a. die Ausbildung der sekundären Geschlechtsmerkmale (wie Brust und Schambehaarung), die Fortpflanzung und das Wachstum.

DAS ENDOKRINE SYSTEM

Das endokrine und das Nervensystem – ein Vergleich

Die beiden Systeme arbeiten zusammen, um die Vorgänge im Körper aufeinander abzustimmen, doch jedes auf seine Weise. Das endokrine System schüttet Botenstoffe in das Blut aus, um die Stoffwechselaktivität von Zellen zu beeinflussen. Es arbeitet relativ langsam und hat normalerweise lang anhaltende Wirkung. Das Nervensystem hingegen schickt superschnelle Stromimpulse über Neurone, um die Aktivität von Muskeln und Drüsen zu beeinflussen, und hat sofortige, kurzzeitige Wirkung.

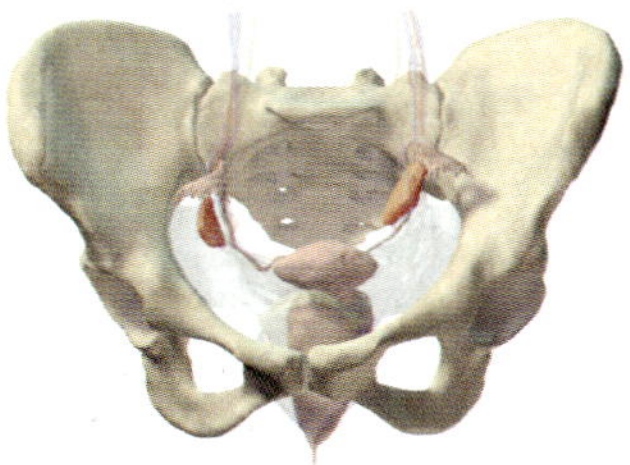

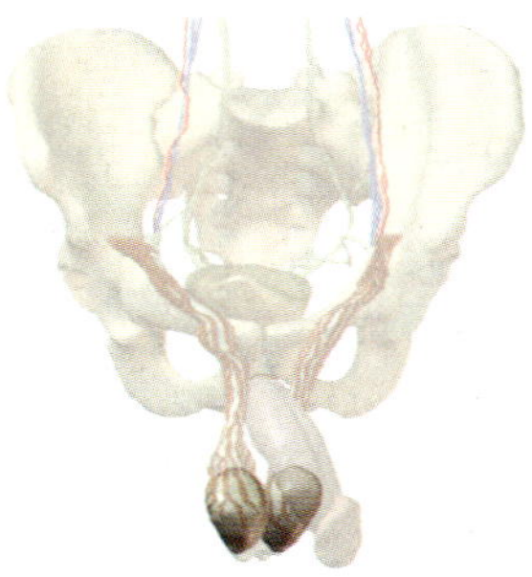

Das weibliche (oben) und das männliche Becken (unten) unterscheiden sich auch hinsichtlich der Lage der endokrinen Organe. Die Eierstöcke sind innerhalb des knöchernen Beckens untergebracht, während die Hoden außerhalb davon liegen.

Die endokrinen Drüsen

Drüsen sind Organe oder Zellgruppen, die Sekrete in oder auf den Körper ausschütten. Exokrine Drüsen entleeren ihre Sekrete über Ausführungsgänge in Räume innerhalb des Körpers – z.B. die Speicheldrüsen den Speichel in die Mundhöhle – oder auf die Haut – wie z. B. die Schweißdrüsen. Endokrine Drüsen haben keine Ausführungsgänge und geben ihre Sekrete, die Hormone, direkt in den Blutstrom ab. Die wichtigsten endokrinen Drüsen sind die Hypophyse, die Zirbeldrüse, die Schilddrüse und die Nebenschilddrüsen sowie die Nebennieren. Bauchspeicheldrüse, Eierstöcke und Hoden (siehe S. 114, 116 und 118) enthalten auch endokrine Anteile.

Wie die Hormone wirken

Jedes Hormon wird im Blutkreislauf transportiert und bringt eine chemische Botschaft zu einem ganz bestimmten Zielbereich. Einige Hormone zielen auf alle oder die meisten Körperzellen ab, andere beeinflussen nur ein bestimmtes Gewebe. Wenn ein Hormon bei seiner Zielzelle ankommt, dockt es an deren spezifischer Bindungsstelle an. Dieser Vorgang steigert oder hemmt die Abläufe bestimmter chemischer Reaktionen im Zellinneren und verändert so die Zellaktivität.

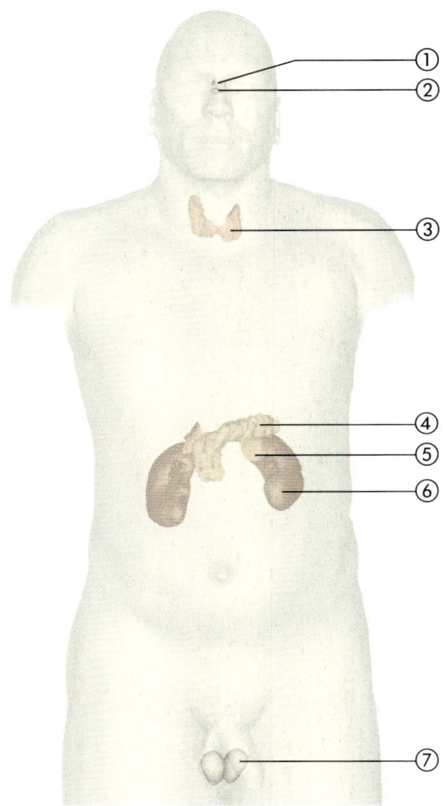

Die wichtigsten endokrinen Drüsen beim Mann. Der Hypothalamus ist ein Teil des Zwischenhirns, der die Aktivität der Hirnanhangsdrüse steuert. Die Nieren sind hier abgebildet, weil die Nebennieren auf ihrer Oberseite „sitzen“.

① Hypothalamus
② Hypophysis (Hypophyse)
③ Gl. thyroidea (Schilddrüse; Nebenschilddrüsen an der Rückseite)
④ Pancreas
⑤ Gl. suprarenalis (Nebenniere)
⑥ Ren (Niere)
⑦ Testis (Hoden)

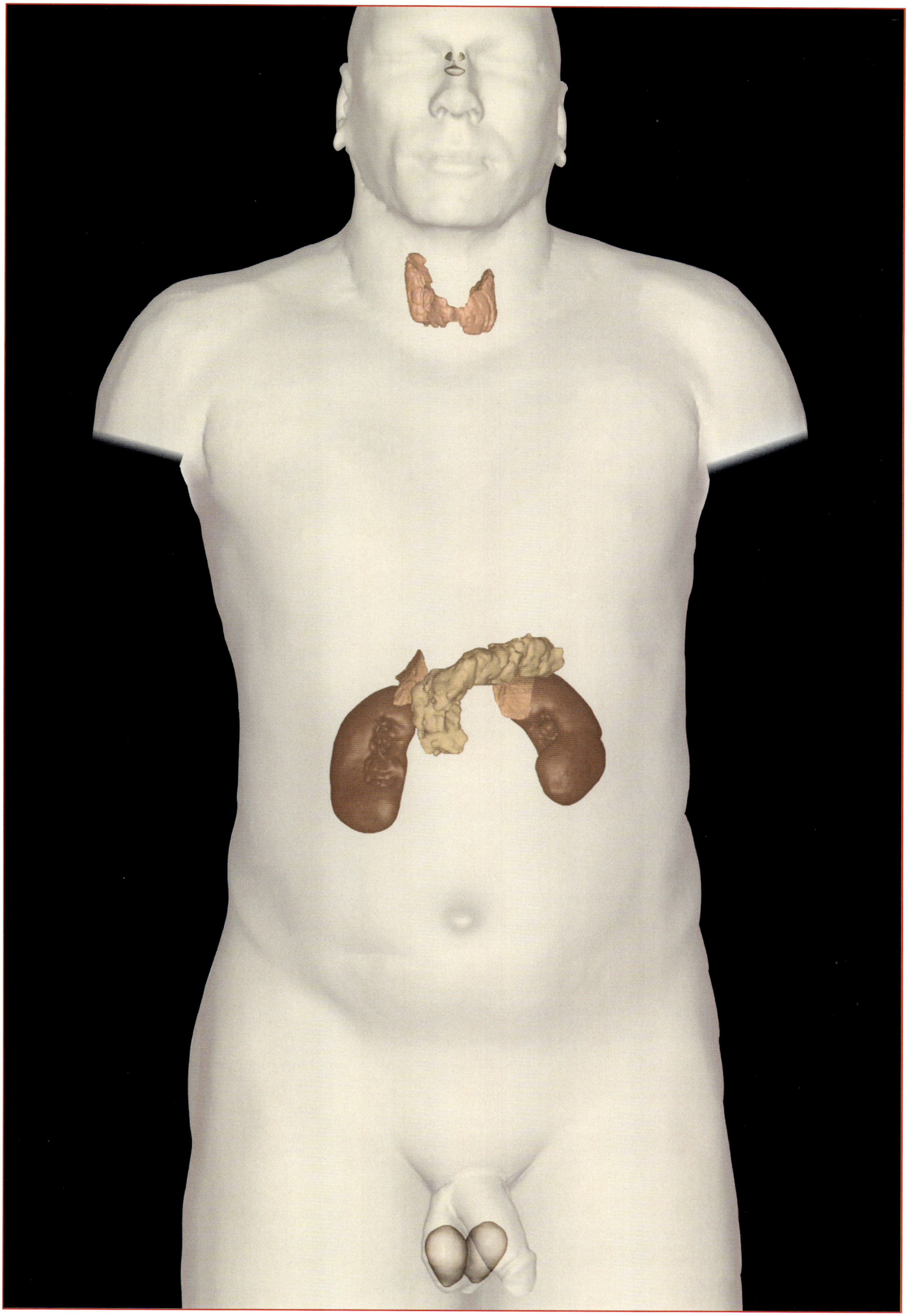

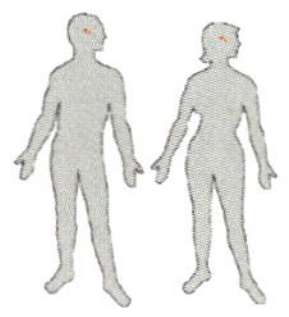

Die Hypophyse (Hirnanhangsdrüse) ähnelt einer Erbse und liegt unmittelbar unter dem Gehirn. Ein Stiel verbindet sie mit dem Hypothalamus, einem kleinen Hirnareal, das als Schaltzentrale für viele Vorgänge im Körper fungiert. Die Hypophyse schüttet mehr als acht Hormone aus, von denen einige andere endokrine Organe steuern. Daher wird die Hypophyse als wichtigste endokrine Drüse angesehen. Doch die treibende Kraft hinter der Hypophyse ist der Hypothalamus.

HYPOTHALAMUS UND HYPOPHYSE

Die Hypophyse besteht aus zwei Teilen. Der – größere – Vorderlappen (HVL) erzeugt den Großteil der Hypophysenhormone. Gesteuert wird er vom Hypothalamus, der seine eigenen Hormone, die Releasing-Faktoren, produziert, um die Ausschüttung von Hypophysenhormonen zu stimulieren. Der kleinere Hinterlappen (HHL) speichert zwei vom Hypothalamus erzeugte Hormone, Oxytocin und antidiuretisches Hormon (ADH), die ihm durch spezielle Nervenfasern zugeführt werden.

Die Hypophysenhormone

Zu den Vorderlappenhormonen zählen:

Wachstumshormon (STH): fördert das Wachstum in der Kindheit und Jugend.

Thyroideastimulierendes Hormon (TSH): fördert die Bildung des Schilddrüsenhormons in der Schilddrüse.

Adrenocorticotropes Hormon (ACTH): stimuliert die Freisetzung von Glukocorticoiden in der Nebennierenrinde.

Follikelstimulierendes Hormon (FSH): regt Reifung von Follikeln sowie die Freisetzung von Östrogen in den Eierstöcken an; beim Mann die Samenzellenbildung in den Hoden.

Luteinisierungshormon (LH): bei der Frau löst es die Ovulation und die Progesteron-Bildung aus, beim Mann die Testosteron-Produktion in den Hoden.

Prolaktin: regt die Milchproduktion in den Milchdrüsen an.

Die Hinterlappenhormone sind:

Oxytocin: löst in der Gebärmutter die Geburtswehen und in den Brustdrüsen die Milchabgabe aus.

Antidiuretisches Hormon (ADH): wirkt auf die Nieren ein; reduziert die Urinmenge.

Die Überwachung der Hormonspiegel

Die Hormonspiegel müssen sorgfältig überwacht werden, damit ihre Wirkung weder zu stark noch zu schwach wirken. Das körpereigene Kontrollsystem funktioniert über **negative Rückkoppelung** (Feedback), durch die automatisch die Umkehr einer unerwünschten Veränderung bewirkt wird. Ein niedriger Blutspiegel des Schilddrüsenhormons beispielsweise wird vom Hypothalamus registriert, der dann den Releasing-Faktor abgibt, durch den die Hypophyse zur Sekretion des schilddrüsenstimulierenden Hormons TSH angeregt wird. Dieses wiederum bewirkt, dass die Schilddrüse mehr Schilddrüsenhormon ausschüttet. Hohe Blutspiegel des Schilddrüsenhormons bewirken andererseits die Einstellung der Releasing-Faktor-Produktion und hemmen die Bildung von TSH; dadurch sinkt der Spiegel des Schilddrüsenhormons.

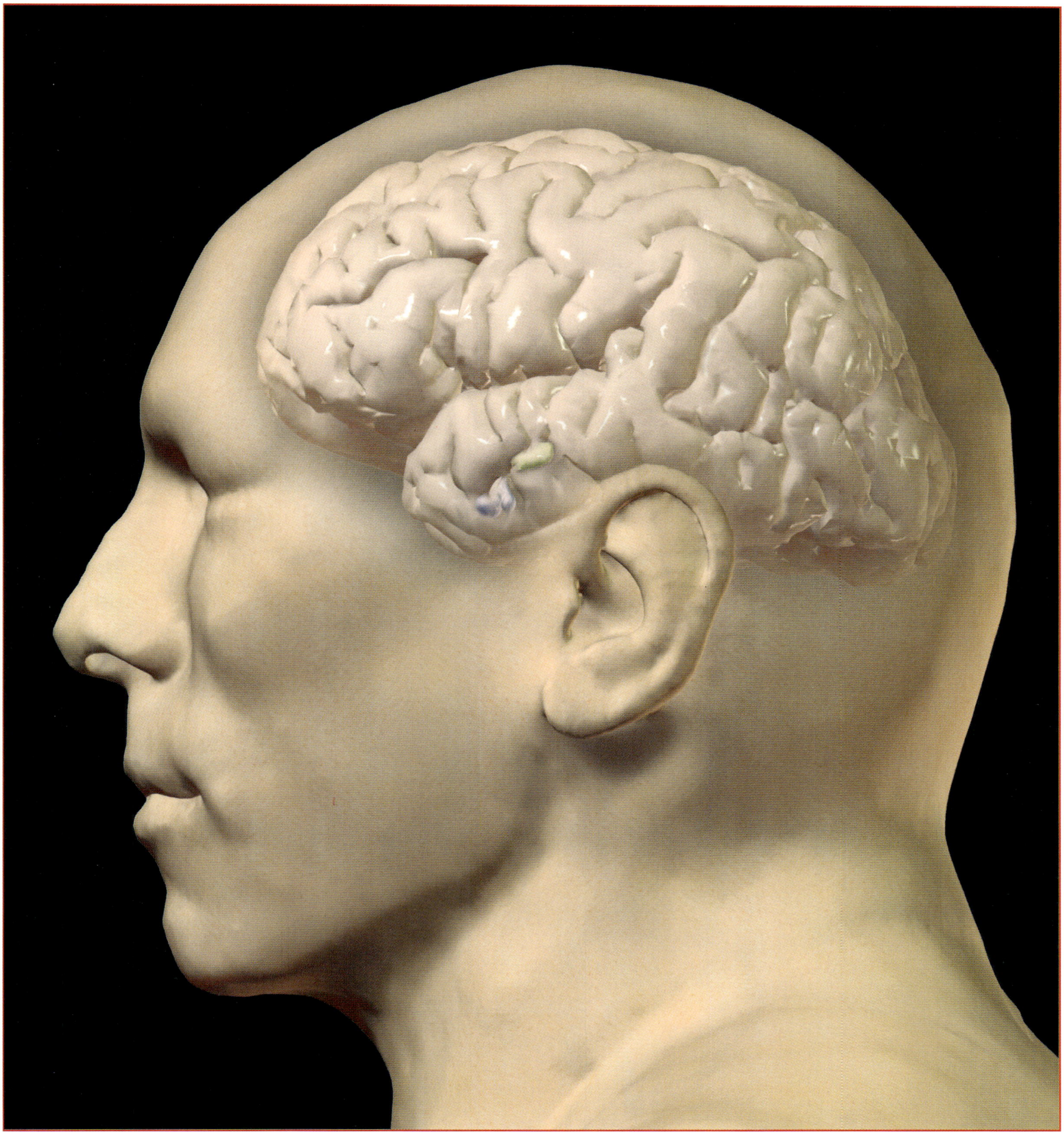

Linke Kopfseite; Ansicht von lateral. Die Lage der Hirnanhangsdrüse (Hypophyse) unterhalb des Gehirns, zwischen den Schläfenlappen der zwei Großhirnhälften, ist hier ersichtlich.

Die meisten im Hypophysenvorderlappen erzeugten Hormone steuern die Hormonproduktion anderer endokriner Drüsen.

1. Lage des Hypothalamus
2. Lage der Hirnanhangsdrüse (Hypophyse)
3. Linke Großhirnhälfte
4. Linker Schläfenlappen

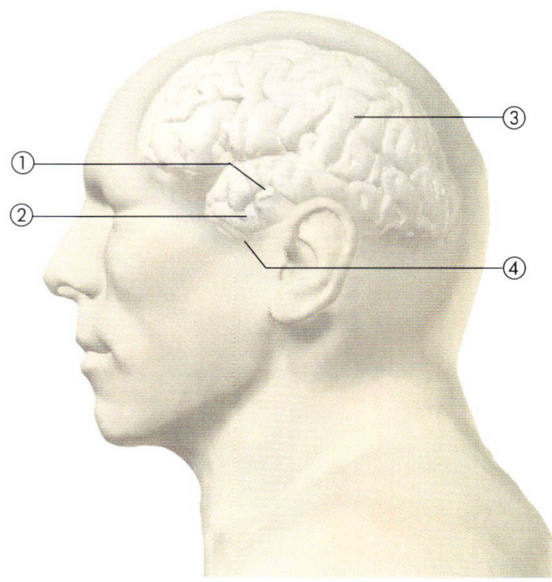

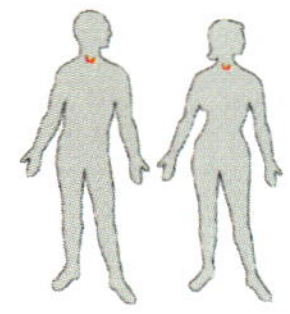

Die schmetterlingsförmige Schilddrüse legt sich vorne im Hals, knapp unterhalb des Kehlkopfs, der Luftröhre seitlich an und enthält Bläschen (Follikel), die drei Hormone abgeben: Trijodthyronin (T_3) und Thyroxin (T_4), die beide Jod enthalten und gemeinsam als Schilddrüsenhormon bezeichnet werden, sowie Calcitonin.

Die Schilddrüse ist die größte rein endokrine Drüse und besteht aus zwei Seitenlappen und einem schmalen Verbindungssteg (Isthmus). In die Hinterseite jedes Seitenlappens eingebettet liegen je eine obere und untere Nebenschilddrüse.

SCHILDDRÜSE UND NEBENSCHILDDRÜSEN

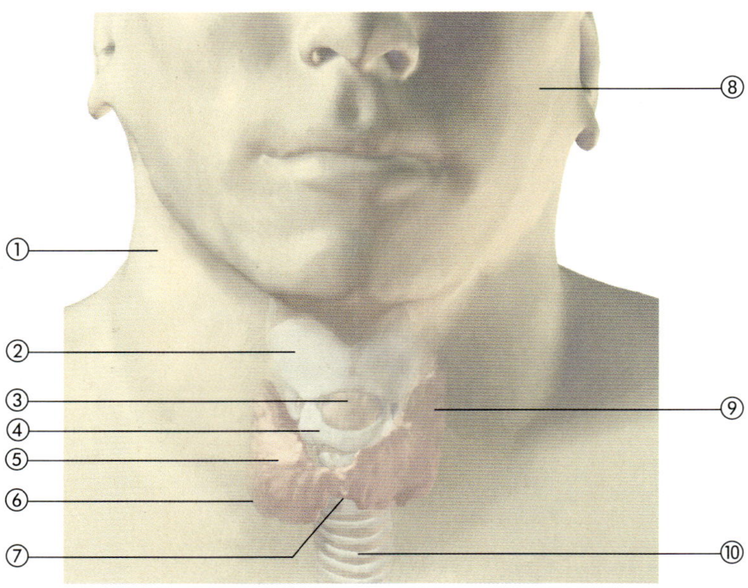

① Collum (Hals)
② Cartilago thyroidea (Schildknorpel)
③ Larynx (Kehlkopf)
④ Cartilago cricoidea (Ringknorpel)
⑤ Lobus dexter glandulae thyroideae (re. Seitenlappen der Schilddrüse)
⑥ Glandula thyroidea (Schilddrüse)
⑦ Isthmus (Steg)
⑧ Caput (Kopf)
⑨ Lobus sinister glandulae thyroideae (li. Seitenlappen der Schilddrüse)
⑩ Trachea (Luftröhre)

Das Schilddrüsenhormon kann man sich als eine Art „Gaspedal“ vorstellen. Es kurbelt den Grundumsatz an, also die Geschwindigkeit der chemischen Reaktionen in den Zellen. Außerdem fördert es das Wachstum und sorgt dafür, dass Herz und Nervensystem normal funktionieren. Die Freisetzung des Schilddrüsenhormons wird vom schilddrüsenstimulierenden Hormon (TSH) reguliert, das von der Hirnanhangsdrüse erzeugt wird. Calcitonin, das dritte Schilddrüsenhormon, wirkt bei der Regulierung der Kalziumkonzentration im Blut mit. Kalzium, das häufigste Mineral im Körper, ist notwendig für die Knochen- und Zahnbildung, die Erregungsleitung in Nerven, die Muskelkontraktion und Blutgerinnung. Es ist daher lebenswichtig, dass der Blutkalziumspiegel konstant gehalten wird. Calcitonin senkt den Kalziumspiegel, indem es die Kalziumresorption aus den Knochen – dem wichtigsten Kalziumspeicher – hemmt und die Kalziumaufnahme ankurbelt, damit mehr Knochensubstanz gebildet wird. Ein Anstieg des Kalziumspiegels regt die Schilddrüse zu erhöhter Calcitoninproduktion an. Die Feinjustierung des Blutkalziumspiegels hängt vom Zusammenspiel des Calcitonins mit einem entgegengesetzt wirkenden Hormon, das von den Nebenschilddrüsen erzeugt wird, ab.

Die Nebenschilddrüsen

An der Dorsalseite der Schilddrüse liegen vier kleine Nebenschilddrüsen. Sie setzen das Parathormon (Abk. für Parathyroideahormon, PTH) frei, das die Kalziumspiegel erhöht, und zwar durch Beschleunigung des Knochenabbaus, der Kalziumaufnahme aus verdauter Nahrung im Dünndarm und durch Steigerung der Rückresorption aus den Nieren in den Blutstrom. Niedrige Kalziumspiegel bewirken die Ausschüttung von Parathormon, hohe hemmen sie.

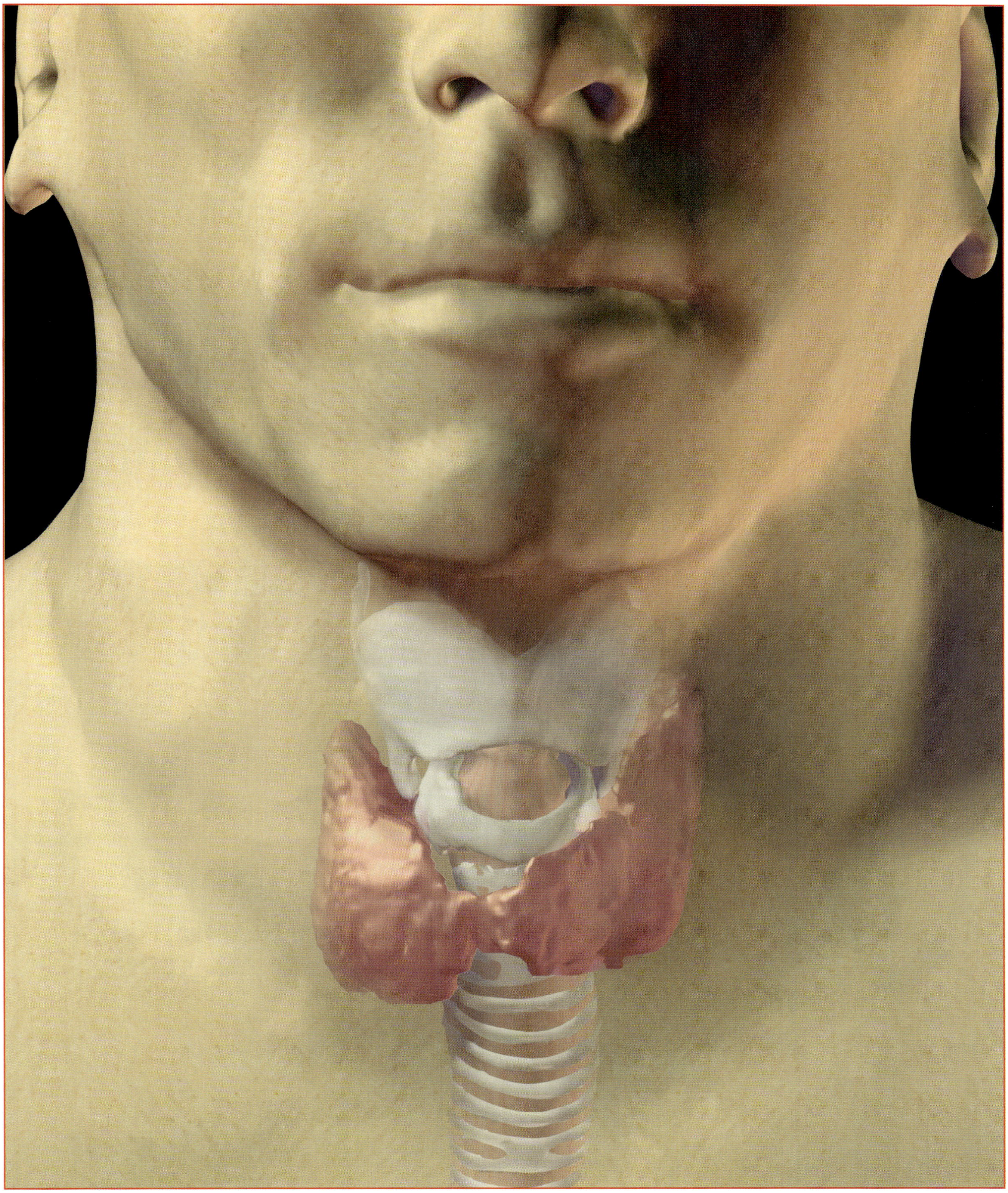

Jod ist das wichtigste chemische Element in den Schilddrüsenhormonen. Eine ausreichende Jodzufuhr über die Nahrung ist lebenswichtig. Jodmangel führt zur Vergrößerung der Schilddrüse, die auf diesem Wege versucht, die normalen Werte zu steigern oder zu erhalten. Die dabei entstehende, charakteristische Verdickung am Hals bezeichnet man als Struma (Kropf).

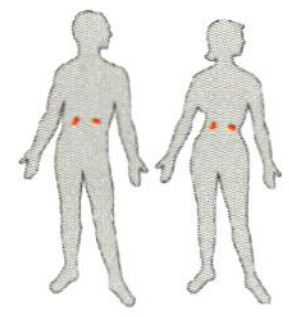

WIE KLEINE HÜTCHEN, DIE OBEN AUF DEN NIEREN SITZEN, SEHEN DIE NEBENNIEREN AUS. SIE BESTEHEN AUS ZWEI GEWEBEBEZIRKEN: DER RINDE (CORTEX; AUSSEN) UND DEM MARK (MEDULLA; INNEN). DIE RINDE ERZEUGT DIE SOG. KORTIKOSTEROIDHORMONE (STEROIDHORMONE), DAS MARK DIE BEIDEN HORMONE ADRENALIN UND NORADRENALIN, DIE BEI STRESS ODER GEFAHR DIE „KAMPF-ODER-FLUCHT-REAKTION" AUSLÖSEN.

DIE NEBENNIEREN

Die beiden Nebennieren sitzen – umhüllt von einer schützenden fibrösen Kapsel und einer Fettschicht – auf den beiden oberen Nierenpolen im dorsalen Oberbauchbereich.

① Glandula suprarenalis dextra (rechte Nebenniere)
② Ren dexter (rechte Niere)
③ Glandula suprarenalis sinistra (linke Nebenniere)
④ Ren sinister (linke Niere)

In der Nebennierenrinde werden drei Gruppen von Steroidhormonen erzeugt. Mineralokortikoide, wie Aldosteron, regulieren den Natrium- und Kaliumspiegel im Blut und im Gewebe. Die Aufrechterhaltung konstanter, ausgewogener Natrium- und Kaliumspiegel wiederum ist wichtig für die Regulierung des Blutdrucks und Blutvolumens; beide Minerale sind auch lebenswichtig für die Leitung von Nervenimpulsen und die Muskelkontraktion. Aldosteron wirkt auf die Nieren ein, indem es die in den Urin abgehende Natriummenge senkt. Glukokortikoide, vor allem Cortisol, helfen dem Körper bei der Anpassung an Veränderungen, indem sie die Blutzuckerwerte stabilisieren und den Zellstoffwechsel beeinflussen. Die Cortisolausschüttung wird angeregt und reguliert durch das Hypophysenhormon ACTH (Abk. für adrenocorticotropes Hormon). Bei Stressbelastung – z. B. nach Operationen, Blutungen, Infektionen oder traumatischen Ereignissen – setzt Cortisol verschiedene Stressbewältigungsprozesse in Gang. Zu den in der Nebennierenrinde erzeugten Hormonen gehören auch Geschlechtshormone, vor allem männliche: die Androgene. Bei Männern ist die Menge der in der Nebennierenrinde erzeugten Androgene verschwindend klein im Verhältnis zur Produktion in den Hoden. Bei Frauen regen die in den Nebennieren produzierten Androgene das Wachstum der Scham- und Achselhaare sowie den Geschlechtstrieb an.

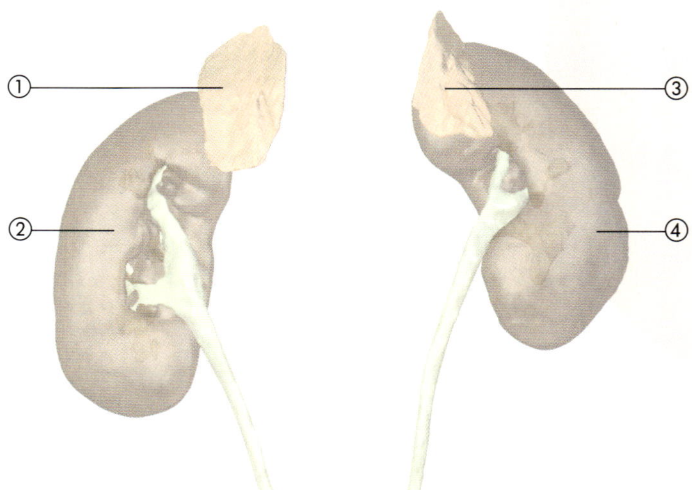

Die Stressantwort

Wenn wir plötzlichem Stress oder einer akuten Gefahr ausgesetzt werden, bereitet sich der Körper auf eine von zwei möglichen Antworten vor: Kampf oder Flucht. Diese Reaktionen kommen durch die Ausschüttung von Adrenalin und Noradrenalin zustande, die vom autonomen Nervensystem (siehe S. 98) gesteuert wird. Im Gegensatz zu anderen Hormonen wirken Adrenalin und Noradrenalin schnell, aber nur kurzfristig. Sie beschleunigen den Herzschlag und die Atmung (mehr Sauerstoff), erhöhen den Blutzuckerspiegel (mehr Brennstoff) und leiten das Blut vermehrt in die Skelettmuskulatur um (mehr Energie für die Muskelkontraktion), damit der Körper fit für den Kampf oder die Flucht wird.

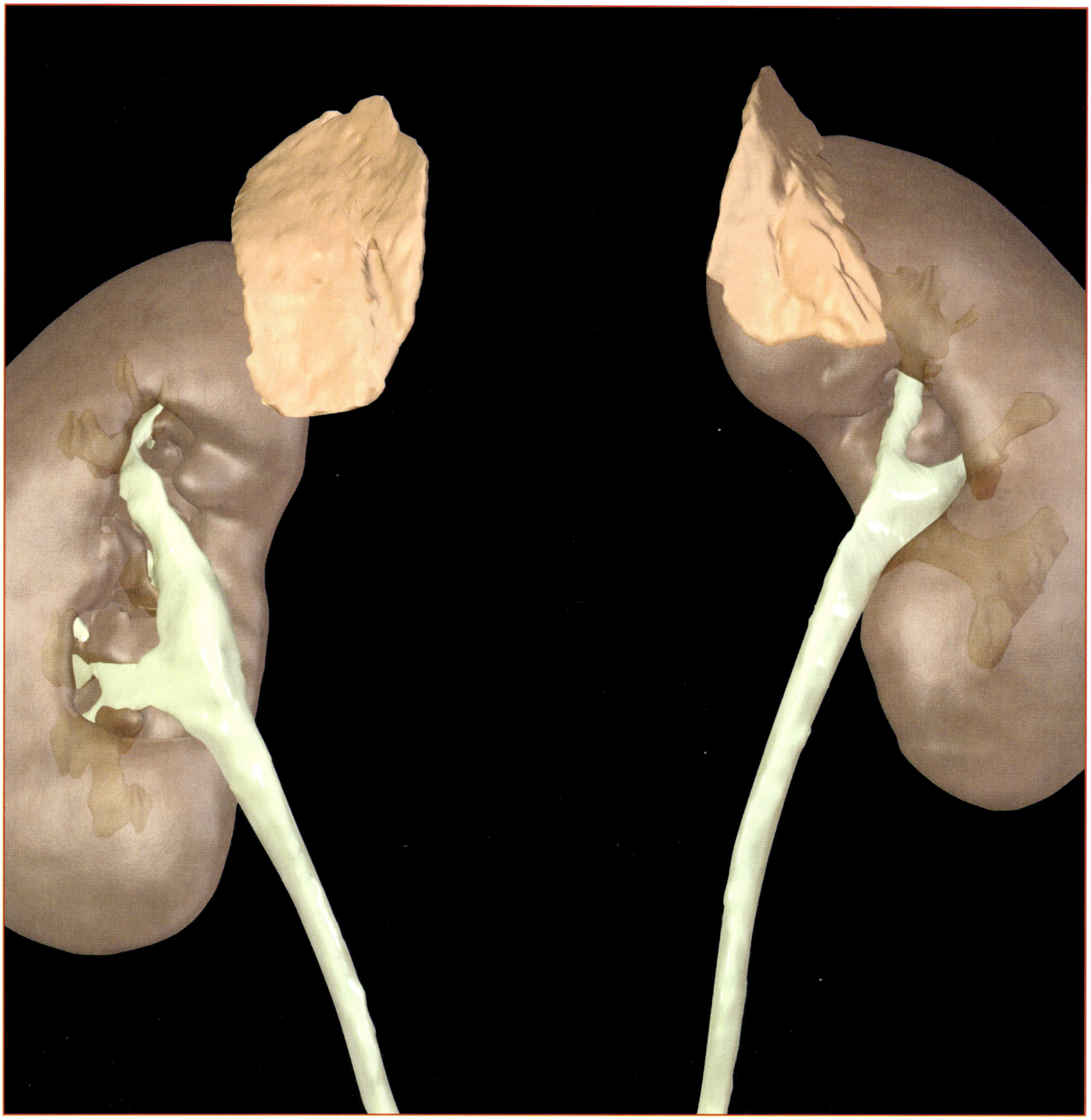

Jede der beiden Nebennieren besteht aus zwei Hauptteilen: der Rinde und dem Mark. Die Rinde erzeugt die Glukokortikoide, die Androgene und die Mineralokortikoide, das Mark Adrenalin und Noradrenalin.

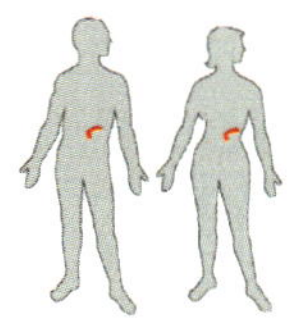

Horizontal unter und hinter dem Magen liegt die Bauchspeicheldrüse (Pankreas). Der Pankreaskopf wird von der C-förmigen Kurve des Duodenums umfasst. Das Pankreas ist eine Drüse mit zwei Funktionen: Zu etwa 99 Prozent besteht es aus winzigen Acini, exokrinen Drüsen, die den „Bauchspeichel“, einen Verdauungssaft, in das Duodenum abgeben (siehe S. 142). Zwischen den Acini verstreut liegen 1-2 Millionen kleiner Nester endokriner Zellen, die Langerhans-Inseln.

DIE BAUCHSPEICHELDRÜSE

Die Bauchspeicheldrüse ist eine gemischte Drüse. Der Großteil ihres Gewebes produziert Verdauungsenzyme und gibt sie in den Zwölffingerdarm ab, der Rest setzt zwei Hormone frei, die gemeinsam den Blutzuckerspiegel regulieren.

Die Langerhans-Inseln (Insulae pancreaticae) erzeugen zwei Hormone – Glukagon und Insulin; beide sorgen dafür, dass der Körper genügend Brennstoff in Form von Glukose (einem Zucker) zur Verfügung hat, um die Energieversorgung der Zellen zu gewährleisten. Der Blutzuckerspiegel muss relativ konstant gehalten werden, auch wenn wir stundenlang gar nicht gegessen haben oder sich nach dem Essen ein ganzer Glukoseschwall in das Blut ergießt. Zu viel oder zu wenig Glukose im Blut hemmt die Glukoseaufnahme der Zellen. Im Gehirn können Schwankungen der Blutzuckerwerte zu Verwirrtheit, Krämpfen und unter Umständen zum Koma führen.

Glukagon und Insulin wirken entgegengesetzt und halten durch ihr Zusammenspiel die Blutzuckerwerte stabil. Bei einem Abfall des Glukosewerts wird von den Alpha-Zellen in den Langerhans-Inseln vermehrt Glukagon ausgeschüttet. Dieses Hormon regt die Leber dazu an, das in ihren Zellen gespeicherte Glykogen (eine komplexe Kohlenhydrat-Speicherform aus Glukosemolekülen) in Glukose umzuwandeln, die ins Blut übergeht und den normalen Blutzuckerspiegel wieder herstellt.

Nach dem Essen kommt es zu einem Anstieg des Glukosewerts; dies stimuliert die Beta-Zellen der Langerhans-Inseln zur Ausschüttung von Insulin. Insulin senkt den Blutzuckerspiegel, indem es für die Speicherung des Überschusses sorgt. Es bewirkt dreierlei: Im Skelettmuskel fördert es die Aufnahme von Glukose aus dem Blut und deren Speicherung in Form von Glykogen oder deren Verbrauch zur Erzeugung von Bewegungsenergie. Es stimuliert die Fettzellen, Glukose als Energiequelle sofort zu verbrauchen oder als Fett zu speichern. Und drittens veranlasst es die Leberzellen dazu, Glukose aus dem Blut aufzunehmen und in Glykogen umzuwandeln.

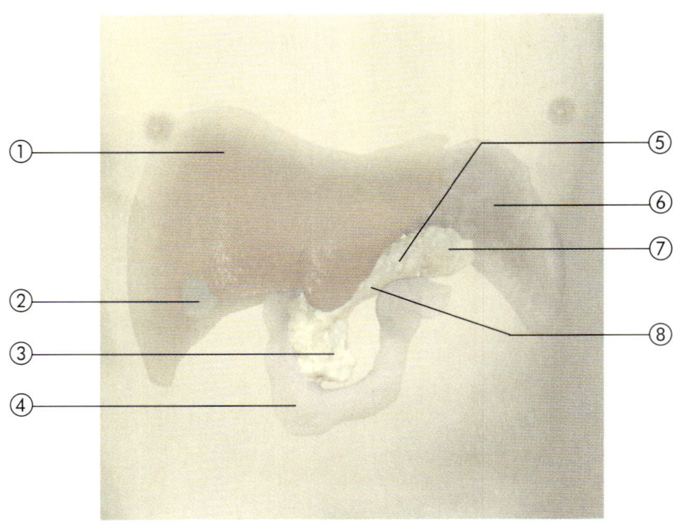

① Hepar (Leber)
② Vesica biliaris (Gallenblase)
③ Caput pancreatis (Kopf der Bauchspeicheldrüse)
④ Duodenum (Zwölffingerdarm)
⑤ Pancreas (Bauchspeicheldrüse)
⑥ Splen (Milz)
⑦ Cauda pancreatis (Schwanz der Bauchspeicheldrüse)
⑧ Corpus pancreatis (Körper der Bauchspeicheldrüse)

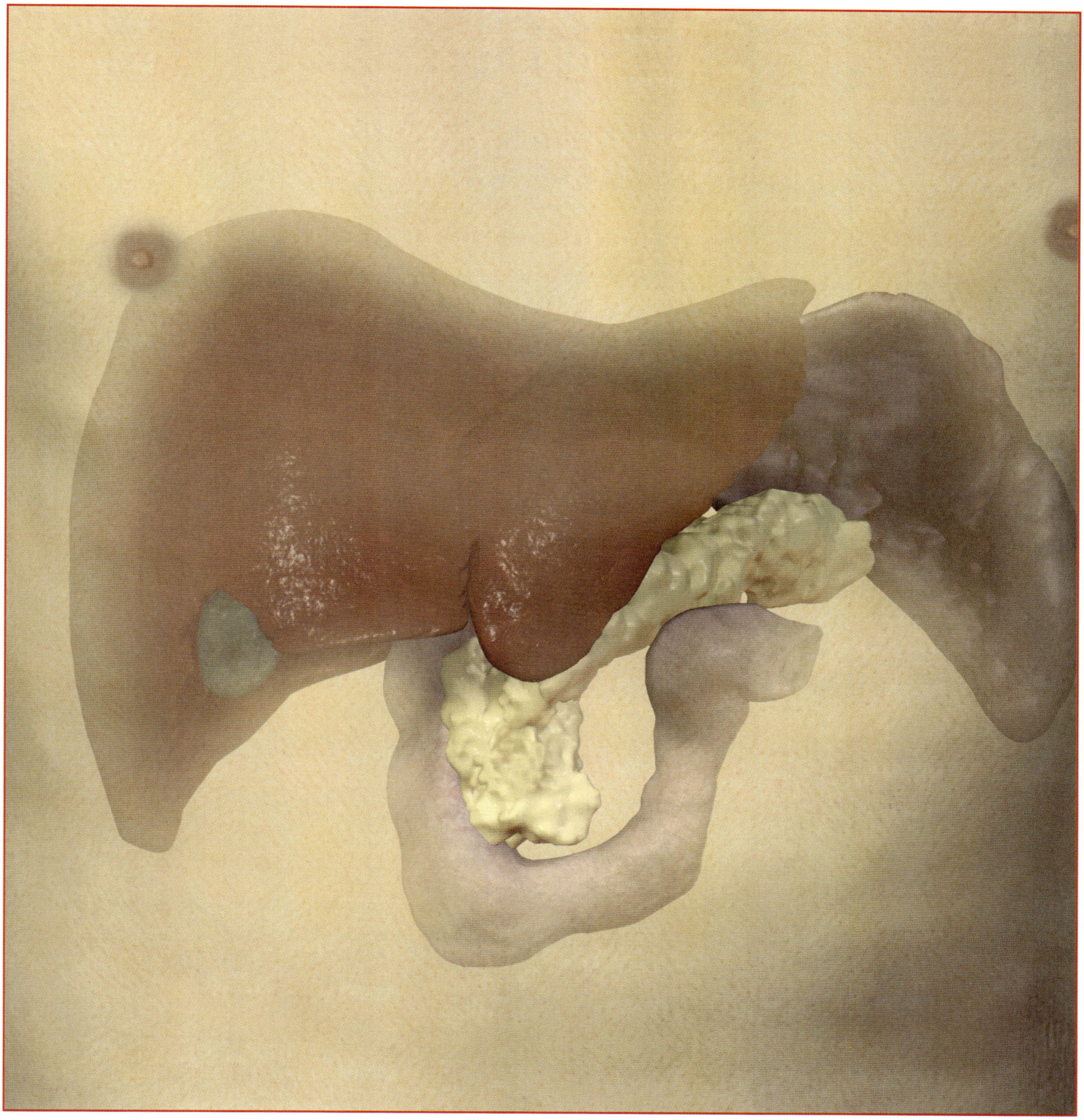

Ansicht des Oberbauchs von ventral. Das Pankreas erstreckt sich vom Duodenum bis zur Milz. Vom dicken Ende, dem Kopf (Caput), zum Körper (Corpus) hin wird das Pankreas schmaler und läuft im Schwanz (Cauda) aus. Der weitaus größte Teil des Pankreas ist die Produktionsstätte von Verdauungsenzymen. Über das gesamte Organ verstreut sind Zellgruppen eingebettet, die sog. Langerhans-Inseln. Ihre Aufgabe ist die Erzeugung von Insulin und Glukagon.

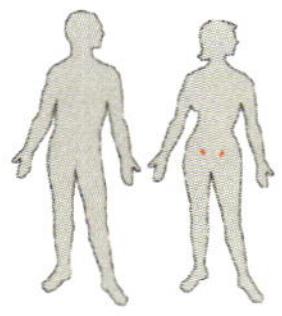

Beidseits der Gebärmutter liegen die paarigen mandelförmigen Eierstöcke (Ovarien). Als primäre weibliche Geschlechtsorgane haben sie eine zweifache Aufgabe. Sie sind Bildungsort und Speicher für die Eizellen (Ovozyten), von denen je eine fertig ausgereifte, das Ovum (Ei), allmonatlich von der Pubertät bis zur Menopause freigesetzt wird. Wenn die Eizelle von einer Samenzelle befruchtet wird, wird sie zur Zygote, aus der sich ein Baby entwickelt. Als endokrine Drüsen produzieren die Ovarien die beiden Geschlechtshormone Östrogen und Progesteron, die das Fortpflanzungssystem steuern und den Körper auf die Schwangerschaft vorbereiten.

① Pelvis (Becken)
② Os coxae dextrum (rechtes Hüftbein)
③ Ovarium dextrum (rechter Eierstock)
④ Uterus (Gebärmutter)
⑤ Os coxae sinistrum (linkes Hüftbein)
⑥ Ovarium sinistrum (linker Eierstock)
⑦ Vagina (Scheide)

DIE EIERSTÖCKE

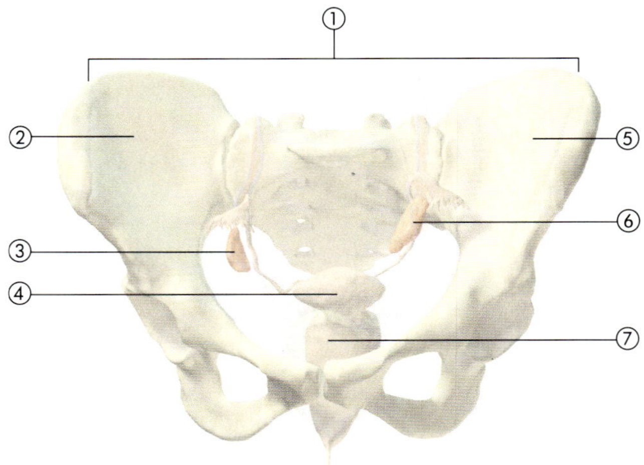

Die primären weiblichen Geschlechtsorgane – die Ovarien – liegen beidseitig im Becken innerhalb der Bauchhöhle. Als endokrine Drüsen geben sie Hormone zur Kontrolle des Ovarial- und Menstruationszyklus ab und erhalten die sekundären weiblichen Geschlechtsmerkmale aufrecht.

Erst in der Pubertät entfaltet das Östrogen seine Wirkung. Es bewirkt die Ausreifung der Geschlechtsorgane und die Ausbildung der sekundären weiblichen Geschlechtsmerkmale, u. a. die Ausbildung der Brüste; durch die typische Fettverteilung die weibliche Körperform; die Verbreiterung des Beckens; das Verteilungsmuster der Behaarung auf Kopf und Körper. Zusammen mit dem Wachstumshormon (siehe S. 108) fördert es das schnelle Wachstum während der Pubertät. Von der Pubertät bis zur Menopause stimuliert Östrogen zusammen mit Progesteron monatlich das Wachstum des Endometriums, der Innenauskleidung des Uterus, damit ein befruchtetes Ei aufgenommen werden kann. Die Freisetzung von Östrogen und Progesteron wird von zwei anderen Hormonen kontrolliert – den von der Hypophyse abgegebenen Gonatropinen FSH (follikelstimulierendes Hormon) und LH (Luteinisierungshormon). Diese kontrollieren auch die Eireifung und den monatlichen Eisprung. Das Ansteigen der Östrogen- und Progesteronspiegel (im Blut) hemmt die Freisetzung der Gonadotropine. Wenn jedoch keine Befruchtung stattfindet, nimmt die Östrogen- und Progesteronproduktion der Ovarien ab und die Gonadotropinspiegel steigen an. Die Geschlechtshormone und die Gonadotropine sowie deren Zu- oder Abnahme stimmen durch ihr Zusammenwirken die beiden im Monatsrhythmus eintretenden Ereignisse – Ovulation und Menstruation (siehe S. 156) – aufeinander ab. Der Ovarialzyklus bewirkt die Follikelreifung im Eierstock und die Freisetzung einer Eizelle (Eisprung), der Menstruationszyklus im Uterus zuerst die Wucherung (Proliferation) der Schleimhaut, damit sich das befruchtete Ei darin einnisten kann, und – falls keine Befruchtung stattfindet – deren Abstoßung. Falls es zur Befruchtung kommt, bleiben Östrogen- und Progesteronspiegel hoch und hemmen die Ausschüttung von gonadotropen Hormonen. Die Folge ist, dass während der Schwangerschaft sowohl der Ovarial- als auch der Menstruationszyklus aussetzen.

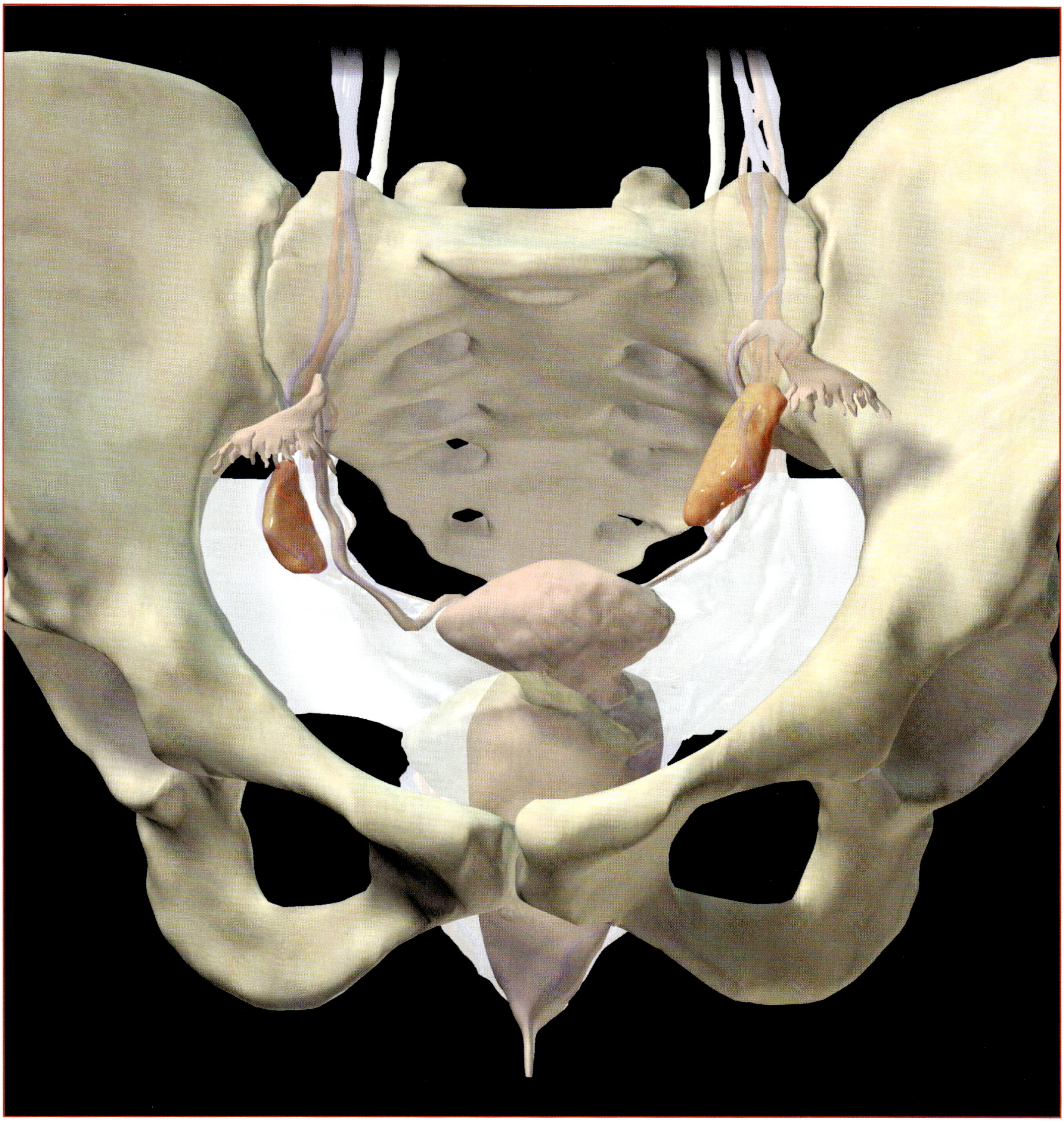

Bei der Geburt sind die Eierstöcke noch nicht voll funktionsfähig, produzieren aber schon kleine Hormonmengen. Zu Beginn der Pubertät steigen die Werte der Sexualhormone plötzlich an, der Menstruationszyklus und die Ausprägung sekundärer Geschlechtsmerkmale setzen ein.

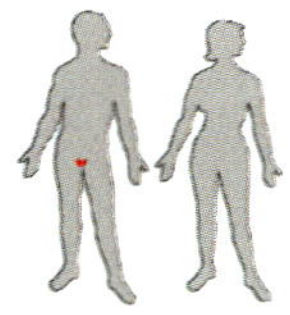

DIE PAARIGEN EIFÖRMIGEN HODEN LIEGEN ZWISCHEN DEN BEINEN IN EINER HAUTTASCHE, DEM SCROTUM (HODENSACK). DIE HODEN SIND DIE PRIMÄREN GESCHLECHTSORGANE BEIM MANN UND HABEN – WIE DIE EIERSTÖCKE BEI DER FRAU – EINE DOPPELROLLE. DIE GEWUNDENEN SAMENKANÄLCHEN (TUBULI SEMINIFERI CONTORTI) PRODUZIEREN IM LAUF DES LEBENS (AB ETWA DEM 15. LEBENSJAHR) MILLIARDEN VON SAMENZELLEN (SPERMIEN) UND AUSSERDEM – ALS ENDOKRINE ORGANE – DIE MÄNNLICHEN SEXUALHORMONE, DIE SOG. ANDROGENE.

DIE HODEN

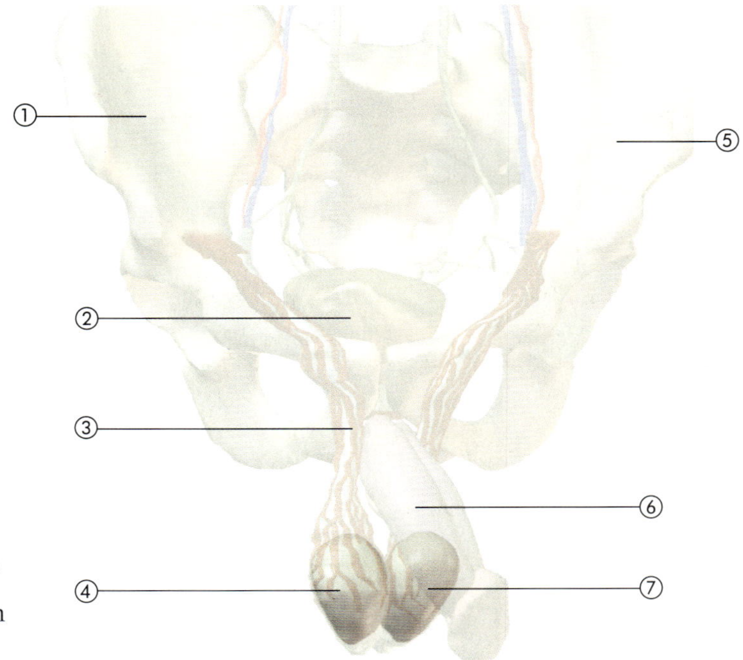

Die Hoden (Testes), die primären männlichen Geschlechtsorgane, liegen außer- und unterhalb des Bauchraums und produzieren Hormone, die die Spermienproduktion und die Ausbildung der sekundären Geschlechtsmerkmale stimulieren. Der Samenstrang (Funiculus spermaticus) enthält die Blutgefäße, die diese Hormone aus den Hoden abtransportieren.

① Os coxae dextrum (rechtes Hüftbein)
② Vesica urinaria (Harnblase)
③ Funiculus spermaticus (Samenstrang)
④ Testis dexter (rechter Hoden)
⑤ Os coxae sinistrum (linkes Hüftbein)
⑥ Penis (männliches Glied)
⑦ Testis sinister (linker Hoden)

Androgene, vor allem das Hormon Testosteron, werden von zwischen den Samenkanälchen gelegenen endokrinen Zellen, den sog. interstitiellen oder Leydig-Zwischenzellen, erzeugt. Wenn beim Knaben die Pubertät einsetzt, wird mehr Testosteron gebildet. Dieses Hormon stimuliert die Entwicklung der primären und sekundären Geschlechtsmerkmale. Dazu gehören kräftig ausgebildete Skelettmuskeln und Knochen, die Ausprägung der typisch männlichen Körperform mit breiten Schultern und schmalen Hüften; Bartwuchs im Gesicht sowie zunehmende Scham-, Achsel- und Brustbehaarung. Außerdem löst Testosteron (zusammen mit dem Wachstumshormon) einen Wachstumsschub aus; das Wachstum des Kehlkopfs führt zum Stimmbruch und danach zu einer tieferen Stimme. Beim Erwachsenen setzt es die Samenbildung in Gang und steigert den Sexualtrieb (Libido). Auch bei Frauen steuert Testosteron den Sexualtrieb und die Entwicklung der Schambehaarung, doch wird es bei ihnen von den Nebennieren (siehe S. 112) ausgeschüttet.

Die Testosteronausschüttung wird von einem weiteren Hormon gesteuert, einem als LH (Abk. für Luteinisierungshormon) bezeichneten Gonadotropin, das in der Hypophyse gebildet wird und die interstitiellen Zellen zur Testosteronausschüttung veranlasst. Das gesamte Hormonsystem regelt ein Rückkoppelungsmechanismus: Ein zu hoher Testosteronspiegel im Blut hemmt die Freisetzung von LH aus der Hypophyse; ein zu niedriger Testosteronspiegel hat die entgegengesetzte Wirkung. Auf diese Weise wird die Testosteronmenge im Blut relativ konstant gehalten. Anders ist dies bei Frauen, deren Sexualhormone zyklischen Schwankungen unterliegen (siehe S. 156).

Ein weiteres Gonadotropin, das in der Hypophyse gebildete follikelstimulierende Hormon (FSH), stimuliert – gemeinsam mit Testosteron – die Samenkanälchen zur Spermienbildung.

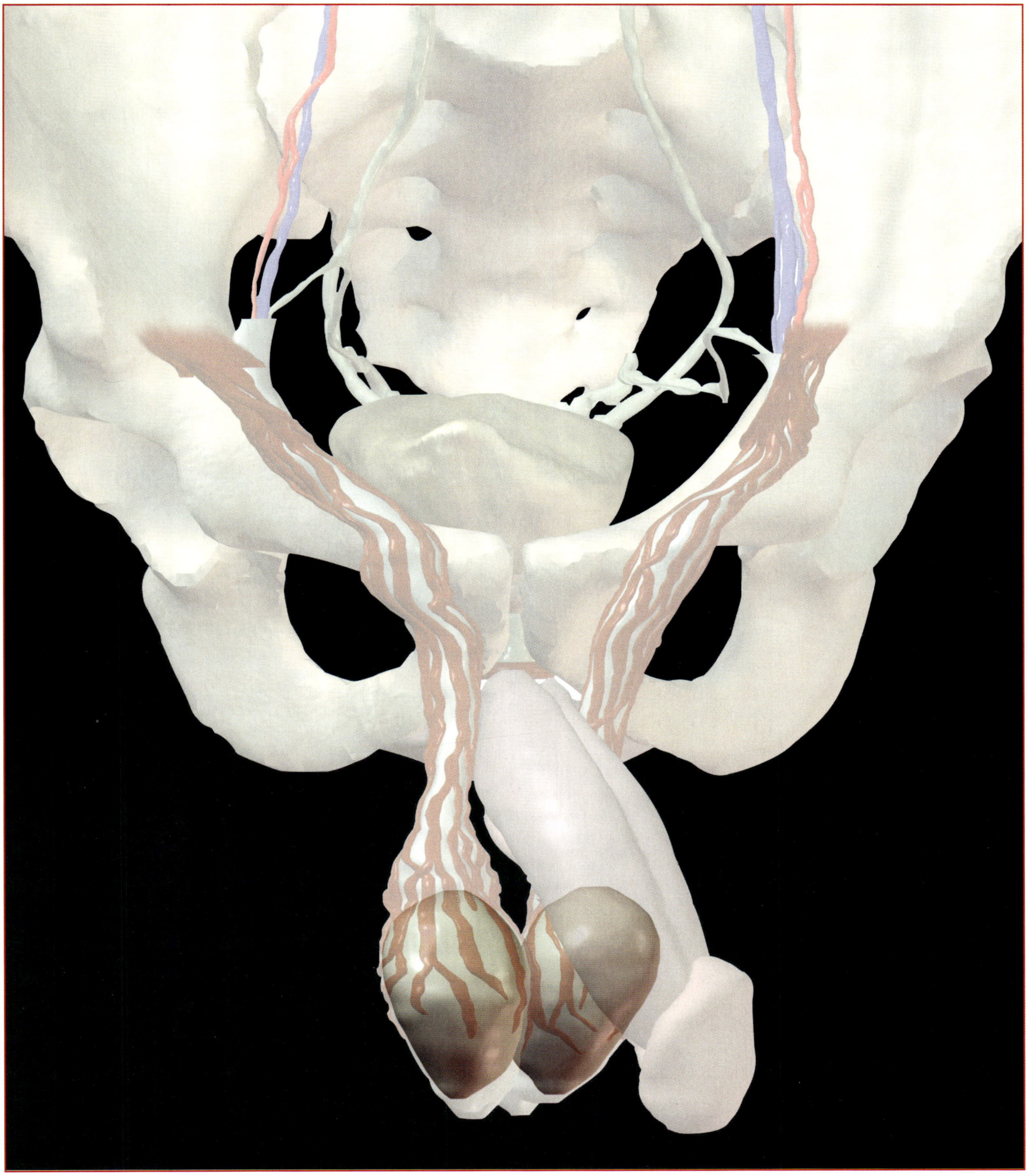

Die in den Hoden (Testes) gebildeten Androgene fördern die Entwicklung der primären und sekundären Geschlechtsmerkmale beim Mann. Zu letzteren zählen: die Ausprägung der typisch männlichen Körperform, das Wachsen von Bart-, Achsel-, Brust- und Schamhaaren sowie der „Stimmbruch" infolge des Kehlkopfwachstums.

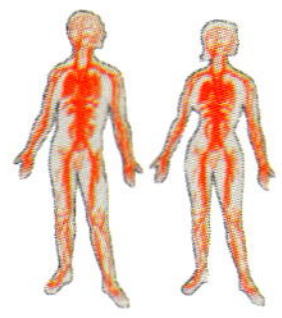

Milliarden von Zellen bauen den menschlichen Körper auf. Diese Zellen sind umgeben von Gewebsflüssigkeit (interstitielle Körperflüssigkeit), aus der sie sich ständig Sauerstoff, Nährstoffe und andere lebenswichtige Substanzen holen und in die sie die Abfallprodukte des Zellstoffwechsels abgeben. Damit die Zellen am Leben bleiben, muss das Gewebe ständig mit Nachschub an Nährstoffen und Sauerstoff versorgt und die Abfälle müssen fortgeschafft werden, bevor sich die Zellen damit vergiften. Diese Versorgungs- und Entsorgungsfunktion erfüllt das Kreislaufsystem. Seine drei Hauptbestandteile sind das Blut, die Blutgefässe und das Herz.

DER BLUTKREISLAUF

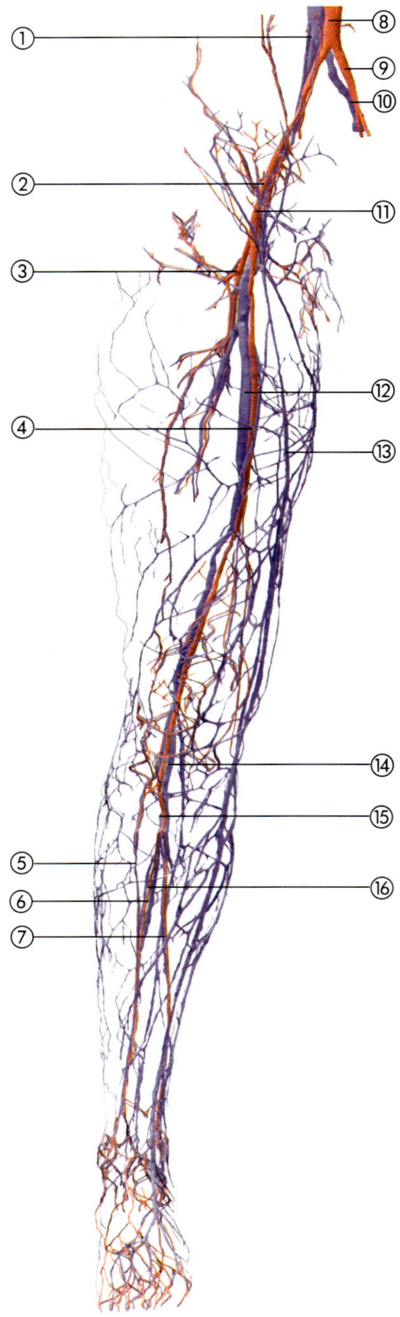

Becken und rechtes Bein; Ansicht von ventral. Zu sehen sind die wichtigsten Arterien und Venen, die die Muskeln, Knochen und Haut des Ober- und Unterschenkels sowie des Fußes versorgen.

① V. cava inferior
② A. iliaca externa
③ A. profunda femoris
④ A. femoralis
⑤ A. tibialis anterior
⑥ V. fibularis
⑦ A. tibialis posterior
⑧ A. abdominalis
⑨ A. iliaca communis
⑩ V. iliaca communis
⑪ V. iliaca externa
⑫ A. femoralis
⑬ V. saphena magna
⑭ V. poplitea
⑮ A. tibialis posterior
⑯ A. fibularis

Blut ist das flüssige Verkehrsmittel, das Sauerstoff, Nährstoffe, Abfallprodukte und viele andere Stoffe im Körper transportiert. Es enthält auch Zellen, die weißen Blutzellen oder Blutkörperchen, die die Aufgabe haben, Mikroorganismen wie Bakterien und Viren aufzuspüren und zu vernichten, bevor sie den Körper infizieren und Krankheiten hervorrufen können.

Die Blutgefäße sind lebende, elastische Schläuche und bilden ein Kanalsystem, über das Blut zu und von jedem Körperteil (mit Ausnahme der Haare, Nägel, der äußeren Hautschicht, der Augenhornhaut und des Zahnschmelzes) fließt.

Blutgefäße, die das Blut vom Herzen abtransportieren, heißen Arterien; Venen führen es zum Herzen zurück; Kapillaren sind die kleinsten Blutgefäße in den Geweben, in denen die Nährstoffe und Sauerstoff über die Gewebsflüssigkeit in die Zellen und die Stoffwechselschlacken in entgegengesetzter Richtung in das Blut übergehen.

Das Herz ist das Zentrum des Kreislaufsystems. Seine linke und rechte Seite fungieren als parallel geschaltete Muskelpumpe, die das Blut in eine 8-förmige Bahn durch zwei Gefäßsysteme pumpt. Im Lungenkreislauf pumpt die rechte Herzhälfte sauerstoffarmes Blut über die Lungenarterie in die Lungen; sauerstoffreiches Blut kehrt über die Lungenvene in die linke Herzhälfte zurück. Im Körperkreislauf pumpt die linke Herzseite sauerstoffreiches Blut über die Aorta in die sich verzweigenden Arterien und so zu allen Körpergeweben, wo der Sauerstoff verbraucht wird. Die kleinen Venen aus den Geweben vereinigen sich zur oberen und unteren Hohlvene (Vena cava superior und inferior), die sauerstoffarmes Blut in die rechte Herzseite zurückführen. Damit schließt sich der Blutkreislauf.

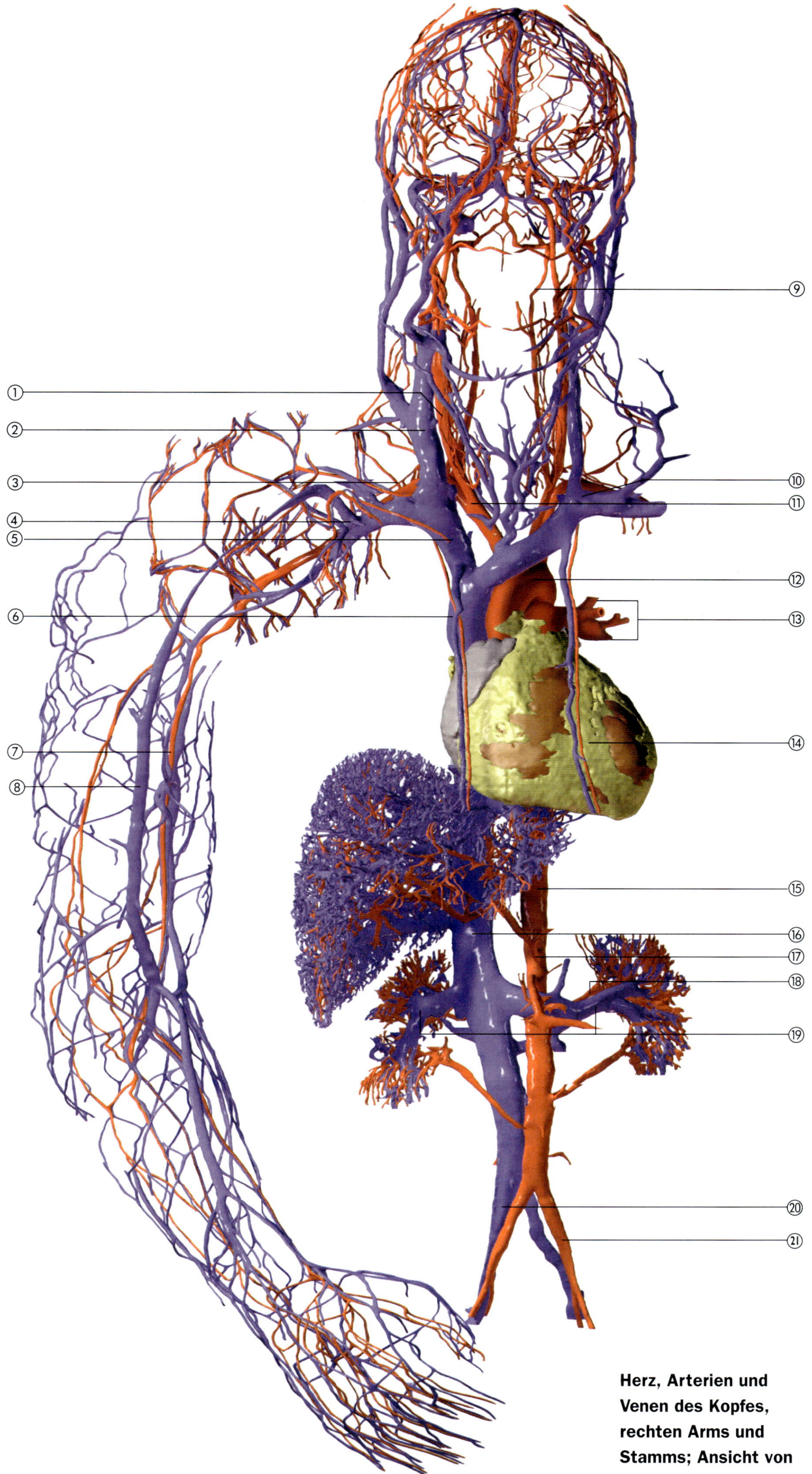

Herz, Arterien und Venen des Kopfes, rechten Arms und Stamms; Ansicht von ventral.

① A. carotis communis (Halsschlagader)
② V. jugularis interna (innere Drosselvene)
③ A. subclavia dextra (rechte Unterschlüsselbeinschlagader)
④ Eunmündung der V. cephalica in die V. axillaris dextra)
⑤ V. brachiocephalica (rechte Arm-Kopf-Vene)
⑥ V. cava superior
⑦ A. brachialis (Oberarmschlagader)
⑧ V. cephalica (Armhautvene)
⑨ A. vertebralis sinistra
⑩ V. subclavia sinistra
⑪ Truncus brachiocephalicus (gemeinsamer Stamm der rechten Hals- und Armschlagader)
⑫ Arcus aortae (Aortenbogen)
⑬ Aa. pulmonales sinistrae (Lungenarterien)
⑭ Cor (Herz)
⑮ Pars abdominalis aortae (Bauchaorta)
⑯ V. cava inferior (untere Hohlvene)
⑰ Truncus coeliacus
⑱ A. renalis sinistra (Nierenschlagader)
⑲ Vv. renales (Nierenvenen)
⑳ V. iliaca communis dextra (gemeinsame Beckenvene)
㉑ A. iliaca communis sinistra (gemeinsame Beckenschlagader)

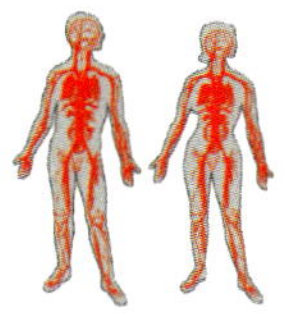

Arterien, Venen und Kapillaren bilden ein Rohrleitungssystem mit einer Gesamtlänge von rund 150.000 km. Der Wandbau ist bei Arterien und Venen ähnlich, doch sind ihre Wände unterschiedlich dick. In beiden Fällen unterscheidet man drei Wandschichten, die das Lumen (Lichtung) umschliessen: Die Tunica intima (Gefässinnenhaut) ist an der Innenseite mit dem Endothel (einschichtigem Platten-epithel) ausgekleidet, das mit lockerem Bindegewebe unterfüttert ist. Die Tunica media (Mittelschicht) besteht aus glatten Muskelzellen und elastischen Fasern. Die Tunica adventitia (Aussenschicht) enthält kräftige kollagene Fasern und schützt das Blutgefäss.

DER BLUTKREISLAUF

Arterien leiten sauerstoffreiches Blut (nur die Lungenarterien sauerstoffarmes Blut!) vom Herzen fort. Typisch für sie ist die dicke Gefäßwand (vor allem die Mittelschicht), damit sie dem hohen Druck des durchfließenden Blutes standhalten. Wenn das Blut in eine Arterie gedrückt wird, erweitert sie sich und zieht sich anschließend wieder zusammen, um das Blut weiterzubefördern. Dadurch wird der Blutstrom konstant gehalten, auch wenn das Herz zwischen zwei Kontraktionen erschlafft. Diese Druck- und Volumenschwankung ist als Puls an hautnahen Arterien (z. B. am Handgelenk) fühlbar. Die dünneren Äste der Arterien, die Organe und Gewebe versorgen, teilen sich in dünnwandige Arteriolen (weniger als 0,3 mm Durchmesser), die sich wiederum zu Kapillaren verzweigen.

Venen befördern sauerstoffarmes Blut (nur die Lungenvene sauerstoffreiches Blut!) zum Herzen. Ihre Wand (vor allem die Tunica media) ist dünner als bei den Arterien, weil der Blutstrom in ihnen unter sehr viel niedrigerem Druck steht. Weil der Blutdruck gering ist, enthalten die Venenwände Klappen, die den Blutrückfluß vom Herzen weg verhindern. Die von den Kapillaren ausgehenden Venolen vereinigen sich zu Venen.

Die Kapillaren, die dünnsten Blutgefäße, bilden ein dichtes Netz (Kapillarnetz) in Geweben und Organen. Kapillaren sind mit einem Durchmesser von etwa 0,008 mm gerade noch dick genug, dass die roten Blutkörperchen passieren können. Ihre Wand besteht aus einer Innenhaut (einschichtige platte Zellen), Grundmembran und Hüllzellen. Nährstoffe und Sauerstoff gehen durch die Kapillarwand in die Gewebsflüssigkeit über; Abfallprodukte werden in umgekehrter Richtung abtransportiert.

Wenn Gewebe infiziert oder entzündet ist, quetschen sich weiße Blutkörperchen zwischen den Endothelzellen durch in das kranke Gewebe, um dort die Krankheitserreger zu zerstören.

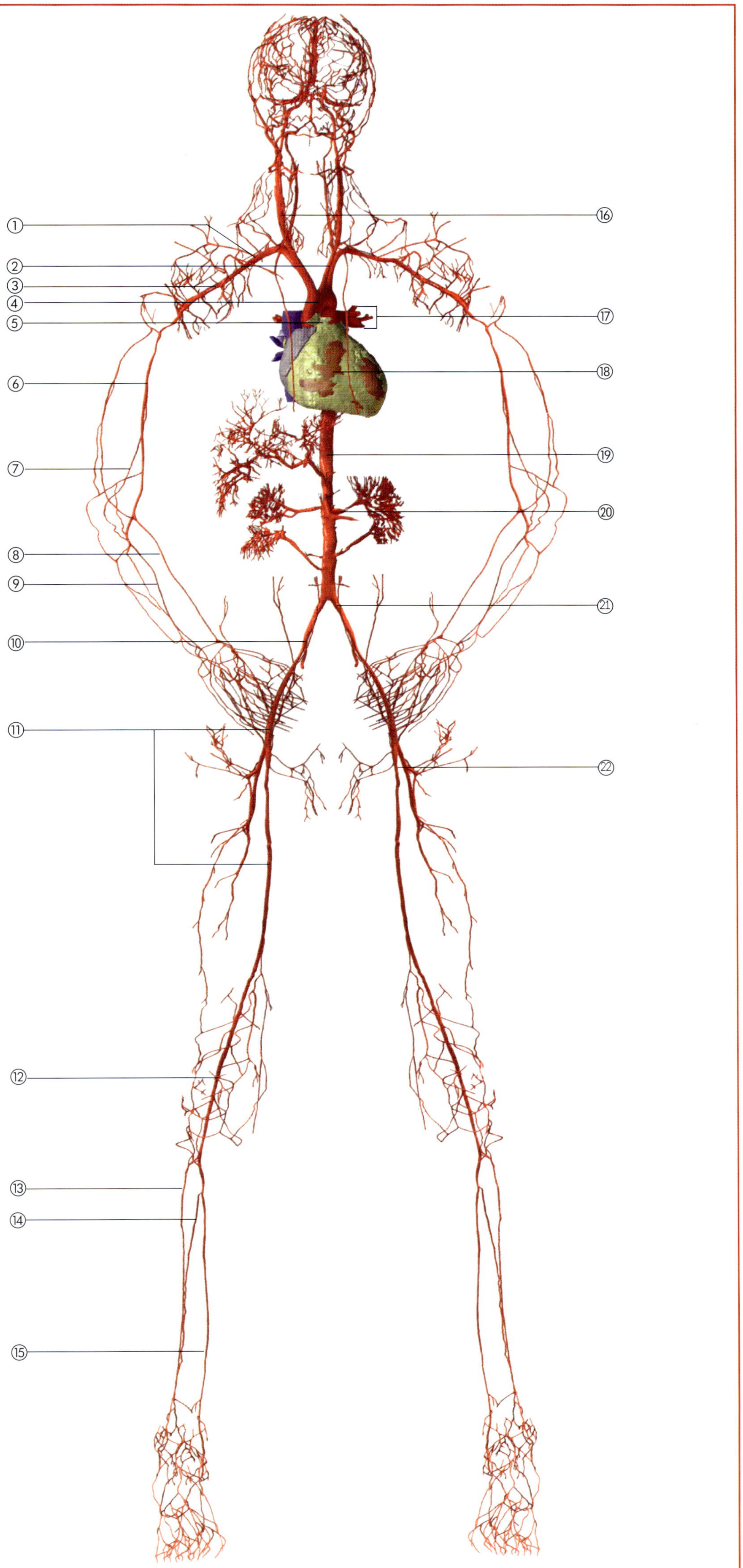

① A. subclavia (Unterschlüsselbeinschlagader)
② A. carotis communis sinistra (Halsschlagader)
③ A. axillaris (Achselschlagader)
④ Arcus aortae (Aortenbogen)
⑤ Truncus pulmonalis (Stamm der Lungenschlagadern)
⑥ A. brachialis (Oberarmschlagader)
⑦ A. profunda brachii (tiefe Oberarmschlagader)
⑧ A. radialis (Speichenschlagader)
⑨ A. ulnaris (Ellenschlagader)
⑩ A. iliaca externa (äußere Beckenschlagader)
⑪ A. femoralis (Oberschenkelschlagader)
⑫ A. poplitea (Kniekehlenschlagader)
⑬ A. tibialis anterior (vordere Schienbeinschlagader)
⑭ A. fibularis (Wadenbeinschlagader)
⑮ A. tibialis posterior (hintere Schienbeinschlagader)
⑯ A. carotis communis (gemeinsame Halsschlagader)
⑰ Aa. pulmonales (Lungenarterien)
⑱ Cor (Herz)
⑲ Aorta thoracica (Brustaorta)
⑳ A. renalis sinistra (linke Nierenschlagader)
㉑ A. iliaca communis sinistra (linke gemeinsame Beckenschlagader)
㉒ A. femoralis (Oberschenkelschlagader)

Hauptschlagadern des Körpers; Ansicht von ventral. Die Schlagadern (Arterien) transportieren sauerstoffreiches Blut vom Herzen in die Gewebe; nur die Lungenarterien transportieren sauerstoffarmes Blut in die Lungen.

BLUT IST EIN FLÜSSIGES, LEBENDES GEWEBE, DAS STÄNDIG DEN KÖRPER DURCHSTRÖMT UND DREI WICHTIGE AUFGABEN ERFÜLLT. ALS TRANSPORTMITTEL BRINGT ES LEBENSWICHTIGE SUBSTANZEN ZU DEN ZELLEN UND SCHAFFT IM GEGENZUG DIE DORT ANFALLENDEN STOFFWECHSELABFÄLLE FORT. ALS WÄRMEREGULATOR VERTEILT DAS BLUT DIE WÄRME IM KÖRPER UND SORGT DAFÜR, DASS UNS WARM IST. ALS KÖRPEREIGENE SCHUTZTRUPPE SPÜREN BLUTZELLEN KRANKHEITSERREGER AUF UND ZERSTÖREN SIE.

DER BLUTKREISLAUF

Die Blutbestandteile

Erwachsene Frauen besitzen durchschnittlich 4-5 Liter Blut; bei Männern sind es 5-6 Liter. Das Blut besteht zu etwa 55 Prozent aus Plasma und zu 45 Prozent aus Blutzellen. Das strohfarbene Plasma wiederum besteht zum Großteil aus Wasser, der Rest sind darin gelöste, vom Blut mitgeführte Substanzen wie Nährstoffe, Hormone, Antikörper und Stoffwechselschlacken. Weitere Stoffe, wie Natrium- und Kaliumionen und Plasmaproteine, wirken bei der Regulierung der normalen Blutzusammensetzung mit. Die Schwankungen der Plasmaanteile, die sich aus dem jeden Augenblick stattfindenden Austauschprozess zwischen dem Blut und den Gewebezellen ergeben, werden durch homöostatische Regulierungsmechanismen laufend ausgeglichen, sodass die Blutzusammensetzung ziemlich konstant bleibt.

Bei den Blutzellen unterscheidet man drei Gruppen: rote Blutkörperchen, weiße Blutkörperchen und die Blutplättchen. 99 Prozent der Blutzellen sind rote Blutkörperchen (Erythrozyten). Sie enthalten keinen Zellkern, aber den orangeroten Farbstoff **Hämoglobin**, der die Fähigkeit hat, Sauerstoff zu binden, wenn er in hohen Konzentrationen vorhanden ist, und ihn dort abzugeben, wo die Sauerstoffkonzentration gering ist, wie in den Geweben.

Die weißen Blutkörperchen (Leukozyten), von denen es drei Arten gibt, spielen eine wichtige Rolle im Abwehrsystem. **Granulozyten** spüren Krankheitserreger auf, umfließen sie, nehmen sie in den Zellleib auf und verdauen sie. Nach ihrem Durchtritt ins Gewebe machen die **Monozyten** Jagd auf Eindringlinge und fressen sie auf (**Makrophagen**). **Lymphozyten** setzen sog. **Antikörper** frei und machen damit die Eindringlinge kampfunfähig, sodass sie vernichtet werden können. Makrophagen und Lymphozyten sind auch in den Lymphknoten (siehe S. 126) zu finden. Die Makrophagen im Blutkreislauf und im Lymphsystem bilden das Immunsystem.

Die Blutplättchen (Thrombozyten) sind kleinere Zellbruchstücke, die sich aneinander kleben und einen Pfropf bilden, um damit Schadstellen in der Gefäßwand abzudichten. Sie setzen auch die Umwandlung von Fibrinogen, einem Bluteiweiß, in Fibrinfäden in Gang, die – wie ein Fischnetz – rote Blutkörperchen einfangen, verklumpen lassen und damit die Wunde versiegeln.

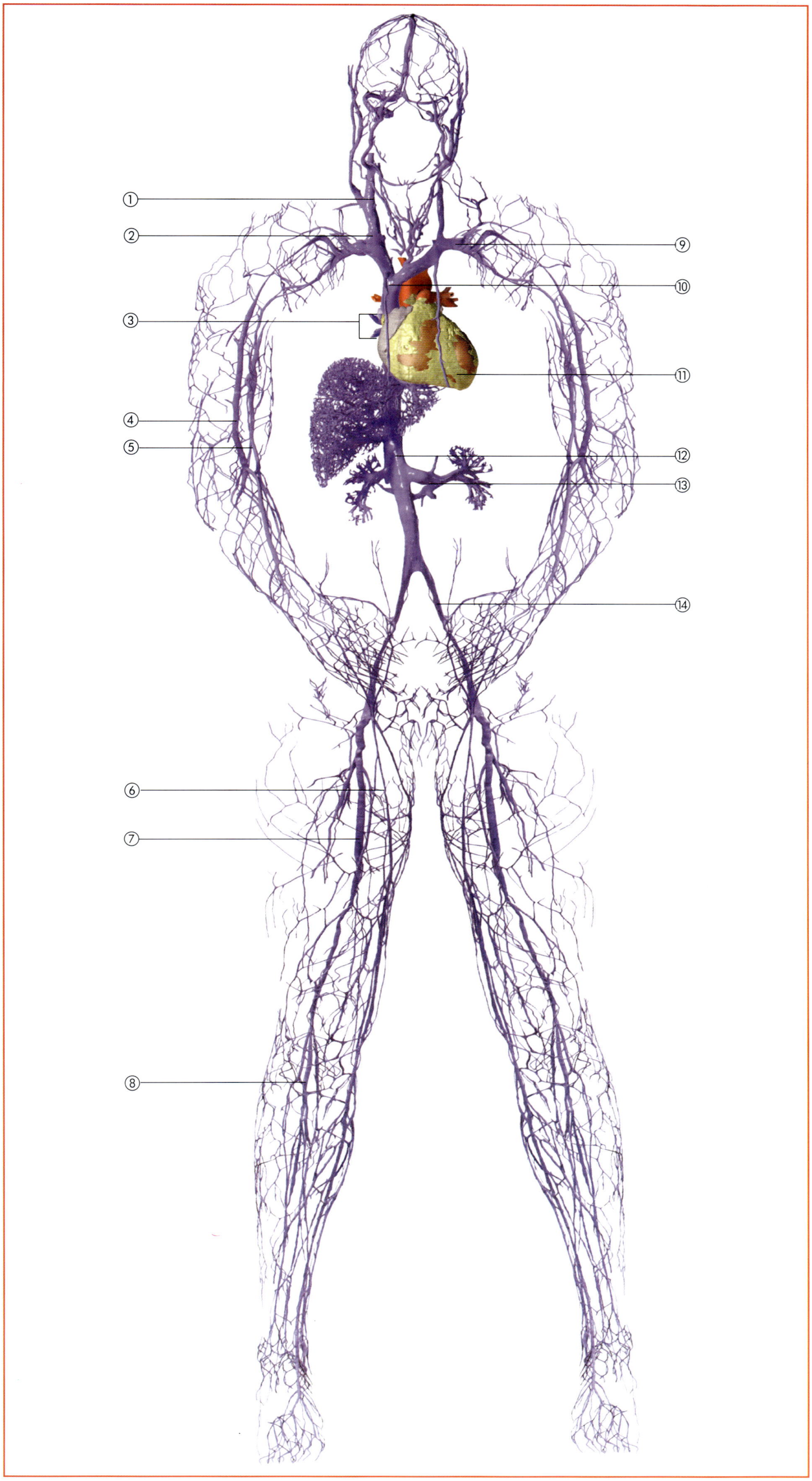

① Gemeinsamer Stamm der Vv. facialis, retromandibularis und lingualis
② V. jugularis interna (innere Drosselvene)
③ Vv. pulmonales (Lungenvenen)
④ V. cephalica (speichenseitige Armhautvene)
⑤ V. basilica (ellenseitige Armhautvene)
⑥ V. saphena magna (große Rosenvene)
⑦ V. femoralis (Oberschenkelvene)
⑧ V. poplitea (Kniekehlenvene)
⑨ V. subclavia sinistra (linke Unterschlüsselbeinvene)
⑩ V. cava superior (obere Hohlvene)
⑪ Cor (Herz)
⑫ V. cava inferior (untere Hohlvene)
⑬ V. renalis sinistra (linke Nierenvene)
⑭ V. iliaca communis sinistra (linke gemeinsame Beckenvene)

Hauptvenen des Körpers; Ansicht von ventral. Venen sind Blutgefäße, die sauerstoffarmes Blut aus den Geweben zum Herzen transportieren; nur die Lungenvenen führen sauerstoffreiches Blut aus den Lungen zum Herzen.

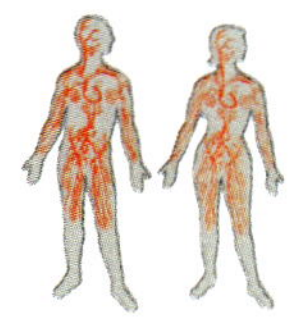

Ähnlich wie der Blutkreislauf (siehe S. 120) besteht auch das Lymphsystem aus einem Gefässnetz, das alle Körperteile durchzieht. Im Gegensatz zu den Blutgefässen beginnen die Lymphgefässe jedoch blind, und es gibt keine zentrale Pumpe wie das Herz. Zum Lymphsystem gehören ausserdem auch die Lymphorgane wie die Lymphknoten und die Milz (siehe S. 194). Das Lymphsystem hat zwei verschiedene, jedoch einander überschneidende Aufgaben: Es ist erstens ein Drainagesystem, das die angesammelte Flüssigkeit aus den Geweben abtransportiert und in das Blut zurückführt, damit dessen Volumen und Konzentration konstant bleiben; zweitens wehrt es Krankheitserreger ab und zerstört sie.

DAS LYMPHSYSTEM

Drainagefunktion: Wenn Blut durch die Kapillaren fließt, dringt Flüssigkeit durch die Kapillarwand aus und umspült die Zellen im umliegenden Gewebe. Diese Flüssigkeit gibt Nährstoffe und Sauerstoff an die Zellen ab und beseitigt Abfälle, bevor sie in den Blutstrom zurückkehrt. Etwa ein Sechstel der Flüssigkeit wird jedoch nicht durch die Kapillarwand rückresorbiert, sondern verbleibt als Körperflüssigkeit (Interzellularflüssigkeit) im Gewebe. Alle Gewebe sind durchzogen von winzigen, blind beginnenden Lymphkapillaren. Die überschüssige Körperflüssigkeit – nun als Lymphe bezeichnet – geht durch winzige Klappen in diese Kapillaren über und wird abtransportiert. Die Lymphkapillaren vereinigen sich zu Lymphgefäßen mit zunehmender Weite und diese wiederum zu Lymphstämmen (Trunci lymphatici), die über zwei Ductus lymphatici (Ductus lymphaticus dexter und Ductus thoracicus, der Milchbrustgang) in die linke und rechte Unterschlüsselbeinvene münden. Die Lymphe wird durch die Kontraktion der Skelettmuskeln in der Umgebung der Lymphgefäße vorwärts geschoben; wie in den Venen verhindern auch in den Lymphgefäßen eingebaute Klappen den Rückstrom der Lymphe.

Die Lymphe ist eine helle Flüssigkeit und enthält auch Abfallstoffe und Erreger wie Bakterien und Viren. Eingeschaltet in den Verlauf der Lymphbahnen sind Verdickungen, die Lymphknoten. Sie enthalten eine Vielzahl von Lymphozyten und Makrophagen (siehe S. 124), die Krankheitserreger aufspüren und zerstören, Krebszellen vernichten, Abfälle beseitigen und so die Lymphe filtern, bevor sie in den Blutstrom zurückkehrt. Die im Dienst der Körperabwehr stehenden weißen Blutkörperchen (Lymphozyten, die Antikörper freisetzen, sowie Makrophagen, die Schädlinge verschlingen und zerstören) im Blutkreislauf und im Lymphsystem bilden gemeinsam das Immunsystem. Weitere lymphatische Organe wie die Milz und die Mandeln spielen bei der Immunreaktion des Körpers ebenfalls eine Rolle.

1. Nodi lymphatici cervicales
2. Ductus lymphaticus dexter
3. V. subclavia dextra
4. Nodi lymphatici axillares
5. Nodi lymphatici inguinales und iliaci externi u. communes
6. Mündung des Ductus thoracicus (Milchbrustgang) in die linke V. subclavia
7. Cor (Herz)
8. Ductus thoracicus (Milchbrustgang)
9. Cisterna chyli (Zusammenfluß der Lymphstränge aus dem Unterleib und Bein)
10. Nodus lymphaticus (Lymphknoten)
11. Vas lymphaticum (Lymphgefäß)

Das Lymphsystem, bestehend aus Lymphgefäßen und den darin eingeschalteten Lymphknoten, durchzieht fast alle Bereiche des Körpers. Es führt überschüssige Körperflüssigkeit in den Blutstrom zurück und spielt eine wichtige Rolle in der Abwehr von Krankheitserregern.

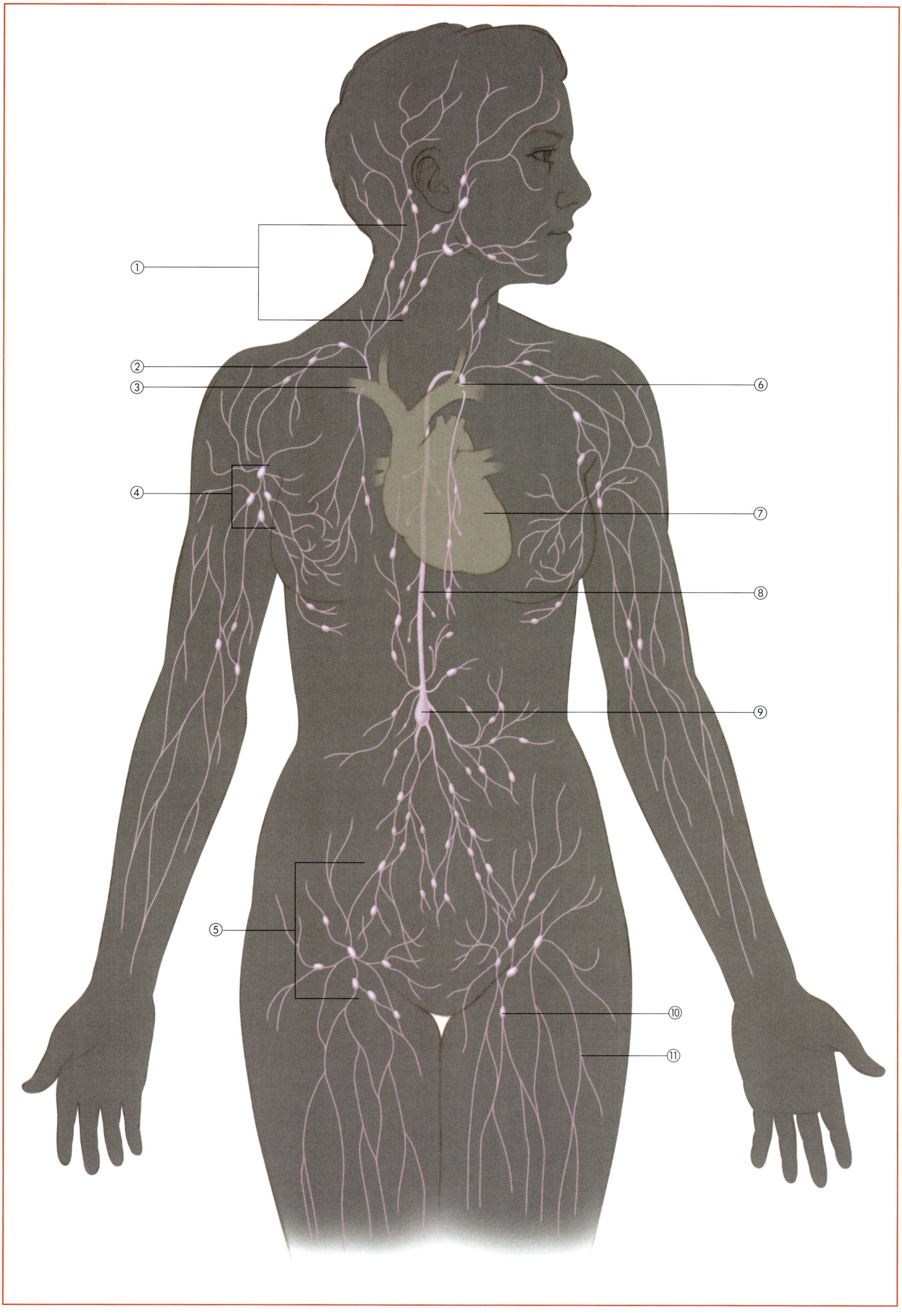
①
②
③
④
⑤
⑥
⑦
⑧
⑨
⑩
⑪

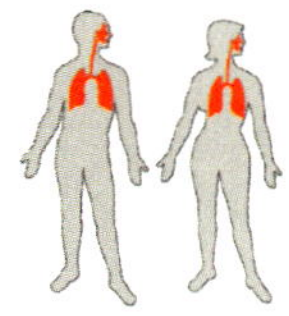

Das Atmungssystem versorgt den Körper unaufhörlich mit dem lebensnotwendigen Sauerstoff aus der Luft. Alle Zellen verbrauchen Sauerstoff bei der Energiegewinnung aus „Brennstoffen" wie Glukose, einem Prozess, der als aerobe Atmung bezeichnet wird. Bei der Atmung fällt auch ein Abfallprodukt an: das Kohlendioxid, das durch das Atmungssystem fortgeschafft werden muss, bevor es Schaden anrichtet.

DAS ATMUNGSSYSTEM

Die bei der Atmung frei werdende Energie nutzen die Zellen dafür, eine Reihe von lebenserhaltenden chemischen Reaktionen in Gang zu setzen, die man insgesamt als Stoffwechsel bezeichnet. Für den Menschen ist Sauerstoff – wie für die meisten anderen Lebewesen – absolut lebenswichtig. Kleinste Lebewesen, wie z. B. die Plattwürmer, nehmen den Sauerstoff direkt durch die Körperoberfläche auf (man nennt diesen Vorgang Diffusion) und geben Kohlendioxid auf dem umgekehrten Wege ab. Bei größeren Tieren, wie auch beim Menschen, ist die Körperoberfläche nicht groß genug, sodass die Sauerstoffaufnahme über die Haut nicht ausreicht, um den aus Milliarden Zellen bestehenden Körper zu versorgen. Dafür hat der Mensch ein Atmungssystem, das aus zwei Teilen besteht: den Atemwegen, über die Luft in den Körper und aus ihm herausströmt, und den beiden Lungen im Brustkorb, wo – im Austausch gegen Kohlendioxid – Sauerstoff in das Blut diffundiert. Der Respirationstrakt umfaßt die Nase, den Mund, den Rachen und die Luftröhre. Am unteren Ende gabelt sich die Luftröhre in die beiden Bronchien.

Entwicklung des Atmungssystems

Im Mutterleib sind die Lungen des Fötus mit Flüssigkeit gefüllt und am Gasaustausch unbeteiligt. Ihre Rolle übernimmt die Plazenta, die fest in der Schleimhaut des Uterus (siehe S. 158) verankert ist und über die Sauerstoff aus dem Blutkreislauf der Mutter in den des Kindes gelangt. Bei der Geburt wird die Flüssigkeit aus den Atemwegen und aus den Lungen herausgepresst. Wenn bei der Geburt die Sauerstoffzufuhr aus der Plazenta aufhört, registriert das Atemzentrum im Gehirn (siehe S. 92) die steigende Kohlendioxidkonzentration im Blut und löst den ersten Atemzug des Kindes aus. Ab diesem Zeitpunkt findet der Gasaustausch in den Lungen statt.

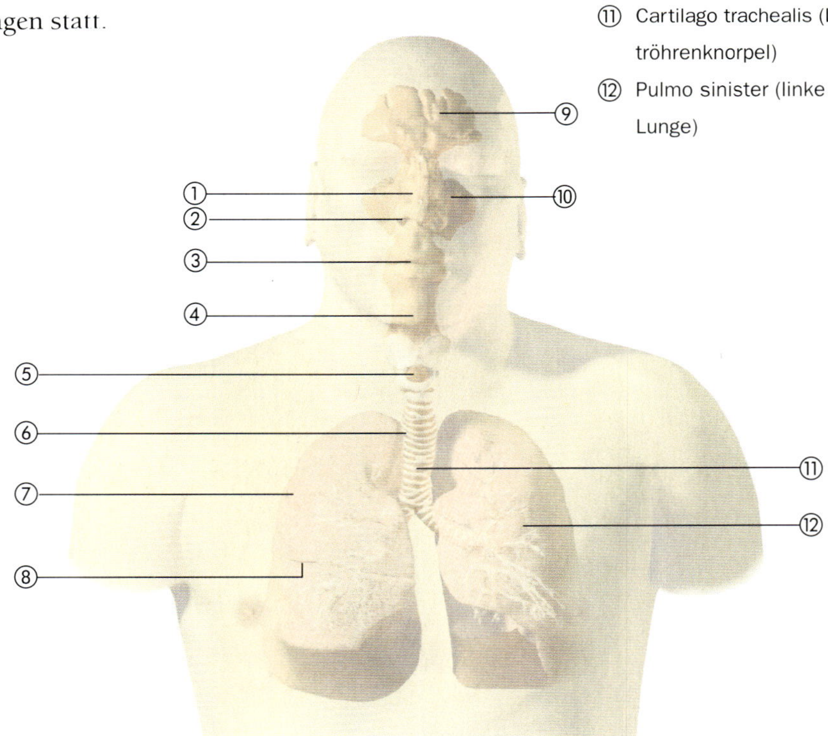

① Cartilagines nasi/nasales (Nasenknorpel)
② Nares (Nasenöffnungen)
③ Rima oris (Mundspalte)
④ Pharynx (Rachen)
⑤ Larynx (Kehlkopf)
⑥ Trachea (Luftröhre)
⑦ Pulmo dexter (rechte Lunge)
⑧ Fissura horizontalis pulmonis dextri
⑨ Sinus frontalis
⑩ Sinus maxillaris (Kieferhöhle)
⑪ Cartilago trachealis (Luftröhrenknorpel)
⑫ Pulmo sinister (linke Lunge)

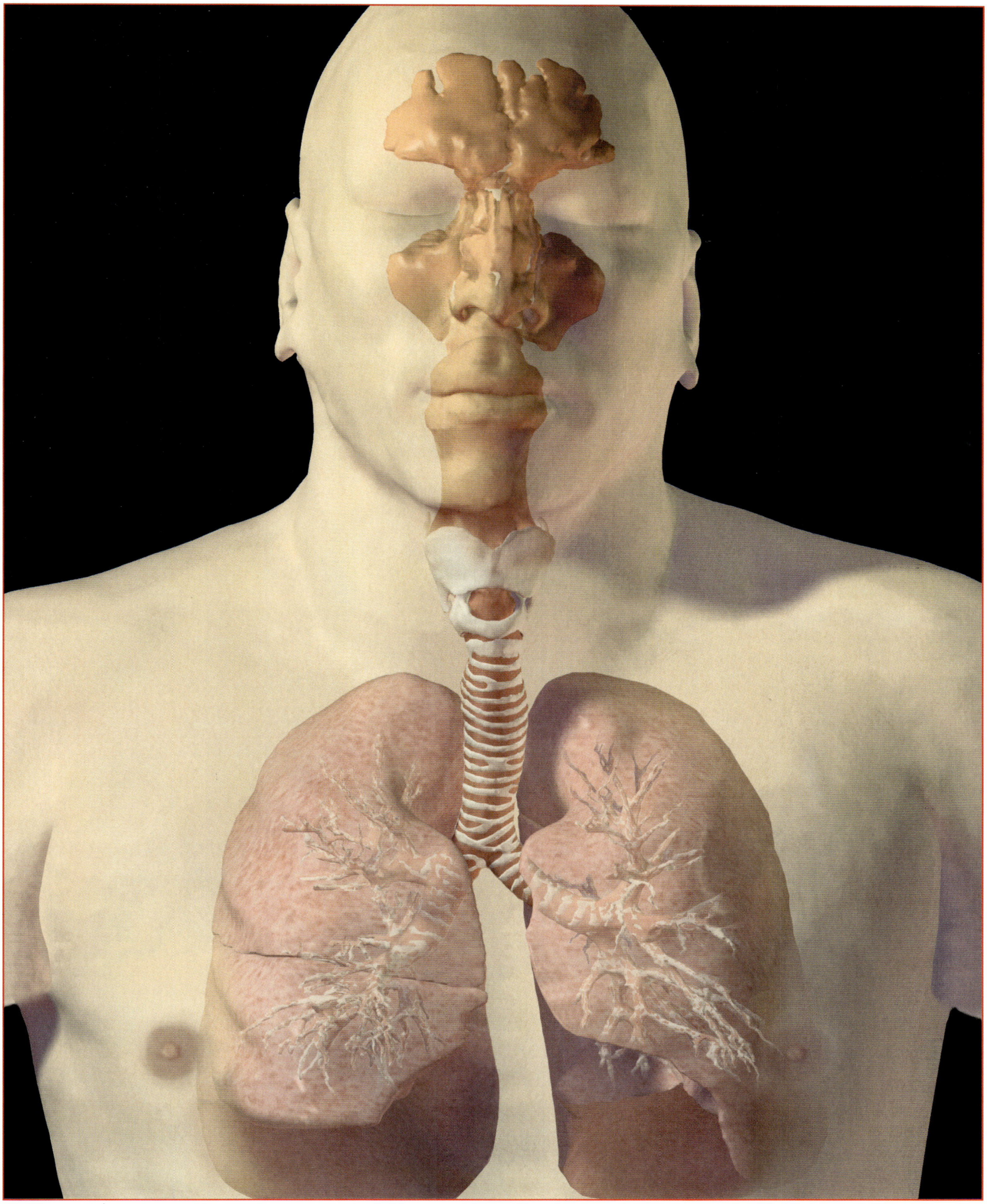

Kopf und Brust, Ansicht von ventral. Die Abbildung zeigt den Respirationstrakt sowie die Nasennebenhöhlen, Hohlräume in den Schädelknochen.

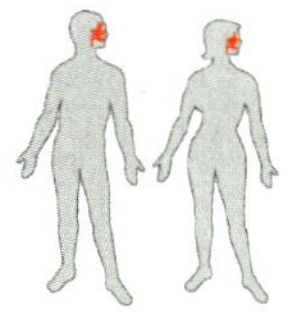

Über die Atemwege – zu denen Mund, Nase, Rachen (Pharynx), Kehlkopf (Larynx) und Luftröhre (Trachea) gehören – gelangt Luft in die Lungen und wieder heraus. Unterwegs wird die Atemluft angewärmt, befeuchtet und gefiltert. Kalte, trockene, Schmutz und Keime enthaltende Luft schädigt das empfindliche Lungengewebe.

MUND, NASE & RACHEN

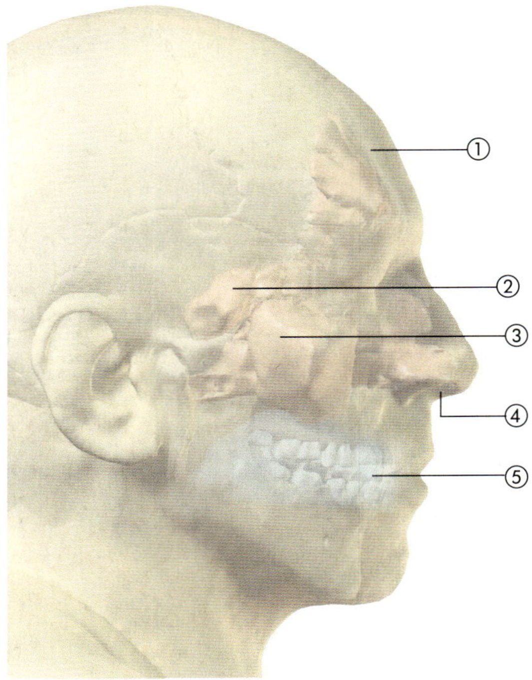

Die Lage der Nasennebenhöhlen; Ansicht von lateral (rechts).

① Sinus frontalis (Stirnhöhle)
② Sinus sphenoidalis (Keilbeinhöhle)
③ Sinus maxillaris (Kieferhöhle)
④ Vestibulum nasi (Nasenvorhof)
⑤ Cavitas oris (Mundhöhle)

Im Naseninneren filtern die Nasenhaare (Vibrissae) größere Partikel aus der Atemluft heraus; die Schleimhaut, die nicht nur die Nasenhöhle, sondern auch den Großteil des Respirationstraktes auskleidet, befeuchtet und erwärmt die Luft; klebriger Schleim fängt Staub, Schmutz und Bakterien ein. Winzige haarähnliche Zilien auf der Riechschleimhaut bewegen sich rhythmisch hin und her, wie ein Weizenfeld, und befördern den schmutzbefrachteten Schleim rachenwärts, wo er geschluckt und mit Hilfe der Magensäure verdaut werden kann (siehe S. 140). Auch die Nasennebenhöhlen – Hohlräume in den Knochen, die die Nase umgeben – sind mit Schleimhaut ausgekleidet. Weitere Erwärmung und Befeuchtung erfährt die Atemluft im Rachen und in der Luftröhre. Auch in der Luftröhre befördern Zilien den schmutzigen Schleim nach oben in Richtung Rachen, wo er geschluckt wird.

Kehlkopf und Stimme

Nur der Mensch hat die Fähigkeit, sich mit anderen durch die gesprochene Sprache zu verständigen. Die Stimmlaute werden im Kehlkopf (Larynx) erzeugt, dem trichterförmigen Verbindungsstück zwischen Rachen (Pharynx) und Luftröhre.
Zwischen dem Schildknorpelbug (vorne) und den Stellknorpeln (hinten) spannen sich die paarigen Stimmbänder aus. Bei normaler Atmung sind die Stimmbänder weit offen, der Luftstrom kann ungehindert passieren. Beim Sprechen ziehen die Kehlkopfmuskeln die Stimmbänder wie Vorhänge zusammen und spannen sie. Die ausgeatmete, in kontrollierten Stößen durchströmende Luft versetzt sie in Schwingungen und erzeugt Töne. Rachen, Mund, Nasenhöhle und Nasennebenhöhlen verstärken diese Töne, Zunge und Lippen formen sie zu verständlichen Sprachlauten um. Die Töne fallen umso höher aus, je straffer die Stimmbänder gespannt sind, und umso lauter, je kräftiger der Atemstoß ist. Bei Männern sind die Stimmbänder länger und dicker als bei Frauen, sie erzeugen daher tiefere Töne.

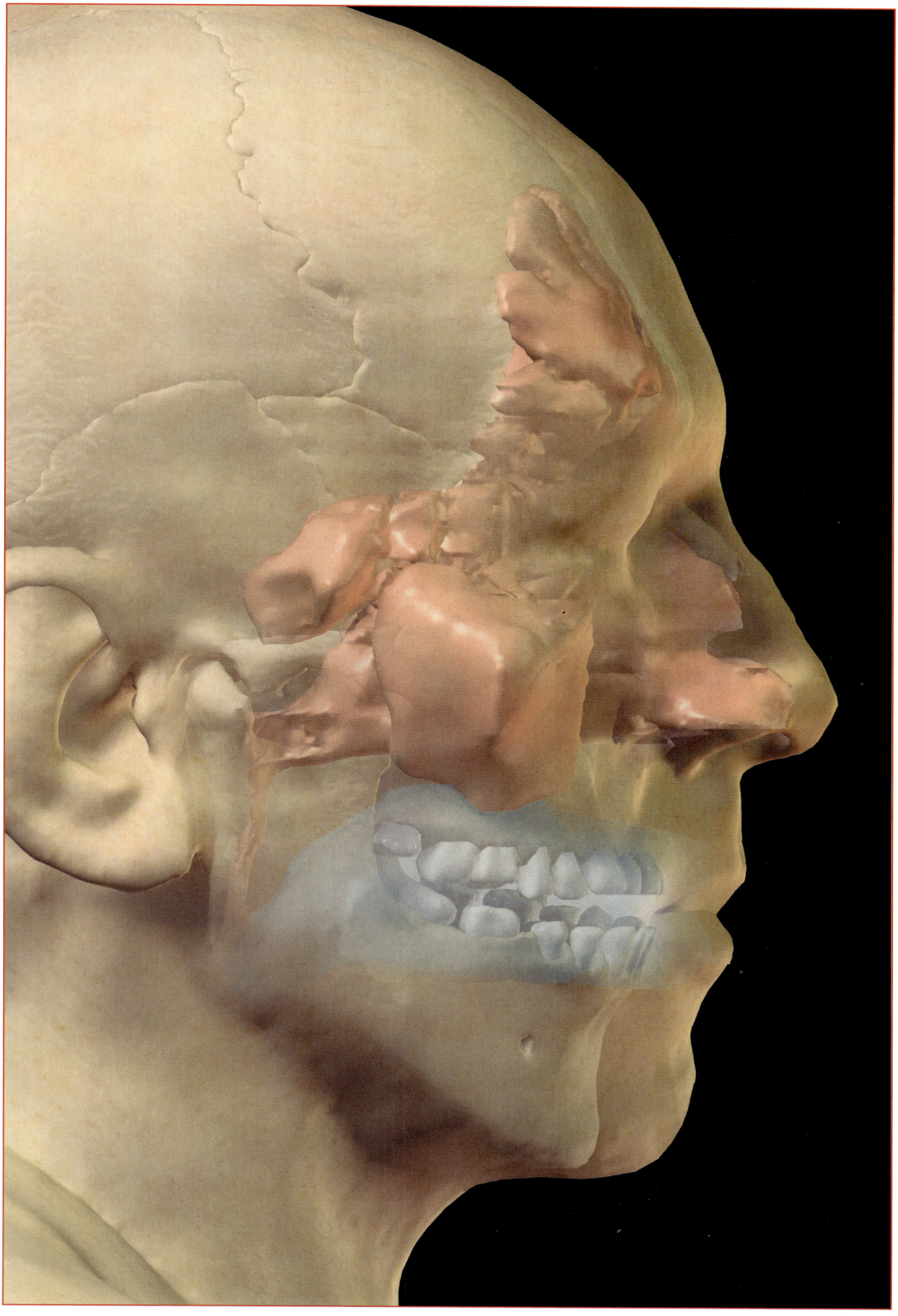

Die beiden kegelförmigen Lungenflügel füllen den Brustraum weitgehend aus. Ihre Unterseite liegt auf dem Zwerchfell, einer kuppelförmigen Muskel-Sehnen-Platte, die den Brustraum vom Bauchraum trennt. Durch die Atembewegungen der Rippen und des Zwerchfells wird etwa 20.000-mal täglich frische Luft in die Lungen und aus ihnen heraus gepresst (siehe S. 180).

DIE LUNGEN

Larynx, Trachea und Lungen; Ansicht von dorsal.

① Cartilago thyroidea (Schildknorpel)
② Cartilago cricoidea (Ringknorpel)
③ Trachea (Luftröhre)
④ Lobus superior pulmonis sinistri
⑤ Bronchus principalis sinister
⑥ Fissura obliqua
⑦ Lobus inferior pulmonis sinistri
⑧ Cartilago arytenoidea (Stellknorpel)
⑨ Lobus superior pulmonis dextri
⑩ Bronchus principalis dexter
⑪ Lobus inferior pulmonis dextri

Das Netzwerk aus Röhren und Bläschen im Inneren der Lungen wird manchmal als „Bronchialbaum" bezeichnet, weil es wie ein auf dem Kopf stehender Baum aussieht, dessen Stamm die Luftröhre bildet. Die Luftröhre gabelt sich in die zwei Hauptbronchien, die sich in den Lungen zu immer dünneren Bronchien und schließlich zu Bronchiolen verzweigen. Die Bronchiolen enden in Trauben von Lungenbläschen, in denen der Gasaustausch stattfindet.

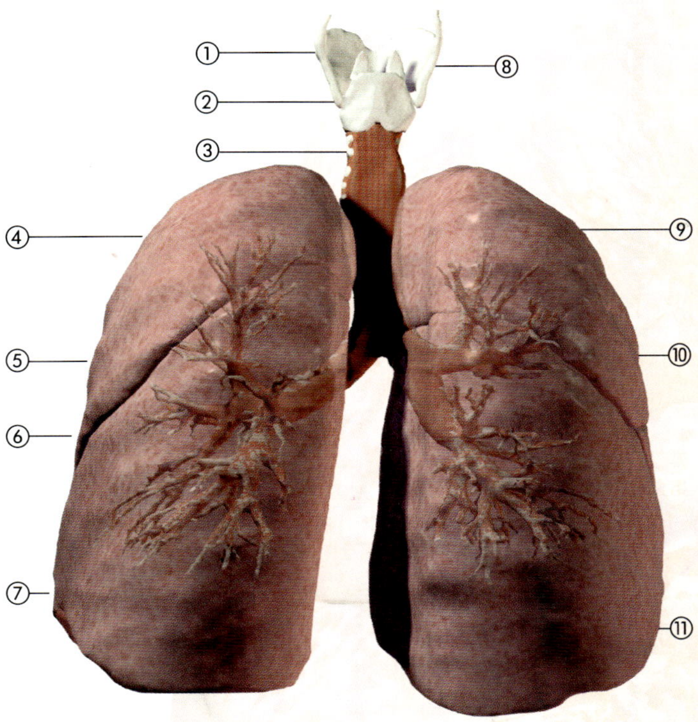

Gasaustausch in der Lunge

Der Austausch des lebensspendenden Sauerstoffs gegen das Abfallprodukt Kohlendioxid findet in den Lungenbläschen (Alveolen) statt. Die eingeatmete Luft enthält etwa 21 Prozent Sauerstoff, die ausgeatmete Luft hingegen nur 16 Prozent; die übrigen 5 Prozent gehen über die Alveolen in den Blutstrom über. In der ausgeatmeten Luft ist der Kohlendioxidanteil über 100-mal höher als in der eingeatmeten.

Die etwa 300 Millionen Lungenbläschen sind in den Lungen grüppchenweise – wie Trauben – angeordnet. Wenn man ihre Innenflächen addiert, ergibt sich eine Gesamtfläche von rund 70 Quadratmetern, und das ist etwa das 35-fache der Hautoberfläche. Diese Riesenfläche ist notwendig, damit genügend Sauerstoff auf schnellstem Wege aufgenommen und so der Sauerstoffbedarf des Körpers gedeckt werden kann.

Die Lungenbläschen werden netzförmig umsponnen von den Kapillaren, die sauerstoffarmes Blut anliefern und sauerstoffreiches Blut abtransportieren. Die Wände der Lungenbläschen und der Kapillaren bilden zusammen eine dünne Membran (0,001 mm) zwischen den Alveolen, in denen die Sauerstoffkonzentration hoch ist, und dem Blutstrom mit niedriger O_2-Konzentration. Das Kohlendioxid diffundiert in umgekehrter Richtung. Die Innenfläche der Alveolen ist mit einem Film aus einer Flüssigkeit überzogen, in der sich der Sauerstoff löst, bevor er durch die Membran diffundiert; dadurch wird die Diffusion beschleunigt.

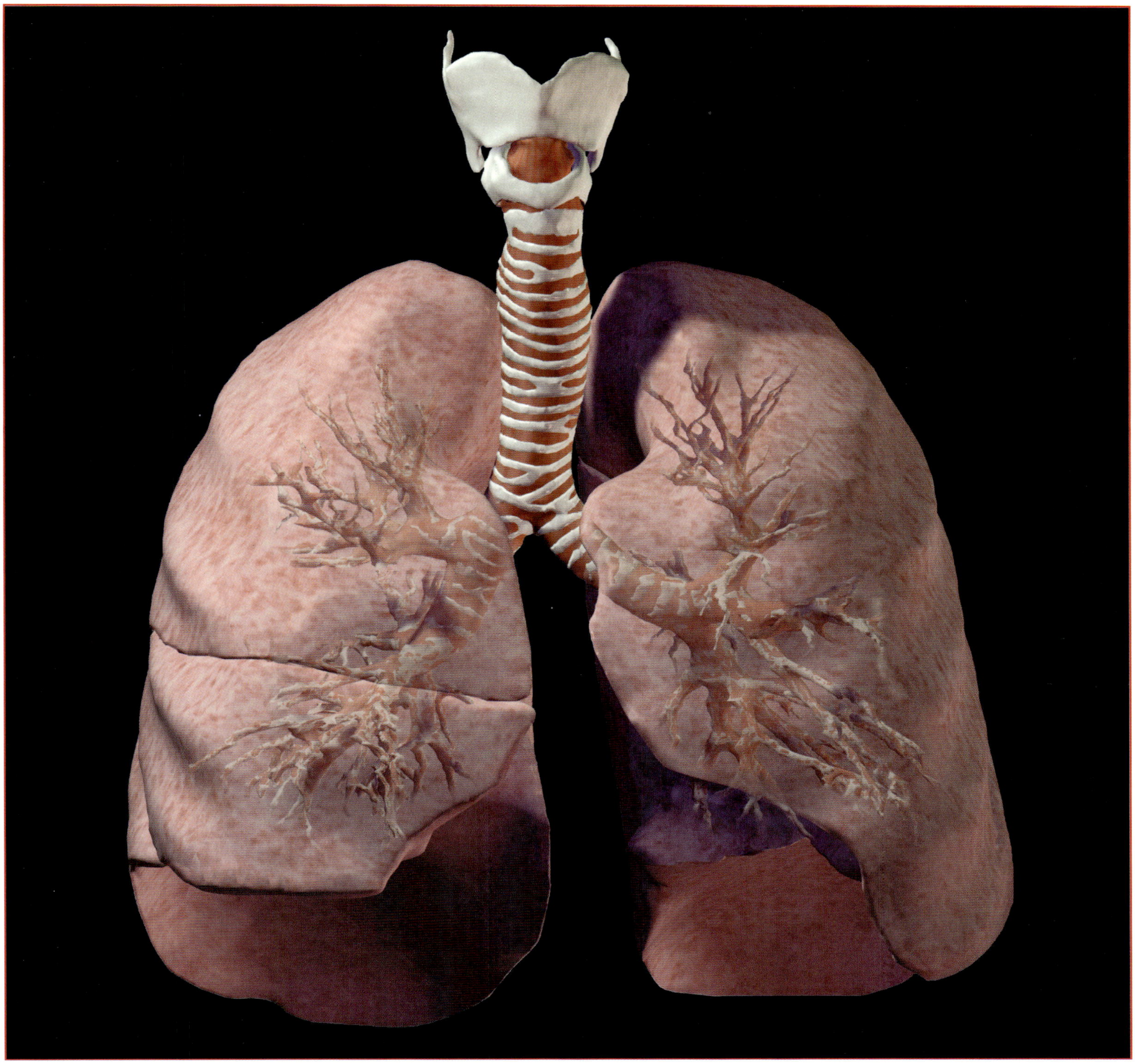

In den Lungen enden die verästelten Bronchiolen in winzigen Bläschen, in denen der Gasaustausch (Sauerstoff gegen Kohlendioxid) stattfindet.

① Larynx (Kehlkopf)
② Trachea (Luftröhre)
③ Lobus superior pulmonis dextri (Oberlappen der rechten Lunge)
④ Bronchus principalis dexter (rechter Hauptbronchus)
⑤ Fissura horizontalis (horizontale Spalte)
⑥ Lobus medius pulmonis dextri (Mittellappen der rechten Lunge)
⑦ Lobus inferior pulmonis dextri (Unterlappen der rechten Lunge)
⑧ Lobus superior pulmonis sinistri (Oberlappen der linken Lunge)
⑨ Bronchus principalis sinister (linker Hauptbronchus)
⑩ Bronchus lobaris (Lappenbronchus)
⑪ Bronchus segmentalis (Segmentbronchus)
⑫ Lobus inferior pulmonis sinistri (Unterlappen der linken Lunge)

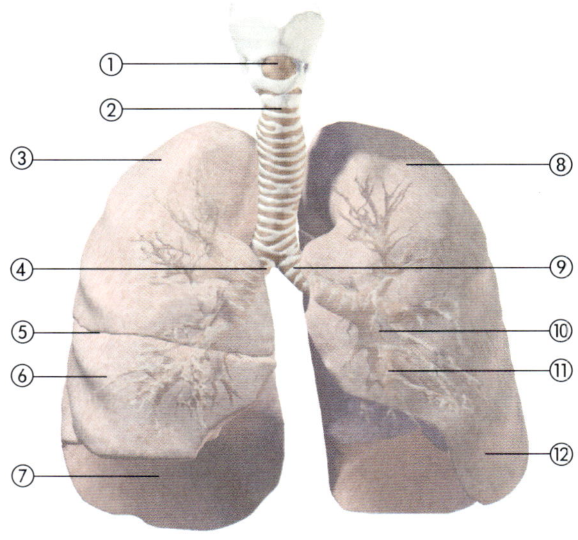

Larynx, Trachea und Lungen; Ansicht von ventral. Die rechte Lunge wird durch zwei Spalten in drei Lappen unterteilt; die linke Lunge hingegen besteht aus nur zwei Lappen.

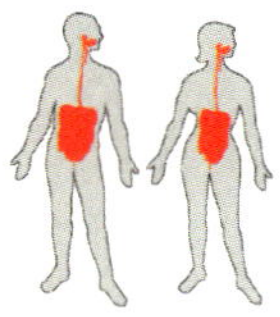

Essen ist lebenswichtig. Die in den Speisen enthaltenen Nährstoffe erhalten die Zellen funktionstüchtig, denn sie liefern ihnen Energie und Rohmaterial für das Wachstum und für Reparaturen. Die meisten dieser lebenswichtigen Nährstoffe sind aber in den Nahrungsmitteln, die wir essen, sozusagen „eingesperrt". Komplizierte Moleküle müssen zerlegt bzw. verdaut werden, damit der Körper ihre einfacheren Bausteine – wie Glukose und Aminosäuren – verwerten kann. Diesen Abbauprozess erledigt die Verdauung.

DAS VERDAUUNGSSYSTEM

Die meisten Nahrungsmittel – z. B. eine Scheibe Brot oder ein Stück Hähnchenfleisch – stellen ein Gemisch aus verschiedenen Nährstoffen dar, zu denen vor allem Kohlenhydrate, Proteine, Fette, Vitamine, Minerale und Faserstoffe gehören. Zu den Kohlenhydraten gehören einfache Zucker, wie Glukose, und komplexe Kohlenhydrate wie die Stärken, die aus Ketten von Glukosemolekülen bestehen. Durch den Verdauungsprozess werden komplexe Kohlenhydrate zu einfachen Zuckern abgebaut, die Energie liefern. Die Proteine werden in ihre molekularen Bausteine, die Aminosäuren, zerlegt, die von den Zellen zu neuen Proteinen zusammengebaut werden. Sie werden für das Zellwachstum sowie für Zellreparaturen und für die Bildung von **Enzymen** (siehe Kasten auf S. 136) benötigt. Fette spaltet die Verdauung auf in Fettsäuren und Glyzerin, die entweder zur Erzeugung von Energie verbraucht oder zu Körperfett (für Isolierzwecke) umgebaut werden. Vitamine (z. B. Vitamin C) und Minerale (wie Kalzium und Eisen) sind für den normalen Ablauf der Stoffwechselreaktionen notwendig. Die unverdaulichen Fasern pflanzlicher Gewebe, die sog. Faser- oder Ballaststoffe, regen die Darmtätigkeit an.

Der Verdauungsprozess

Das Verdauungssystem benötigt 24-48 Stunden für die Verwertung der Nahrung. Man unterscheidet dabei vier Phasen.

- Nahrungsaufnahme (**Ingestion**) durch den Mund.
- Verdauung (**Digestion**): Dabei werden viele unterschiedliche Nahrungsmittel zu einfachen Nährstoffmolekülen abgebaut. Dies kann durch mechanische Zerkleinerung (z. B. durch die Zähne beim Kauen oder die zerkleinernde Wirkung der Magenwand) oder Enzymeinwirkung geschehen.
- **Absorption**: Einfache Nährstoffmoleküle werden vom Blutstrom absorbiert, d. h. aufgenommen, und dorthin gebracht, wo sie gebraucht werden.
- Ausscheidung (**Egestion**): Die unverdauten Nahrungsreste werden als Stuhl aus dem After (Anus) ausgeschieden.

① Hepar (Leber)
② Vesica biliaris (Gallenblase)
③ Intestinum crassum (Dickdarm)
④ Pelvis (Becken)
⑤ Oesophagus (Speiseröhre)
⑥ Splen (Milz)
⑦ Gaster (Magen)
⑧ Pancreas (Bauchspeicheldrüse)
⑨ Intestinum tenue (Dünndarm)
⑩ Rectum (Mastdarm; Enddarm)

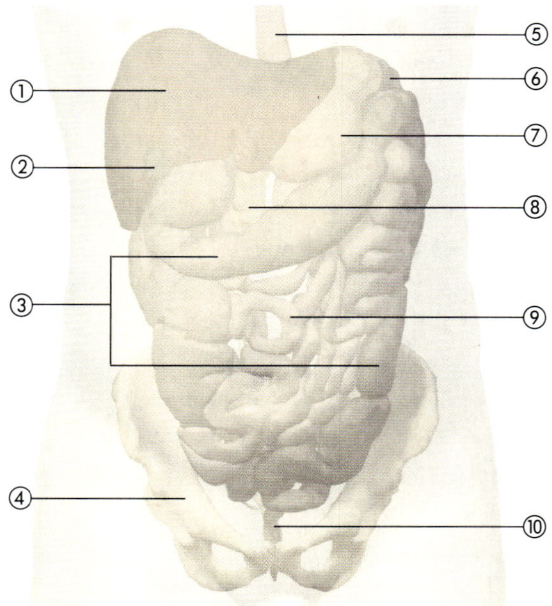

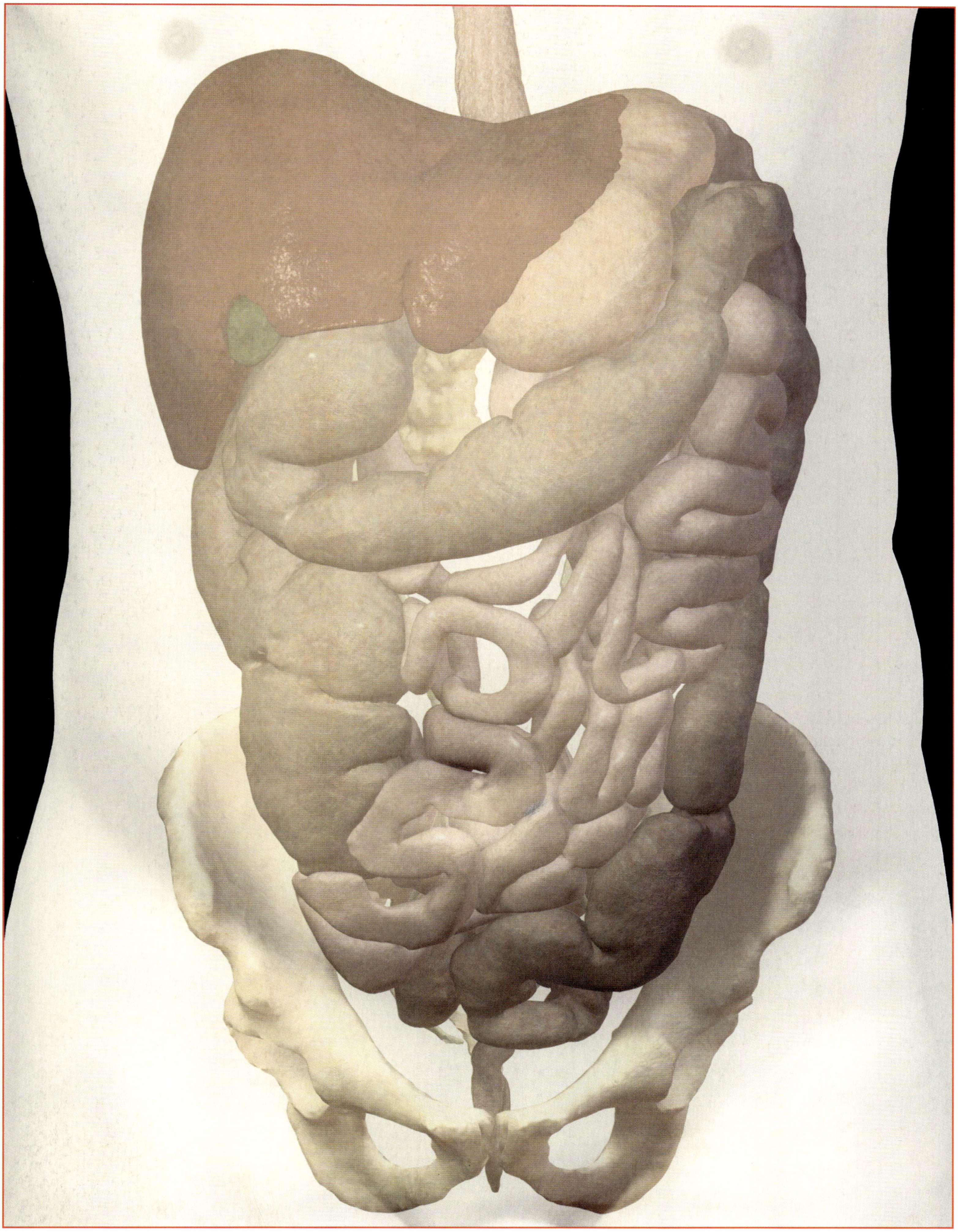

Abdomen (Bauch) mit Verdauungsorganen; Ansicht von ventral. Die Lage der einzelnen Verdauungsorgane im Ober- bzw. Unterbauch ist aus dieser Abbildung ersichtlich.

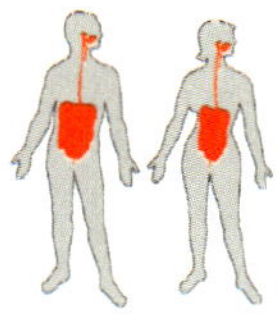

VERDAUUNGSKANAL & AKZESSORISCHE ORGANE

DER VERDAUUNGSKANAL IST EIN LANGER SCHLAUCH AUS VERBUNDENEN ORGANEN – MUND, RACHEN (PHARYNX), SPEISERÖHRE, MAGEN, DÜNNDARM UND DICKDARM – ZWISCHEN MUND UND AFTER. DER OBERBEGRIFF VERDAUUNGSAPPARAT SCHLIESST AUCH DIE ZUNGE UND DIE ZÄHNE MIT EIN, DIE DIE NAHRUNG BEWEGEN UND ZERKLEINERN; AUSSERDEM DIE SPEICHELDRÜSEN, DIE LEBER UND DIE BAUCHSPEICHELDRÜSE, DIE IHRE SEKRETE ÜBER AUSFÜHRUNGSGÄNGE IN DEN VERDAUUNGSKANAL ENTLEEREN; UND DIE GALLENBLASE ALS SAMMELORGAN FÜR DIE LEBERSEKRETE.

Verdauungsorgane des Bauchraums; Ansicht von lateral (rechts). Die Vorderseite des Körpers bildet den rechten Rand der Abbildung.

① Oesophagus (Speiseröhre)
② Hepar (Leber)
③ Vesica biliaris (Gallenblase)
④ Intestinum crassum (Dickdarm)
⑤ Colon ascendens (aufsteigender Grimmdarm)
⑥ Ren dexter (rechte Niere)
⑦ Pelvis (Becken)
⑧ Intestinum tenue (Dünndarm)
⑨ Rectum (Mastdarm)

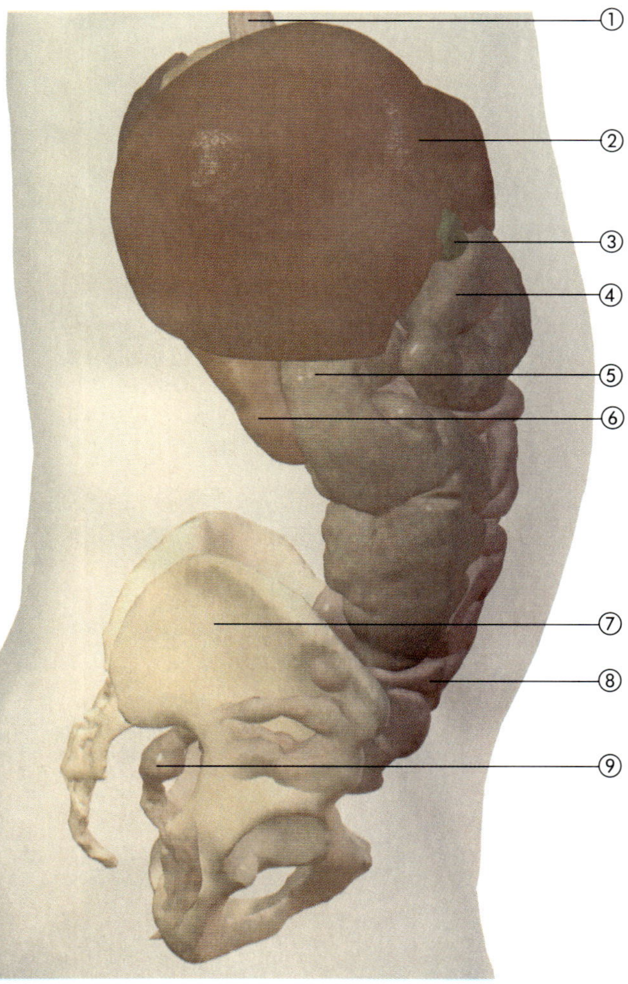

Was sind Enzyme?

Enzyme sind Eiweißkörper, die als Biokatalysatoren wirken, d. h., sie beschleunigen die chemischen Reaktionen im Körper auf Milliardstel der sonst dafür benötigten Zeit, ohne sich selbst zu verändern. Intrazellulär wirkende Enzyme beschleunigen die Stoffwechselvorgänge innerhalb von Zellen. Die Verdauungsenzyme sind extrazellulär wirkende Enzyme, die von Zellen in den Speicheldrüsen, im Magen, in der Bauchspeicheldrüse und im Dünndarm in den Verdauungskanal ausgeschüttet werden. Ohne diese Enzyme würde die Verdauung zu langsam ablaufen.
Enzyme wirken spezifisch auf bestimmte Substratmoleküle. Das Substrat paßt genau in einen bestimmten Bereich des Enzyms, das sog. aktive Zentrum, wie ein Schlüssel in ein Schloss passt. Die Produkte der ausgelösten Reaktion werden vom aktiven Zentrum freigesetzt, und das unverändert gebliebene Enzym lagert sich anderen Substratmolekülen an. Verdauungsenzyme beschleunigen Reaktionen, bei denen eine Hydrolyse (chem. Spaltung mit Wasser) stattfindet, also den Abbau organischer Nahrungsbestandteile durch Einwirkung von Wasser. Das Enzym Amylase (im Speichel) z. B. baut Stärke zu Maltose ab, und Maltase (im Pankreassekret) spaltet Maltose in Glukose.

Die Wand des Verdauungskanals besteht aus zwei charakteristischen Schichten glatter Muskeln: einer inneren Ringmuskelschicht und einer äußeren Längsmuskelschicht. Wellenartige Muskelkontraktionen (Peristaltik) befördern die Nahrung afterwärts. Die Bewegungen im Verdauungskanal sowie die Abgabe der Verdauungssäfte werden automatisch vom vegetativen Nervensystem (siehe S. 98) sowie von Hormonen (siehe S. 106) gesteuert. Die einzige willentlich kontrollierbare Phase der Verdauung ist die Nahrungsaufnahme.

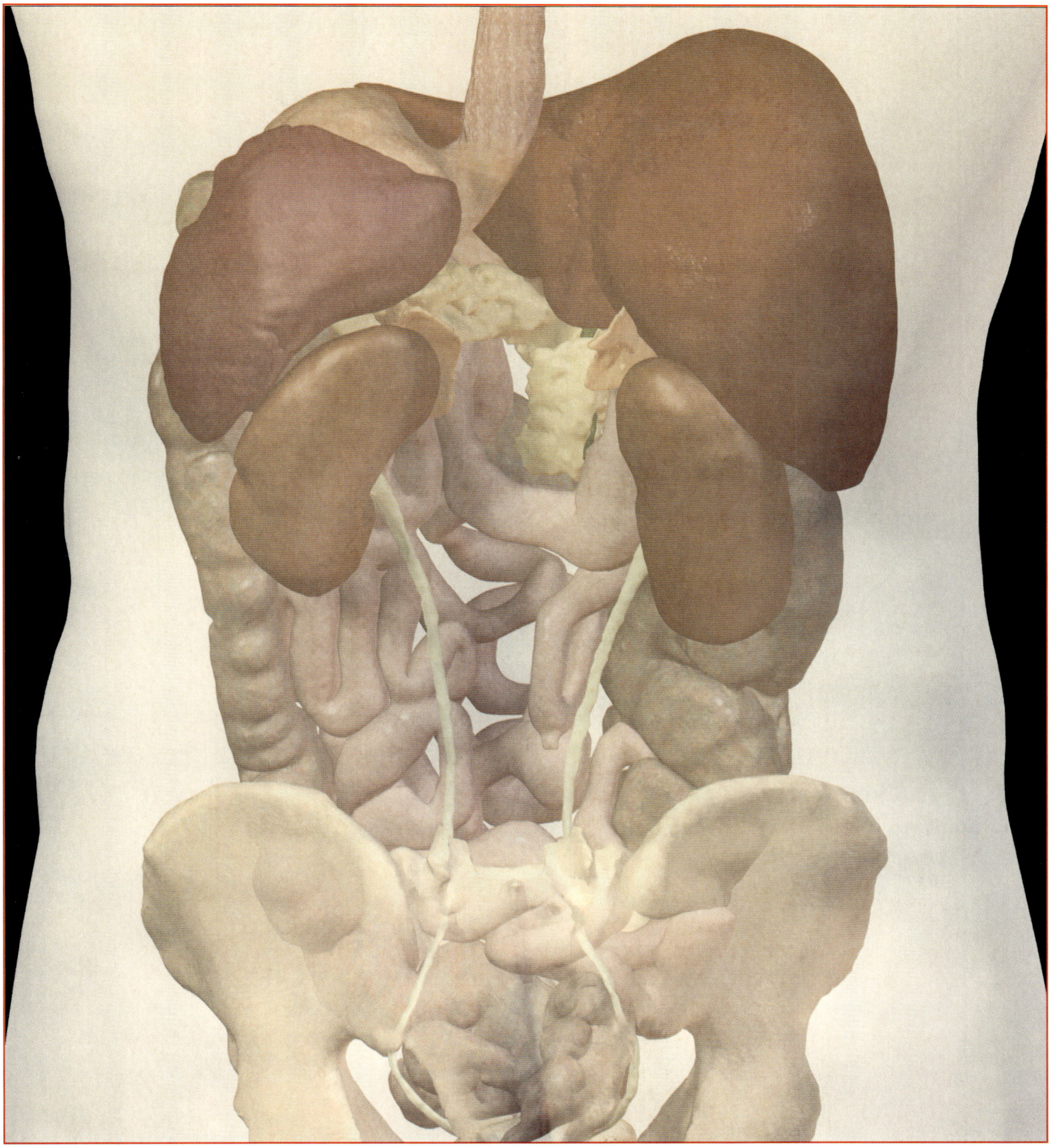

Bauch und Verdauungsorgane; Ansicht von dorsal. Die Abbildung zeigt die Lage der Verdauungsorgane in Bezug auf die Nieren.

① Oesophagus
② Splen
③ Ren sinister (linke Niere)*
④ Intestinum crassum
⑤ Intestinum tenue
⑥ Ureter sinister*
⑦ Pelvis
⑧ Hepar
⑨ Pancreas
⑩ Ren dexter*
⑪ Ureter dexter*
⑫ Duodenum
* = Teil des Harnsystems

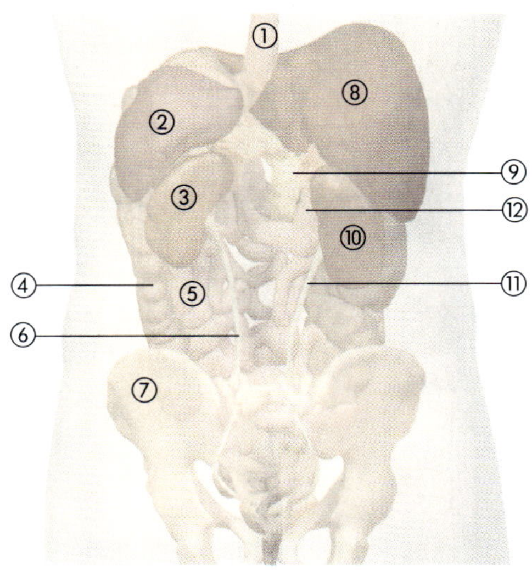

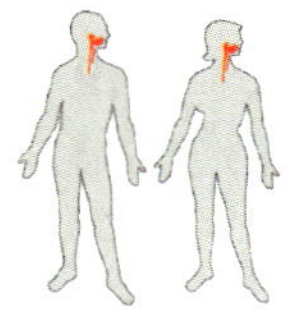

Die Verdauung beginnt im Mund, wo die Nahrung gekaut und vor dem Schlucken vorverdaut wird. Die Mundhöhle wird vorne von den Lippen, oben vom harten und weichen Gaumen, unten von der Zunge und hinten vom Racheneingang begrenzt. Im Ober- und Unterkiefer stecken in den Zahnfächern je 16 Zähne: 4 Schneidezähne, 2 Eckzähne, 4 Backenzähne und 6 Mahlzähne.

MUND UND RACHEN

① Concha nasalis media (mittlere Nasenmuschel)
② Naris (Nasenöffnung)
③ Meatus nasi inferior (unterer Nasengang)
④ Palatum durum
⑤ Labium inferius oris (Unterlippe)
⑥ Lingua (Zunge)
⑦ Epiglottis (Kehldeckel)
⑧ Larynx (Kehlkopf)
⑨ Oesophagus
⑩ Trachea
⑪ Hemisphaerium cerebri dextrum
⑫ Truncus encephali (Hirnstamm)
⑬ Cerebellum (Kleinhirn)
⑭ Pars nasalis pharyngis (Hinterwand des Nasopharynx)
⑮ Palatum molle
⑯ Pars oralis pharyngis (Oro- oder Mesopharynx)
⑰ Pars laryngea pharyngis (Hypo- oder Laryngopharynx)
⑱ Vertebra cervicalis (Halswirbel)
⑲ Discus intervertebralis (Bandscheibe)
⑳ Medulla spinalis (Rückenmark)

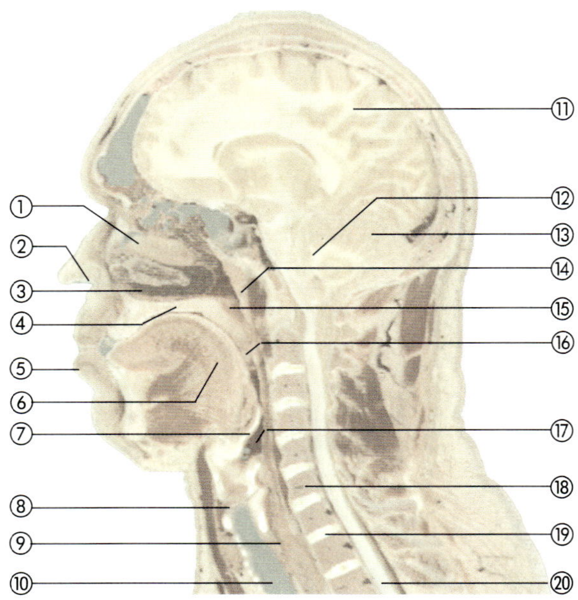

Jeder im Mund ankommende Bissen wird gekaut. Die Lippen sind dabei geschlossen, die Wangenmuskeln drücken einwärts und ziehen den Unterkiefer herauf. Durch die Kieferbewegungen zerschneiden und zermalmen die Zähne den Bissen, damit er geschluckt werden kann und die Angriffsfläche für die Aktivität der Enzyme vergrößert wird. Gleichzeitig produzieren die drei paarigen Speicheldrüsen deutlich mehr Speichel als sonst (es wird laufend Speichel gebildet, um die Mundhöhle feucht zu halten). Die Absonderung von Speichel wird durch einen Reflex ausgelöst, und zwar beim Gedanken an bzw. beim Anblick und Geruch von Speisen. Der Speichel ist eine wässrige Flüssigkeit, bestehend aus Schleim und Amylase (Enzym, das Stärke vorverdaut). Während des Kauens vermischt die Zunge, ein beweglicher Skelettmuskelkörper, die Nahrung mit Speichel. Wenn sich die Nahrungsmoleküle im Speichel lösen, registrieren Geschmacksknospen auf der Zungenoberfläche vier Hauptgeschmacksarten: süß, sauer, salzig und bitter (siehe S. 164). Nach etwa 60 Sekunden Kauen schiebt die Zunge den zerkleinerten, eingespeichelten Bissen (Bolus) in den Rachen, damit er verschluckt wird.

Der Rachen reicht von der Hinterseite der Nasenhöhle bis etwa zur halben Höhe des Halses und hat keine Verdauungsfunktion. Wenn zerkaute Nahrung den Rachen seitlich und hinten berührt, löst dies einen Reflex aus. Muskeln in der Rachenwand ziehen sich zusammen und drücken den Bolus abwärts in die Speiseröhre. Gleichzeitig hebt sich der Kehlkopf (siehe S. 130) und eine Knorpelplatte, der Kehlkopfdeckel, legt sich über seinen Eingang, damit der Bolus nicht den falschen Weg nimmt und in die Luftröhre gelangt.

Paramedianschnitt durch Kopf und Hals; Ansicht der rechten Hälfte von links.

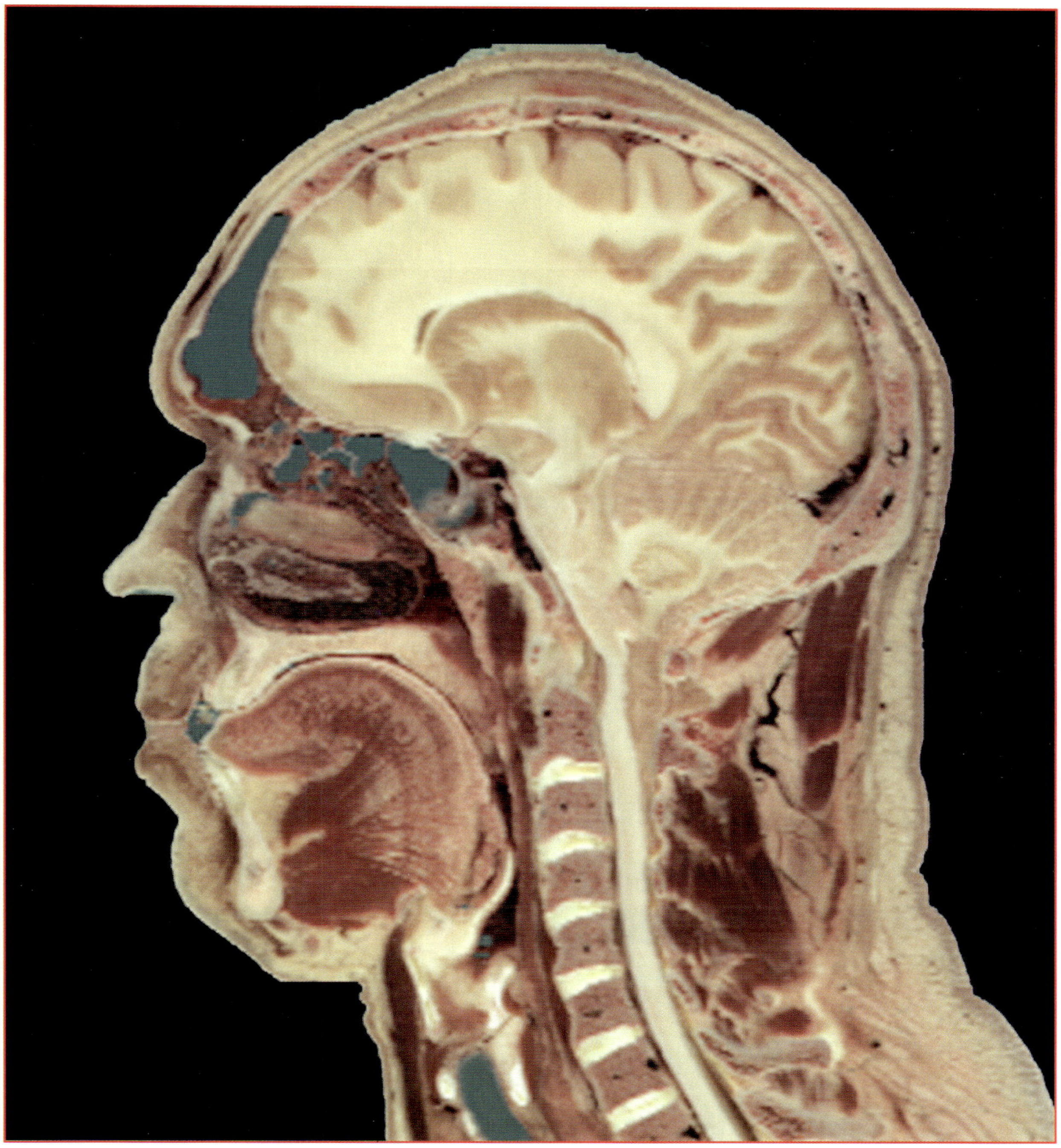

Die Zähne

Die Zahnoberfläche besteht aus Zahnschmelz, dem härtesten Material im Körper. Aufgrund ihrer Form sind die beiden Schneidezähne für das Abbeißen und Zerschneiden, die Eckzähne für das Zerreißen, die Backenzähne und die Mahlzähne für das Zerkleinern und Zermahlen der Nahrung besonders geeignet.

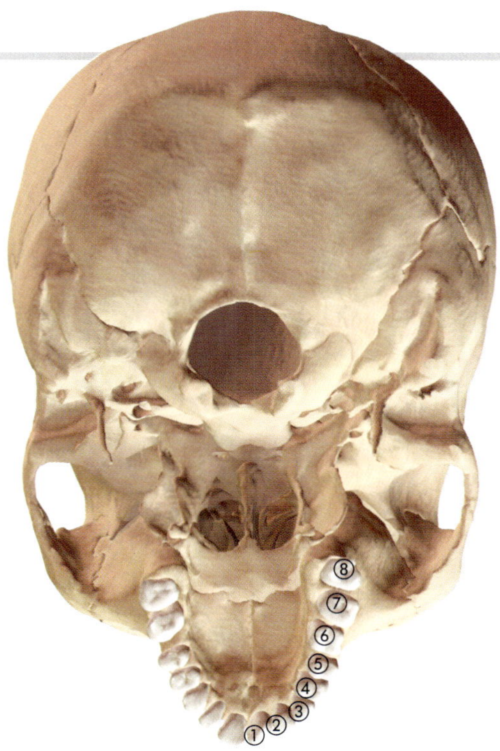

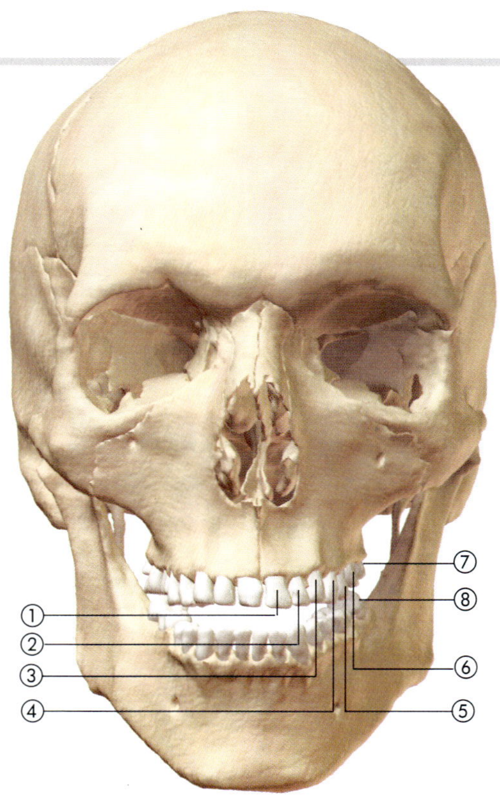

① Dens incisivus mesialis (innerer Schneidezahn)
② Dens incisivus lateralis (seitlicher Schneidezahn)
③ Dens caninus (Eckzahn)
④ Dens praemolaris I (1. Backenzahn)
⑤ Dens praemolaris II (2. Backenzahn)
⑥ Dens molaris I (1. Mahlzahn)
⑦ Dens molaris II (2. Mahlzahn)
⑧ Dens molaris III (3. Mahlzahn; Weisheitszahn)

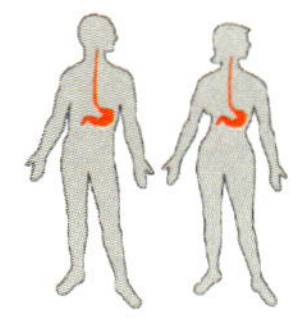

Die Speiseröhre ist ein ca. 25 cm langer, mit Schleimhaut ausgekleideter Muskelschlauch, der die Speisen vom Mundrachenraum zum Magen befördert. Die letzte Phase des Schluckakts ist die Abwärtsbewegung des Bissens in der Speiseröhre. In der Speiseröhrenwand zieht sich die innere Ringmuskelschicht knapp hinter dem Bolus zusammen und drückt dadurch den Bolus abwärts; gleichzeitig kontrahiert sich die äussere Längsmuskelschicht vor dem Bolus, um den nächsten Abschnitt der Speiseröhre zu erweitern.

Die Speiseröhre verbindet die Mundhöhle mit dem Magen.

Speiseröhre & Magen

Wellen aufeinander folgender Kontraktionen (Peristaltik) laufen durch die Speiseröhrenwand und schieben den Bolus in den Magen. Vom Rachen zum Magen dauert das 4-8 Sekunden, bei flüssigen oder sehr weichen Speisen nur 1 Sekunde.

Die Magensäfte (Magensäure)

Schleimhautzellen in der Magenwand sondern Magensäfte ab. Sie bestehen zum Großteil aus konzentrierter Salzsäure, die Keime und Bakterien abtötet und die Nahrung keimfrei macht. Die Magensäure enthält auch Wasser und das eiweißspaltende Enzym Pepsin; zusammen mit der Salzsäure wirkt Pepsin beim Abbau der chemischen Nahrungsbestandteile mit und aktiviert einige Magenenzyme. Der Magen enthält bei Erwachsenen durchschnittlich 1-1,5 Liter Magensäure und bildet in 24 Stunden dieselbe Menge neu.

Die Magensaftsekretion steuern: der Vagusnerv, der vom verlängerten Mark im Hirnstamm ausgeht; das Hormon Gastrin, das von Zellen im oberen Bereich der Magenwand als Antwort auf Nervenstimulation ausgeschüttet wird; und Histamin, ein in der Magenschleimhaut synthetisch gebildetes Hormon. Der Vagusnerv sendet Impulse zu den Zellen in der Magenschleimhaut und regt sie – als Antwort auf Speisegeruch oder Geschmacksreize – zur Magensaftsekretion an.

Der Magen ist ein J-förmiger, dehnbarer Abschnitt des Verdauungskanals, der die Nahrung teilweise verdaut und 2-4 Stunden lang speichert. Die Magenwand enthält drei Schichten aus glatten Muskeln – äußere Längsschicht, mittlere Ringschicht und innere Schicht aus schrägen Fasern –, deren Kontraktionen die Nahrung zerkleinern und zermahlen. In der Magenschleimhaut befinden sich Millionen winziger Magengrübchen. Drüsen auf dem Grund dieser Grübchen erzeugen rund 2 Liter sauren Magensaft pro Tag. Die Magensaftsekretion wird angeregt, wenn wir Nahrung sehen, riechen oder an sie denken bzw. wenn Nahrung im Magen eintrifft. Der Magensaft enthält das Enzym Pepsin, das Proteine in kleinere Moleküle, die Peptide, spaltet. Die Salzsäure im Magensaft aktiviert das Pepsin und sorgt für den richtigen pH-Wert, damit es seine Wirkung optimal entfalten kann; sie spielt auch eine Rolle im Abwehrsystem, weil sie schädliche Bakterien in der Nahrung abtötet. Ein Schutzfilm aus Magenschleim überzieht die Magenschleimhaut, damit sie sich nicht selbst verdaut.

Die mechanische Zerkleinerung durch die Muskelwand des Magens sowie die Einwirkung des Magensafts wandelt den Bolus in ein breiartiges Gemisch (**Chymus**) um. Die Kontraktionen der Magenmuskeln befördern den Speisebrei aus dem Magenmundbereich (Kardia) über den Fundus (Magengrund; oberer Bereich) und Corpus (in der Mitte) in den trichterförmigen Magenpförtnerbereich, der mit dem Zwölffingerdarm in Verbindung steht. Den Magenausgang verschließt ein Ringmuskel, der M. sphincter pylori, in der Magenwand. Wenn der Speisebrei auf den Sphinkter drückt, öffnet er sich ein wenig und lässt kleine Portionen des Speisebreis in den Zwölffingerdarm passieren.

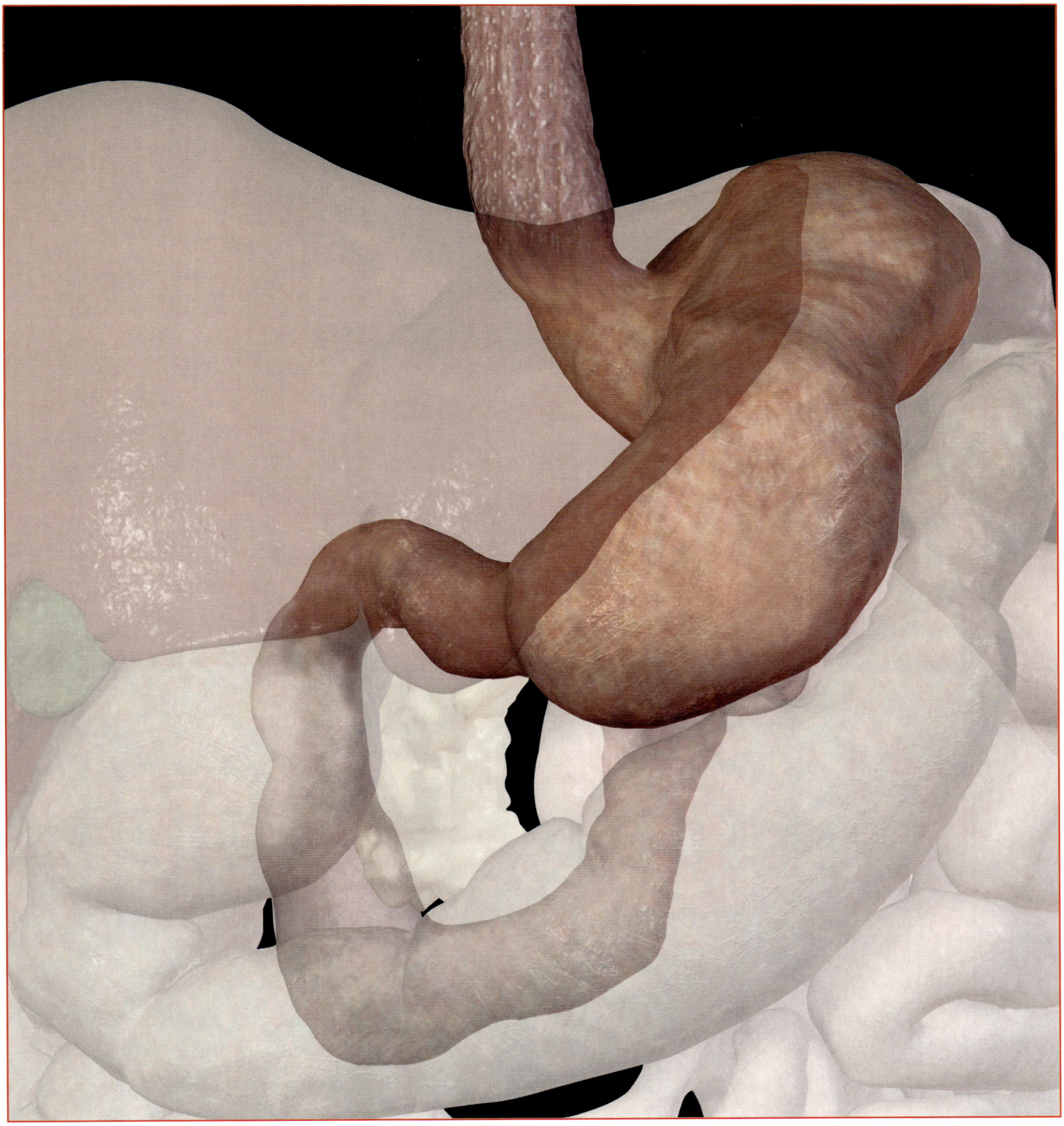

Die Muskeln in der Magenwand zerkleinern und durchmischen die Nahrung durch kräftige Kontraktionen, sodass sie durch die Enzyme wirksamer verdaut werden kann.

① Pars cardiaca (Kardia; Magenmundbereich)
② Curvatura gastrica minor (kleine Magenkrümmung)
③ Antrum pyloricum (Pförtnervorhof))
④ M. sphincter pyloricus (Magenpförtner)
⑤ Duodenum (Zwölffingerdarm)
⑥ Oesophagus (Speiseröhre)
⑦ Ostium cardiacum (oberer Magenmund)
⑧ Fundus gastricus (Magengrund)
⑨ Corpus gastricum (Magenkörper)
⑩ Curvatura gastrica major (große Magenkrümmung)

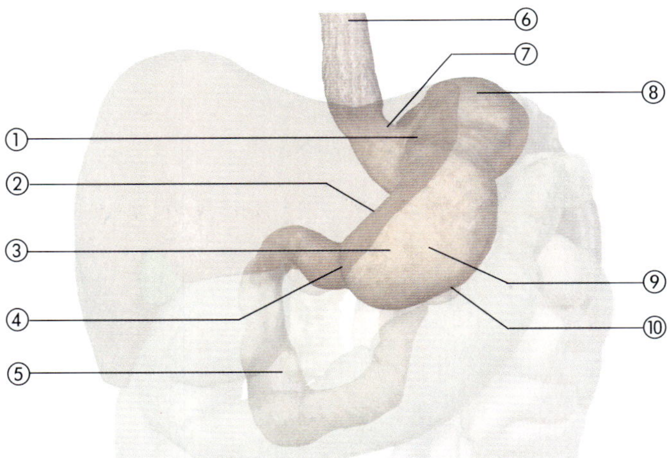

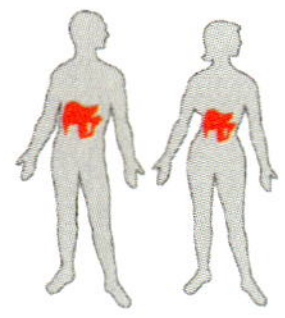

DER ZWÖLFFINGERDARM (DUODENUM) IST DER ERSTE ABSCHNITT DES DÜNNDARMS, DES LÄNGSTEN TEILSTÜCKS UND WICHTIGSTEN VERDAUUNGSORGANS IM VERDAUUNGSKANAL. IN DAS DUODENUM SCHÜTTEN DIE BAUCHSPEICHELDRÜSE UND DIE LEBER IHRE ALKALISCHEN SEKRETE AUS, DIE – GEMEINSAM MIT DEN DÜNNDARMSEKRETEN – DEN DURCH DEN MAGENPFÖRTNER EINTREFFENDEN SAUREN SPEISEBREI NEUTRALISIEREN.

LEBER, GALLENBLASE, BAUCHSPEICHELDRÜSE & DUODENUM

Die Bauchspeicheldrüse (Pankreas) ist voller Zellhaufen, sog. Acini, die Verdauungssäfte in den Bauchspeicheldrüsengang absondern; von dort entleeren sie sich in den Zwölffingerdarm. Täglich werden etwa 1,5 Liter Bauchspeichel produziert; angeregt wird die Produktion durch das Eintreffen von Speisebrei im Zwölffingerdarm. Das Pankreassekret enthält mehrere Enzyme: **Amylase** zum Abbau von Stärke; **Trypsin**, **Chymotrypsine** und **Carboxypeptidasen** zum Abbau von Proteinen; **Lipase** zum Fettabbau; und **Nucleasen**, die Nucleinsäuren wie DNA spalten. Das Pankreas enthält auch endokrine Zellen (siehe S. 114); die von diesen endokrinen Zellen erzeugten Hormone regulieren den Glukosespiegel im Blut.

Die Leber sondert eine grünliche Flüssigkeit ab, die **Galle**, die zum Teil für die Verdauung gebraucht wird; mit der Galle werden aber auch Substanzen aus der Leber abtransportiert. In der Gallenblase, einem kleinen Muskelsack an der rückwärtigen Unterseite der Leber, wird die Galle gesammelt und eingedickt. Bei der Ankunft von Speisebrei wird die Ausschüttung von Galle in den Gallengang ausgelöst, der in den Bauchspeicheldrüsengang mündet und sich über diesen in den Zwölffingerdarm entleert. Salze in der Galle emulgieren Fette, das heißt, sie machen daraus feinste Tröpfchen, damit die vom Pankreas produzierten Lipasen sie besser verdauen können.

Die Funktionen der Leber

Milliarden von Leberzellen (Hepatozyten) erledigen Hunderte von Aufgaben und steuern die Zusammensetzung des Blutes. Die einzige Verdauungsfunktion der Leber ist die Bildung von Galle, eines Gemischs aus Wasser, Salzen und Farbstoffen. Funktionen, die mit der Verdauung in Zusammenhang stehen, sind:

- Regulierung des Glukosespiegels im Blut.
- Umwandlung von Aminosäuren und Fetten.
- Speicherung von Vitaminen und Mineralen.

Diese Nahrungsverarbeitung durch die Leber verhindert, dass das Blut nach einer Mahlzeit mit Nährstoffen überfrachtet wird. Weitere Aufgaben der Leber sind:

- Reinigung des Blutes von Giften, wie z. B. Drogen und Toxinen.
- Aufbau von Plasmaproteinen.
- Wärmeerzeugung; dadurch Beitrag zur Warmhaltung des Körpers.

Ungewöhnlich an diesem großen und wichtigen Organ ist, dass es zwei Blutzuflüsse hat: Die Leberarterien versorgen es mit sauerstoffreichem Blut; die Pfortader (V. portae) liefert direkt vom Dünndarm kommendes Blut, das reich an frischen Nährstoffen ist. Diese Verbindung unterstützt die zahlreichen Stoffwechselfunktionen der Leber.

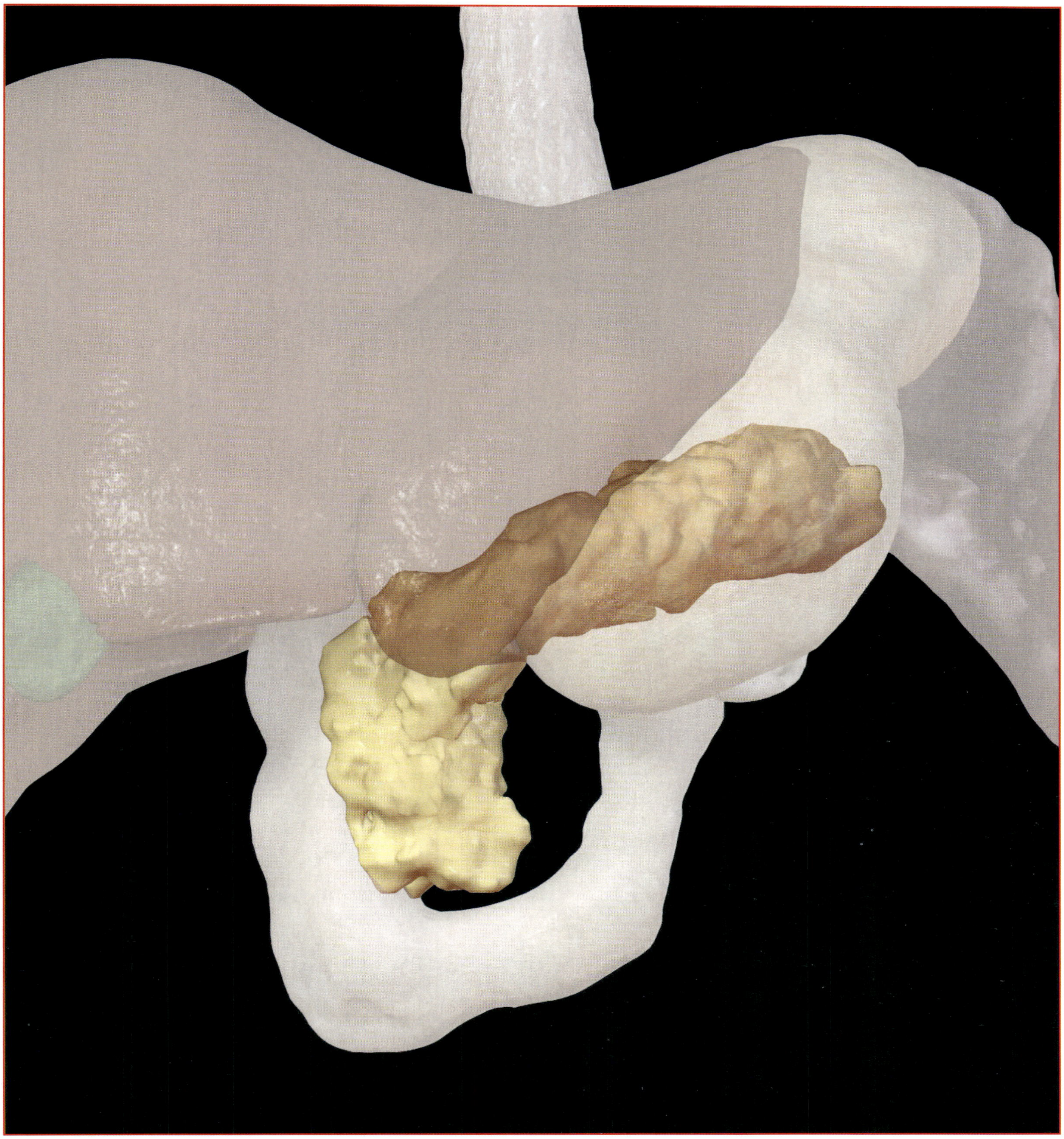

Leber, Gallenblase und Bauchspeicheldrüse entleeren ihre Sekrete in den Zwölffingerdarm, wo sie bei der Verdauung mitwirken.

① Lobus hepatis dexter (rechter Leberlappen)
② Vesica biliaris (Gallenblase)
③ Duodenum (Zwölffingerdarm)
④ Caput pancreatis (Kopf der Bauchspeicheldrüse; Pankreaskopf)
⑤ Lobus hepatis sinister (linker Leberlappen)
⑥ Cauda pancreatis (Schwanz der Bauchspeicheldrüse)
⑦ Corpus pancreatis
⑧ Jejunum (Leerdarm)
⑨ Abschnitt des Zwölffingerdarms, in den die Ausführungsgänge der Leber, der Gallenblase und der Bauchspeicheldrüse münden.

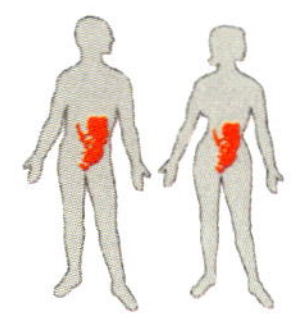

In der Mitte des Unterbauches liegen die Schlingen des Dünndarms, der vom Magen bis zum Dickdarm reicht. Der nur etwa 2,5 cm dicke Dünndarm ist der längste Abschnitt des Verdauungskanals, was auf seine wichtige Rolle verweist, denn hier findet nahezu die gesamte Verdauung und die Aufnahme (Absorption) der Nährstoffe in die Blut- und Lymphbahnen statt.

DER DÜNNDARM

Man unterscheidet drei Dünndarmabschnitte: Der erste davon ist der Zwölffingerdarm (Duodenum; ca. 25 cm lang; schließt an den Magen an); der mittlere der Leerdarm (Jejunum; ca. 1 m lang); der letzte der Krummdarm (Ileum; ca. 2 m lang), der an der Ileozäkalklappe (Bauhin-Klappe) in den Dickdarm mündet. Wenn nach dem Tode die Darmmuskeln erschlaffen, verlängert sich der Dünndarm auf 6-7 m Gesamtlänge.

Die innerste Schicht der Dünndarmwand, die Schleimhaut, ist so gebaut, dass sie sowohl für die Verdauung als auch für die Aufnahme der Nährstoffe eine maximale Fläche bietet, und zwar durch Oberflächenvergrößerung auf drei Arten: Erstens durch ca. 1 cm hohe Ringfalten (Plicae circulares); zweitens durch die ca. 1 mm langen, fingerähnlichen Darmzotten (Villi; Ausstülpungen auf den Ringfalten und in den Zwischenräumen) – jede Zotte enthält ein Kapillarnetz und ein zentrales Lymphgefäß (Milchgefäß);

drittens durch mikroskopisch kleine, haarähnliche Mikrozotten (Mikrovilli), von denen es über 200 Millionen pro mm^2 Dünndarmoberfläche gibt. Die Mikrozotten vergrößern nicht nur die für die Resorption zur Verfügung stehende Oberfläche; an ihnen haften Verdauungsenzyme, die nahe an der resorbierenden Oberfläche die letzten Verdauungsstadien zu Ende bringen.

Der aus dem Magen kommende Speisebrei wird von den Sekreten der Bauchspeicheldrüse und des Dünndarms sowie durch die Galle neutralisiert und zum Teil von den Enzymen der Bauchspeicheldrüse (siehe S. 142) verdaut. Zu den Enzymen der Mikrovilli (Bürstensaum-Enzymen) gehören: Maltase, Saccharase und Lactase spalten die Kohlenhydratmoleküle in Glukose und andere einfache Zucker; Peptidasen, die Proteinmoleküle zu Aminosäuren abbauen. Einfache Zucker und Aminosäuren gehen durch die Zellen der Darmzotten in die Blutkapillaren über. Die aufgenommenen Nährstoffe werden über die Pfortader zur Leber gebracht. Fettsäuren und Glycerol werden in den Zellen der Darmzotten wieder in Fette umgewandelt und gehen dann in das Lymphsystem über, das sie über die Milchgänge im Blutkreislauf abliefert.

Der wie eine lange, in Schlingen gelegte Wurstkette aussehende Dünndarm ist der wichtigste Darmabschnitt für die Verdauung und die Nährstoffaufnahme.

① Duodenum
② Jejunum
③ Mündung in den Dickdarm
④ Ileum
⑤ Intestinum tenue

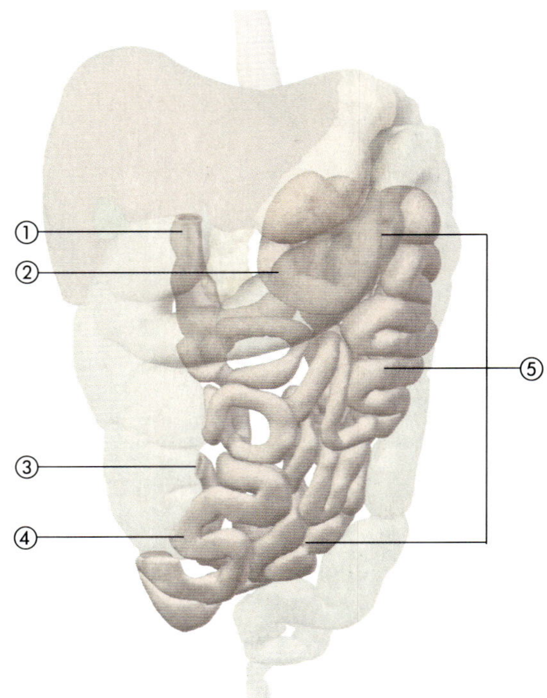

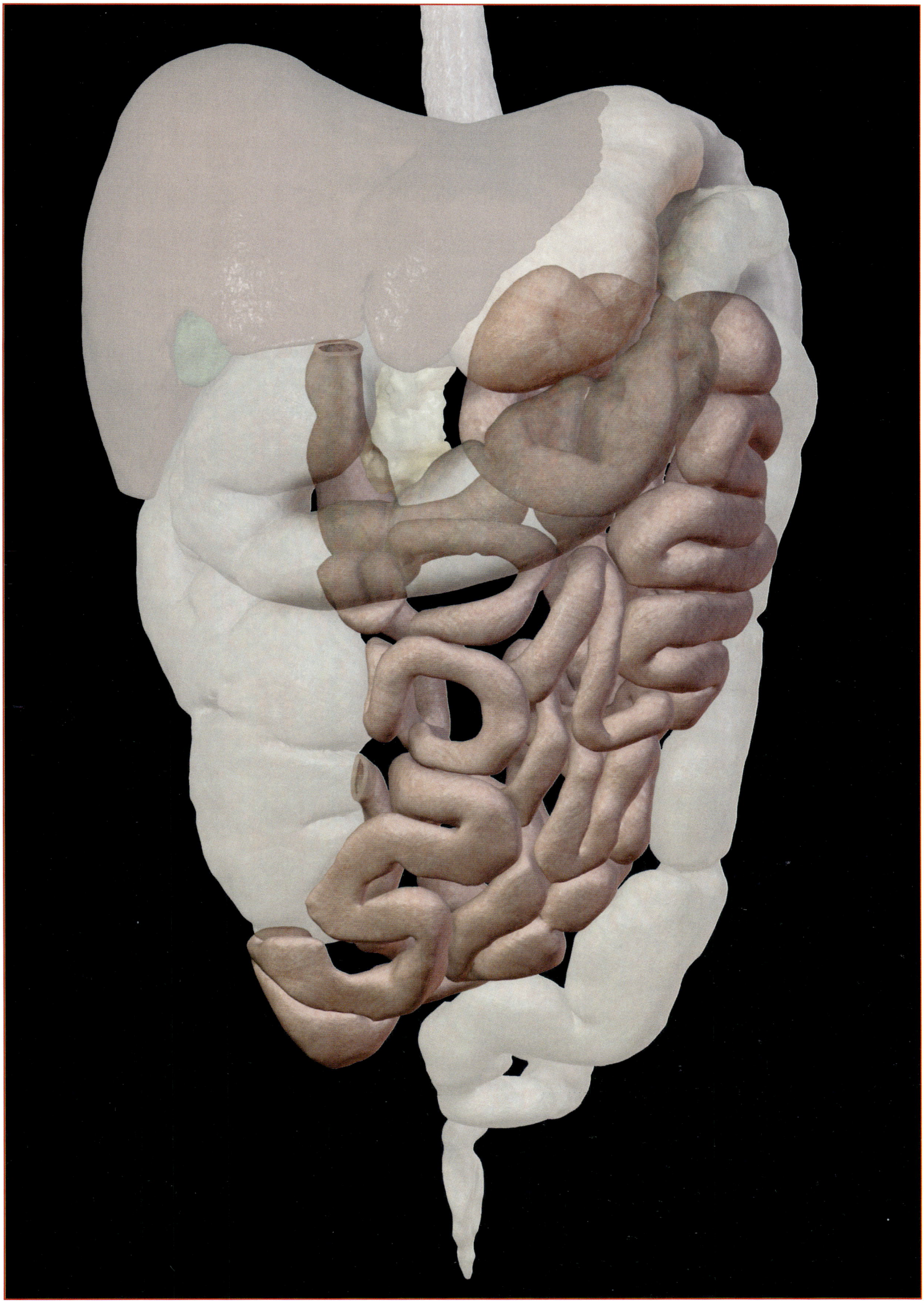

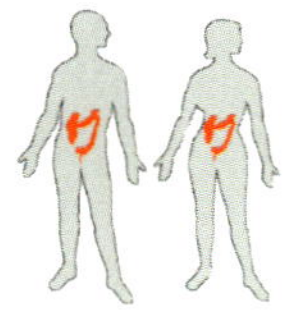

Der Dickdarm befördert unverdaute Nahrungsbestandteile und andere Abfälle aus dem Körper hinaus. Man unterscheidet vier Abschnitte: Blinddarm (Caecum), Grimmdarm (Colon), Mastdarm (Rectum) und Analkanal. Der kurze Blinddarm liegt unterhalb der Ileozäkalklappe. Der Grimmdarm besteht aus einem aufsteigenden, einem quer verlaufenden und einem absteigenden Teil, die an der rechten Seite der Bauchhöhle nach oben bzw. horizontal nach links und auf der linken Seite abwärts verlaufen, sowie einem S-förmigen Teil, der bis in das Becken reicht. Der Mastdarm endet mit dem Analkanal, dessen Öffnung nach aussen der After bildet. Insgesamt ist der Dickdarm etwa 1,5 m lang und mit 6,5 cm Durchmesser etwa doppelt so dick wie der Dünndarm. Im Dickdarm leben Milliarden von Bakterien, die zwar im Körper unschädlich sind, aber Schaden anrichten können, wenn sie in die Nahrung gelangen (daher ist es so wichtig, sich nach jedem Stuhlgang die Hände zu waschen) oder wenn Fäkalien das Trinkwasser verunreinigen.

DER DICKDARM

Tag für Tag passieren etwa 1,5 l halbflüssige Abfallprodukte den Dickdarm. Dabei wird ihnen das Wasser entzogen und in den Blutstrom resorbiert. Innerhalb von 10-12 Stunden wird daraus ein halbfester Stuhl, der außer Faserstoffen und unverdauter Nahrung auch abgestorbene Darmzellen und Bakterien enthält. Bei der Ankunft von Nahrung im Magen wird eine Peristaltikwelle ausgelöst, die den Stuhl in den S-förmigen Teil des Dickdarms befördert, wo er sich zunächst ansammelt.

Die Stuhlausscheidung (Egestion)

Zur Stuhlentleerung (Defäkation) kommt es dann, wenn noch mehr Stuhl in den bereits gefüllten S-förmigen Dickdarm geschoben wird, der sich dann zusammenzieht und den Stuhl in den normalerweise leeren Mastdarm schiebt. Die Mastdarmwände dehnen sich, und man verspürt Stuhldrang. Wenn die Stuhlentleerung gewollt wird, ziehen sich die Muskeln der Mastdarmwand zusammen und drücken den Stuhl in den Analkanal. Der innere und der äußere Schließmuskel erschlaffen und der Stuhl wird ausgeschieden.

Der Dickdarm zieht nach oben, quer und abwärts in den Unterbauch, bevor er im After, seiner Öffnung nach außen, endet.

Der Wurmfortsatz

Der Wurmfortsatz (Appendix vermiformis) ist ein blind endender, etwa 9 cm langer Schlauch, der in den Blinddarm (Caecum) mündet. Kaninchen und andere Pflanzenfresser haben einen großen Wurmfortsatz mit einer Vielzahl von Bakterien darin, die Zellulose – einen Hauptbaustein von Gräsern und anderen Pflanzen – abbauen, um daraus Glukose freizusetzen. Beim Menschen ist die Appendix vergleichsweise viel kleiner und wurde bis vor kurzem für ein entwicklungsgeschichtliches Relikt gehalten. Neuere Forschungen lassen darauf schließen, dass sie im Immunsystem (siehe S. 126) eine Rolle spielt.

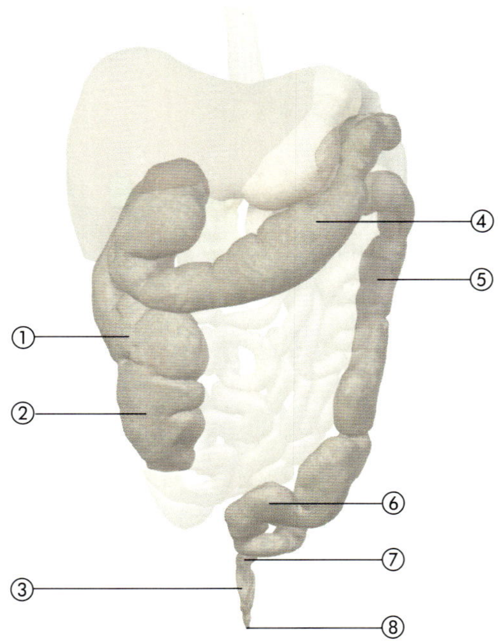

① Colon ascendens
② Caecum (Blinddarm)
③ Canalis analis (Analkanal; Afterkanal)
④ Colon transversum (Querteil)
⑤ Colon descendens
⑥ Colon sigmoideum (S-förmiger Grimmdarm)
⑦ Rectum (Mastdarm)
⑧ Anus (After)

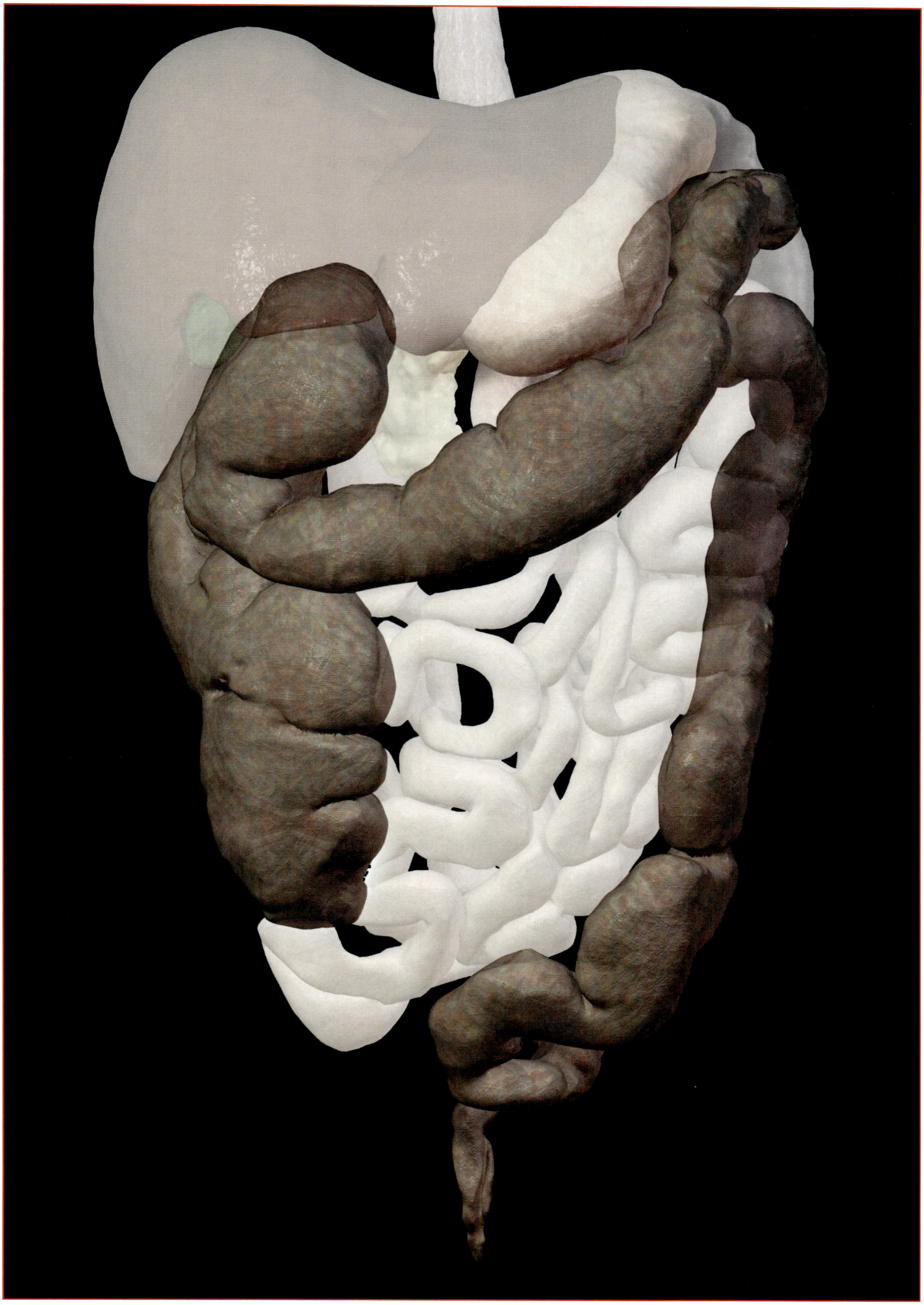

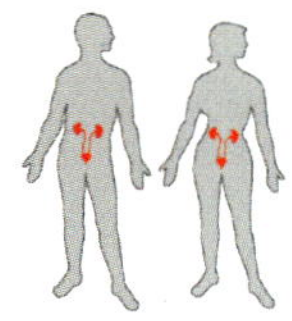

DAS HARNSYSTEM IST DIE SANITÄRANLAGE DES KÖRPERS. ES ENTSORGT UNERWÜNSCHTE SUBSTANZEN AUS DEM BLUT UND HÄLT DAMIT DEREN KONZENTRATION IM BLUT UND IN DER GEWEBSFLÜSSIGKEIT INNERHALB ENGER GRENZEN. DIESE WICHTIGE HOMÖOSTATISCHE FUNKTION IST UNERLÄSSLICH, DAMIT DIE VORGÄNGE IN DEN MILLIARDEN ZELLEN NICHT DURCH LEBENSBEDROHLICHE SCHWANKUNGEN IM UMGEBENDEN GEWEBE UNTERBROCHEN WERDEN.

DER HARNAPPARAT

Die Schlüsselrolle im Harnsystem spielen die beiden Nieren. Die braunen, bohnenförmigen Organe, die etwa 12 cm lang und 6 cm breit sind, liegen im Oberbauch beidseits der Wirbelsäule. Die Nieren erhalten über die Nierenarterien etwa 25 % der vom Herzen kommenden Blutmenge – rund 1800 Liter Blut täglich – und schicken über die Nierenvenen das gefilterte Blut in den Kreislauf zurück. Das Endprodukt des Klärungsprozesses in den Nieren ist der Urin (Harn). Er enthält gelöste Schlacken, die schnell ausgeschieden werden müssen, bevor sie Unheil anrichten können. Die meisten Abfälle entstehen bei Stoffwechselvorgängen innerhalb der Zellen. Das Hauptabfallprodukt ist der stickstoffhaltige Harnstoff, der in der Leber aus überschüssigen Aminosäuren (Eiweiß-Bausteinen) in der Nahrung gebildet wird. Der stickstoffhaltige Anteil in den überschüssigen Aminosäuren – Ammoniak – ist hoch giftig und kann nicht gespeichert werden. Stattdessen wird er mit Kohlendioxid in den weniger giftigen Harnstoff umgewandelt, der dann ausgeschieden werden kann. Zu den ausgeschiedenen Stoffen zählen auch Drogen und Toxine, die vorher von der Leber verarbeitet wurden.

Die Nieren scheiden auch überschüssiges Wasser und Salze, wie Natrium und Kalium, aus dem Blut aus und regulieren so das Volumen und die Salzkonzentrationen im Blut und in der Gewebsflüssigkeit unabhängig davon, wieviel Wasser mit der Nahrung und Getränken aufgenommen wird. Zusätzlich sind die Nieren auch an der Regulierung des Blutdrucks beteiligt; sie schütten das Hormon Erythropoietin aus, das die Bildung von roten Blutkörperchen stimuliert, und aktiviert das von der Haut gebildete Vitamin D, wenn es von Sonnenlicht bestrahlt wird.

Der Urin fließt durch zwei lange Schläuche, die Harnleiter, ab. Die Harnleiter ziehen in das Becken und münden in die hintere obere Wand der Harnblase, eines Hohlorgans, das als Speicher fungiert. Die Wände der Harnblase sind sowohl elastisch als auch muskulös. Die Harnblase öffnet sich nach außen über die Harnröhre. Bei Frauen ist die Harnröhre kurz und mündet im Scheidenvorhof (siehe S. 208); bei Männern ist sie länger, verläuft durch den Penis und öffnet sich an der Penisspitze.

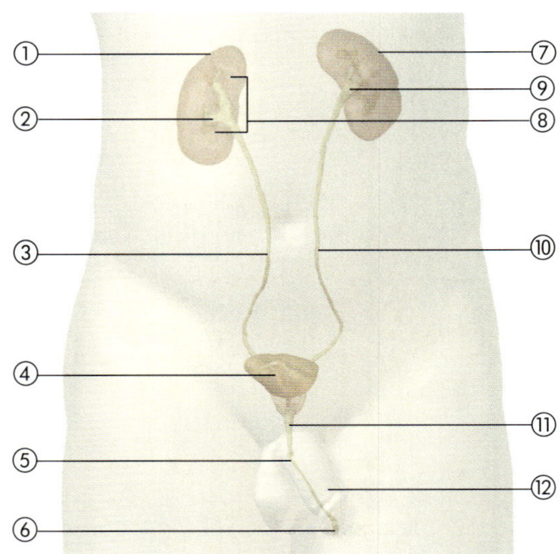

① Ren dexter (rechte Niere)
② Calix (Nierenkelch)
③ Ureter dexter (rechter Harnleiter)
④ Vesica urinaria (Harnblase; entleert)
⑤ Urethra (Harnröhre)
⑥ Ostium urethrae externum
⑦ Ren sinister (linke Niere)
⑧ Hilum renale (Nierenstiel)
⑨ Pelvis renalis (Nierenbecken)
⑩ Ureter sinister (linker Harnleiter)
⑪ äußerer Harnröhrenschließmuskel
⑫ Penis

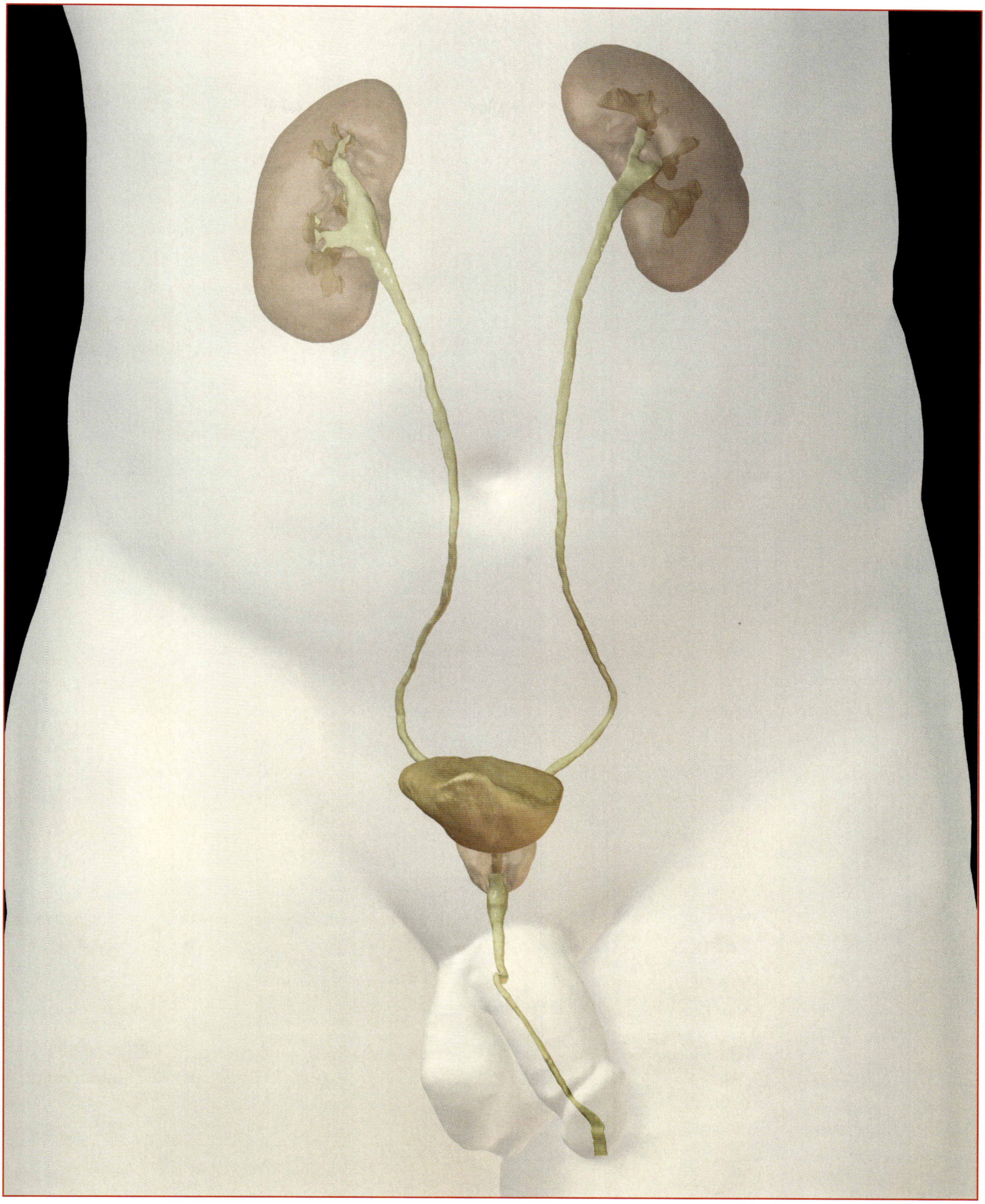

Die Harnblase, die als Sammelreservoir für den von den Nieren gebildeten Urin dient, liegt gut geschützt im knöchernen Becken.

IM INNEREN DER NIEREN UNTERSCHEIDET MAN DREI ZONEN: DIE RINDE (AUSSEN), DAS DUNKLERE MARK UND DAS NIERENBECKEN (FLACHER TRICHTER, DER ZUM HARNLEITER FÜHRT).

DIE NIEREN

① V. cava inferior
② A. hepatica communis
③ A. splenica
④ Truncus coeliacus
⑤ A. mesenterica superior
⑥ Vertebra thoracica (Brustwirbel)
⑦ Discus intervertebralis
⑧ Aorta abdominalis / Pars abdominalis aortae (Bauchaorta)
⑨ Äste der Nierenarterie und -vene innerhalb der Niere
⑩ A. renalis sinistra
⑪ V. renalis sinistra
⑫ Ureter sinister (linker Harnleiter)

In der Rinde und im Mark beider Nieren befinden sich rund eine Million mikroskopisch kleiner Einheiten: die Nephrone (Sing.: **Nephron**), die das Blut filtern und Harn bilden. Jedes Nephron besteht aus zwei Teilen: dem **Nierenröhrchen** (Tubulus nephroni) und dem **Glomerulus**, einem Knäuel aus Blutkapillaren. Das Nierenröhrchen verläuft zwischen Rinde und Mark stark gewunden, bis es in ein Sammelrohr mündet, das zum Nierenbecken zieht. Hoher Druck im Gefäßknäuel drückt Flüssigkeit – das Filtrat – aus dem Blut heraus und in die das Gefäßknäuel umhüllende **Bowman-Kapsel**, das tassenförmige Anfangsstück des Nierenröhrchens. Während dieser sog. Primärharn durch das Nierenröhrchen fließt, werden Wasser, Salze und andere Wertstoffe wie Glukose und Aminosäuren durch die Wände in das Blut rückresorbiert. Die unerwünschten Stoffe (Schlacken), überschüssiges Wasser und Salze verbleiben jedoch in der Flüssigkeit, die nun als Sekundärharn bezeichnet wird und ins Nierenbecken abfließt. Tagtäglich erzeugen die Nephronen rund 180 Liter Primärharn; der Großteil davon wird aus den Nierenröhrchen rückresorbiert. Nur etwa 1,5 Liter werden als Urin ausgeschieden.

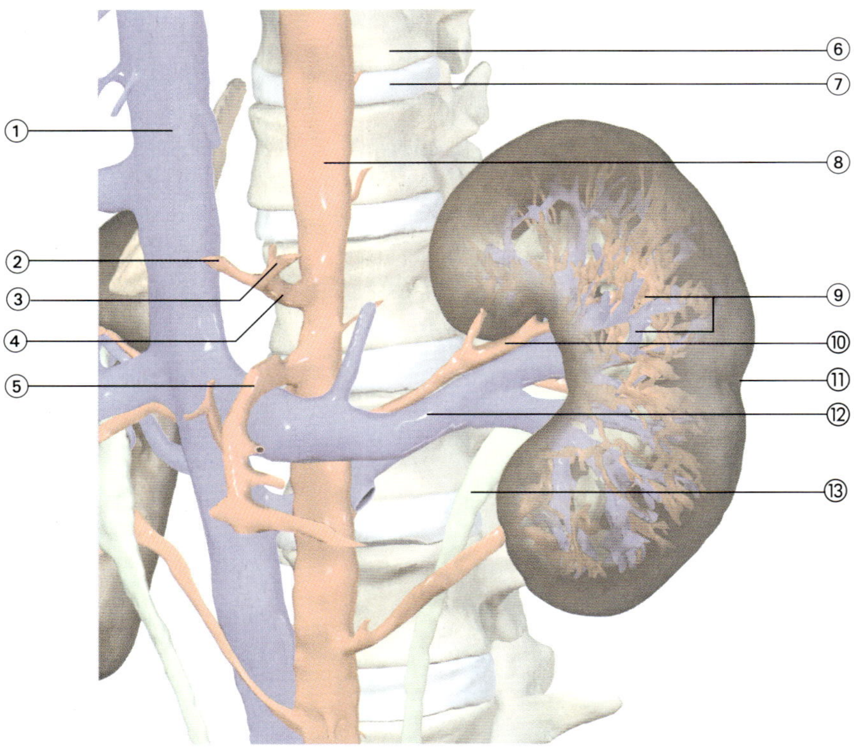

Die Blasenentleerung

Am Ausgang der Harnblase – des aus Muskeln bestehenden Sammelbehälters – zur Harnröhre verhindert ein unwillkürlicher Schließmechanismus („innerer Sphinkter") das Durchsickern von Urin nach außen. Darunter bilden die Beckenbodenmuskeln einen zweiten Harnröhrenschließmuskel, der willentlich entspannt werden kann – den äußeren Sphinkter. Die Harnblasenwand selbst enthält drei Schichten glatter Muskeln.
Etwa 1 ml (1/4 Teelöffel) Urin wird pro Minute gebildet und mit peristaltischen Wellen in die Harnblase transportiert. Wenn sich dort 300-400 ml Urin angesammelt haben, dehnt sich die Blasenwand und veranlaßt damit Rezeptoren, sensorische Nervenimpulse zum Rückenmark zu senden. Die vom Rückenmark zurückgesendeten Nervenimpulse veranlassen den inneren Sphinkter, sich zu öffnen, und der Urin wird in den obersten Harnröhrenabschnitt gepreßt. Über das Rückenmark laufen weitere Botschaften zum Gehirn und man verspürt Harndrang. Der äußere Harnröhrenschließer wird willentlich entspannt, die Blasenmuskeln ziehen sich zusammen und der Urin wird durch die Harnröhre herausgepresst.

Linke Niere mit Blutgefäßen; Ansicht von ventral.

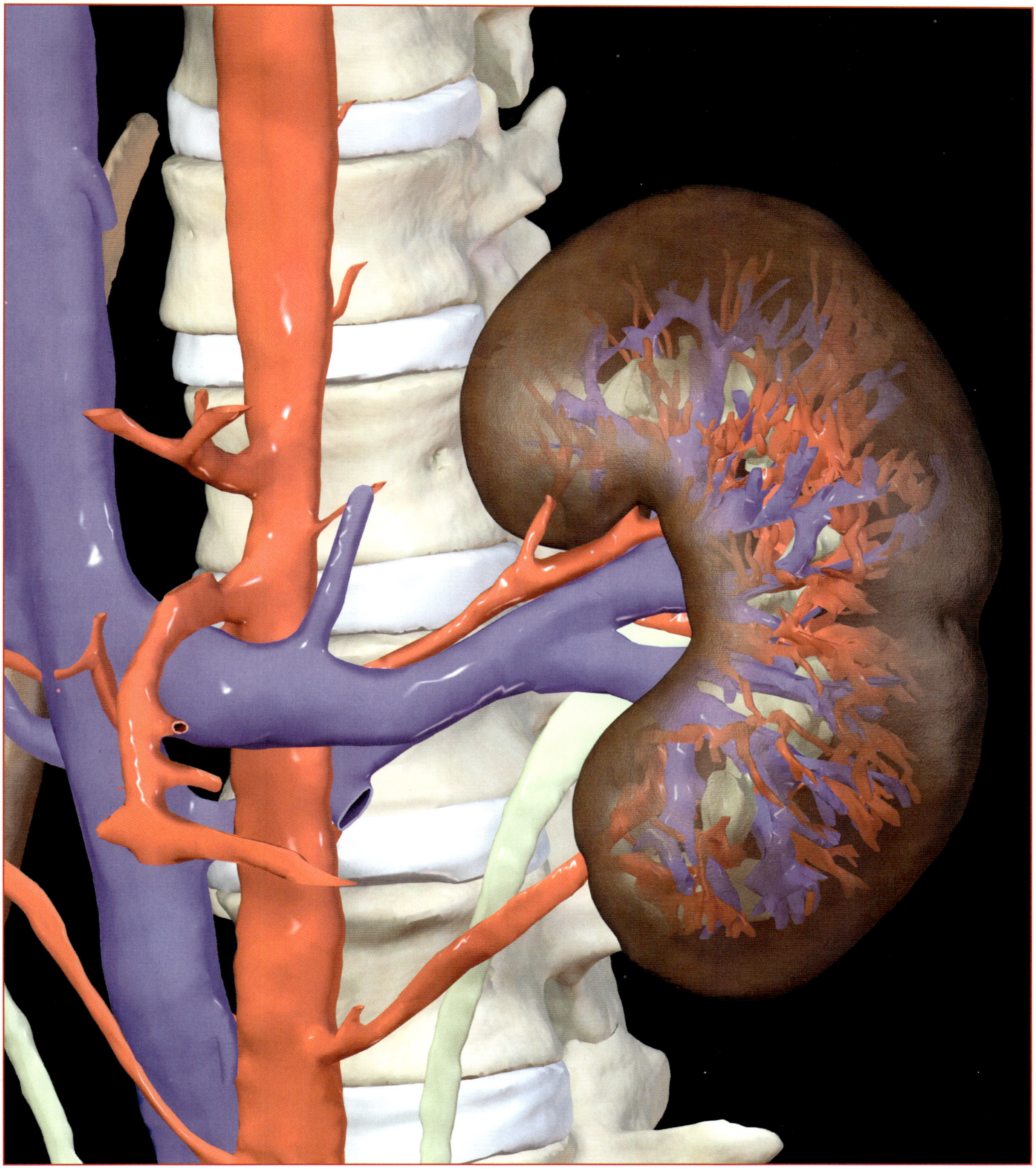

Die paarigen Nieren sind zwar nur etwa 12 cm groß, filtern jedoch gemeinsam das gesamte Blutvolumen etwa 20-mal pro Minute, und zwar rund um die Uhr. Pro Minute bilden sie ca. 1 ml Urin (1/4 Teelöffel).

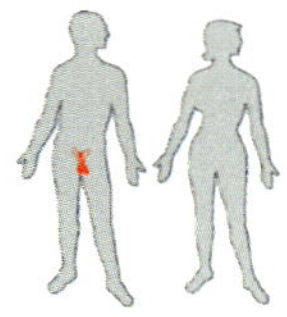

IM GEGENSATZ ZU ANDEREN KÖRPERSYSTEMEN IST DAS FORTPFLANZUNGSSYSTEM BEIM MANN ANDERS AUSGEBILDET ALS BEI DER FRAU, UND BEI BEIDEN ARBEITET ES ERST AB DER PUBERTÄT. DIE PRIMÄREN GESCHLECHTSORGANE – DIE HODEN BEIM MANN UND DIE EIERSTÖCKE BEI DER FRAU – BILDEN GESCHLECHTSZELLEN. IM KÖRPER DER FRAU KANN ES NACH GESCHLECHTSVERKEHR ZUR EMPFÄNGNIS KOMMEN, D. H., EIN SPERMIUM (MÄNNLICHE GESCHLECHTSZELLE) VEREINIGT SICH MIT EINER EIZELLE (WEIBLICHE GESCHLECHTSZELLE). DIE BEFRUCHTETE EIZELLE (ZYGOTE) ENTWICKELT SICH IN DER GEBÄRMUTTER ZUM FÖTUS.

Aufgabe der männlichen Geschlechtsorgane ist die Erzeugung von Samenzellen und deren Einbringung in den weiblichen Körper.

MÄNNLICHE GESCHLECHTSORGANE

Der Geschlechtsapparat des Mannes besteht aus den Hoden (Testes), dem Glied (Penis), das auch Teil des Harnsystems ist, den Verbindungsgängen zwischen Hoden und Penis sowie den akzessorischen Geschlechtsdrüsen. Der zwischen den Beinen hängende Hodensack (Scrotum) enthält die beiden eiförmigen Hoden. Die darin gebildeten Spermien (Samenzellen) sind gut ausgerüstet für ihre Aufgabe: schwimmend nach einer Eizelle zu suchen, um sie zu befruchten. Sie sind stromlinienförmig gebaut und bestehen aus einem Kopf, der das Erbgut enthält, und einen peitschenähnlichen Schwanz (Flagellum), mit dessen Hilfe sie schwimmen. Am Hinterrand des Hodens liegt langgestreckt der Nebenhoden (Epididymis), in dessen stark gewundenem Gang die noch unreifen Samenzellen aus den Hoden 14-20 Tage lang heranreifen. Der Penis ist ein rohrförmiges Organ, das beim Geschlechtsverkehr die Spermien in die Scheide der Frau überträgt. Seine Wurzel ist innen am Schambein verankert, der Penisschaft endet distal in der Eichel (Glans). Die drei zylinderförmigen Schwellkörper darin befähigen den Penis zur Erektion (siehe S. 154). Der unpaare untere Zylinder, der Harnröhrenschwellkörper (Corpus spongiosum), verläuft an der Schaftunterseite bis zur Eichel und umgibt die Harnsamenröhre, die den Urin und das Sperma nach außen transportiert. Die paarigen Gliedschwellkörper (Corpora cavernosa penis) durchziehen parallel die Oberseite des Penisschafts. Der Samenleiter (Ductus deferens) transportiert die reifen Spermien vom Nebenhoden zur Harnröhre, in die er knapp unterhalb der Harnblase einmündet. In jeden der beiden Samenleiter entleert sich knapp hinter der Harnblase je ein Samenbläschen. Diese sowie die kastaniengroße Vorsteherdrüse (Prostata), die den blasennahen Abschnitt der Harnröhre umgibt, geben Sekrete ab, die sich mit dem Samen zum Sperma (Samenflüssigkeit) vermischen. Das Sperma enthält die Samenzellen, aktiviert sie und versorgt sie mit dem nötigen „Treibstoff" für ihre bevorstehende Reise.

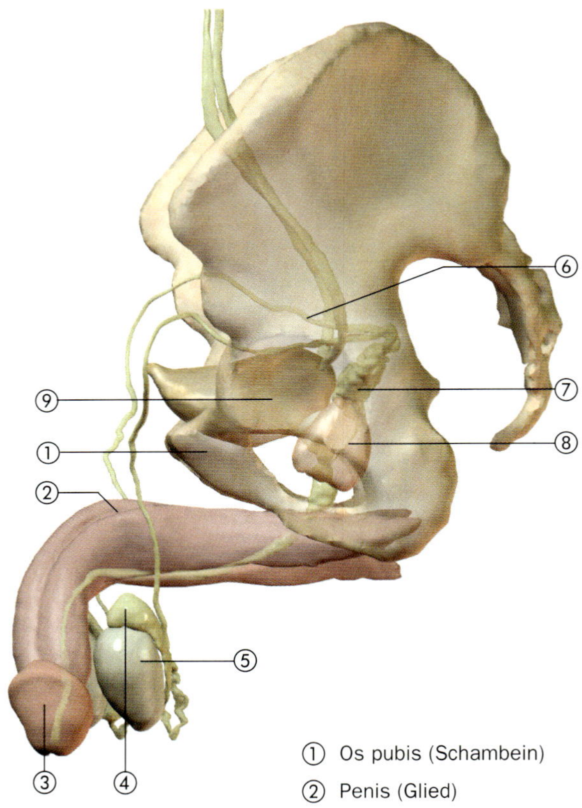

① Os pubis (Schambein)
② Penis (Glied)
③ Glans penis (Eichel)
④ Epididymis (Nebenhoden)
⑤ Testis (Hoden)
⑥ Ductus deferens (Samenleiter)
⑦ Samenbläschen (Vesicula seminalis)
⑧ Prostata (Vorsteherdrüse)
⑨ Vesica urinaria (Harnblase)

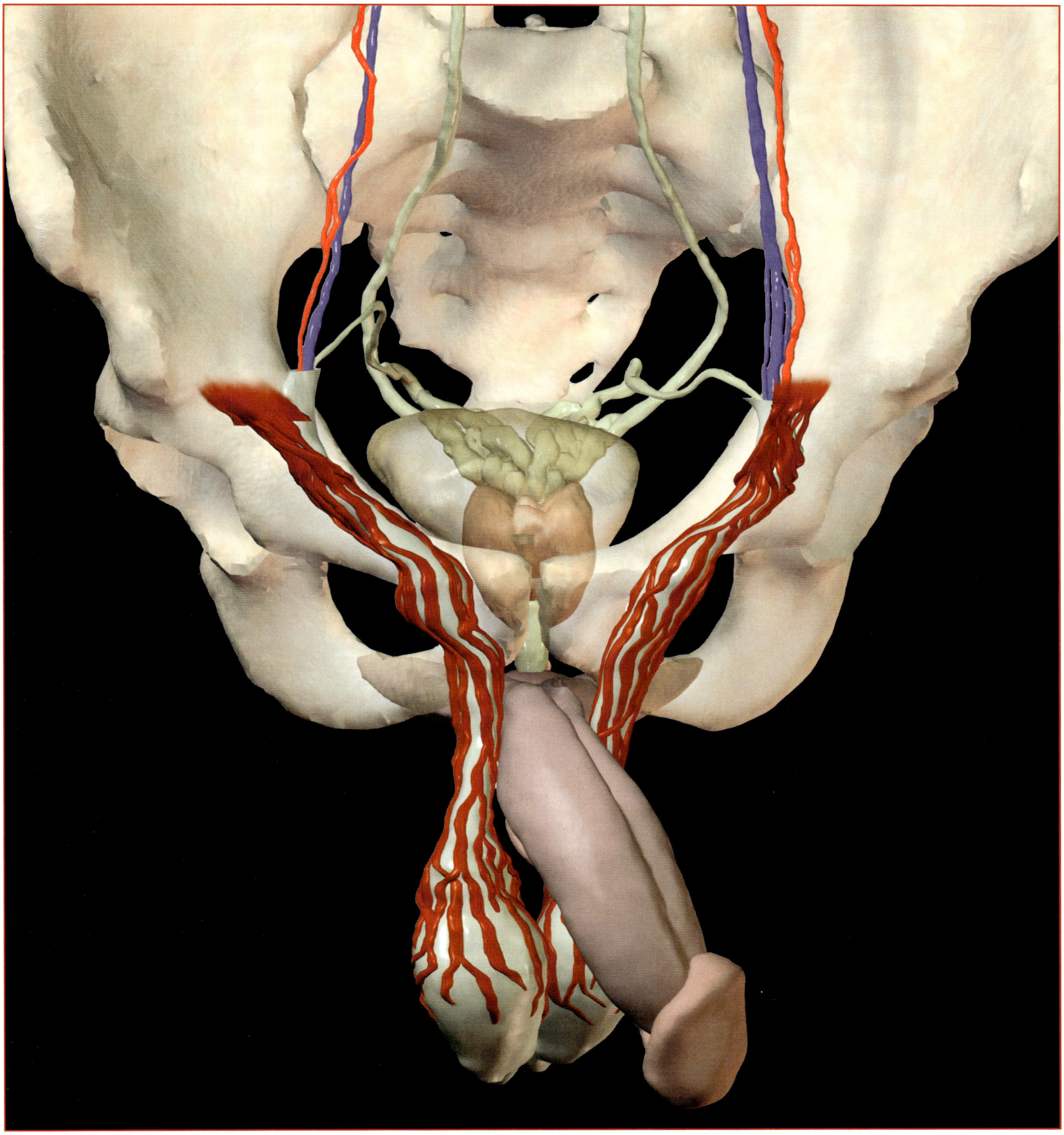

Die Hoden sind außerhalb der Bauchhöhle im Hodensack untergebracht, wo eine für die Samenproduktion ideale Temperatur aufrecht erhalten wird.

① Vesica urinaria (Harnblase)
② Vesicula seminalis (Samenbläschen)
③ Prostata (Vorsteherdrüse)
④ Ductus deferens (Samenleiter)
⑤ Penis (Glied)
⑥ Testis (Hoden)
⑦ Symphysis pubica (Schambeinfuge)
⑧ Glans penis (Eichel)

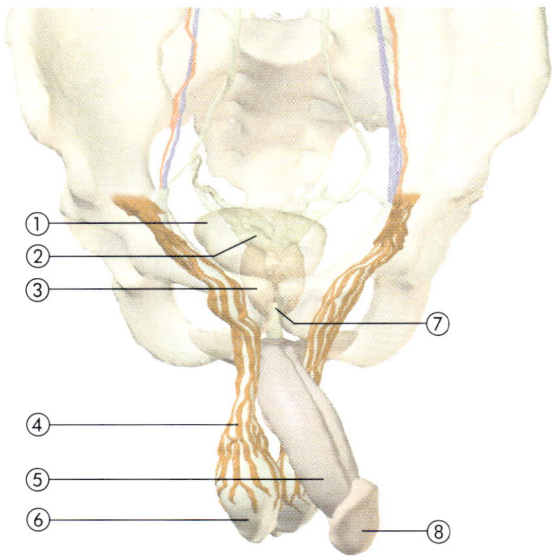

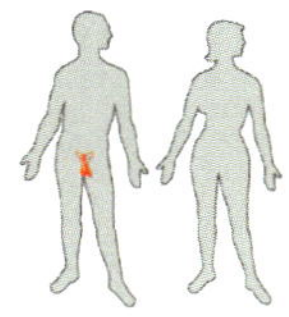

Damit es zur Fortpflanzung kommt, muss sich der Penis aufrichten (Erektion), um in die Scheide eingeführt werden zu können, und es muss ein Samenerguss (Ejakulation) stattfinden. Bei der Erektion wird der sonst schlaffe Penis steif und länger. Die Erektion kommt durch einen Reflex zustande, der vom autonomen Nervensystem (ANS, siehe S. 98) gesteuert wird. Bei sexueller Erregung erweitern sich die Arteriolen. Dadurch gelangt mehr Blut in die Schwammgewebe des Penisschafts und der Eichel, der Penis wird länger und steif.

MÄNNLICHE GESCHLECHTSORGANE

Wie die Erektion ist auch die Ejakulation ein vom ANS gesteuerter Reflex (siehe S. 98). Sie wird dann ausgelöst, wenn die sexuelle Erregung ihren Höhepunkt erreicht hat, und erfolgt in zwei Phasen. In der ersten Phase kontrahieren sich die Samenleiter und pressen die Spermien zur Gliedwurzel; die Vorsteherdrüse und die Samenbläschen entleeren ihre Sekrete, die sich mit den Spermien zur Samenflüssigkeit vermischen. An diesem Punkt weiß der Mann, dass der Samenerguss nicht mehr aufzuhalten ist, und die zweite Phase beginnt. Die Muskeln in der Gliedwurzel ziehen sich rhythmisch im Abstand von 0,8 Sekunden zusammen und schleudern das Sperma stoßweise (in bis zu 5 Stößen) aus dem Penis heraus. Insgesamt werden etwa 4 ml (ca. 1 Esslöffel) Sperma mit durchschnittlich 160 Millionen Samenzellen darin ausgestoßen. Nach dem Samenerguss endet die Erektion, der Penis erschlafft.

Die Samenproduktion

Da die Hoden im Hodensack hängen, bleibt ihre Temperatur ständig etwa 3° unter Körpertemperatur. Diese niedrigere Temperatur ist ideal für die Samenproduktion. Ein gesunder Mann erzeugt von der Pubertät bis ins hohe Alter täglich mehrere hundert Millionen Spermien. Die Entstehung und Reifung einer Samenzelle dauert länger als zwei Monate. Die Spermien entstehen in den 1-4 stark aufgeknäuelten Hodenkanälchen (Tubuli seminiferi) in jedem der etwa 250 Hodenläppchen pro Hoden. Die in den Wänden der Hodenkanälchen untergebrachten Keimzellen teilen sich und bilden Millionen unreifer Spermien pro Sekunde, die über die Samenkanälchen in den Nebenhoden wandern, wo sie heranreifen. Die Samenproduktion wird durch zwei Hypophysenhormone gesteuert: Luteinisierungshormon (LH) und follikelstimulierendes Hormon (FSH). LH stimuliert die interstitiellen Zellen zwischen den Hodenkanälchen zur Ausschüttung des männlichen Geschlechtshormons Testosteron; FSH und Testosteron regen die Hodenkanälchen zur Spermienbildung an.

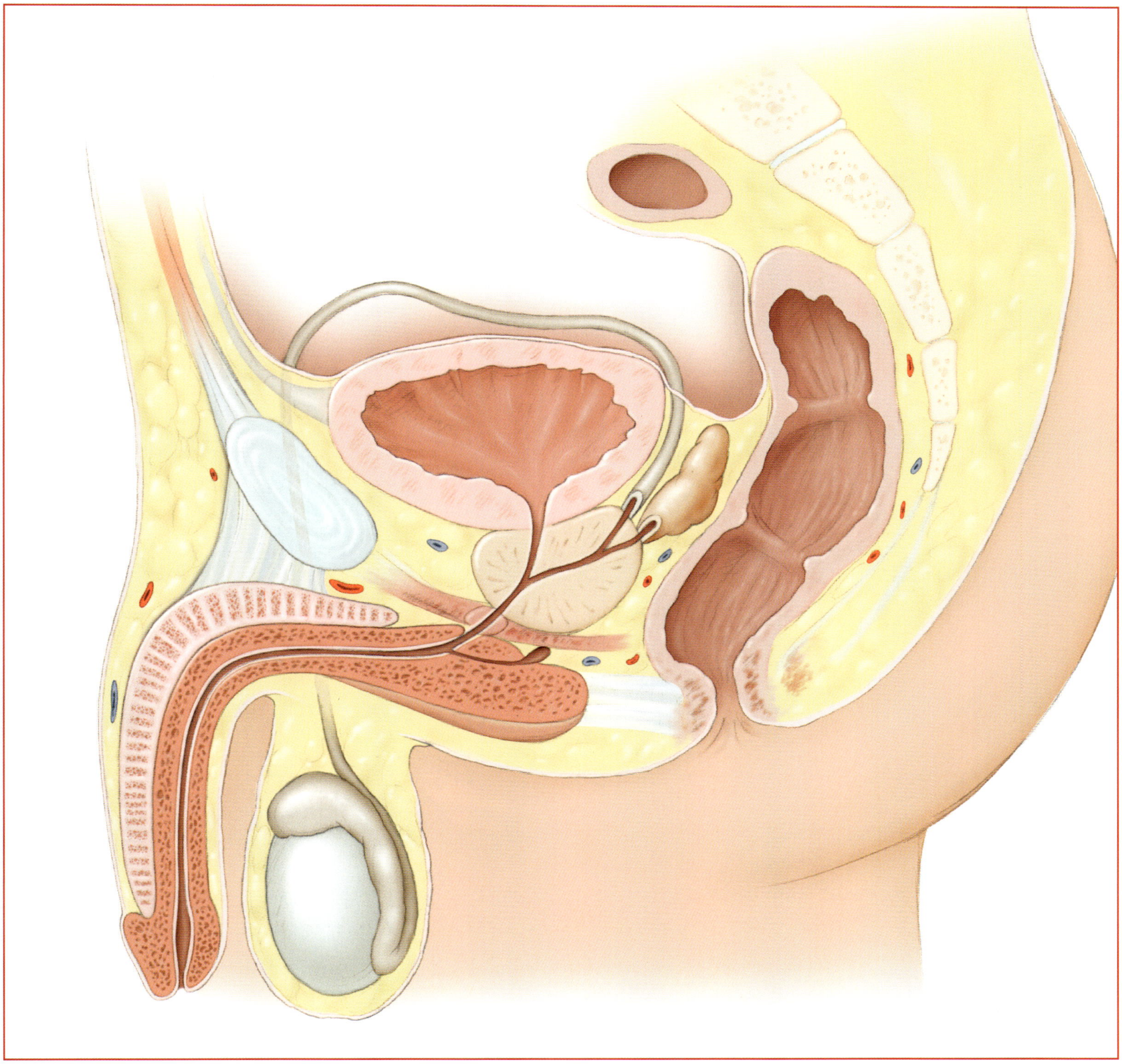

Mediansagittalschnitt durch das männliche Becken. Die Hoden, in denen die Samenzellen gebildet werden, stehen über den Samenleiter mit der Harnröhre in Verbindung, deren Öffnung nach außen in der Eichel liegt. In die Harnröhre entleeren sich die akzessorischen Geschlechtsdrüsen – die Samenbläschen, die Vorsteherdrüse und die Cowper-Drüse.

1. Vesica urinaria
2. Symphysis pubica
3. Urethra
4. Corpus cavernosum (Gliedschwellkörper)
5. Corpus spongiosum (Harnröhrenschwellkörper)
6. Penis
7. Glans penis
8. Ductus deferens (Samenleiter)
9. Rectum (Mastdarm)
10. Vesicula seminalis (Samenbläschen)
11. Prostata (Vorsteherdrüse)
12. Glandula bulbourethralis (Cowper-Drüse)
13. Anus (After)
14. Epididymis (Nebenhoden)
15. Scrotum (Hodensack)
16. Testis (Hoden)

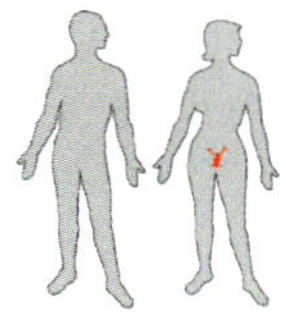

Die weiblichen Fortpflanzungsorgane erfüllen eine doppelte Aufgabe: Sie bilden weibliche Geschlechtszellen, die Eizellen oder Ova, und stellen geeignete Bedingungen für die Entwicklung des Babys her, falls eine Eizelle von einer Samenzelle befruchtet wird. Zu den weiblichen Geschlechtsorganen zählen ausser den Eierstöcken, den primären Geschlechtsorganen, noch die Eileiter, die Gebärmutter, die Scheide und das äussere Genitale (Vulva).

WEIBLICHE GESCHLECHTS-ORGANE

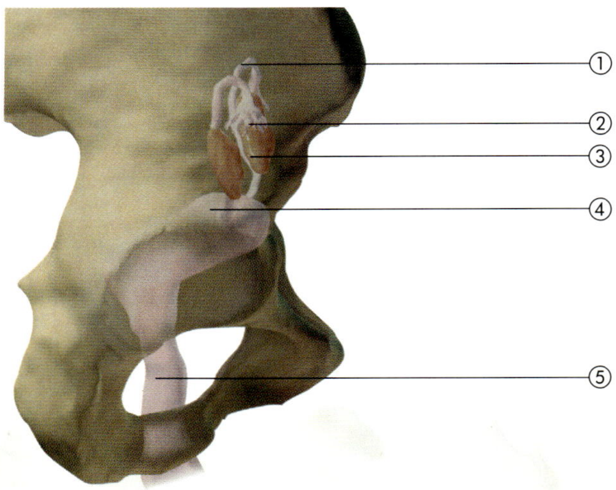

Anders als beim Mann liegen die Geschlechtsorgane der Frau allesamt im Unterleib.

① Tuba uterina /Salpinx (Eileiter)
② Fimbriae (Fransen)
③ Ovarium (Eierstock)
④ Uterus (Gebärmutter)
⑤ Vagina (Scheide)

Die Eierstöcke (Ovarien)

Die paarigen Eierstöcke liegen beidseits der Gebärmutter und werden zum Teil vom trichterförmigen Ende des Eileiters umfasst, der den Eierstock mit der Gebärmutter verbindet. Jede Frau ist bereits bei der Geburt mit dem kompletten Vorrat an Eizellen bzw. deren Vorstufen – bis zu 2 Millionen Oozyten – ausgestattet. Ab der Pubertät und bis zur Menopause reift allmonatlich eine Eizelle heran und wird freigesetzt. Die Eierstöcke schütten selbst die weiblichen Geschlechtshormone Östrogen und Progesteron aus, die den Menstruationszyklus sowie die Entwicklung der sekundären Geschlechtsmerkmale (z. B. der Brüste) steuern.

Ovarial- und Menstruationszyklus

Ein Zyklus ist eine sich wiederholende Abfolge von Ereignissen in bestimmter Reihenfolge. Allmonatlich sorgen zwei aufeinander abgestimmte Zyklen – der Ovarialzyklus und der Menstruationszyklus – dafür, dass aus einem Eierstock ein Ei freigesetzt und die Gebärmutter so vorbereitet wird, dass sie das Ei, falls es befruchtet wird, aufnehmen kann. Beide Zyklen dauern durchschnittlich 28 Tage. Der Ovarialzyklus wird von zwei Hypophysenhormonen gesteuert: Luteinisierungshormon (LH) und follikelstimulierendem Hormon (FSH). FSH stimuliert das Wachstum und die Reifung einiger Eierstockfollikel, die unreife Eier enthalten. Ein Follikel und das Ei darin werden viel größer als alle anderen. In der Zyklusmitte steigen die LH-Spiegel und lösen den Eisprung aus: Der Follikel platzt und entlässt sein Ei in den Eileiter. Wenn dieses Ei nicht befruchtet wird, beginnt 14 Tage nach dem Eisprung ein neuer Zyklus.

In der ersten Phase des Menstruationszyklus regt FSH den Eierstock zur Ausschüttung von Östrogen an; dadurch beginnt die Gebärmutterschleimhaut zu wachsen. Nach dem Eisprung schüttet der Eierstock auch Progesteron aus, das mit dem Östrogen zusammen eine weitere Verdickung der Schleimhaut bewirkt. Wenn die Eizelle unbefruchtet bleibt, sinken die Progesteron- und Östrogenspiegel, die Gebärmutterschleimhaut wird abgestoßen und die Regelblutung setzt ein. Schwankungen der Hormone FSH, LH, Östrogen und Progesteron, die sich gegenseitig beeinflussen, regeln das Zyklusgeschehen.

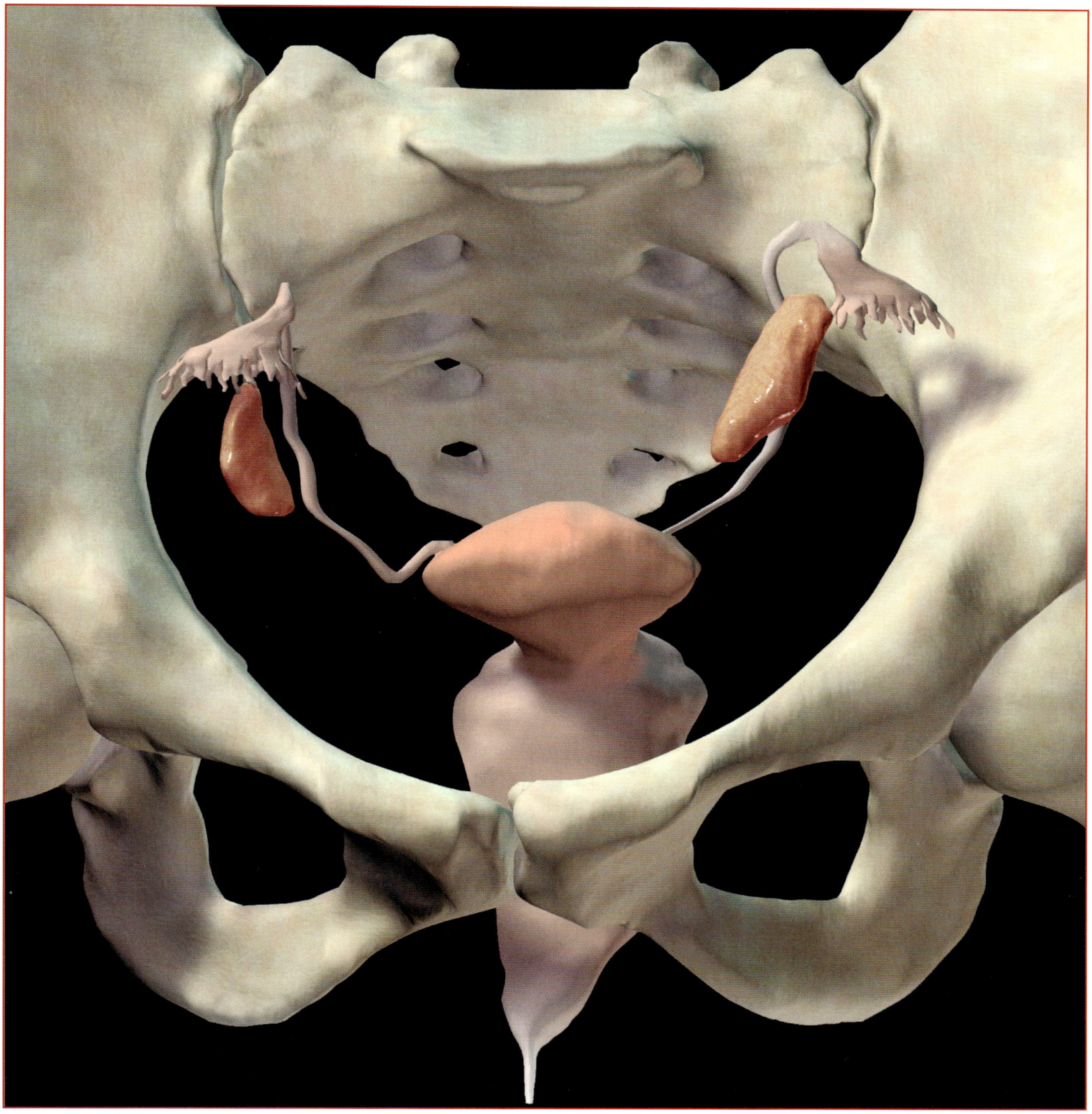

Zu den weiblichen Geschlechtsorganen zählen: die paarigen Eierstöcke beidseits der Gebärmutter; die beiden Eileiter; die Gebärmutter; die Scheide; und der Kitzler (hier nicht zu sehen).

① Pelvis (Becken)
② Tuba uterina/Salpinx (Eileiter)
③ Ovarium (Eierstock)
④ Fimbriae (Fimbrien; Fransen)
⑤ Uterus (Gebärmutter)
⑥ Cervix uteri (Gebärmutterhals; Zervix)
⑦ Vagina (Scheide)

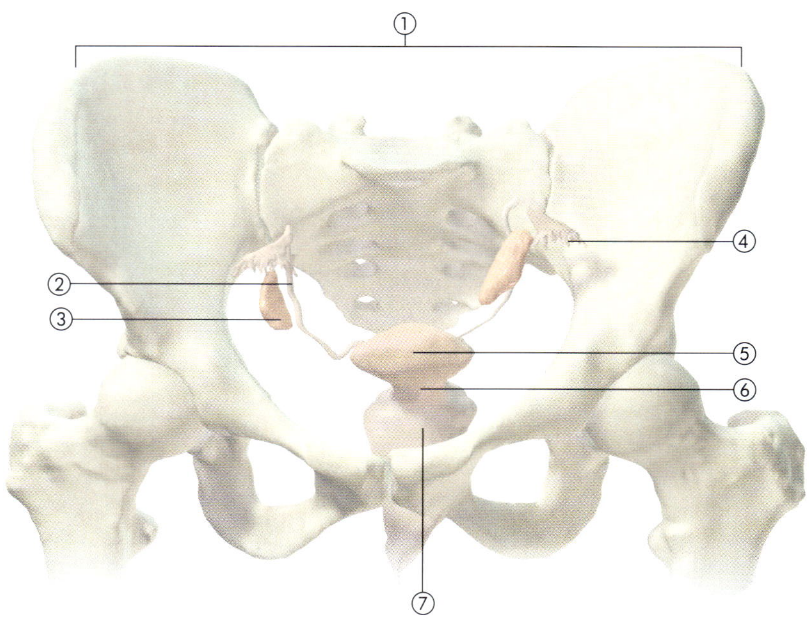

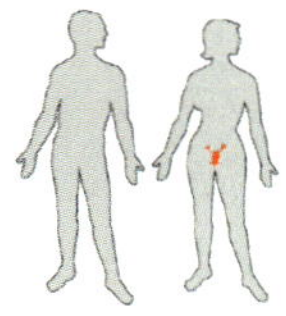

WÄHREND DIE EIERSTÖCKE DIE EIZELLEN BILDEN, SIND ANDERE TEILE DES WEIBLICHEN FORTPFLANZUNGSSYSTEMS DAFÜR ZUSTÄNDIG, DIE VEREINIGUNG VON EIZELLE UND SAMENZELLE ZU ERMÖGLICHEN UND DIE VERSORGUNG DER EIZELLE SICHERZUSTELLEN, FALLS SIE BEFRUCHTET WIRD.

WEIBLICHE GESCHLECHTS-ORGANE

Die Eileiter nehmen die bei der Ovulation aus dem Eierstock freigesetzten Eizellen auf. Hier findet die Vereinigung von Eizelle und Samenzelle statt.
Durch den Eileiter wandert das befruchtete Ei in die Gebärmutter. Dieses Hohlorgan birgt und schützt den Fötus während seiner Entwicklung.
Die Gebärmutterwand enthält eine dicke Schicht glatter Muskeln, das Myometrium, das sich während der Schwangerschaft gewaltig dehnt und sich bei der Geburt zusammenzieht, um das Baby hinauszuschieben. Innen ist die Gebärmutter mit dem samtigen Endometrium ausgekleidet, in dem sich das befruchtete Ei einnistet, um sich zu entwickeln.
Die Gebärmutter steht mit der Scheide über den Gebärmutterhals (Cervix uteri) in Verbindung. Die Scheide ist ein 8-10 cm langer Muskelschlauch, in den der Penis beim Geschlechtsverkehr eingeführt wird und über den bei der Regelblutung die abgestoßene Gebärmutterschleimhaut sowie bei der Geburt das Baby nach außen gelangt.
Das äußere Genitale, auch Vulva genannt, besteht aus den großen und kleinen Schamlippen (Labia majora und minora), die den Scheideneingang bzw. die Öffnung der Harnröhre umgeben, sowie dem Kitzler (Clitoris). Der Kitzler spielt – ähnlich wie der Penis – bei der sexuellen Erregung eine wichtige Rolle. Eichel und Schaft sind beim Kitzler zwar viel kleiner als beim Penis, doch die anatomische Binnenstruktur – über die erst in jüngster Zeit Näheres bekannt wurde – ist hier ähnlich komplex.

Entwicklung der äußeren Geschlechtsorgane beim Mann und bei der Frau

Sechs Wochen nach der Empfängnis ist der Embryo in der Gebärmutter etwa so groß wie eine Weinbeere. In diesem Stadium sind die äußeren Geschlechtsorgane bei beiden Geschlechtern gleich. Wie sich die Genitalien weiterentwickeln, hängt davon ab, ob der Embryo genetisch durch XY-Chromosomen als männlich oder – durch XX-Chromosomen – als weiblich definiert ist. Beim männlichen Embryo sendet das Y-Chromosom eine Botschaft aus, die den Befehl zur Entwicklung von Hoden enthält; die daraufhin entstehenden Hoden schütten das Hormon Testosteron aus, das die Urogenitalfalten anweist, sich zu Penis und Hodensack zu entwickeln. Wenn kein Y-Chromosom vorhanden ist, entwickelt sich ein Kitzler anstelle des Penis, und statt des Hodensacks entstehen Schamlippen. In der 12. Entwicklungswoche sind die unterschiedlich ausgebildeten Geschlechtsorgane bereits zu erkennen, und bei der Geburt ist das Baby eindeutig ein Junge oder ein Mädchen.

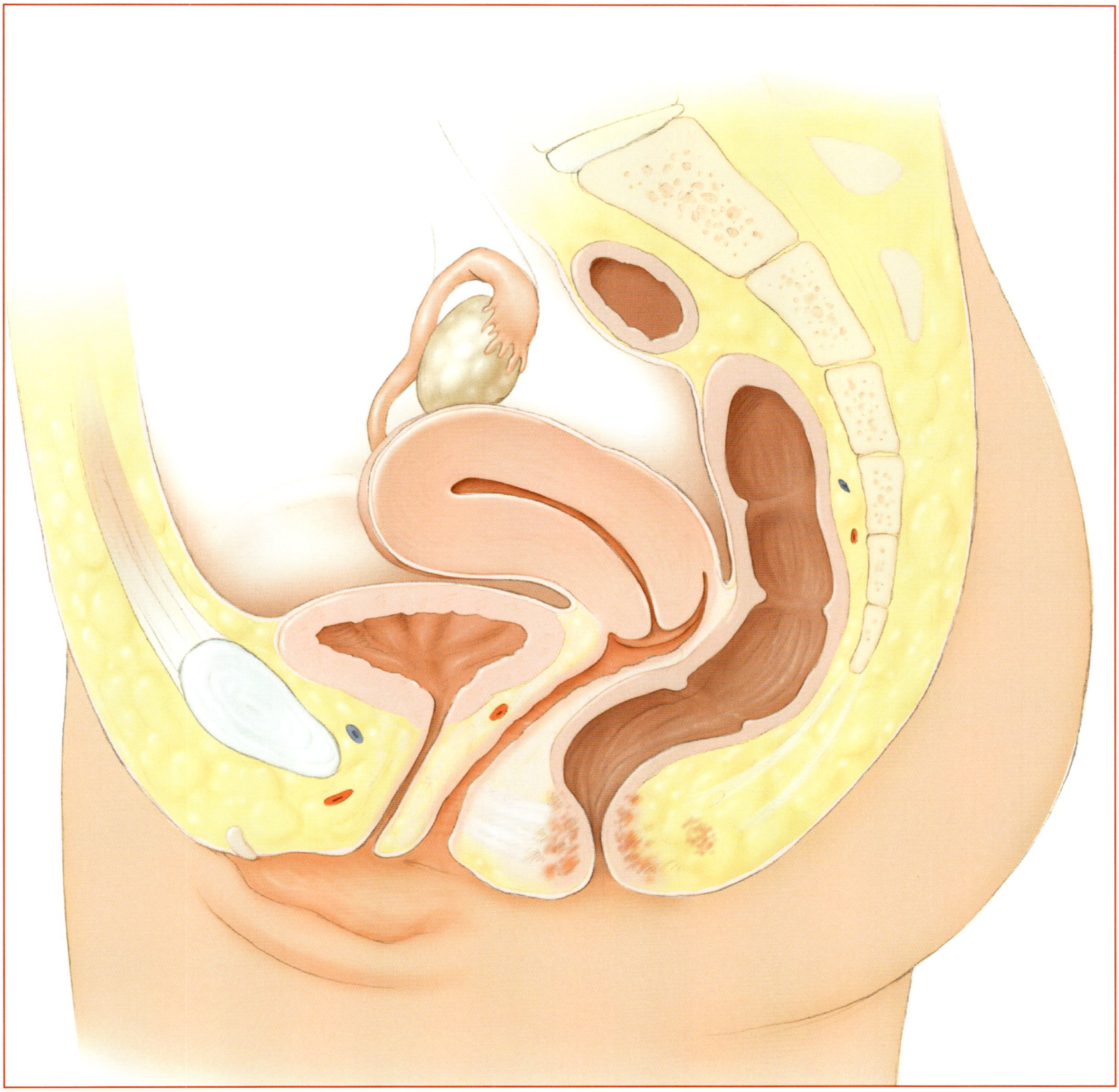

Mediansagittalschnitt durch das weibliche Becken; Ansicht von links. Die Abbildung zeigt sowohl die inneren Fortpflanzungsorgane – den rechten Eierstock und Eileiter, die Gebärmutter und die Scheide – als auch das äußere Genitale einschließlich des Kitzlers.

① Fimbriae
② Ovarium (Eierstock)
③ Tuba uterina (Eileiter)
④ Lig. teres uteri (rundes Mutterband)
⑤ Vesica urinaria
⑥ Symphysis pubica
⑦ Urethra (Harnröhre)
⑧ Clitoris (Kitzler)
⑨ Labium majus
⑩ Labium minus
⑪ Vagina (Scheide)
⑫ Anus (After)
⑬ Uterus
⑭ Cervix uteri
⑮ Rectum

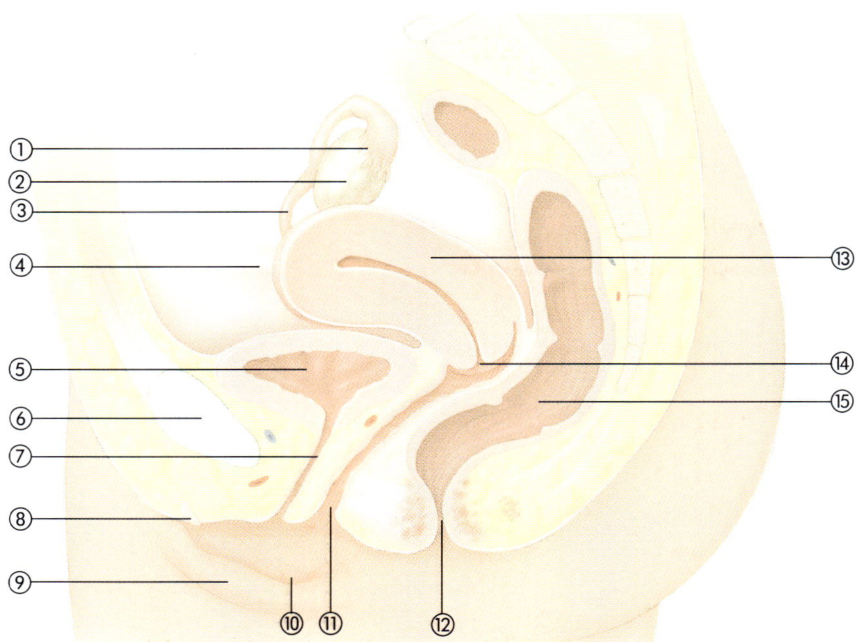

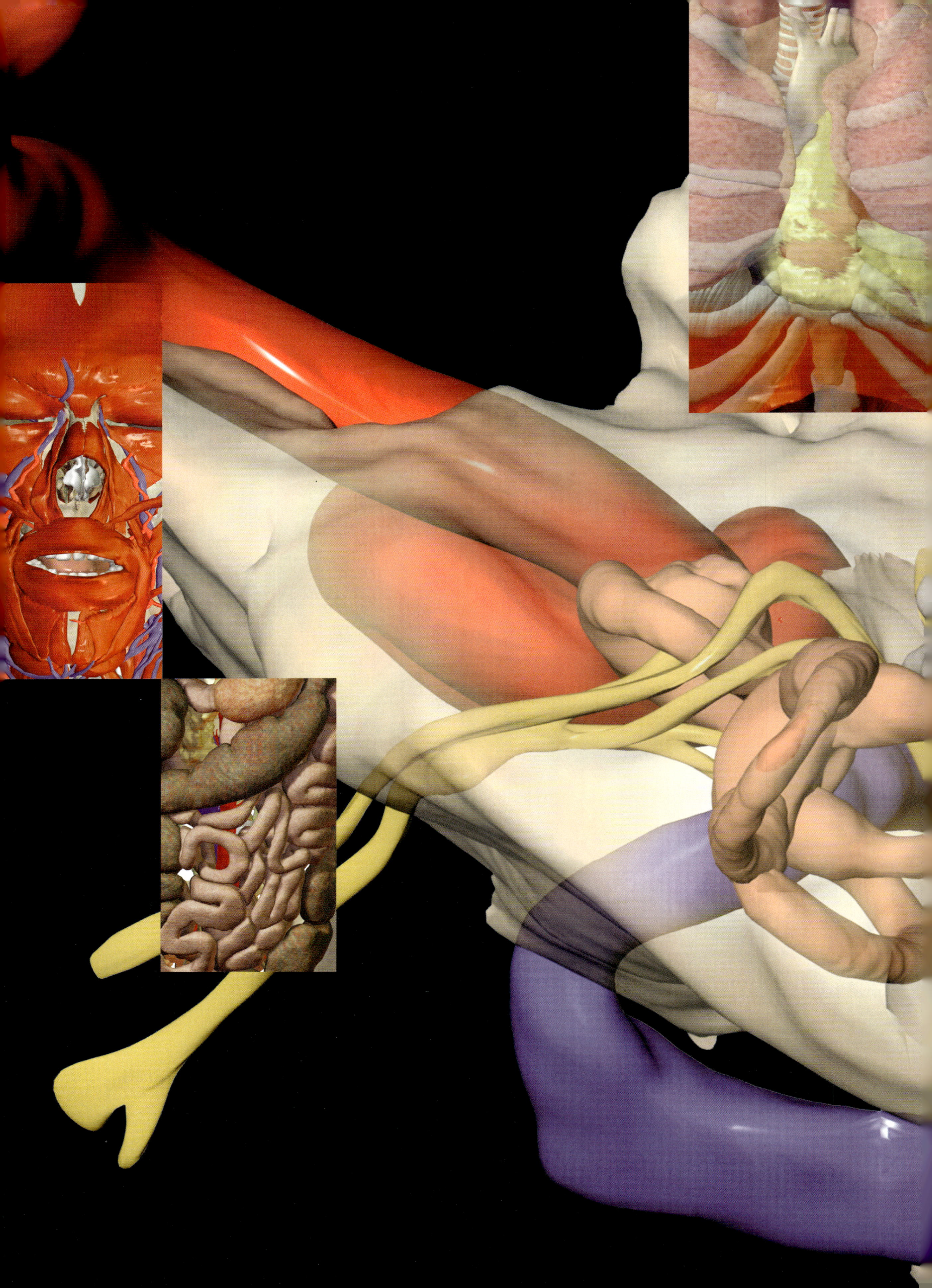

•ZWEITER TEIL•

Topographische Anatomie

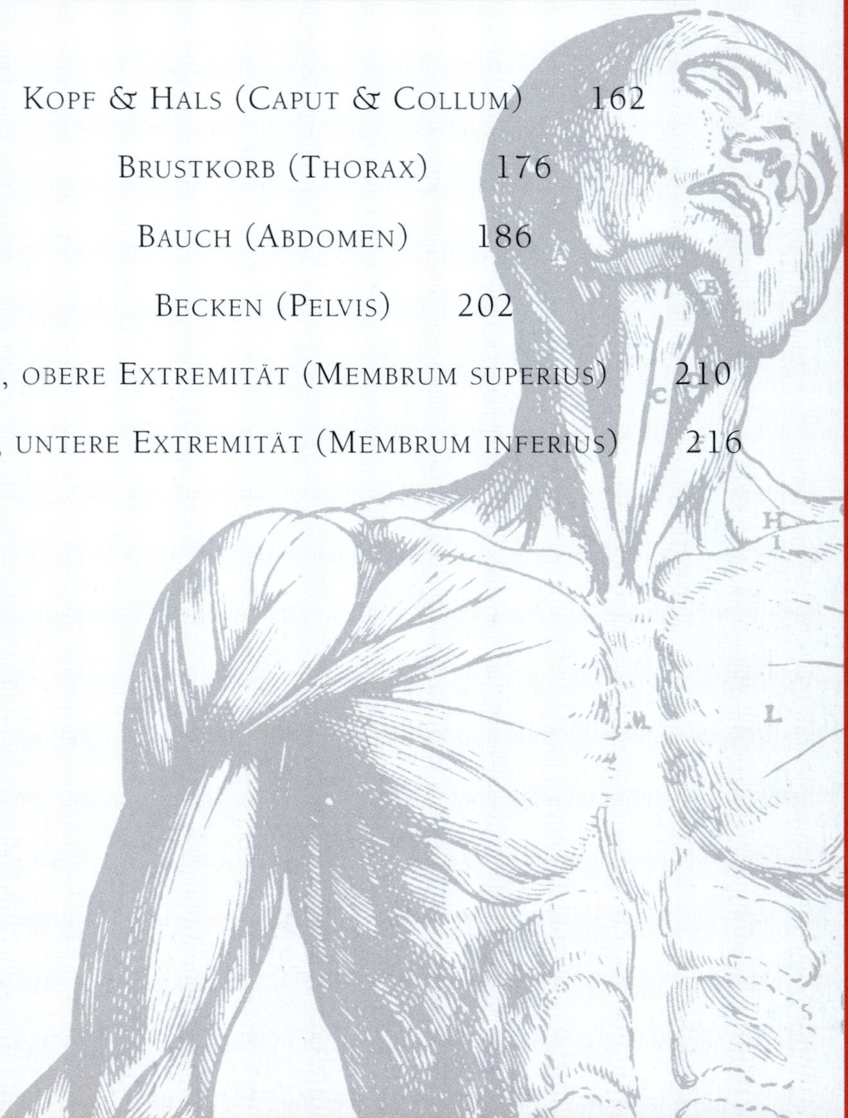

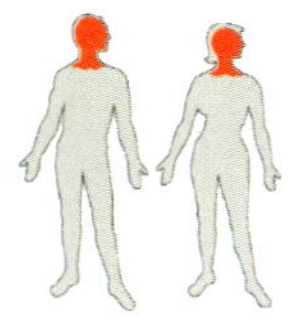

IM KOPF SIND DAS KONTROLLZENTRUM UND DIE WICHTIGSTEN SINNESORGANE UNTERGEBRACHT. DAS SKELETT DES KOPFES BESTEHT AUS DEM HIRNSCHÄDEL, DESSEN KNOCHEN DAS KUPPELFÖRMIGE SCHÄDELDACH BILDEN UND DAS GEHIRN SCHÜTZEN, UND DEM GESICHTSSCHÄDEL (SIEHE S. 42). ZU DEN SINNESORGANEN IM KOPF GEHÖREN: DIE AUGEN IN DEN AUGENHÖHLEN; DIE IN HOHLRÄUMEN DER SCHLÄFENBEINE UNTERGEBRACHTEN GEHÖR- UND GLEICHGEWICHTSORGANE; DIE ZUNGE IN DER MUNDHÖHLE; UND DIE GERUCHSREZEPTOREN IN DER NASE. MUND UND NASE LASSEN LUFT HEREIN, DER MUND IST ZUDEM DIE EINLASSPFORTE FÜR ESSEN UND TRINKEN.

KOPF UND HALS

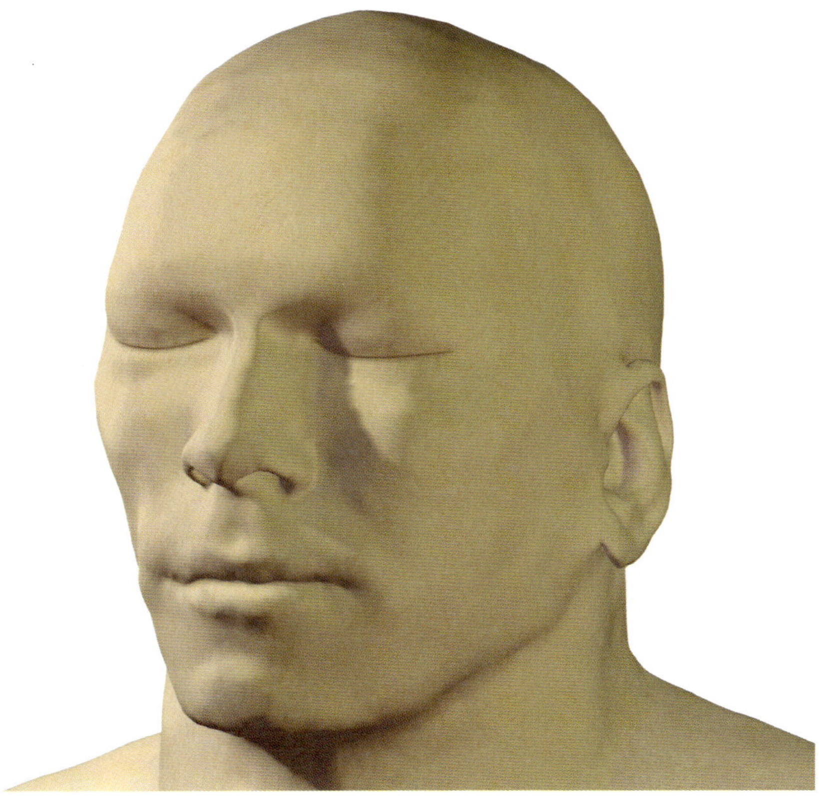

Der Kopf enthält das Gehirn, die Augen und Ohren und bietet mit Mund und Nase Einlassöffnungen. Der Hals verbindet Kopf und Stamm miteinander.

Der Hals trägt den Kopf, macht ihn beweglich und verbindet ihn mit dem Rumpf. Das Halsskelett besteht aus den sieben Halswirbeln; die zwei obersten ermöglichen das horizontale Kopfschütteln und vertikale Nickbewegungen (siehe S. 46). Durch den Hals ziehen auch die großen Blutgefäße, die Kopf und Gehirn versorgen; die Luftröhre (Trachea; siehe S. 130); die Speiseröhre (Oesophagus; siehe S. 140); und schließlich das Rückenmark im Wirbelkanal, das Gehirn und peripheres Nervensystem verbindet (siehe S. 96).

Blutversorgung von Kopf und Hals

Mit sauerstoffreichem Blut versorgen vier Arterienpaare, die direkt oder indirekt vom Aortenbogen ausgehen, den Kopf und den Hals.

- Die rechte und linke gemeinsame **Halsschlagader** (A. carotis communis) teilen sich in je zwei Endäste: der äußere versorgt den Großteil der Kopfgewebe außer Gehirn und Augenhöhle; der innere die Augenhöhle und den Großteil des Gehirns.
- Die **Wirbelschlagadern** (Aa. vertebrales) versorgen den Hals, das Kleinhirn und einen Teil des Großhirns.
- Der **Schilddrüsen-Hals-Schlagaderstamm** (Truncus thyrocervicalis) und der **Rippen-Hals-Schlagaderstamm** (Truncus costocervicalis) versorgen den Hals.

Den Abtransport des Blutes aus Kopf und Hals besorgen drei Venenpaare, die – meist über andere Venen – in die obere Hohlvene münden:

- äußere Drosselvenen (Vv. jugulares externae): aus der Oberfläche des Kopfes.
- innere Drosselvenen (Vv. jugulares internae): aus dem Gehirn.
- Wirbelvenen(Vv. vertebrales): aus dem Hals.

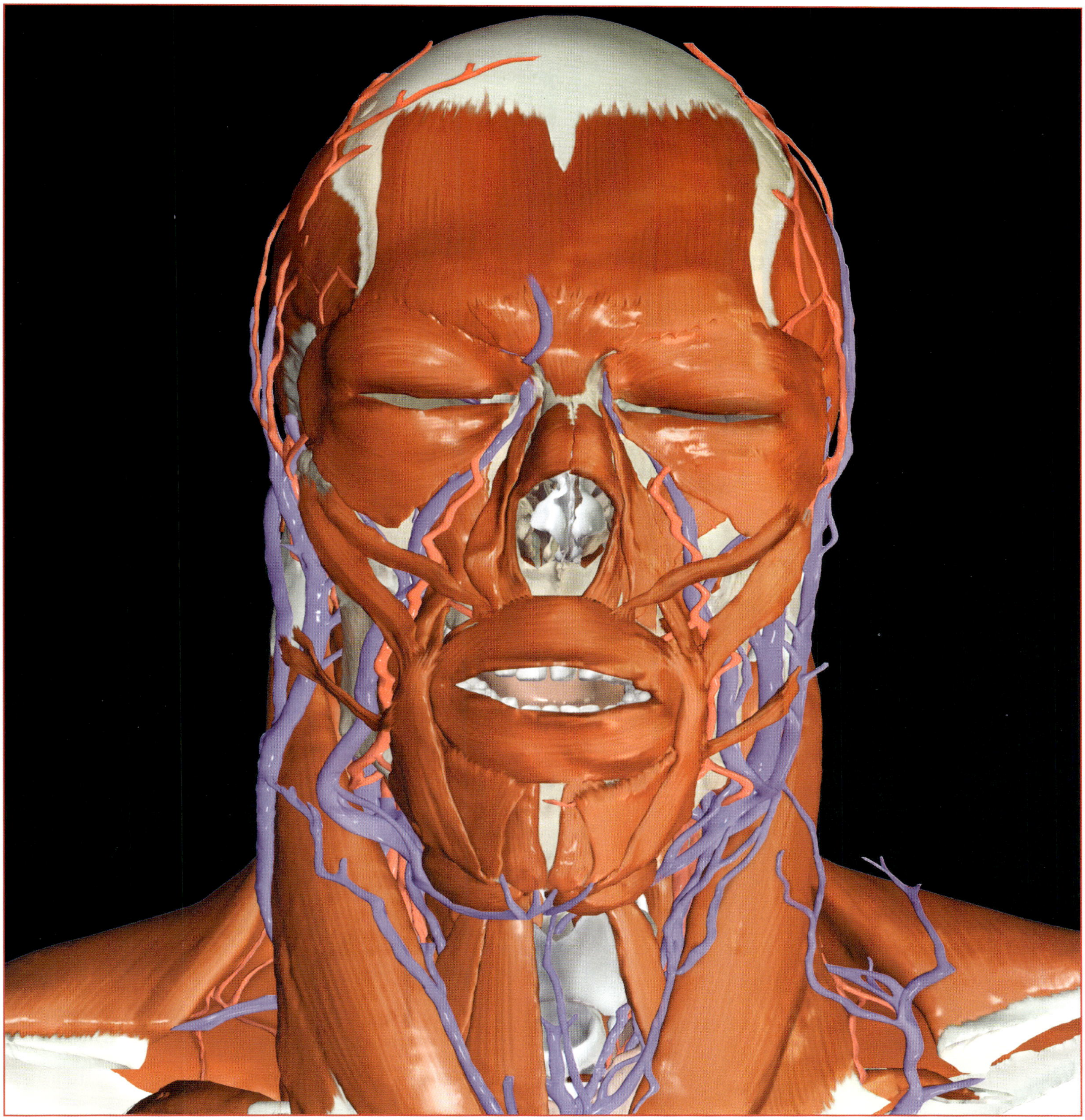

① M. temporalis (Schläfenmuskel)
② M. levator labii superioris alaeque nasi
③ Cartilago nasi (Nasenknorpel)
④ V. jugularis externa
⑤ V. jugularis interna
⑥ M. mentalis
⑦ A. carotis externa
⑧ M. sternocleidomastoideus
⑨ M. frontalis
⑩ M. orbicularis oculi
⑪ M. levator labii superioris
⑫ M. zygomaticus minor (kleiner Jochbeinmuskel)
⑬ M. zygomaticus major (großer Jochbeinmuskel)
⑭ M. orbicularis oris
⑮ M. depressor anguli oris
⑯ M. depressor labii inferioris
⑰ M. sternohyoideus (Brustbein-Zungenbein-Muskel)
⑱ Larynx (Kehlkopf)

Oberflächliche Muskeln und Blutgefäße von Kopf und Hals; Ansicht von ventral. Die Gesichtsmuskeln bewirken den Gesichtsausdruck; die Halsmuskeln ermöglichen Halsbewegungen oder sind am Schluckakt beteiligt. Die Blutgefäße versorgen die Muskeln, die Sinnesorgane und das Gehirn.

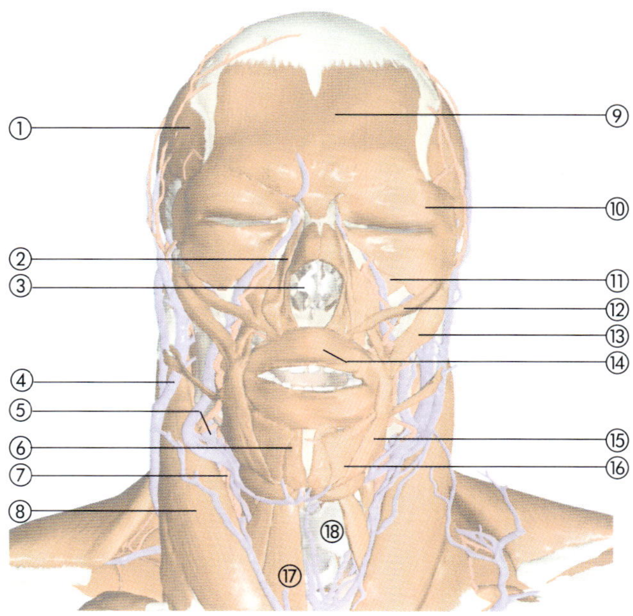

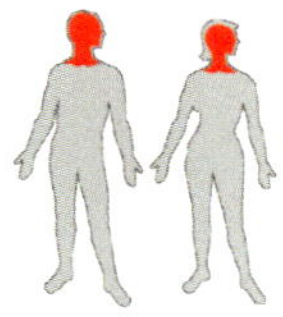

VERSCHIEDENE MUSKELGRUPPEN SIND FÜR DIE KOPF- UND HALSBEWEGUNGEN ZUSTÄNDIG. DIE MEISTEN VON IHNEN WERDEN VON NERVENIMPULSEN AUS DEN HIRNNERVEN (SIEHE S. 94) GESTEUERT.

KOPF UND HALS

Schädel- und Halsskelett; Ansicht von ventrolateral (rechts). Muskelgewebe und Blutgefäße sind entfernt.

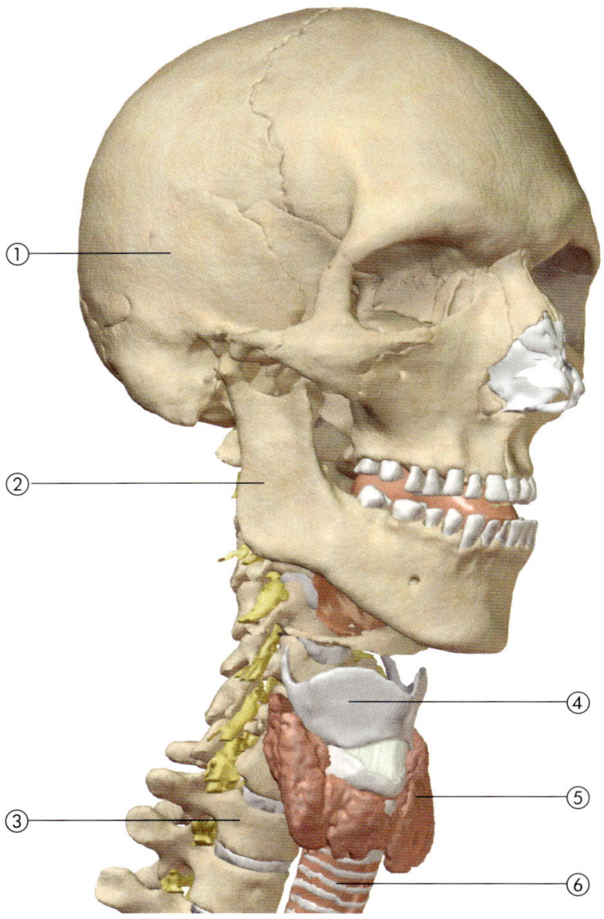

① Cranium (Hirnschädel)
② Mandibula (Unter-kiefer)
③ Columna vertebralis (Wirbelsäule)
④ Cartilago thyroidea (Schildknorpel)
⑤ Glandula thyroidea (Schilddrüse)
⑥ Trachea (Luftröhre)

- Oberflächliche Schädel- und Gesichtsmuskeln (z. B. der Stirnmuskel und der große Jochbeinmuskel) sind für die Mimik zuständig. Ungewöhnlich an ihnen ist, dass sie ihren Ansatz in der Haut haben und sie verziehen.
- Die äußeren Augenmuskeln (siehe S. 170) bewegen die Augäpfel in der Augenhöhle.
- Vier Paar Kaumuskeln, darunter der M. masseter und der M. temporalis, ziehen den Unterkiefer nach oben. Andere, kleinere Muskeln bewegen den Unterkiefer seitwärts.
- Die äußeren Zungenmuskeln (siehe unten) ziehen die Zunge nach vorn bzw. hinten.
- Die Muskeln an der Vorderseite des Halses sind zum Großteil am Schlucken beteiligt.
- Die Kopfwender neigen den Hals und drehen ihn zur Seite.
- Die Nackenmuskeln neigen den Kopf nach hinten und stützen ihn.

Die Zunge

Die rosige, muskulöse Zunge erfüllt eine Vielzahl von Aufgaben auf den Gebieten der Verdauung, des Geschmacks und der Sprache. Zum Großteil besteht sie aus Skelettmuskeln. Die äußeren Zungenmuskeln, die am Unterkiefer und am Zungenbein befestigt sind, verändern die Lage der Zunge, ziehen sie nach vorne, nach hinten und bewegen sie seitwärts. Die inneren Zungenmuskeln, die nicht an Knochen befestigt sind, verändern die Zungenform (breiter oder schmaler). Die Zungenbewegungen durchmischen den Bissen beim Kauen mit Speichel und befördern ihn in den Rachen, um die Schluckbewegung auszulösen. Außerdem sind unterschiedliche Zungenpositionen auch an der Umformung der Kehlkopflaute in verständliche Sprachlaute beteiligt.

Die Zungenoberseite ist von winzigen Papillen übersät. Zahlreiche Fadenpapillen (Papillae filiformes) machen die Zunge rauh; die Pilzpapillen (Papillae fungiformes), die großen Wallpapillen (Papillae vallatae) hinten im Mund sowie die Blätterpapillen (Papillae foliatae) im hintersten Teil des Zungenrandes enthalten die Geschmacksknospen. Die sensorischen Chemorezeptoren können vier Hauptgeschmacksrichtungen erkennen: süß, salzig, sauer und bitter – je nachdem, welche Geschmacksstoffe im Speichel gelöst sind – und senden Impulse in die gustatorische Großhirnrinde (primäres Geschmackszentrum).

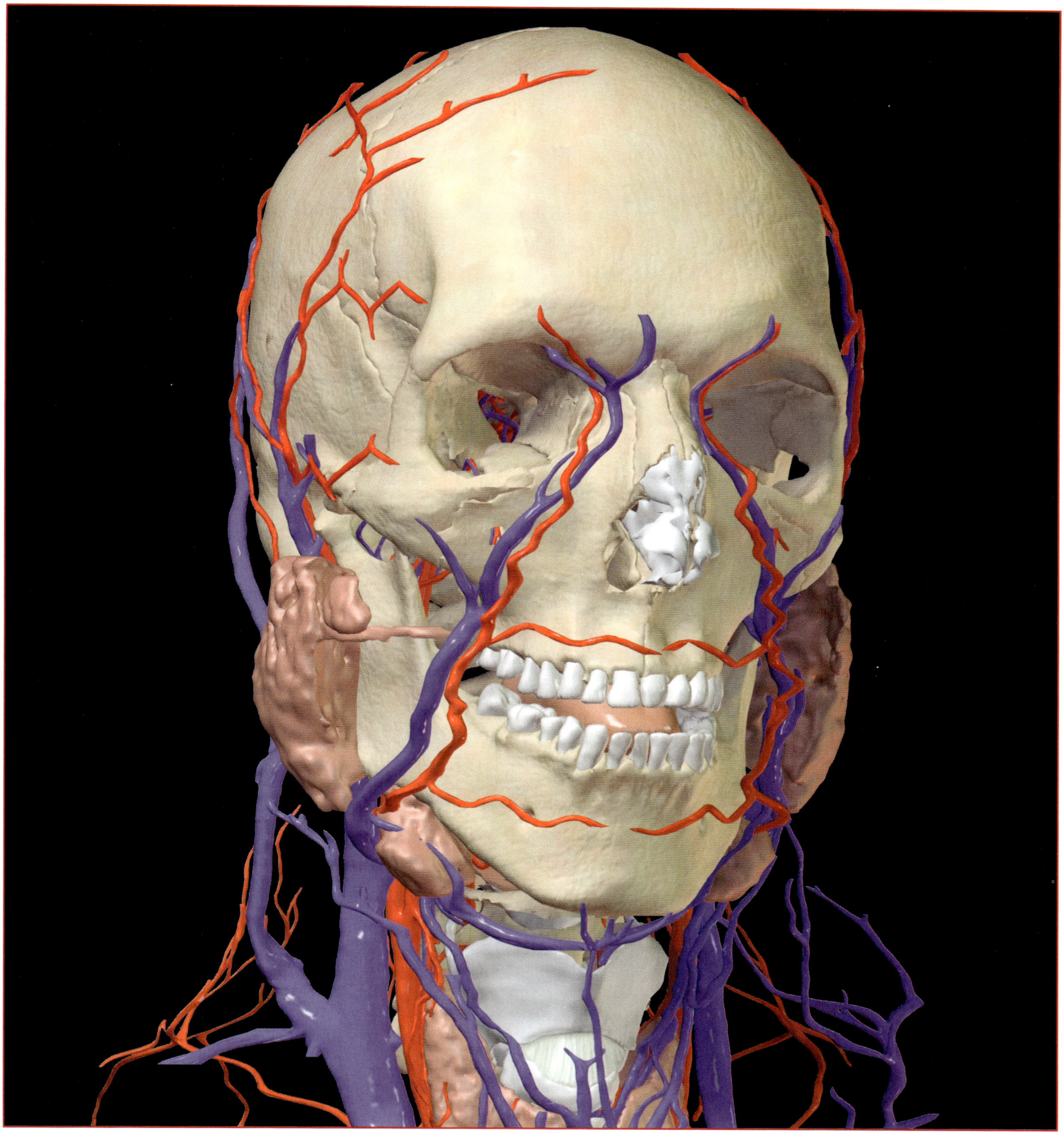

Kopf und Hals; Ansicht von ventrolateral (rechts). Die Muskeln sind entfernt, sodass die großen Blutgefäße sichtbar sind.

1. Os parietale (Schläfenbein)
2. Os sphenoidale (Keilbein)
3. A. temporalis superficialis (oberflächliche Schläfenschlagader)
4. Os zygomaticum (Jochbein)
5. V. retromandibularis
6. V. auricularis posterior
7. Glandula parotidea (Ohrspeicheldrüse)
8. A. facialis
9. V. facialis
10. Glandula submandibularis (Unterkieferspeicheldrüse)
11. V. jugularis interna
12. V. jugularis externa
13. A. carotis communis
14. Os frontale
15. Os nasale
16. Maxilla
17. Lingua (Zunge)
18. Mandibula (Unterkiefer)
19. Larynx (Kehlkopf)
20. Glandula thyroidea (Schilddrüse)

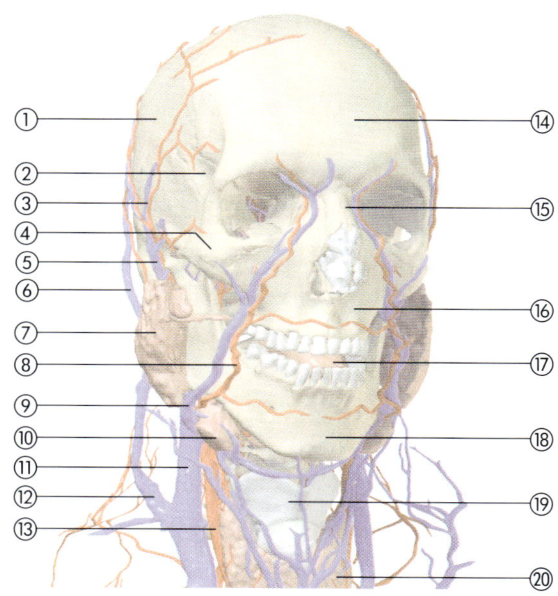

DAS GEHIRN

Das Gehirn befähigt den Menschen, zu fühlen, zu denken und sich zu bewegen; es steuert aber auch die meisten Vorgänge im Körper automatisch. Sein grösster Teil ist das Grosshirn (Cerebrum), der Sitz der Wahrnehmung und des bewussten Verhaltens. Beim Menschen ist es sehr gross und in der relativ kurzen Entwicklungsgeschichte sehr rasch gewachsen. Es hat zwei Hälften (Hemisphären), die von einem dünnen Mantel, der Hirnrinde (Cortex cerebri), bedeckt sind. Die Hirnrinde ist der Sitz sämtlicher Elemente des Bewusstseins. Die Gehirnoberfläche ist stark gegliedert in Sulci (Furchen) und Gyri (Windungen), dank deren eine grosse Rindenoberfläche im Schädel Platz hat. Der Cortex jeder Grosshirnhälfte besteht aus fünf Lappen: Hinterhauptslappen (mit dem Sehzentrum); Schläfenlappen (Hör- und Sprachzentrum); Insellappen (Geschmackszentrum); Scheitellappen (Motorik, Berührung und Erinnerung); Stirnlappen (Denken und Planung).

Die beiden Großhirnhälften sind miteinander durch den Balken (Corpus callosum) verknüpft, der einen ständigen Informationsaustausch zwischen ihnen ermöglicht. Hinter dem Großhirn liegt das Kleinhirn (Cerebellum), das die Bewegungen und das Gleichgewicht kontrolliert. Unter dem Balken sind die Bauteile des limbischen Systems zu finden, eines entwicklungsgeschichtlich uralten Bereiches. Es setzt Emotionen um, sendet Impulse an die Großhirnrinde und ist teilweise auch für die Erinnerung und die Homöostase zuständig. Der Hirnstamm (Truncus encephali), der entwicklungsgeschichtlich älteste Hirnteil, dient dem Informationsaustausch zwischen dem Gehirn und dem Rückenmark und steuert lebenswichtige Funktionen wie Herzschlag und Atemfrequenz.

Die schützenden Hirnhäute

Das zarte, empfindliche Hirngewebe wird nicht nur von den Schädelknochen, sondern auch von drei Hirnhäuten (Meningen) schützend umgeben: der äußeren harten Hirnhaut (Dura mater cranialis), der Spinnwebhaut (Arachnoidea mater cranialis) und der innersten Hirnhaut (Pia mater cranialis). Unter der Arachnoidea befindet sich ein Raum, der mit Liquor (Gehirn-Rückenmark-Flüssigkeit) gefüllt ist. Der aus dem Blut stammende Liquor bildet ein Flüssigkeitspolster, das das Gewicht des Gehirns verringert und es gegen Stöße und Schläge abpuffert.

Gehirn; Ansicht von lateral (rechts). Die graue Substanz (Cortex cerebralis) ist von der Großhirnhälfte abgetragen.

① Substantia alba (weiße Substanz) der rechten Großhirnhälfte
② Cerebellum (Kleinhirn)
③ Pons (Brücke)
④ Medulla oblongata (verlängertes Mark)

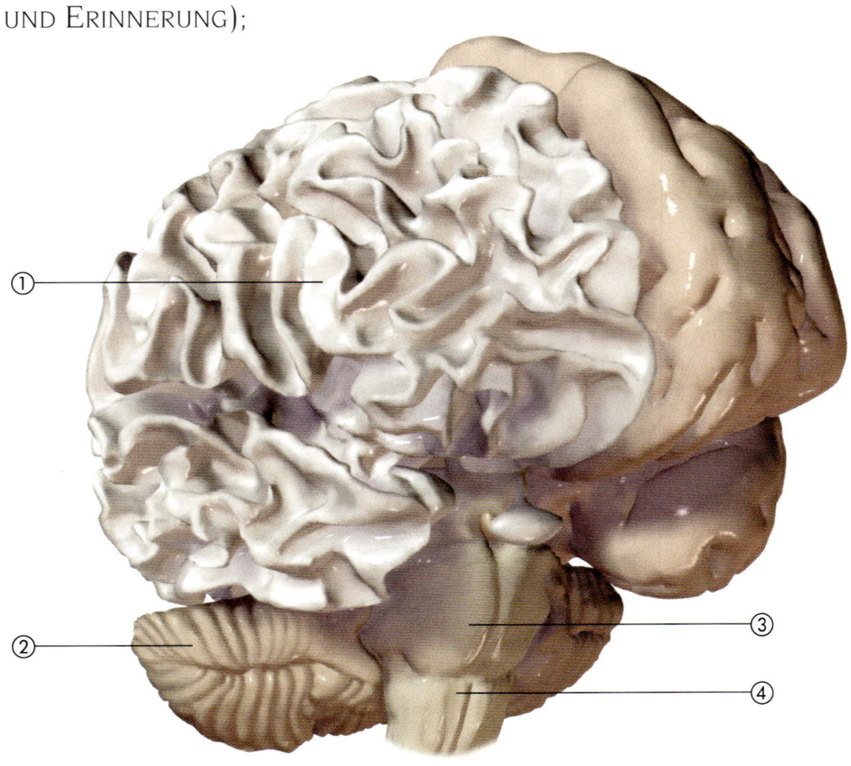

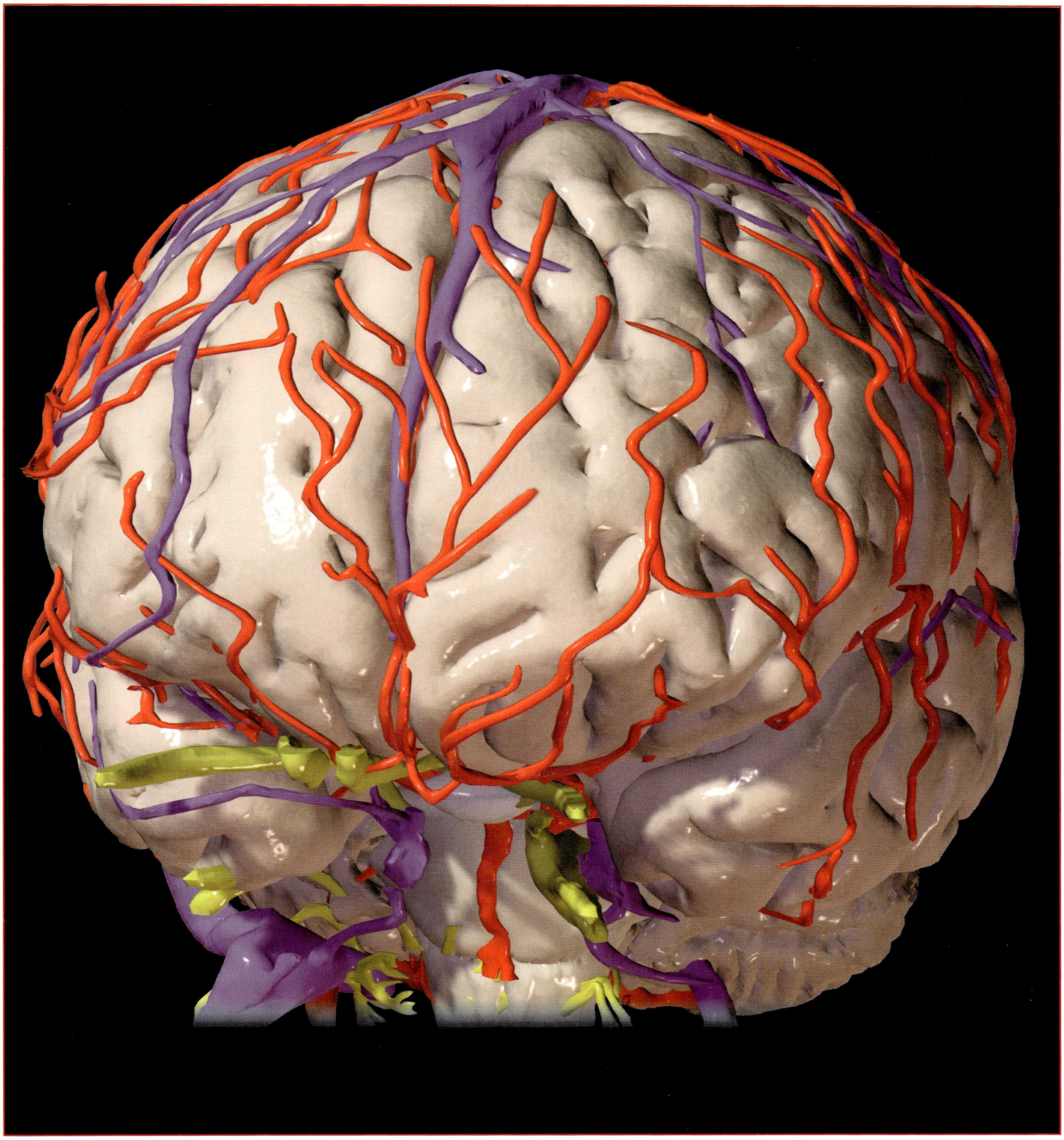

Gehirn, Ansicht von ventrolateral (links). Sichtbar sind die Großhirnhemisphären, der Hirnstamm und das Kleinhirn.

① Sinus sagittalis superior (oberer Sichelsinus)
② Hemisphaerium cerebri dextrum
③ Hypophysis (Hypophyse, Hirnanhangdrüse)
④ Pons (Brücke)
⑤ Medulla oblongata
⑥ Hemisphaerium cerebri sinistrum
⑦ Cerebellum (Kleinhirn)

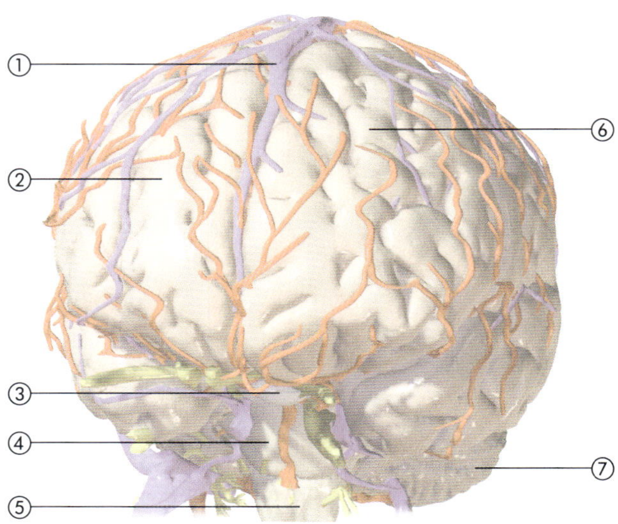

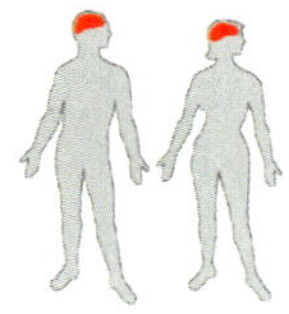

DAS GEHIRN

Der Hirnstamm verbindet das Rückenmark mit dem Thalamus, dem Hypothalamus sowie anderen Hirnteilen und steuert eine Reihe von unbewussten Vorgängen im Körper. Er besteht aus dem verlängerten Mark (im untersten Teil); dessen Verbindung mit weiteren Hirnteilen, der Brücke; und dem Mittelhirn als oberstem Teil. Das verlängerte Mark steuert die Herz- und die Atemfrequenz sowie weitere Funktionen wie Schlucken, Niesen und Husten. Die Brücke ist an der Regulierung der Atemfrequenz mitbeteiligt und ausserdem der Ursprung einiger Hirnnerven, die Gesichtsbewegungen wie das Kauen und die Augenbewegungen steuern. Das Mittelhirn enthält die Substantia nigra, die unbewusste Muskelaktivitäten steuert, ausserdem die Pupillengrösse und die Form der Linse im Auge und einige Augenbewegungen.

Das limbische System

Das limbische System ist der Oberbegriff, mit dem man einige Hirnteile bezeichnet, die den Hirnstamm knapp unterhalb der Großhirnunterseite umgeben. Dazu gehören das Ammonshorn (Hippocampus), der Mandelkörper (Corpus amygdaloideum) sowie Teile des Thalamus und des Hirngewölbes, das diese Teile miteinander verbindet. Das limbische System ist das „emotionale Gehirn"; es verarbeitet Grundgefühle wie Furcht, Schmerz, Freude, Wut, Sorge, sexuelle Erregung und Zuneigung. In enger Zusammenarbeit mit der Großhirnrinde verknüpft es Gefühle und Gedanken; dadurch werden wir uns unserer Gefühle bewußt und in die Lage versetzt, die Wirkungen spontaner und instinktiver Gefühlsreaktionen zu beherrschen und einzugrenzen bzw. sie zu unterdrücken, wenn sie fehl am Platz sind. Das Ammonshorn und der Mandelkörper sind auch an der Umwandlung frischer Nachrichten in Langzeit-Erinnerungen beteiligt. Der Hypothalamus spielt bei der sexuellen Erregung, aber auch bei vielen Funktionen der Homöostase – wie der Regulierung der Körpertemperatur und des Hungers – eine Rolle.

Basalganglien; Ansicht von lateral (rechts). Der Nucleus caudatus (Schweifkern) und der Nucleus lentiformis (Linsenkern) spielen eine wichtige Rolle bei der Steuerung der Motorik und steuern Teile des limbischen Systems.

① Fornix (Hirngewölbe)
② Cauda nuclei caudati (Schwanz des Schweifkerns)
③ Hippocampus (Ammonshorn)
④ Corpus striatum (Streifenkörper)
⑤ Nucleus caudatus (Schweifkern)
⑥ Putamen (lateraler Teil des Linsenkerns)
⑦ Corpus amygdaloideum (Mandelkörper)

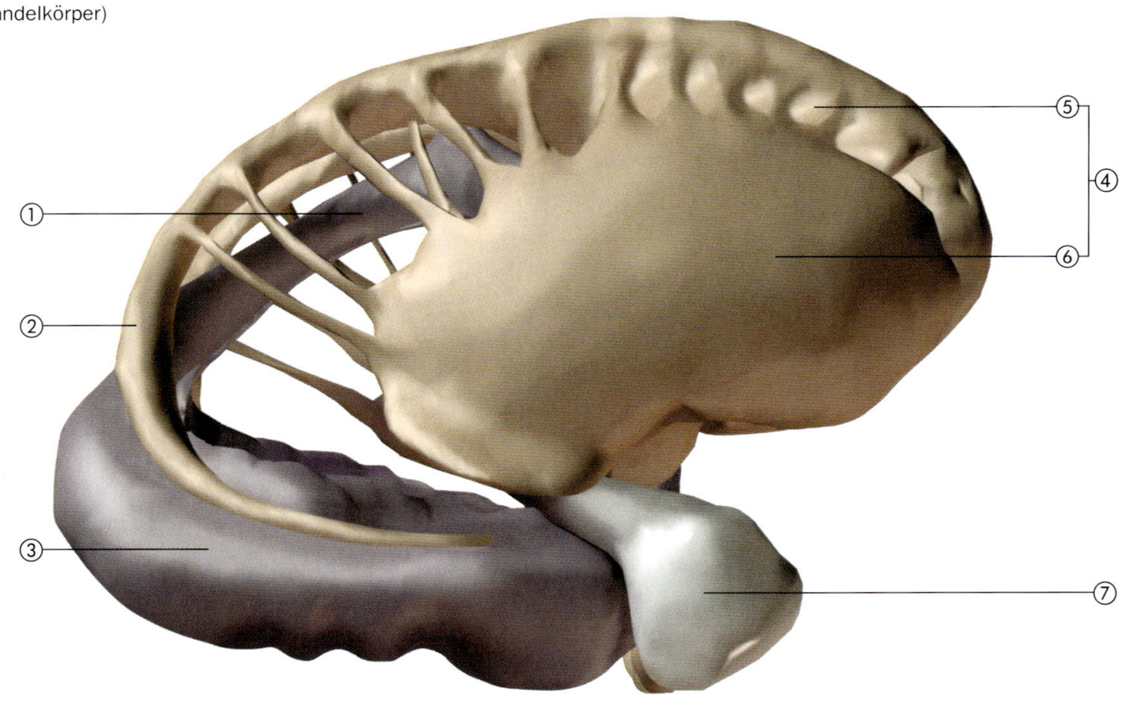

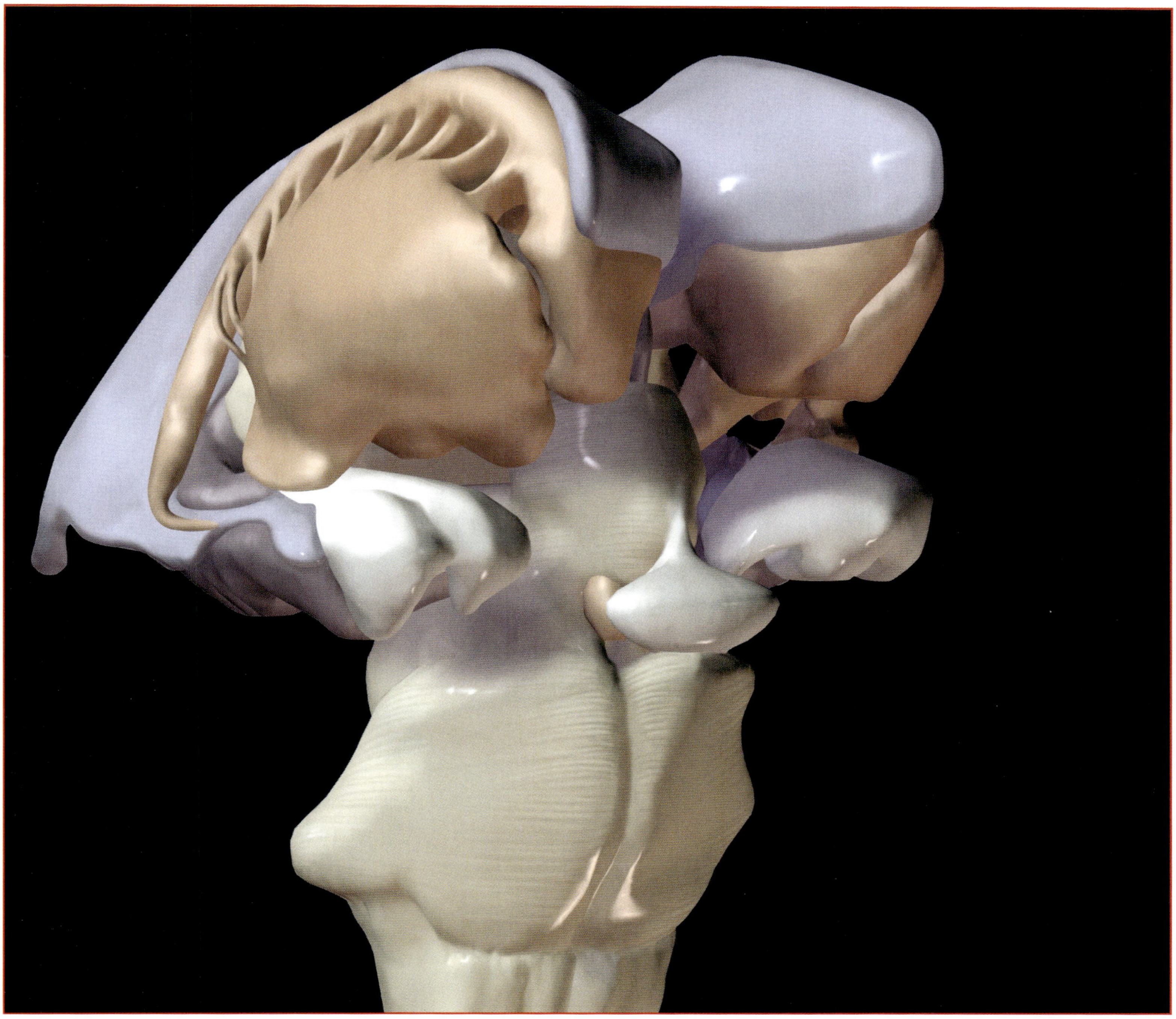

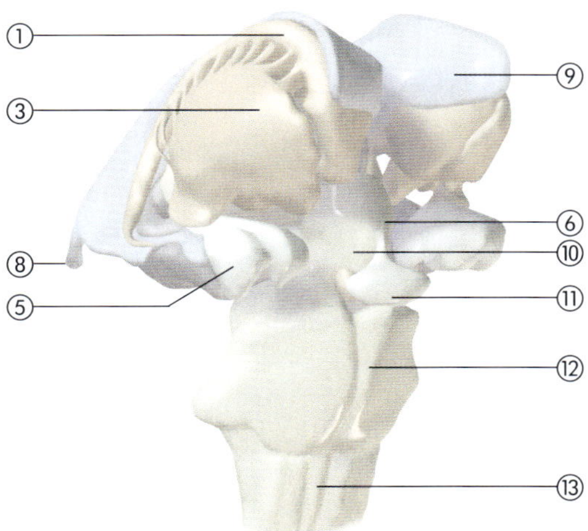

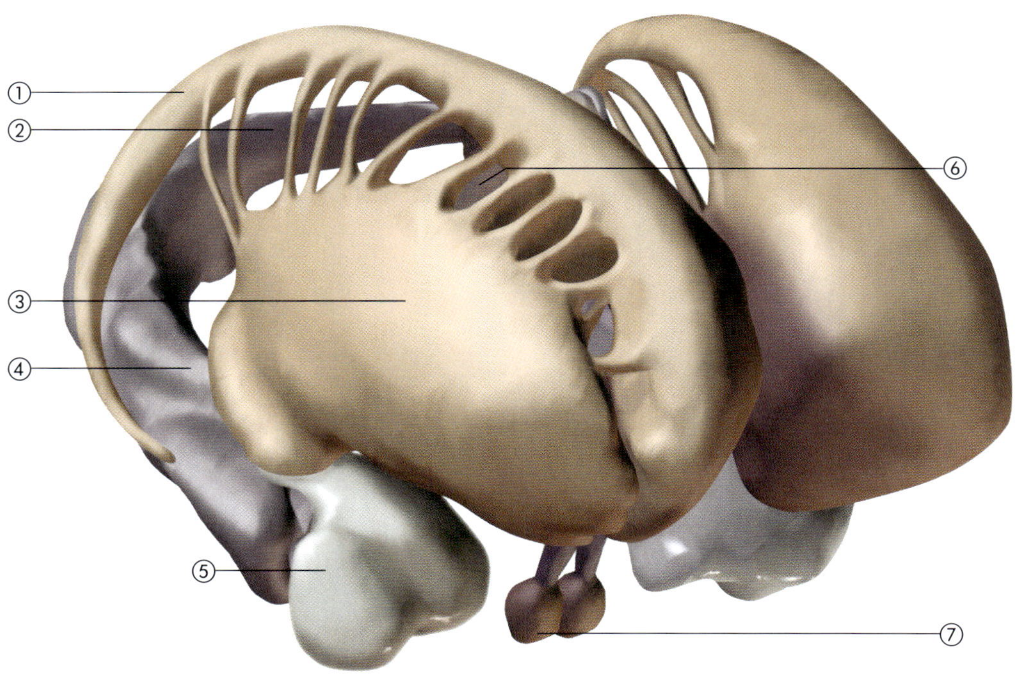

① Nucleus caudatus
② Fornix
③ Putamen (Teil des Linsenkörpers)
④ Hippocampus
⑤ Corpus amygdaloideum
⑥ Thalamus
⑦ Corpus mamillare (paariger Mamillarkörper)
⑧ Ventriculus lateralis, cornu posterius (Seitenventrikel, Hinterhorn)
⑨ Ventriculus lateralis, cornu anterius (Seitenventrikel, Vorderhorn)
⑩ Hypothalamus
⑪ Hypophysis (Hirnanhangdrüse, Hypophyse)
⑫ Pons (Brücke)
⑬ Medulla oblongata (verlängertes Mark)

Corpus striatum (Streifenkörper, -hügel) und Teile des limbischen Systems (ganz oben); mit den Hirnkammern und dem Hirnstamm (oben); Ansicht von ventrolateral (rechts).

Die Augen sind Sinnesorgane, die auf Licht reagieren. Die von ihnen gesammelten Sehreize werden im Gehirn ausgewertet, um uns ein ständig aktualisiertes Bild von der Welt um uns zu vermitteln. Die beiden kugelrunden Augäpfel liegen geschützt in den Augenhöhlen, Vertiefungen in den Schädelknochen. Äusserlich schützen die Augenbrauen die empfindliche Augenoberfläche gegen herabtropfenden Schweiss und zuviel Licht. Die Wimpern lösen sofort einen Schliessreflex der Lider aus, sobald sie durch Wind oder Berührung stimuliert werden.

DAS AUGE

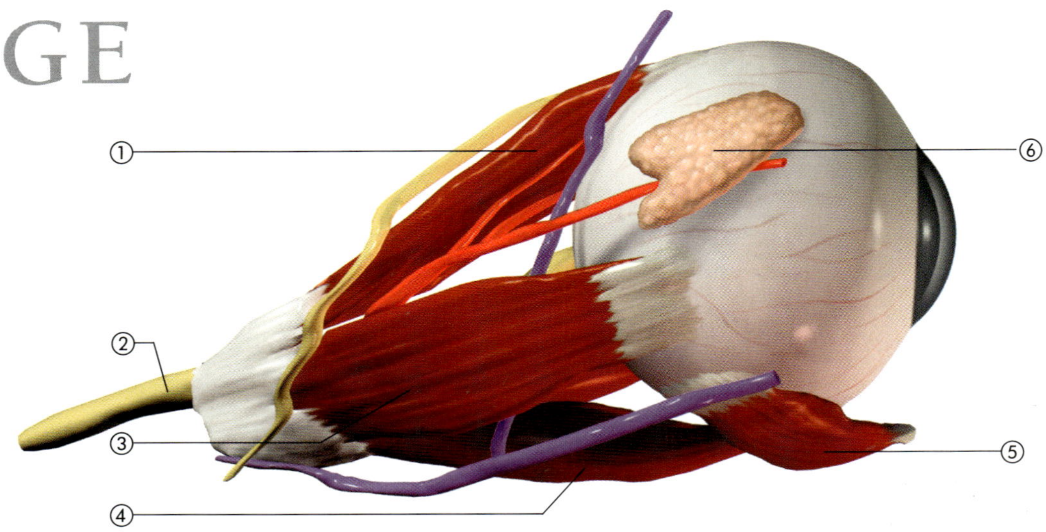

Rechter Augapfel; Ansicht von lateral. Zu sehen sind die äußeren Augenmuskeln, die für die Bewegungen des Augapfels zuständig sind, und der Sehnerv, der Impulse aus dem Auge in die visuellen Hirnrindenfelder leitet.

① M. rectus superior (oberer gerader Augenmuskel)
② N. opticus (Sehnerv)
③ M. rectus lateralis (äußerer gerader Augenmuskel)
④ M. rectus inferior (unterer gerader Augenmuskel)
⑤ M. obliquus inferior (unterer schräger Augenmuskel)
⑥ Glandula lacrimalis (Tränendrüse)

Tränendrüsen

Die paarigen Tränendrüsen am oberen und äußeren Rand der Augenhöhle sondern ständig ein salziges, wässriges Sekret ab, die Tränenflüssigkeit. Diese Flüssigkeit benetzt die Hornhaut und die Bindehaut, hält so den Augapfel feucht und „schmiert“ ihn. Die Tränen spülen auch Staubpartikel fort und enthalten Lysozym, ein antibakteriell wirkendes Enzym. Sie werden von den Tränendrüsen über Ausführungsgänge ausgeschüttet und bei jedem Lidschlag (Blinzeln) über den Augapfel verteilt. Der Abflussweg der Tränenflüssigkeit beginnt an den Tränenpunkten, den Eintrittsöffnungen in die paarigen Tränenröhrchen, die über den Tränennasengang in die Nasenhöhle münden.

Äußere Augenmuskeln

Die Bewegungen des Augapfels bewirken sechs äußere Augenmuskeln – vier gerade und zwei schräge Muskeln –, die in der Augenhöhle entspringen und an der Lederhaut des Augapfels ansetzen. Die rechtwinkelig zueinander angeordneten geraden Augenmuskeln bewegen den Augapfel nach oben und unten und von einer Seite zur anderen. Ihre Funktion ist aus ihrer Bezeichnung ersichtlich: M. rectus superior (nach oben); M. rectus inferior (nach unten; M. rectus lateralis (seitwärts nach außen) und M rectus medialis (seitwärts nach innen). Die schrägen Augenmuskeln sind für Diagonalbewegungen zuständig: der M. obliquus inferior dreht ihn nach oben und außen. Der M. obliquus superior, dessen Ansatzsehne durch eine faserknorpelige Schlinge (Trochlea) abgelenkt wird, dreht den Augapfel nach unten und außen. Die Augenmuskeln sind für zwei Bewegungsarten zuständig: gleitende Bewegungen dienen der Verfolgung sich bewegender Objekte, auch wenn der Kopf sich bewegt; ruckartige Bewegungen (Sakkaden) ermöglichen das rasche Abtasten des Sehfeldes, wenn der Kopf stillhält.

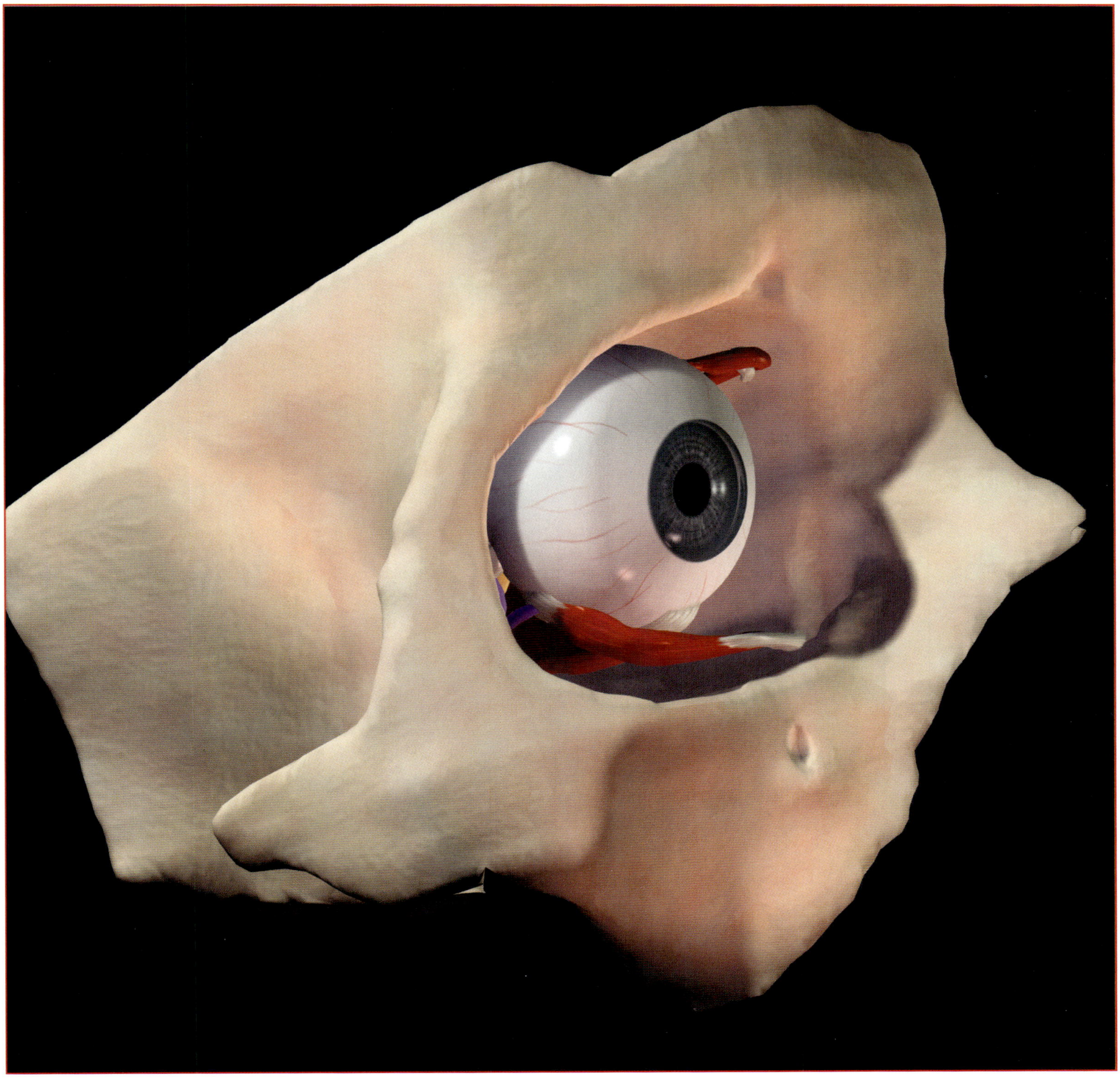

Rechtes Auge; Ansicht von ventrolateral (rechts). Die Gesichtsmuskeln sind entfernt. Der Augapfel liegt geschützt in der knöchernen Augenhöhle.

① Os frontale (Stirnbein)
② Sclera (Lederhaut)
③ Os sphenoidale (Keilbein)
④ Os temporale (Schläfenbein)
⑤ Cornea (Hornhaut des Auges)
⑥ Os nasale (Nasenbein)
⑦ Orbita (Augenhöhle)
⑧ Maxilla (Oberkiefer)
⑨ Foramen infraorbitale (Unteraugenhöhlenloch)
⑩ Os zygomaticum (Jochbein)

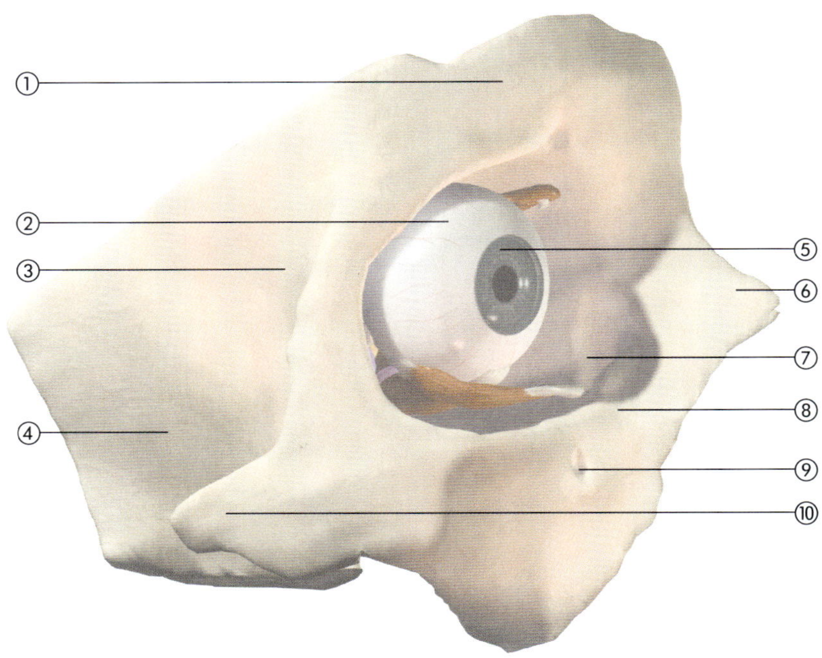

Das Auge muss auch bei sehr unterschiedlicher Lichtstärke verlässlich arbeiten. Der farbige Teil des Auges, die Regenbogenhaut, enthält zwei glatte (innere) Augenmuskeln, von denen der eine strahlen- und der andere ringförmig angeordnet ist. Bei schwachem Licht kontrahiert sich der erstere (M. dilatator pupillae) und erweitert die Pupille; bei hellem Licht kontrahiert sich der andere (M. sphincter pupillae) und verengt die Pupille.

DAS AUGE

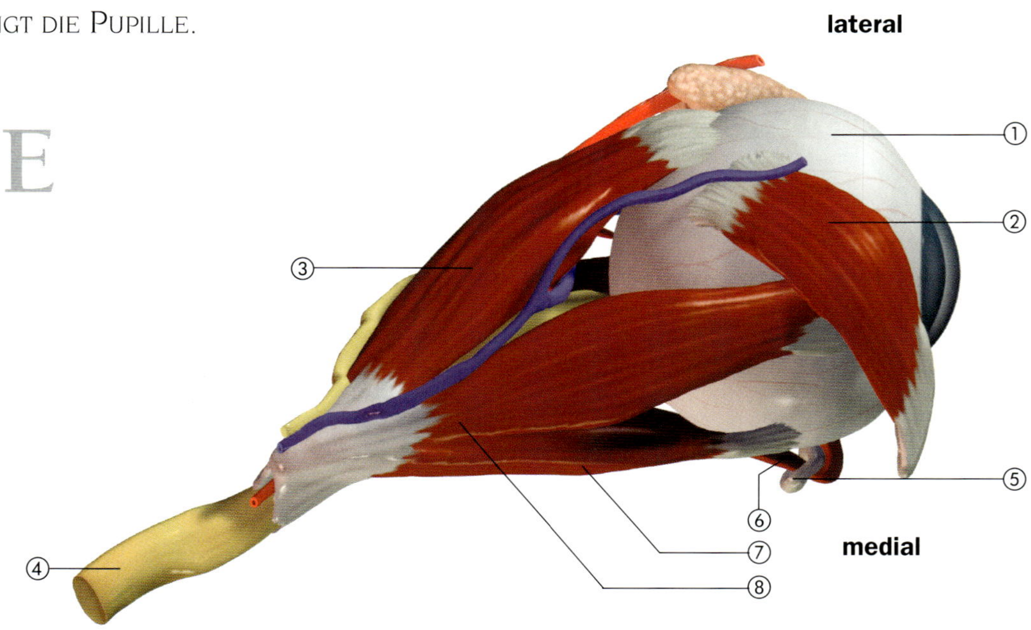

① Bulbus oculi (Augapfel)
② M. obliquus inferior
③ M. rectus lateralis
④ Nervus opticus
⑤ Trochlea des M. obliquus superior
⑥ M. obliquus superior
⑦ M. rectus medialis
⑧ M. rectus inferior

Rechtes Auge; Ansicht von unten. Dargestellt sind die äußeren Augenmuskeln, die in der knöchernen Augenhöhle befestigt sind und den Augapfel bewegen.

Lichteinfall auf die Netzhaut

Im Augapfel werden die Lichtstrahlen durch die Hornhaut und die Linse so gebrochen, dass sie auf die Netzhaut fokussiert werden und ein scharfes Bild ergeben. Die durchsichtige Hornhaut an der Augenvorderseite erledigt den Großteil der Lichtbrechung, doch ist ihre Brechkraft unveränderlich. Für die Fokussierung des Lichts von nahen und fernen Objekten ist eine zusätzliche Feineinstellung nötig, die durch die bikonvexe, durchsichtige und elastische Linse bewirkt wird. Sie hängt gleich hinter der Regenbogenhaut in einem ringförmigen Aufhängeband, das sie mit dem Ziliarkörper und dem Ziliarmuskel darin verbindet. Um Licht von entfernten Objekten zu fokussieren, erschlafft der Ziliarmuskel, das Aufhängeband wird straff gespannt und flacht die Linse ab. Um das Licht von nahen Objekten zu fokussieren, zieht sich der Ziliarmuskel zusammen, das Aufhängeband wird schlaff und die Linse wird dicker.

Zapfen und Stäbchen

Die Rückseite des Auges ist innen von der Netzhaut (Retina) überzogen, einer dünnen Schicht aus etwa 130 Millionen Photorezeptoren (lichtempfindlichen Zellen), die über den Sehnerv Impulse zum Gehirn senden, wenn sie erregt werden. Es gibt zwei Arten dieser Photorezeptoren: In der Überzahl sind die Stäbchen, die bei schwachem Licht ihre Bestleistung bringen, einfarbige Bilder erzeugen und für das periphere Sehen sorgen; die restlichen sind die Zapfen, die bei hellem Licht am besten arbeiten, für das Farbensehen zuständig und überwiegend innerhalb des gelben Flecks (Macula lutea) direkt hinter der Linse konzentriert sind.

Die Nervenimpulse aus den Photorezeptoren werden über Nervenfasern im Sehnerv zur Sehrinde im Großhirn (Hinterhauptslappen) weitergeleitet. Hier verarbeiten verschiedene Rindenfelder die Impulse nach verschiedenen Kriterien – wie Farbe, Form, Größe, Entfernung, Bewegung – zu Bildern.

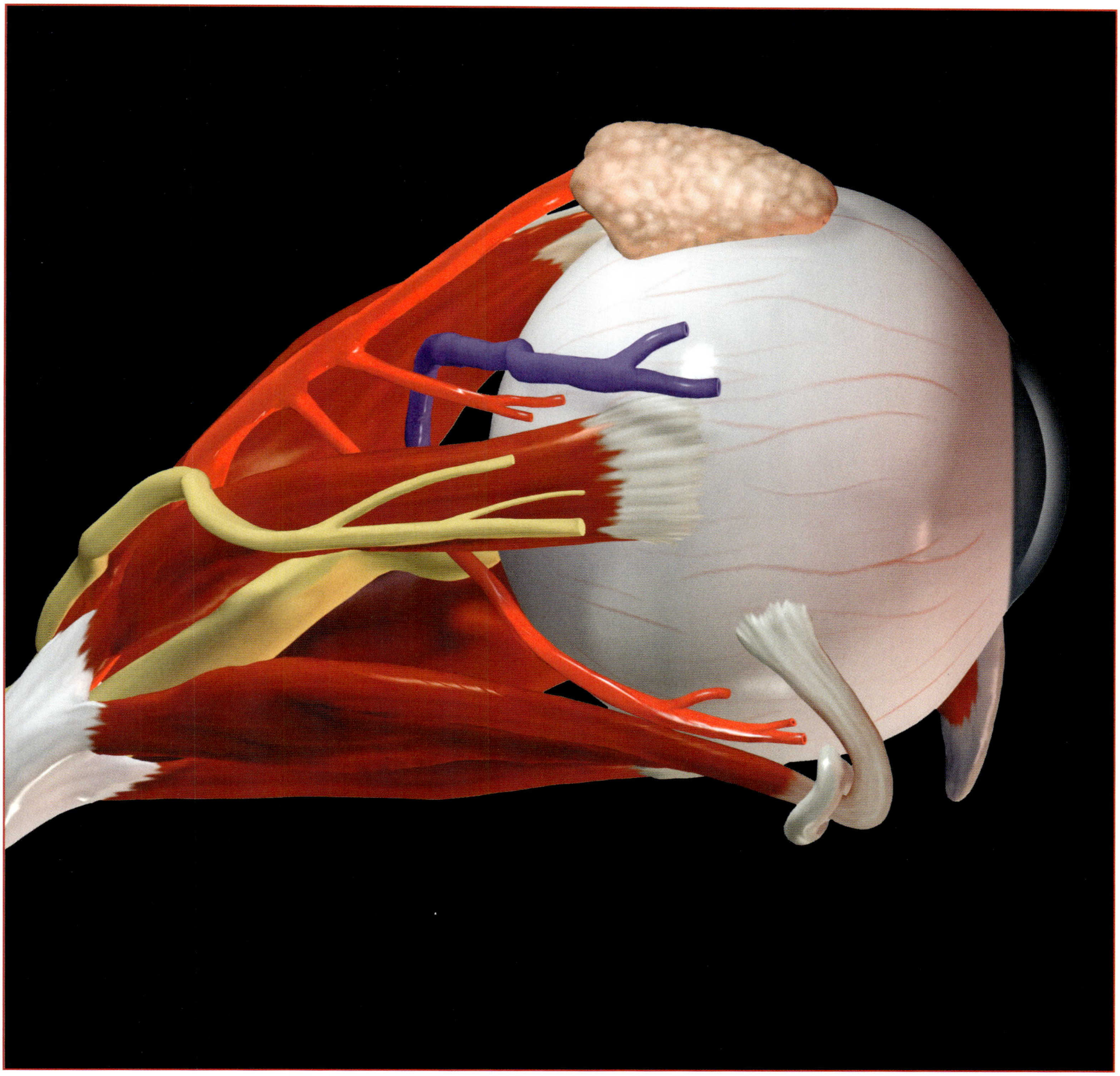

1. N. opticus (Sehnerv)
2. M. rectus superior
3. M. rectus lateralis
4. M. rectus inferior
5. M. obliquus superior
6. Trochlea (faserknorpelige Schlinge) des M. obliquus superior
7. Bulbus oculi (Augapfel)

Linkes Auge; Ansicht von oben. Dargestellt sind die äußeren Augenmuskeln und der Sehnerv.

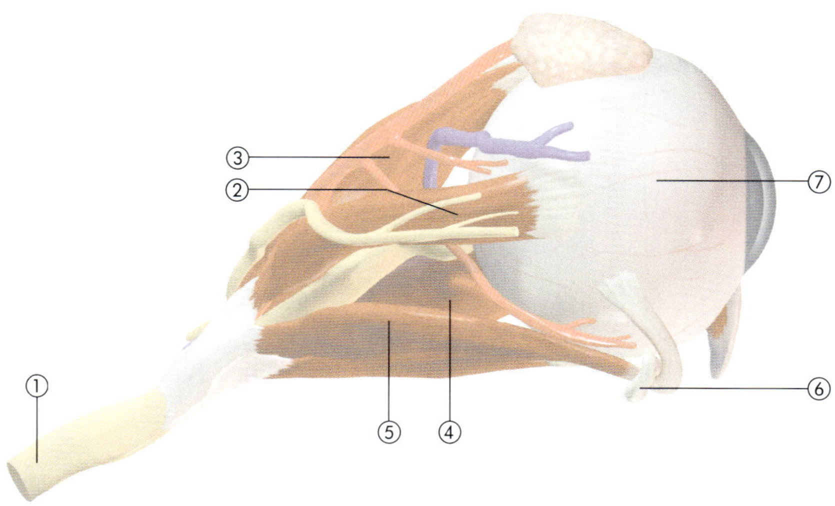

DAS OHR

Der Grossteil des Ohres liegt verborgen im Schläfenbein (siehe S. 45). Die Ohrmuschel leitet die von einer externen Schallquelle eintreffenden Schallwellen in den äusseren Gehörgang. Wenn sie am Ende des Gehörgangs am Trommelfell (gespannte Membran, die die Öffnung zum Mittelohr verschliesst) landen, versetzen sie es in Schwingungen, die sich auf die drei Gehörknöchelchen im luftgefüllten Mittelohr übertragen. Der letzte von den dreien, der Steigbügel (Stapes), versetzt wie eine Kolbenstange das ovale Fenster (Grenzmembran zwischen dem Mittel- und Innenohr) in Bewegungen, die zu Schwingungen in der Flüssigkeit des Innenohrs führen. Diese Wanderwelle wird von Haarzellen im Corti-Organ im Schneckengang (Cochlea) registriert. Wenn diese Zellen erregt werden – und zwar durch die von den Druckwellen hervorgerufene Abscherung der vorstehenden Zellhärchen –, senden sie über den Hörnerv (Teil des N. vestibulocochlearis, siehe S. 94) Nervenimpulse zum Hörfeld in der Hirnrinde, wo sie als Töne interpretiert werden.

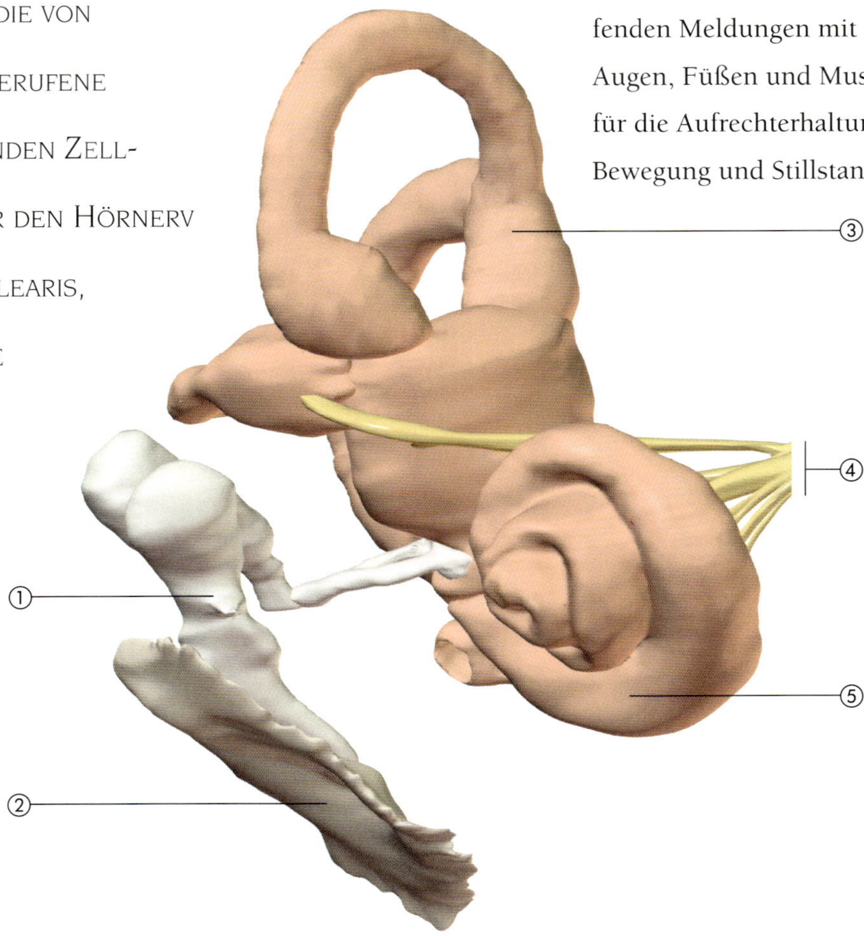

Rechtes Ohr, Ansicht von ventral. Haut und Muskeln sind entfernt.

① Ossicula auditoria (Gehörknöchelchen)
② Membrana tympani (Trommelfell)
③ Canalis semicircularis (knöcherner Bogengang)
④ N. vestibulocochlearis (Vorhof-Schnecken-Nerv)
⑤ Cochlea (Schnecke)

Das Ohr als Gleichgewichtsorgan

Das Ohr meldet dem Gehirn auch die jeweilige Position des Körpers. Im Anfangsteil der drei flüssigkeitsgefüllten Bogengänge im Innenohr befindet sich je eine kleine Erweiterung, die sog. Ampulle. Diese enthält Rezeptorzellen mit Sinneshärchen (Zilien), die in einer Gallertkuppel eingebettet sind. Wenn sich der Kopf dreht, bewegt sich die Flüssigkeit in entgegengesetzter Richtung und die Kuppel schwenkt aus. Das erregt die Zellen, an denen die Zilien befestigt sind, und diese senden Impulse ins Gehirn. Da die drei Bogengänge im rechten Winkel zueinander stehen, registriert das Gehirn Kopfbewegungen in jeder Richtung. Im Schneckenvorhof befinden sich zwei weitere Bereiche mit Gleichgewichtsrezeptoren, der Utriculus und der Sacculus, beide mit Sinneshärchen, die in eine mit schweren Kalzitkristallen angereicherte Gallerte eingetaucht sind. Der Sacculus meldet, ob der Kopf aufrecht, schief oder nach unten gehalten wird, der Utriculus lineare Geschwindigkeitszu- bzw. -abnahme. Das Gehirn verknüpft die eintreffenden Meldungen mit anderen, die von den Augen, Füßen und Muskeln eintreffen, und sorgt für die Aufrechterhaltung des Gleichgewichts in Bewegung und Stillstand.

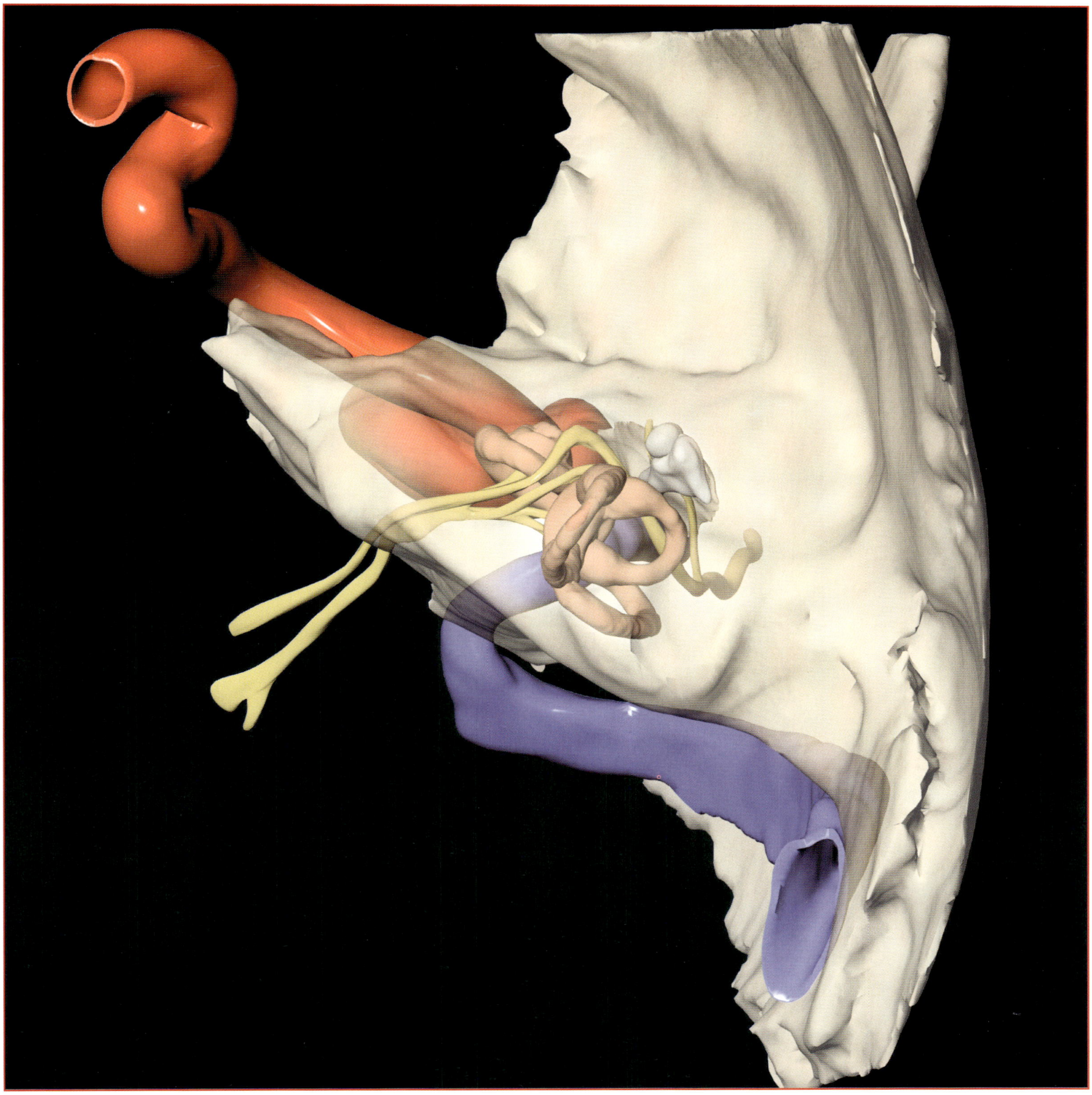

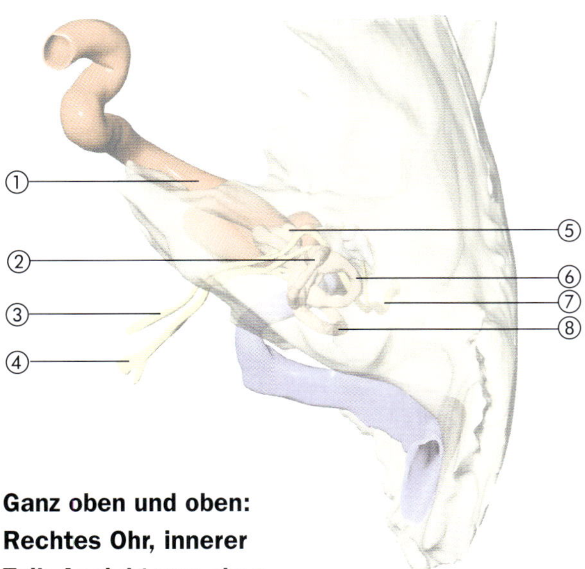

Ganz oben und oben: Rechtes Ohr, innerer Teil; Ansicht von oben.

① A. carotis interna (innere Halsschlagader)
② Canalis semicircularis anterior (vorderer Bogegang)
③ N. facialis
④ N. vestibulocochlearis
⑤ Cochlea (Schnecke)
⑥ Canalis semicircularis lateralis (äußerer Bogengang)
⑦ N. facialis
⑧ Canalis semicircularis posterior (hinterer Bogengang)
⑨ Incus (Amboss)
⑩ Stapes (Steigbügel)
⑪ Malleus (Hammer)

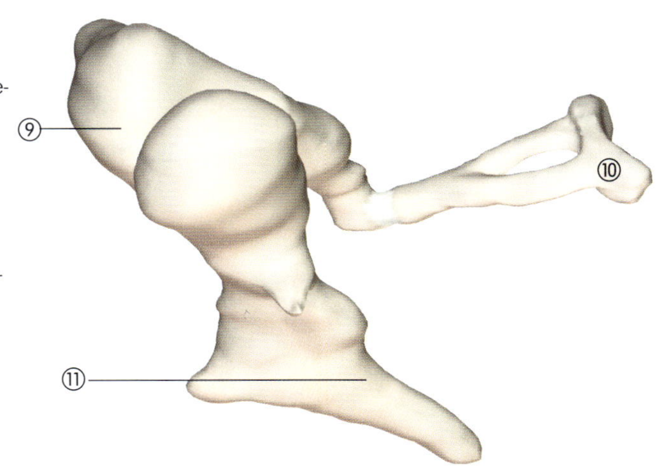

Die drei Gehörknöchelchen

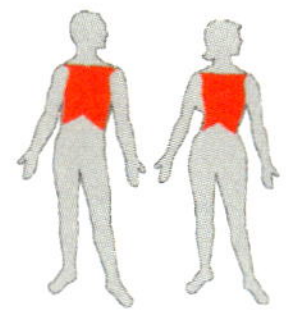

Am Rumpf (Mittelteil des Körpers) unterscheidet man den Brustkorb (Thorax) und den Bauch (Abdomen). Beide Abschnitte enthalten in ihrem Inneren abgeschlossene Hohlräume: die Brusthöhle und die Bauchhöhle, die die inneren Organe (Sammelbezeichnung: Viscera) enthalten. Die Wände der beiden Höhlen sowie die Oberfläche der inneren Organe überzieht eine dünne, schlüpfrige Membran, die sog. seröse Haut (Tunica serosa). Sie ermöglicht das schmerzlose Übereinandergleiten der Organe bei Bewegungen.Der unterste Rumpfabschnitt, das Becken, wird auf S. 202-209 behandelt.

DIE BRUSTWAND

Der Thorax reicht vom Hals bis zum Bauch, von dem er durch das Zwerchfell (Diaphragma) getrennt wird. Zu den Orientierungspunkten an der Thoraxoberfläche zählen die Ränder der großen Brustmuskeln, die Rippen und die Brustwarzen. Die Brustwarzen sind beim Mann klein und rudimentär; in der weiblichen Brust, die die auf dem großen Brustmuskel aufliegenden Brustdrüsen enthält, sind sie größer. Die Thoraxwand bilden die Rippen, Rippenknorpel und das Brustbein (siehe S. 48); die 12 Brustwirbel der Wirbelsäule (siehe S. 46); sowie die Brustmuskeln und die Zwischenrippenmuskeln (siehe S. 70). All diese Knochen und Muskeln stützen nicht nur den Brustkorb, sie schützen auch die Organe im Brustraum. An der vorderen Brustwand befinden sich mehrere größere oberflächliche Muskeln. Der große Brustmuskel entspringt am Schlüsselbein, Brustbein und den Rippen und inseriert am Humerus (siehe S. 70). Er zieht den Arm nach vorne und zum Körper hin. Sowohl der vordere Sägemuskel und der kleine Brustmuskel ziehen von den Rippen zu ihrem Ansatz am Schulterblatt. Der vordere Sägemuskel zieht das Schulterblatt nach außen und hebt die Schulter an; der kleine Brustmuskel sichert die Schulter und zieht sie nach unten.

Die tiefen Muskeln der vorderen Brustwand – die Zwischenrippenmuskeln – spielen gemeinsam mit dem Zwerchfell (siehe S. 132) eine wichtige Rolle bei den Atembewegungen. Die Zwischenrippenmuskeln sind kurze Muskeln, die vom Unterrand einer Rippe zum Oberrand der Nachbarrippe darunter reichen. Die äußeren Zwischenrippenmuskeln heben den Brustkorb beim Einatmen, die inneren – die unter und rechtwinkelig zu den äußeren verlaufen – senken ihn beim kräftigen Ausatmen.

Oberflächliche Rückenmuskeln; Ansicht von dorsal. Die darunter liegenden zwölf Rippen sind gelenkig mit der Wirbelsäule verbunden. Die tiefe Schicht der Rückenmuskulatur übt Zug auf die Wirbelsäule aus und richtet sie auf.

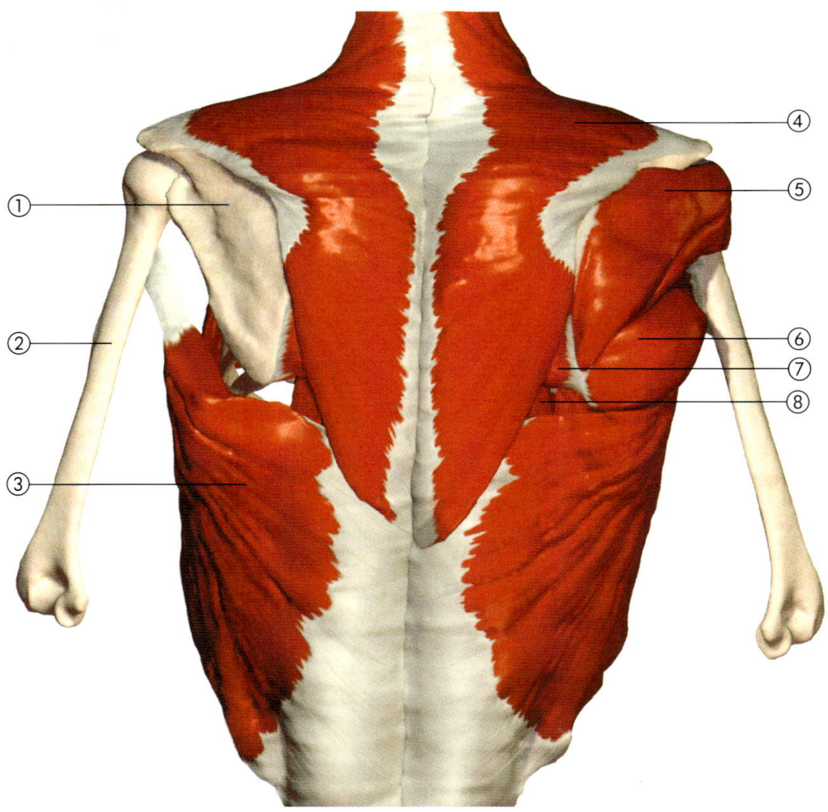

① Scapula (Schulterblatt)
② Humerus
③ M. latissimus dorsi
④ M. trapezius
⑤ M. infraspinatus
⑥ M. teres major
⑦ M. rhomboideus
⑧ M. erector spinae

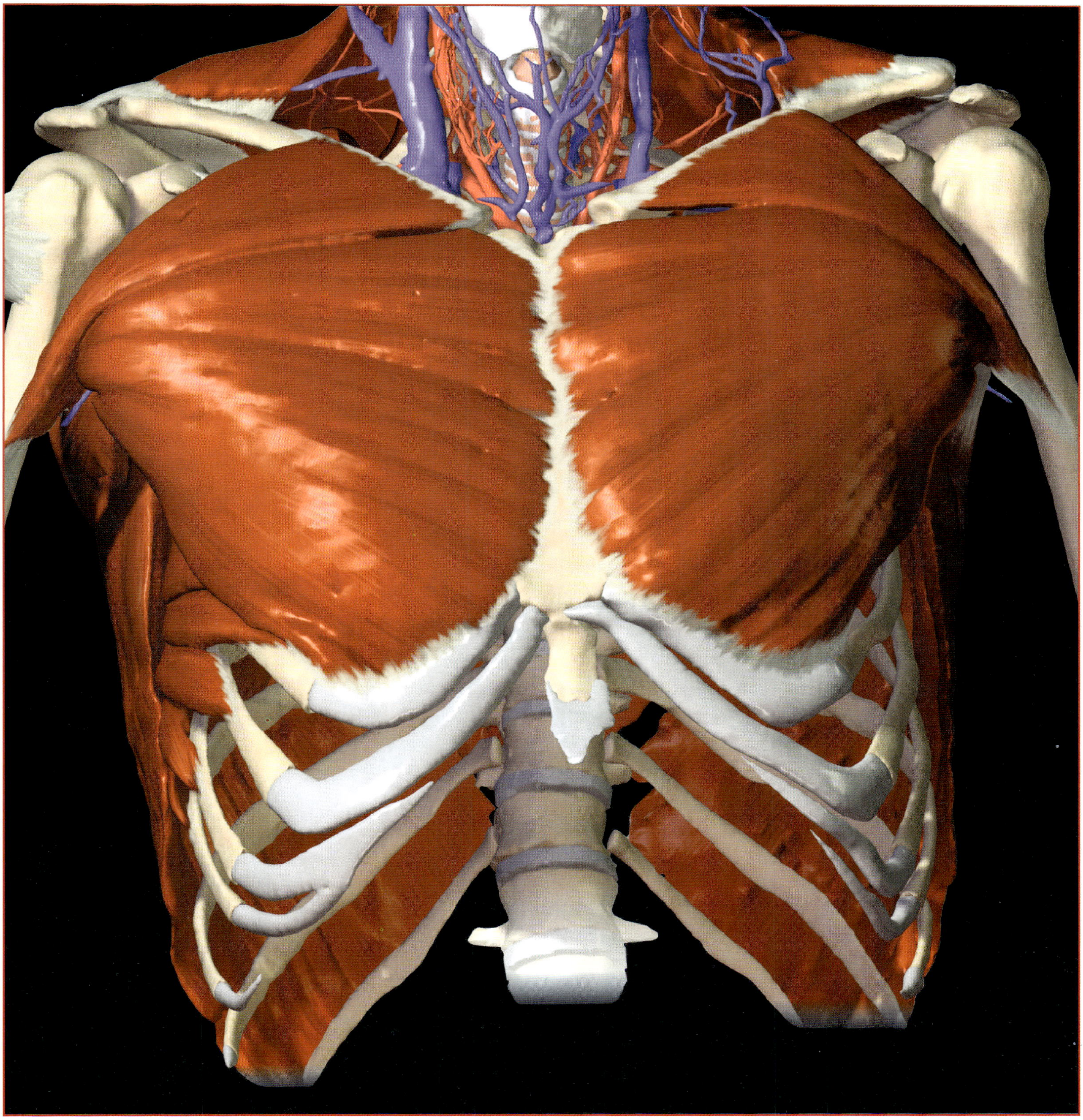

① Clavicula
② Sternum
③ M. serratus anterior (vorderer Sägemuskel)
④ M. latissimus dorsi (breiter Rückenmuskel)
⑤ Vertebra thoracica XII (12. Brustwirbel)
⑥ Scapula
⑦ Trachea (Luftröhre)
⑧ Humerus
⑨ M. pectoralis major (großer Brustmuskel)
⑩ Costa VI (6. Rippe)
⑪ Rippenknorpel

Brustkorb und große Brustmuskeln; Ansicht von ventral. Der Brustkorb umgibt schützend die Lungen und das Herz. Die großen Brustmuskeln sind zuständig für die Armflexion. Die Lichtung der Luftröhre wird durch C-förmige Knorpelspangen offen gehalten.

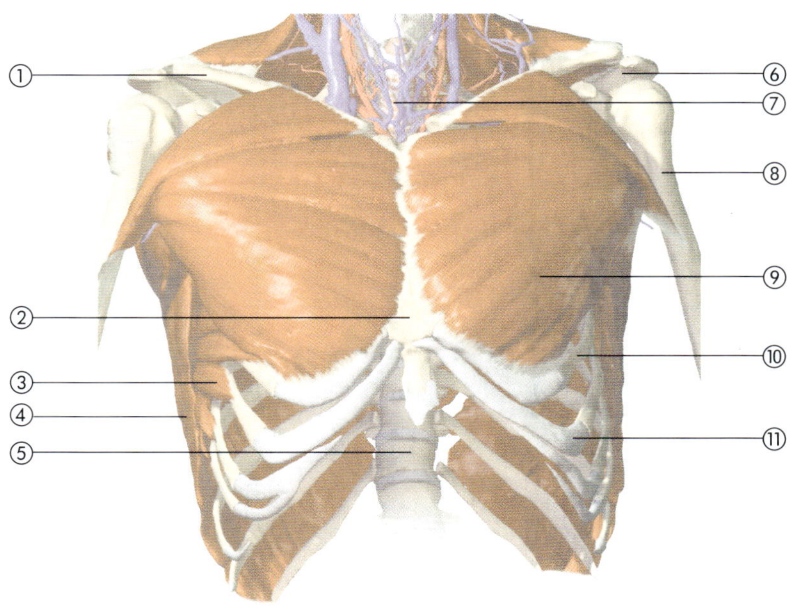

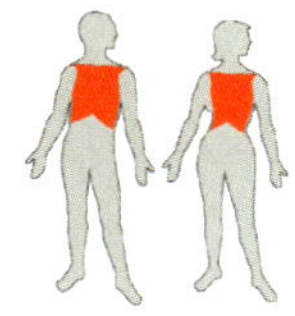

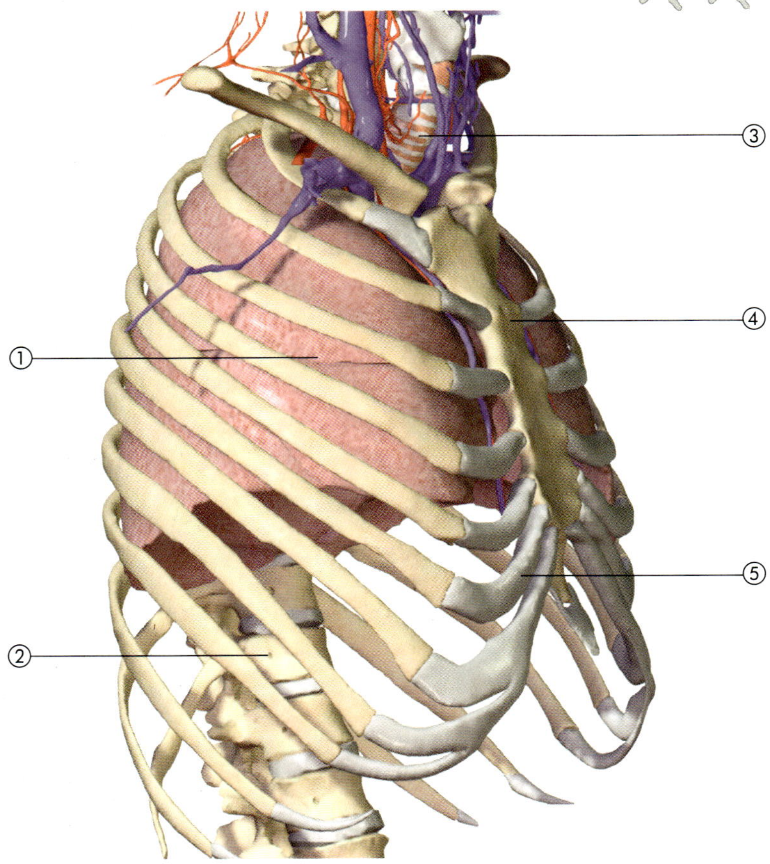

Brustkorb mit Lungen; Ansicht von ventrolateral (rechts). Der knöcherne Brustkorb umgibt schützend Herz und Lungen. Die Blutgefäße, die den Kopf, Hals, die Arme und die Luftröhre versorgen, ziehen durch die enge obere Thoraxapertur.

① Pulmo dexter (rechte Lunge)
② Vertebra thoracica XII (12. Brustwirbel)
③ Trachea (Luftröhre)
④ Sternum (Brustbein)
⑤ Cartilago costalis (Rippenknorpel)

DIE BRUSTHÖHLE

IN DER BRUSTHÖHLE LIEGEN DIE WICHTIGSTEN ORGANE DES ATMUNGS- UND KREISLAUFSYSTEMS. DIESE ORGANE WIEDERUM WERDEN VOM RIPPENKÄFIG, BESTEHEND AUS DEN RIPPEN, DEM BRUSTBEIN UND DER WIRBELSÄULE, GESCHÜTZT. DIE BRUSTHÖHLE IST IN KLEINERE HOHLRÄUME UNTERTEILT. DIE BEIDEN LATERALEN PLEURAHÖHLEN ENTHALTEN JE EINEN LUNGENFLÜGEL, SIND MIT FLÜSSIGKEIT GEFÜLLT UND LIEGEN ZWISCHEN DEN PLEURAE, SERÖSEN HÄUTEN, DIE DIE WAND DER BRUSTHÖHLE INNEN AUSKLEIDEN UND DIE LUNGEN ÜBERZIEHEN. DIE PLEURAFLÜSSIGKEIT, DIE IN DEN SCHMALEN SPALTFÖRMIGEN RAUM ZWISCHEN DEN HÄUTEN ABGESONDERT WIRD, SORGT DAFÜR, DASS DIESE MEMBRANEN BEIM ATMEN AUFEINANDER GLEITEN KÖNNEN. IHRE STARKE OBERFLÄCHENSPANNUNG BEWIRKT, DASS DIE LUNGEN DER BRUSTWAND ENG ANLIEGEN UND SICH AUSDEHNEN ODER VERKLEINERN, WENN DAS BRUSTRAUMVOLUMEN GRÖSSER BZW. KLEINER WIRD.

Der Mittelfellraum (Mediastinum) zwischen den beiden Lungen enthält die Speiseröhre, die Luftröhre sowie größere Blut- und Lymphgefäße. Er umschließt auch die Herzbeutelhöhle (Cavitas pericardialis), einen flüssigkeitsgefüllten Hohlraum zwischen den beiden Blättern des Perikards, den serösen Häuten, die den Herzbeutel innen auskleiden und das Herz überziehen, sodass es sich im Herzzyklus (siehe S. 184) ohne Reibung kontrahieren und ausdehnen kann.

Das Zwerchfell (Diaphragma)

Das Zwerchfell ist ein breiter Skelettmuskel und bildet die Scheidewand (griech. Diaphragma = Scheidewand) zwischen Brust- und Bauchraum. Es entspringt am Unterrand des Rippenkäfigs und des Brustbeins, an den unteren Rippenknorpeln und den Lendenwirbeln. In der Mitte weist es eine bumerangförmige Sehne auf. Das Zwerchfell ist der Hauptmuskel der Atembewegungen und wird von den Zwischenrippenmuskeln (siehe S. 70) unterstützt. In entspanntem Zustand wölbt es sich kuppelförmig, weil die Bauchorgane es nach oben drücken. Wenn es sich zusammenzieht, flacht es ab, drückt den Bauchinhalt nach unten, dehnt den Brustkorb und lässt Luft in die Lungen einströmen; wenn es erschlafft, nimmt es wieder Kuppelform an und presst die Luft aus den Lungen heraus. Der N. phrenicus leitet sensorische Impulse vom Zwerchfell fort und motorische Impulse zu ihm hin. Im Zwerchfell und seiner Sehne befinden sich drei Öffnungen für den Durchtritt der Aorta, der unteren Hohlvene und der Speiseröhre.

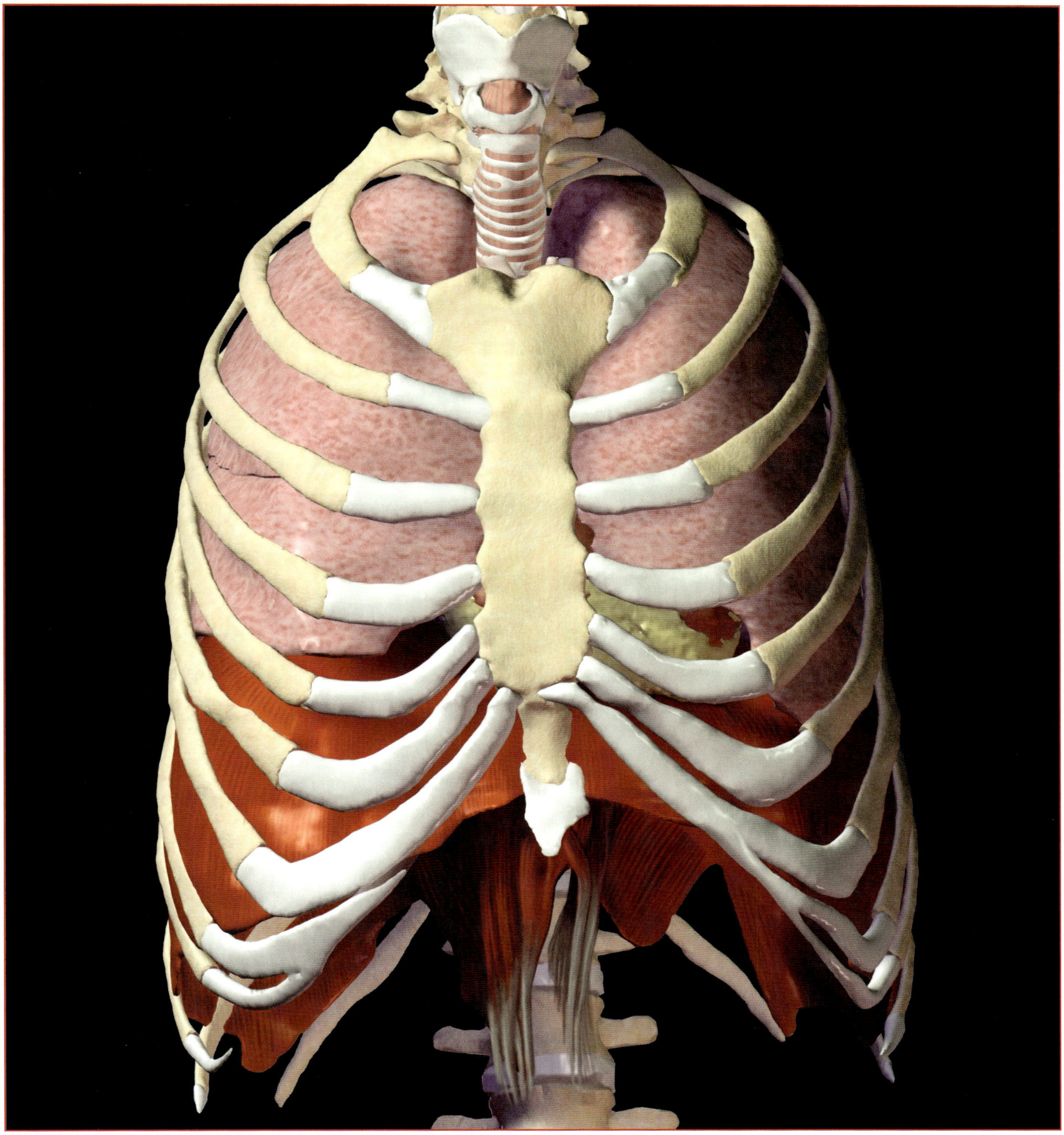

Skelett des Brustkorbs, Ansicht von ventral. Am Aufbau des Brustkorbs sind das Brustbein, die Rippen und die Brustwirbel beteiligt.

① Pulmo dexter (rechte Lunge)
② Sternum
③ Cartilago costalis (Rippenknorpel)
④ Processus xiphoideus (Schwertfortsatz des Brustbeins)
⑤ Pulmo sinister (linke Lunge)
⑥ Cor (Herz)
⑦ Costa VI (6. Rippe)

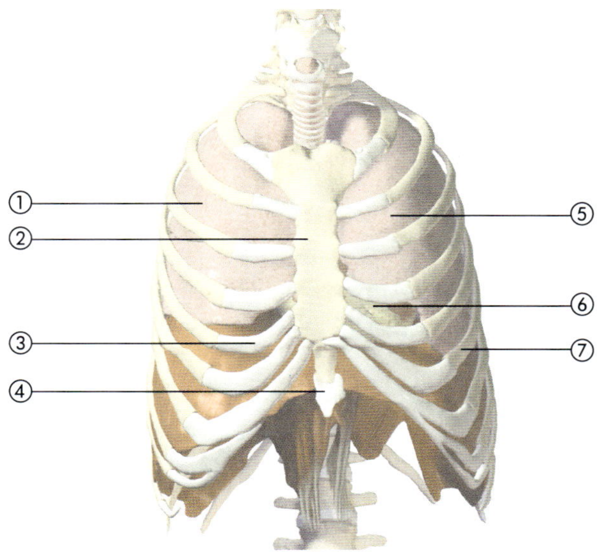

Die beiden Lungen füllen den Großteil des Brustraums aus. Ihr Gewebe ist weich und schwammartig und enthält etwa 300 Millionen Luftbläschen, die Alveolen, in denen der Gasaustausch (siehe S. 132) stattfindet: Sauerstoff geht in das Blut über, und umgekehrt das Kohlendioxid in die Atemluft, um abgeatmet zu werden. Das übrige Lungengewebe besteht hauptsächlich aus Bindegewebe, das die Ausdehnung und Verkleinerung der Lungen beim Atmen (siehe unten) ermöglicht.

DIE LUNGEN

Die Atmung (Ventilation)

Beim Atmen strömt Luft in die Lungen und wieder heraus. Sie bringt Nachschub an frischem Sauerstoff und entsorgt das Stoffwechselabfallprodukt Kohlendioxid. Das Einatmen (Inhalation) und Ausatmen (Exhalation) bewirken das Zwerchfell und die Zwischenrippenmuskeln. Sie verändern durch ihr Zusammenspiel das Volumen der Brusthöhle, dem sich die Lungen passiv anpassen.
Beim Einatmen spannt sich das Zwerchfell an und drückt die Bauchorgane nach unten, die äußeren Zwischenrippenmuskeln kontrahieren sich und ziehen die Rippen nach oben und außen. Beide Muskelaktivitäten zusammen vergrößern das Volumen der Brusthöhle – und damit auch der Lungen. Der Druck in der Brusthöhle und in den Lungen sinkt, es entsteht ein Sog und Luft von außen wird angesaugt. Bei der Ausatmung entspannt sich das Zwerchfell, es wird von den Bauchorganen nach oben gedrängt und wölbt sich kuppelförmig, und der Brustkorb senkt sich. Dadurch verringert sich das Volumen der Brusthöhle und der Lungen, der Druck in den Lungen steigt und presst die Luft heraus. Bei verstärkter Atmung kontrahieren sich die inneren Zwischenrippenmuskeln und senken den Brustkorb. In Ruhe beträgt das Atemzugvolumen etwa 500 ml. Die Lungen sind nie vollständig luftleer; die eingeatmete Luft frischt lediglich die dort noch vorhandene auf. Bei körperlicher Belastung wird die Atmung schneller und tiefer.

Wie die Steuerung funktioniert

Die Atemfrequenz und -tiefe werden vom Atemzentrum im Hirnstamm (siehe S. 168) geregelt. Das Inspirationszentrum schickt regelrechte Impulsschübe über den N. phrenicus und die Zwischenrippennerven aus, die das Zwerchfell bzw. die Zwischenrippennerven zur Kontraktion veranlassen. Wenn sich der Brustkorb ausgedehnt hat, stellt es seine Aktivität ein, die Muskeln erschlaffen und es wird ausgeatmet. Normalerweise bewirken die vom Atemzentrum ausgehenden Impulse eine Atemfrequenz von 12-18 Zügen pro Minute. Bei körperlicher Anstrengung registrieren Chemorezeptoren erhöhte Kohlendioxidspiegel im Blut, während verstärkte Muskelaktivität durch Dehnungsrezeptoren an den Hirnstamm gemeldet wird; dies führt dazu, dass das Inspirationszentrum verstärkt arbeitet und die Atemfrequenz ansteigt.

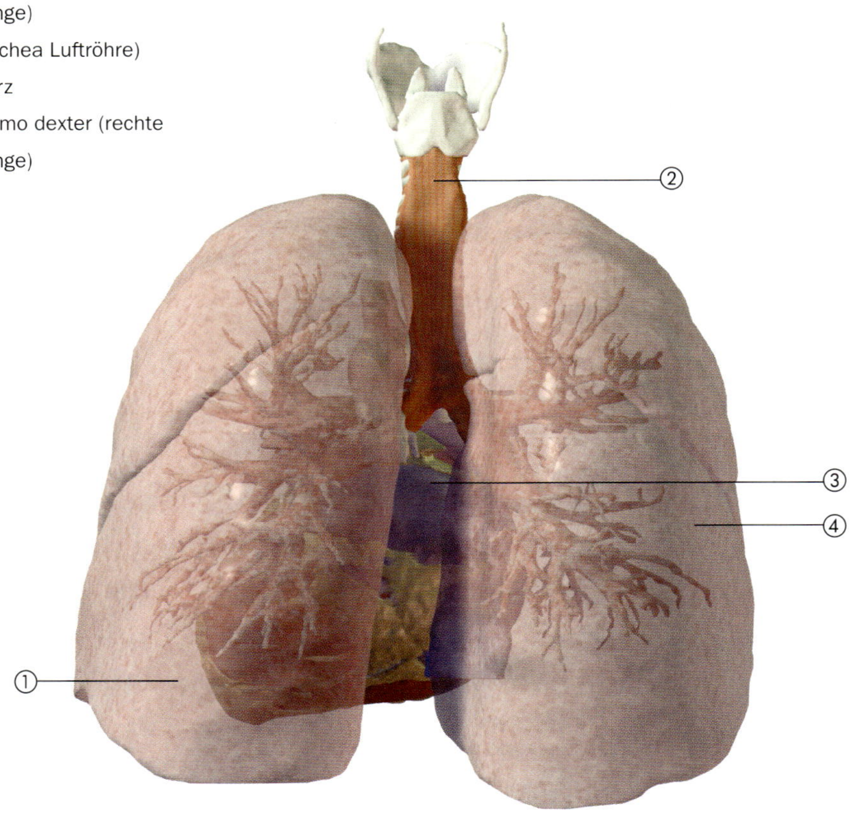

Lungen, Luftröhre und Herz; Ansicht von dorsal. Hier ist zu erkennen, dass die Knorpelringe der Luftröhre nicht bis zur rückwärtigen Oberfläche, die der Speiseröhre anliegt, reichen.

① Pulmo sinister (linke Lunge)
② Trachea Luftröhre)
③ Herz
④ Pulmo dexter (rechte Lunge)

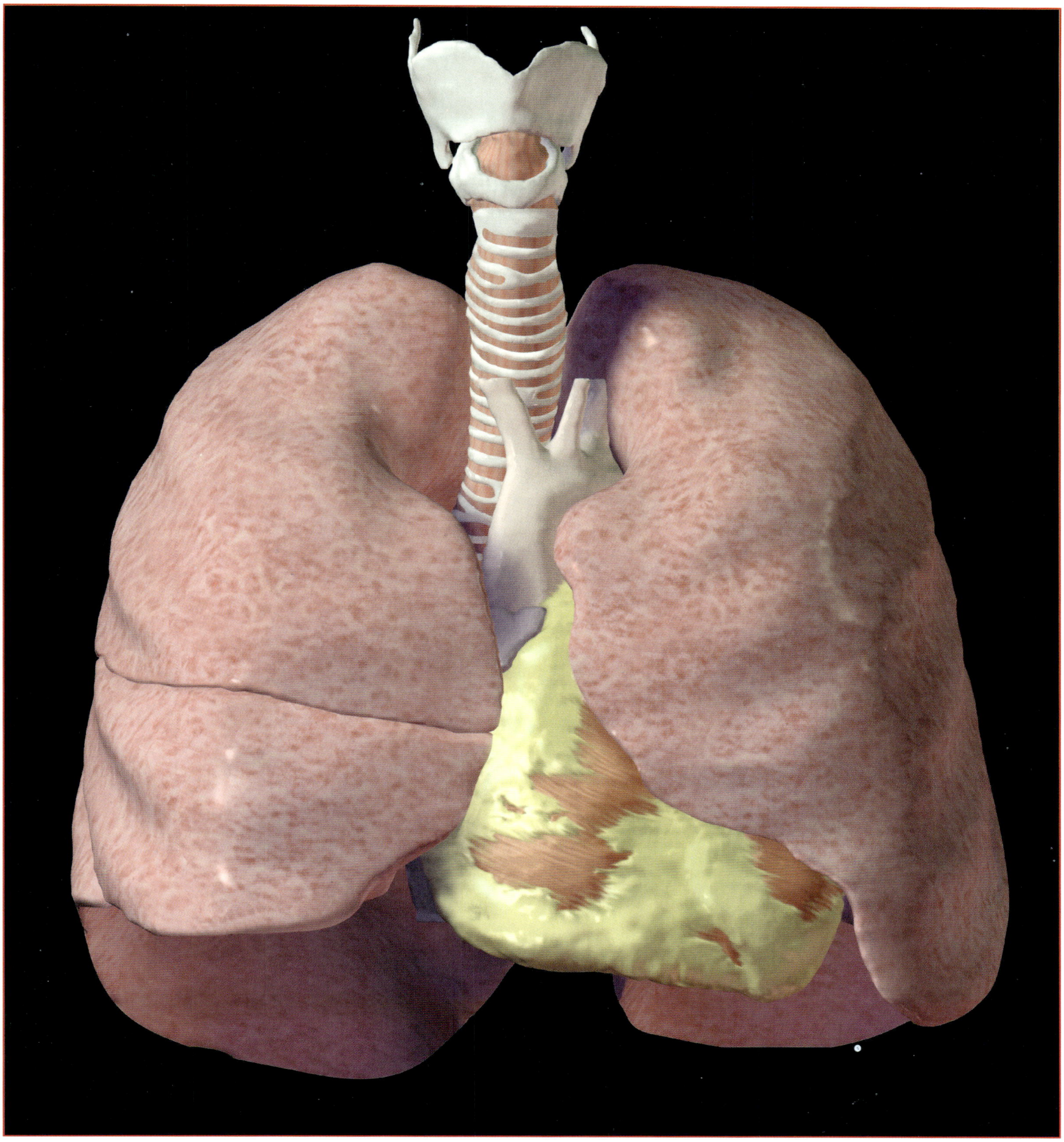

Lungen, Luftröhre und Herz; Ansicht von ventral. Die linke Lunge ist in zwei Lappen (Lobi) gegliedert, die rechte in drei. Die linke Lunge ist kleiner als die rechte; eine Einbuchtung in der linken Lunge, die Incisura cardiaca pulmonis, bietet Raum für das Herz, dessen Spitze schräg nach links unten zeigt.

① Trachea
② Pulmo dexter
③ Arcus aortae
④ Lobus superior
⑤ Fissura horizontalis
⑥ Lobus medius
⑦ Fissura obliqua
⑧ Lobus inferior
⑨ Cartilago trachealis
⑩ Pulmo sinister
⑪ Cor
⑫ Incisura cardiaca pulmonis (Herzeinschnitt der linken Lunge)

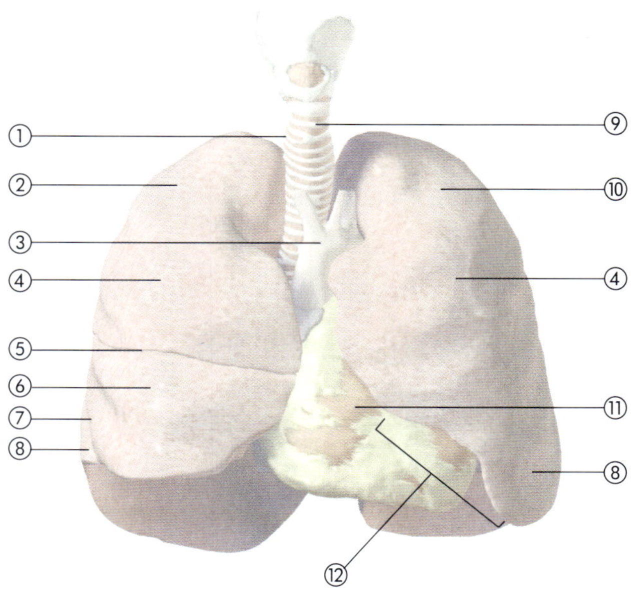

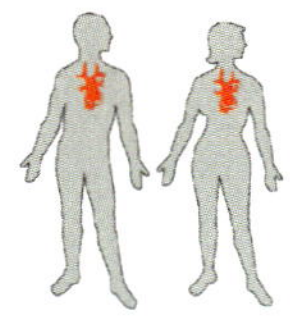

Das faustgrosse, kegelförmige Herz ist eine kraftvolle Muskelpumpe, die bei jeder Kontraktion Blut durch die Körpergewebe schickt. Mit der Spitze leicht nach links weisend, liegt das Herz in Bezug auf die Wirbelsäule ventral und in Bezug auf das Brustbein dorsal; seitlich wird es von den Lungen umgeben und teilweise überlappt. Die nur im Herzen vorkommende Herzmuskulatur kann unermüdlich kontrahieren. Das Herz schlägt ununterbrochen, täglich etwa 100 000-mal; das sind 2,5 Milliarden Schläge im Laufe eines 70-jährigen Lebens.

DAS HERZ

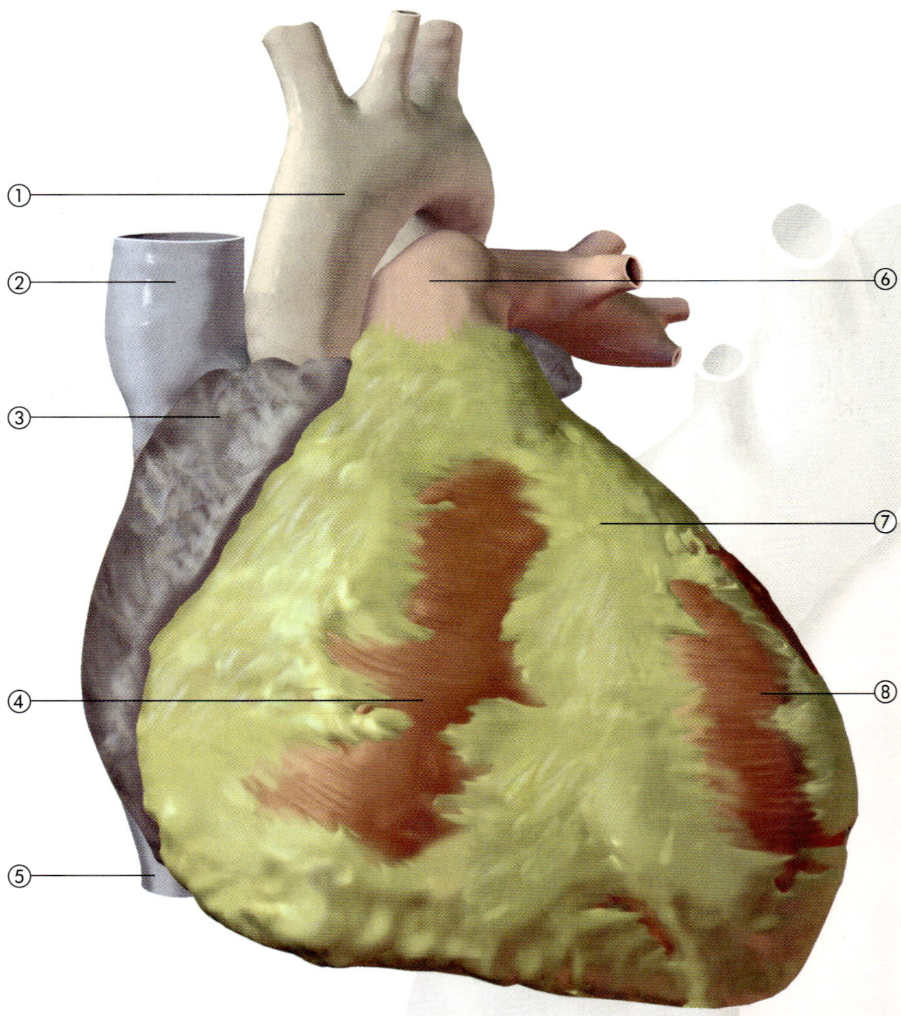

Außen wird das Herz umschlossen und geschützt vom Herzbeutel (Pericardium). Das Herzinnere wird durch die muskulöse Scheidewand in eine linke und rechte Hälfte geteilt. Jede Hälfte umfasst einen Vorhof, der Blut empfängt und in die Kammer darunter pumpt, die größer ist und dickere Wände hat. Der rechte Vorhof empfängt sauerstoffarmes Blut aus der oberen und unteren Hohlvene. Der linke Vorhof erhält aus den Lungenvenen sauerstoffreiches Blut. Die Kammern kontrahieren sich, um das Blut aus dem Herzen zu pressen: Die rechte Kammer pumpt sauerstoffarmes Blut über die beiden Lungenschlagadern in die Lungen; die linke Kammer pumpt sauerstoffreiches Blut über die Aorta in den Körper.

Herzklappen

Die Herzklappen stellen sicher, dass das Blut in die richtige Richtung fließt. Die Atrioventrikularklappen (Segelklappen) zwischen Vorhof und Kammer – die Mitralklappe in der linken und die Trikuspidalklappe in der rechten Hälfte – öffnen sich, damit das Blut aus dem Vorhof in die Kammer strömen kann, schließen sich jedoch, wenn sich die Kammer kontrahiert, um den Rückstrom von Blut in die Vorhöfe zu verhindern. Die Semilunarklappen (Taschenklappen) befinden sich an den Ausflussöffnungen zum Stamm der Lungenschlagadern bzw. zur Aorta und lassen bei der Kammerkontraktion das Blut aus dem Herzen strömen; sie schließen sich, um einen Rückstrom zu verhindern, wenn die Kammern erschlaffen.

① Arcus aortae
② V. cava superior
③ Atrium dextrum
④ Ventriculus dexter
⑤ V. cava inferior
⑥ Truncus pulmonalis (Stamm der Lungenschlagadern)
⑦ Fettgewebe
⑧ Ventriculus sinister

Herz; Ansicht von ventral. Dargestellt sind die großen Blutgefäße, die Blut zum Herzen bzw. aus ihm herausbefördern. Fettgewebe unterhalb des Herzbeutels verdeckt die Herzkranzgefäße.

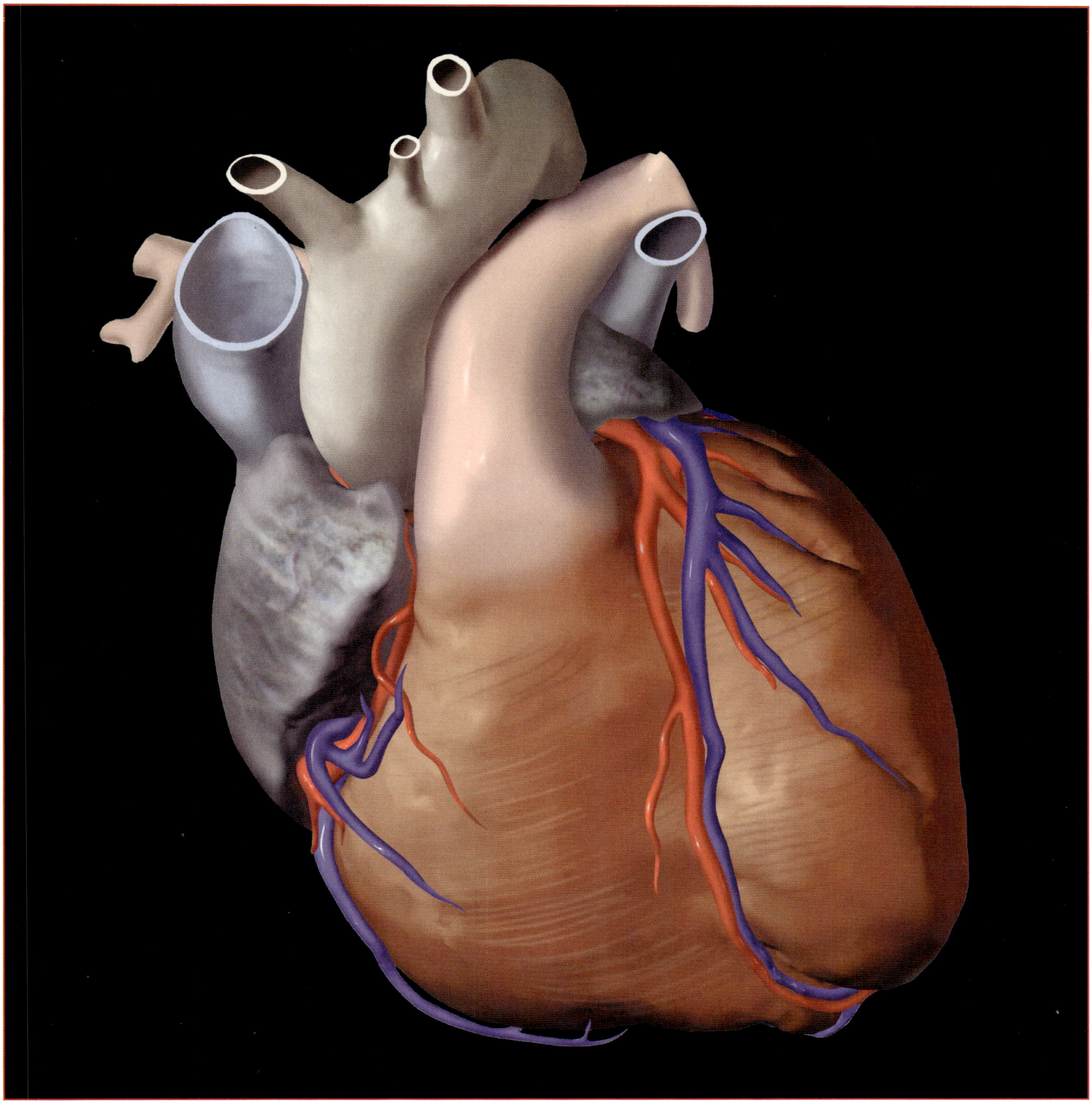

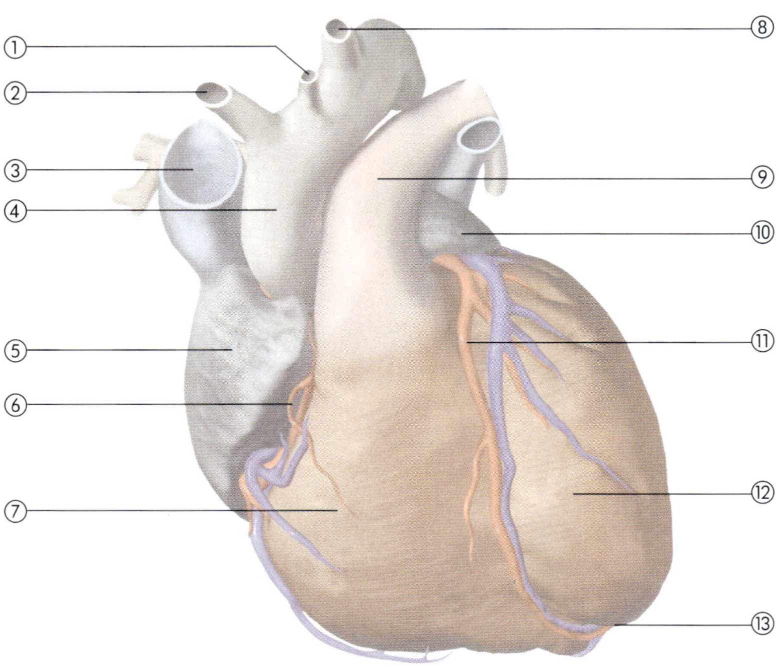

Herz; Ansicht von schräg oben. Das Fettgewebe ist entfernt, sodass die Herzkranzgefäße sichtbar werden.

① A. carotis communis sinistra (linke gemeinsame Halsschlagader)
② Truncus brachiocephalicus (Arm-Kopf-Schlagaderstamm)
③ V. cava superior (obere Hohlvene)
④ Arcus aortae
⑤ Atrium dextrum (rechter Vorhof)
⑥ A. coronaria dextra (rechte Herzkranzschlagader)
⑦ Ventriculus dexter (rechte Kammer)
⑧ A. subclavia sinistra (linke Unterschlüsselbeinschlagader)
⑨ Truncus pulmonalis (Stamm der Lungenschlagadern)
⑩ Atrium sinistrum
⑪ A. coronaria sinistra (linke Herzkranzschlagader)
⑫ Ventriculus sinister
⑬ Apex cordis (Herzspitze)

Wir fühlen zwar den Herzschlag als jeweils eine Kontraktion, doch eigentlich besteht er aus drei nach einem genauen Zeitplan ablaufenden Phasen, die zusammen den Herzzyklus bilden. Ein normaler Herzzyklus dauert ca. 0,8 Sekunden. Er besteht aus der Diastole, der Vorhofsystole und der Kammersystole.

DAS HERZ

Herz; Ansicht von lateral (links). Die Herzkranzgefäße überziehen das Herz in Form einer Krone und versorgen seine Muskeln mit dem für ihre rastlose Arbeit benötigten Sauerstoff und Brennstoff.

① Truncus brachiocephalicus (Arm-Kopf-Schlagaderstamm)
② A. carotis communis sinistra
③ Arcus aortae
④ Truncus pulmonalis
⑤ Atrium sinistrum
⑥ A. coronaria sinistra (linke Herzkranzschlagader
⑦ Ventriculus dexter
⑧ A. subclavia sinistra
⑨ A. pulmonalis sinistra
⑩ Aorta descendens (absteigende Aorta)
⑪ V. cardiaca magna (große Herzvene)
⑫ V. pulmonalis (Lungenvene)
⑬ Ventriculus sinister (linke Kammer)
⑭ V. cava inferior (untere Hohlvene)

Diastole: Die Vorhöfe und die Kammern erschlaffen, Blut strömt in die Vorhöfe, ein Teil in die Kammern. Die Semilunarklappen schließen sich, die Atrioventrikularklappen öffnen sich.

Vorhofsystole: Beide Vorhöfe kontrahieren sich und drücken das Blut in die Kammern.

Kammersystole: Beide Kammern kontrahieren sich und pumpen das Blut aus dem Herzen heraus. Die Atrioventrikularklappen schließen sich, die Semilunarklappen öffnen sich.

Wenn sich die Herzklappen schließen, erzeugen sie charakteristische Herztöne, die für die Diagnose von Herzproblemen aufschlussreich sind: die Schließung der Atrioventrikularklappen einen längeren, lauteren „lubb"-Ton, die der Semilunarklappen einen kürzeren, helleren „dubb"-Ton.

Die Steuerung des Herzschlags

Der Grundrhythmus und Ablauf des Herzzyklus wird von einem System innerhalb des Herzens gesteuert. Der Sinusknoten im Dach des rechten Vorhofs erzeugt elektrische Impulse und wirkt als natürlicher Schrittmacher. Die Impulse breiten sich als Erregung über die Vorhöfe aus und veranlassen sie zur Kontraktion (Vorhofsystole). Danach erreichen sie den Atrioventrikularknoten (AV-Knoten) knapp oberhalb der Trikuspidalklappe, der sie um etwa 0,1 Sekunde verzögert und damit den Vorhöfen Zeit für die Kontraktion lässt. Dann werden sie von spezialisierten Fasern in die Kammerwände geleitet; die Kammern kontrahieren sich (Kammersystole). Nach der Diastole wird vom Sinusknoten erneut ein elektrischer Impuls ausgesendet.

Der Herzschlag wird zwar im Herzen selbst ausgelöst, doch die Zahl der Herzschläge pro Minute (Herzfrequenz) wird vom autonomen Nervensystem (siehe S. 98) gesteuert und dem Bedarf angepasst. Zwei Zentren im verlängerten Mark registrieren Veränderungen der Blutzusammensetzung und des Blutdrucks (siehe S. 168) und senden Befehle aus, um die Herzfrequenz entsprechend zu verändern. Das eine Zentrum sendet bei körperlicher Anstrengung oder Stress, wenn mehr Sauerstoff benötigt wird, über den Sympathikus Beschleunigungsimpulse aus, das andere Zentrum über parasympathische Nervenfasern Impulse, die den Herzschlag verlangsamen. Beides kommt durch Veränderung der Impulszahl im Sinusknoten zustande.

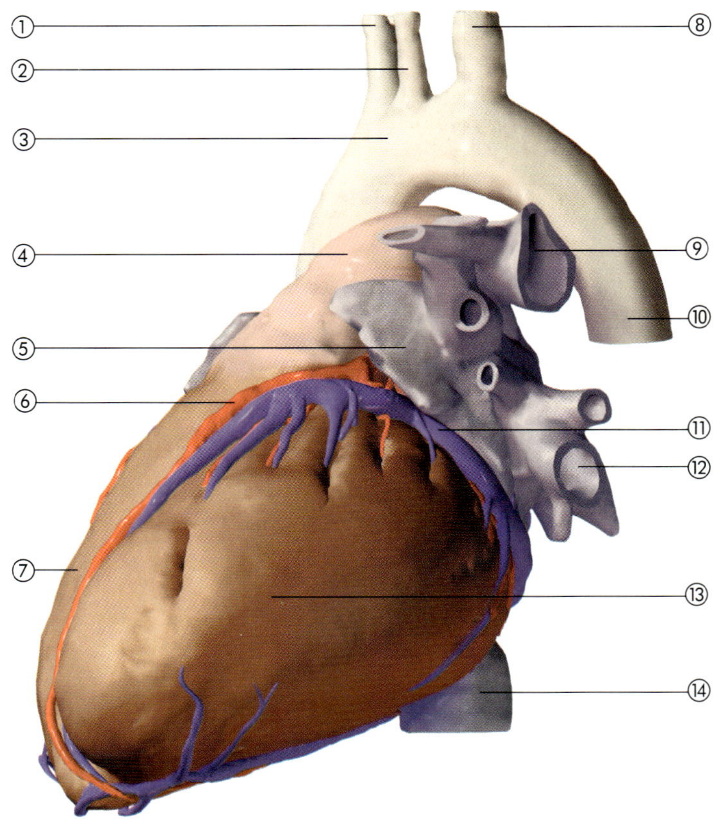

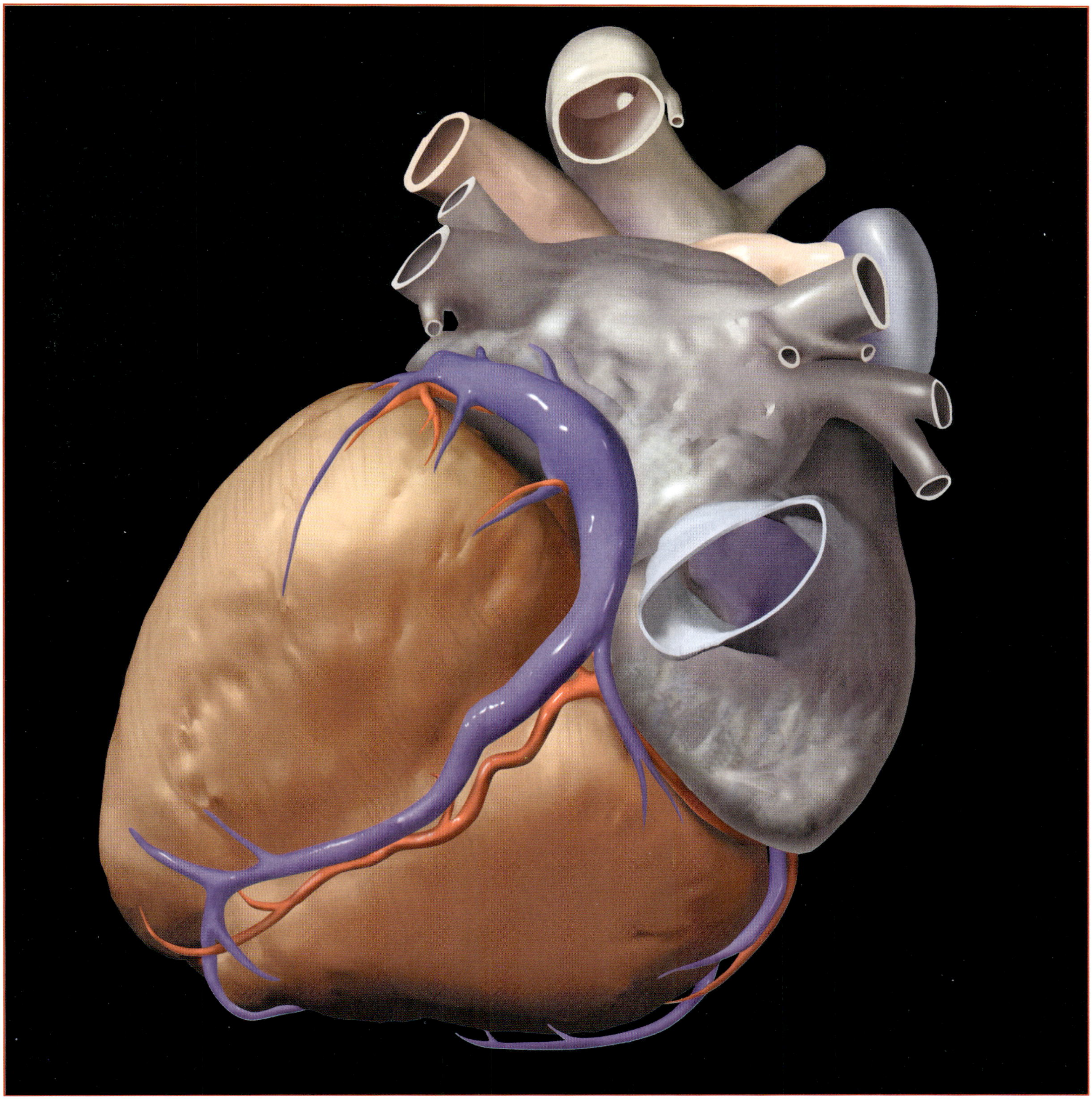

Herz; Ansicht von kaudal. Die Lungenvenen transportieren sauerstoffreiches Blut in den linken Vorhof. Der Sinus coronarius sammelt sauerstoffarmes Blut aus dem Herzmuskel und entleert es in den rechten Vorhof.

① Aorta descendens
② Arcus aortae
③ A. pulmonalis sinistra
④ Vv. pulmonales sinistrae (linke Lungenvenen)
⑤ Ramus circumflexus arteriae coronariae sinistrae (herumbiegender Ast der linken Herzkranzschlagader)
⑥ Sinus coronarius (Sammelgefäß der Herzkranzvenen)
⑦ Ventriculus sinister
⑧ Truncus brachiocephalicus
⑨ V. cava superior
⑩ A. pulmonalis dextra
⑪ V. cava inferior
⑫ Atrium dextrum
⑬ Ventriculus dexter

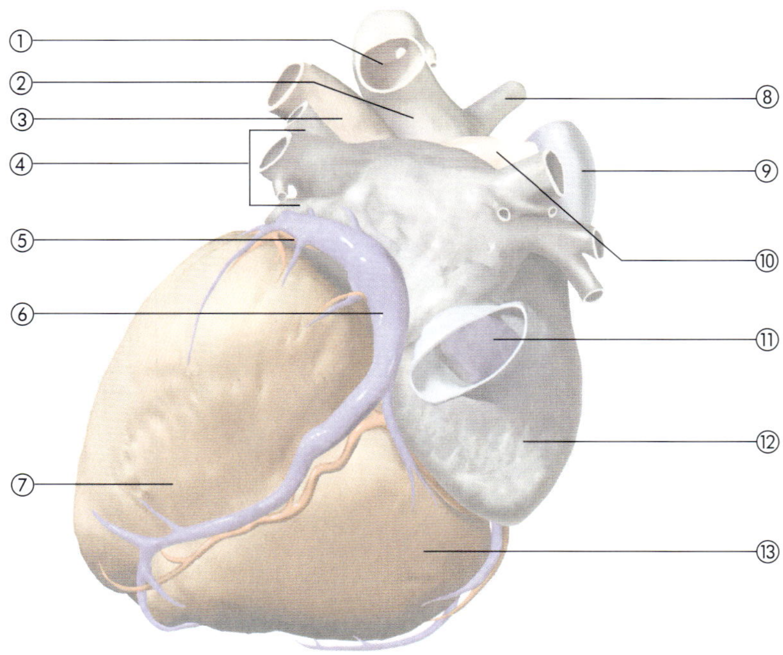

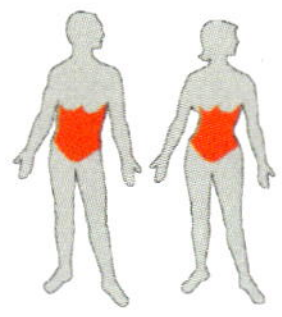

DER BAUCHRAUM (CAVUM ABDOMINIS) SCHLIESST SICH UNTEN AN UND REICHT VOM ZWERCHFELL, DER GRENZE ZUM BRUSTRAUM, BIS ZUM BECKENBODEN. MEIST UNTERSCHEIDET MAN BEI DER BESCHREIBUNG ZWISCHEN DEM ABDOMEN IM ENGEREN SINN, DAS HIER BESCHRIEBEN WIRD, UND DEM BECKEN, DAS IM 14. KAPITEL BEHANDELT WIRD.

DIE BAUCHWAND

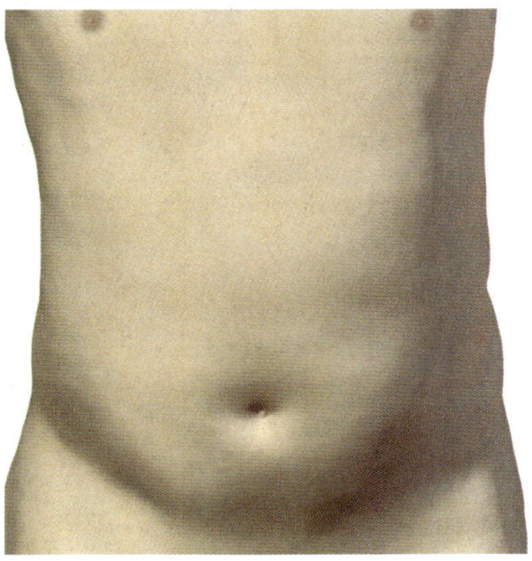

Oberflächenrelief der ventralen Bauchwand. Im Inneren bildet das Zwerchfell die Scheidewand zwischen dem Bauchraum und dem Brustraum.

Die Bauchwand wird zum Großteil von Muskeln gebildet (siehe S. 82) – im Gegensatz zum Rippenkäfig der Brustwand. Die Bauchmuskeln schützen die Organe in der Bauchhöhle und halten sie in ihrer Lage fest; außerdem beugen und stützen sie den Rumpf. Die ventrale Bauchwand bilden: der gerade Bauchmuskel (M. rectus abdominis), der vertikal in der Mitte verläuft; außerdem drei übereinander liegende Muskelpaare, die die seitliche Bauchwand aufbauen. Von außen nach innen sind dies: der äußere schräge Bauchmuskel (M. obliquus externus abdominis), der von hinten oben nach vorn unten verläuft; der innere schräge Bauchmuskel (M. obliquus internus abdominis; im 90°-Winkel zum Externus); und der quere Bauchmuskel (M. transversus abdominis; horizontal). Wenn diese Bauchmuskeln straff genug gespannt sind, fixieren sie die Baucheingeweide in ihrer Lage; wenn nicht, wölben sie sich als „Schmerbauch" nach vorne. Die hintere Bauchwand wird von der Lendenwirbelsäule und den paarigen quadratischen Lendenmuskeln gebildet, die vom Becken zur Wirbelsäule ziehen und den Körper aufrecht halten. Die Bauchhöhle ist voll gepackt mit Organen. Magen, Dünndarm und Dickdarm gehören zum Verdauungssystem (siehe S. 134); die beiden letzteren beanspruchen den meisten Platz in der Bauchhöhle. Leber und Bauchspeicheldrüse zählen zu den akzessorischen Verdauungsorganen, die auch noch weitere Funktionen haben (siehe S. 142). Die Milz ist für die Abwehr von Krankheiten zuständig (siehe S. 194). Die beiden Nieren entsorgen Abfallstoffe in Form von Urin und wirken an der Erhaltung des Gleichgewichts im Wasser-Elektrolyt-Haushalt mit (siehe S. 150 und 200). Weil sich das Zwerchfell nach oben wölbt, werden Leber und Magen teilweise von den untersten Rippen umschlossen und geschützt.

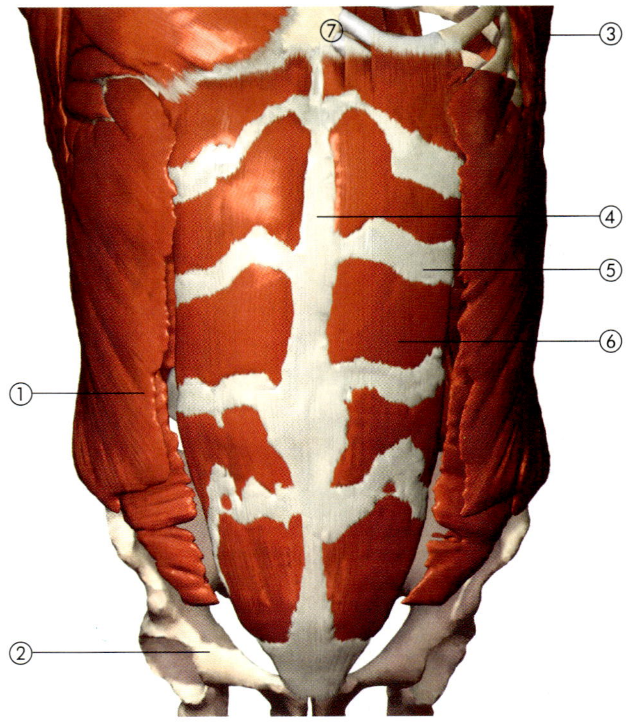

Bauchmuskeln; Ansicht von ventral. Da der Bauch vorne und seitlich kein Knochengerüst hat, schützen hier paarige Muskeln die inneren Organe und halten sie in ihrer Lage fest. Sie beugen und drehen außerdem den Rumpf.

① M. obliquus externus abdominis
② Pelvis (knöchernes Becken)
③ Latissimus dorsi
④ Linea alba
⑤ Intersectio tendinea (Zwischensehne)
⑥ M. rectus abdominis
⑦ Sternum

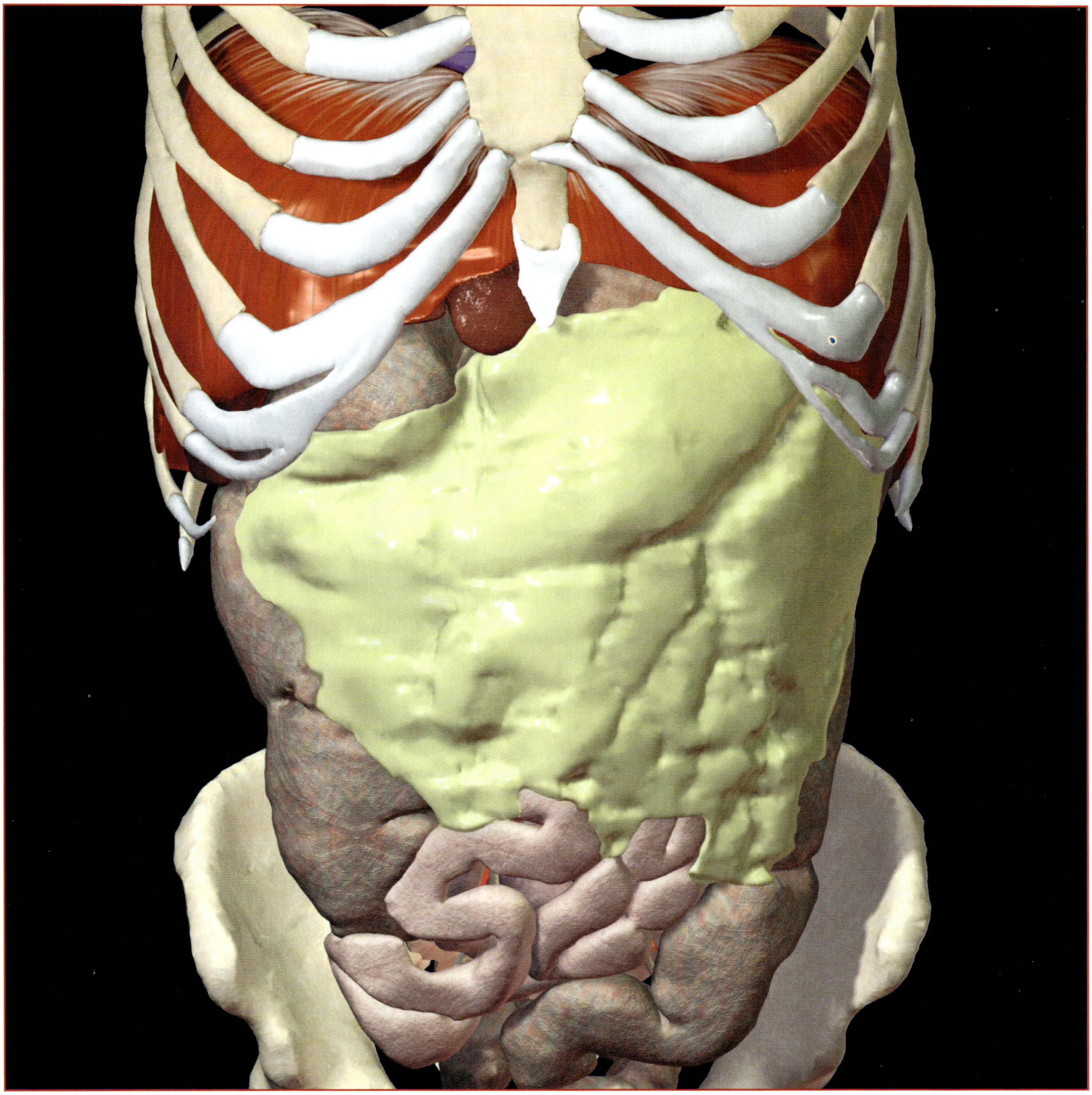

Bauch, Ansicht von ventral. Die Bauchmuskeln sind entfernt. Zu sehen ist das große Netz (Omentum majus; Teil des Gekröses), das den Darm teilweise bedeckt. Es sieht wie eine Schürze aus, speichert Fett und enthält Zellen des Abwehrsystems, die eingedrungene Krankheitserreger vernichten.

① Diaphragma (Zwerchfell)
② Colon ascendens
③ Pelvis (knöchernes Becken)
④ Ileum (Krummdarm)
⑤ Sternum
⑥ Costa VI (6. Rippe)
⑦ Cartilago costalis (Rippenknorpel)
⑧ Omentum majus
⑨ Colon descendens
⑩ Rectum

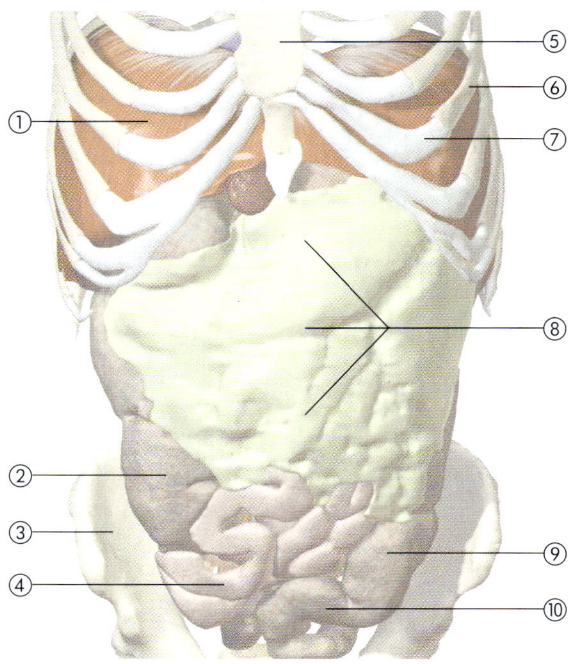

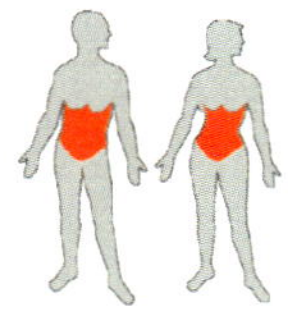

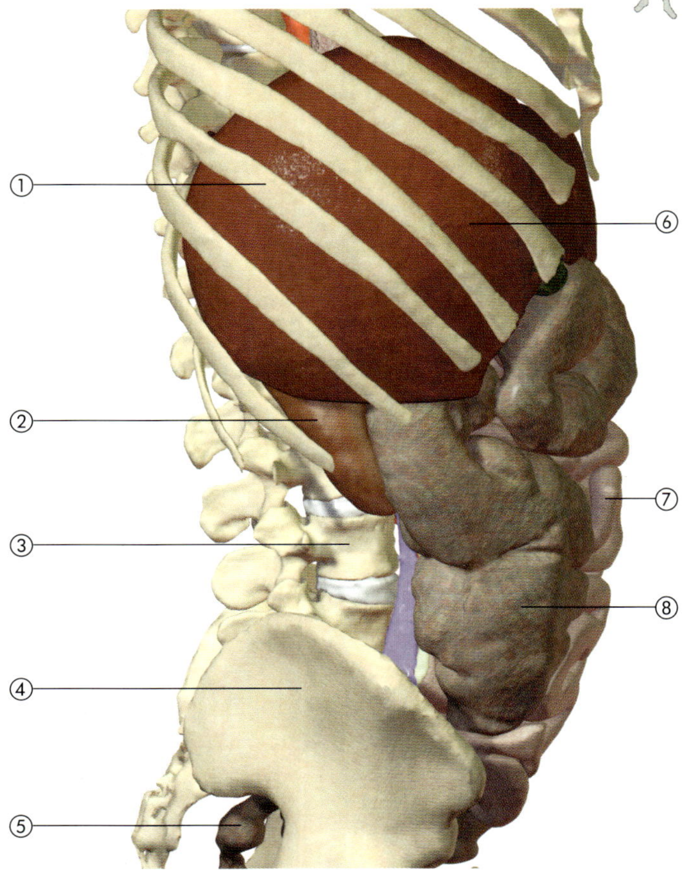

Bauchsitus mit Leber, Dünndarm und Mastdarm; Ansicht von lateral.

① Costa IX; (9. Rippe)
② Ren dexter (r. Niere)
③ Columna vertebralis
④ Pelvis
⑤ Rectum (Mastdarm)
⑥ Hepar (Leber)
⑦ Intestinum tenue
⑧ Colon ascendens

DIE BAUCHHÖHLE

IM UNTEREN RUMPFABSCHNITT BEFINDET SICH DIE BAUCHHÖHLE, DEREN OBERE BEGRENZUNG DAS ZWERCHFELL UND DEREN UNTERE GRENZE DIE BECKENBODENMUSKELN BILDEN. SIE WIRD UNTERTEILT IN EINEN OBEREN TEIL, IN DEM DIE VERDAUUNGSORGANE (SIEHE S. 134), DIE MILZ, DIE NIEREN UND ANDERE ORGANE LIEGEN, UND DIE BECKENHÖHLE MIT DEN FORTPFLANZUNGSORGANEN UND DER HARNBLASE (SIEHE S. 152-159).

Wie im Brustraum, so ist auch die Wand der Bauchhöhle ausgekleidet mit einer serösen Haut, die auch die Oberfläche ihrer Organe überzieht, – dem Bauchfell (Peritoneum). Eine vom Bauchfell abgesonderte Flüssigkeit macht die Oberflächen gleitfähig, sodass die Verdauungsorgane bei ihren Bewegungen übereinander gleiten können, ohne Schmerzen zu verursachen. Einige dieser Organe, wie die Nieren und die Bauchspeicheldrüse, liegen zwischen dem Bauchfell und der hinteren Bauchwand und werden daher als retroperitoneale Organe bezeichnet.

Das Bauchfell bildet in der Bauchhöhle große Falten; diese halten die Organe in ihrer Lage und geben ihnen etwas Spielraum. Außerdem enthalten sie Blut- und Lymphgefäße sowie die Nerven, die die Bauchorgane versorgen, und speichern Fett. Zu diesen Falten zählen das Mesenterium, Mesocolon (Dünndarm- und Dickdarmgekröse) sowie die beiden Omenta (kleines und großes Netz).

Das Verdauungssystem des Föten

Erste Anzeichen des Verdauungssystems erscheinen knapp zwei Wochen nach der Befruchtung. Eine Tasche, der primitive Darmkanal, entsteht und differenziert sich später zu Vorder-, Mittel- und Hinterdarm. Bis zur 8. Woche hat sich bereits ein durchgehender Verdauungsschlauch mit Mund- und Afteröffnung entwickelt. Aus dem Vorderdarm bilden sich Kehlkopf, Speiseröhre, Magen und ein Teil des Zwölffingerdarms heraus; aus dem Mitteldarm der übrige Dünndarm sowie ein Teil des Dickdarms; aus dem Hinterdarm der Rest des Dickdarms. Durch Abfaltung im Vorderdarm entstehen die akzessorischen Verdauungsorgane: Speicheldrüsen, Leber, Gallenblase und Bauchspeicheldrüse. Im Uterus erhält der Fötus über die Plazenta und die Nabelschnur alle Nährstoffe von der Mutter. Der Verdauungsschlauch nimmt jedoch seine Arbeit auf, sobald der Fötus etwas von dem ihn umgebenden Fruchtwasser schluckt. Das Fruchtwasser enthält Substanzen, die die Reifung des Verdauungskanals anregen, sodass dieser nach der Geburt bereit ist für die Nahrungsaufnahme.

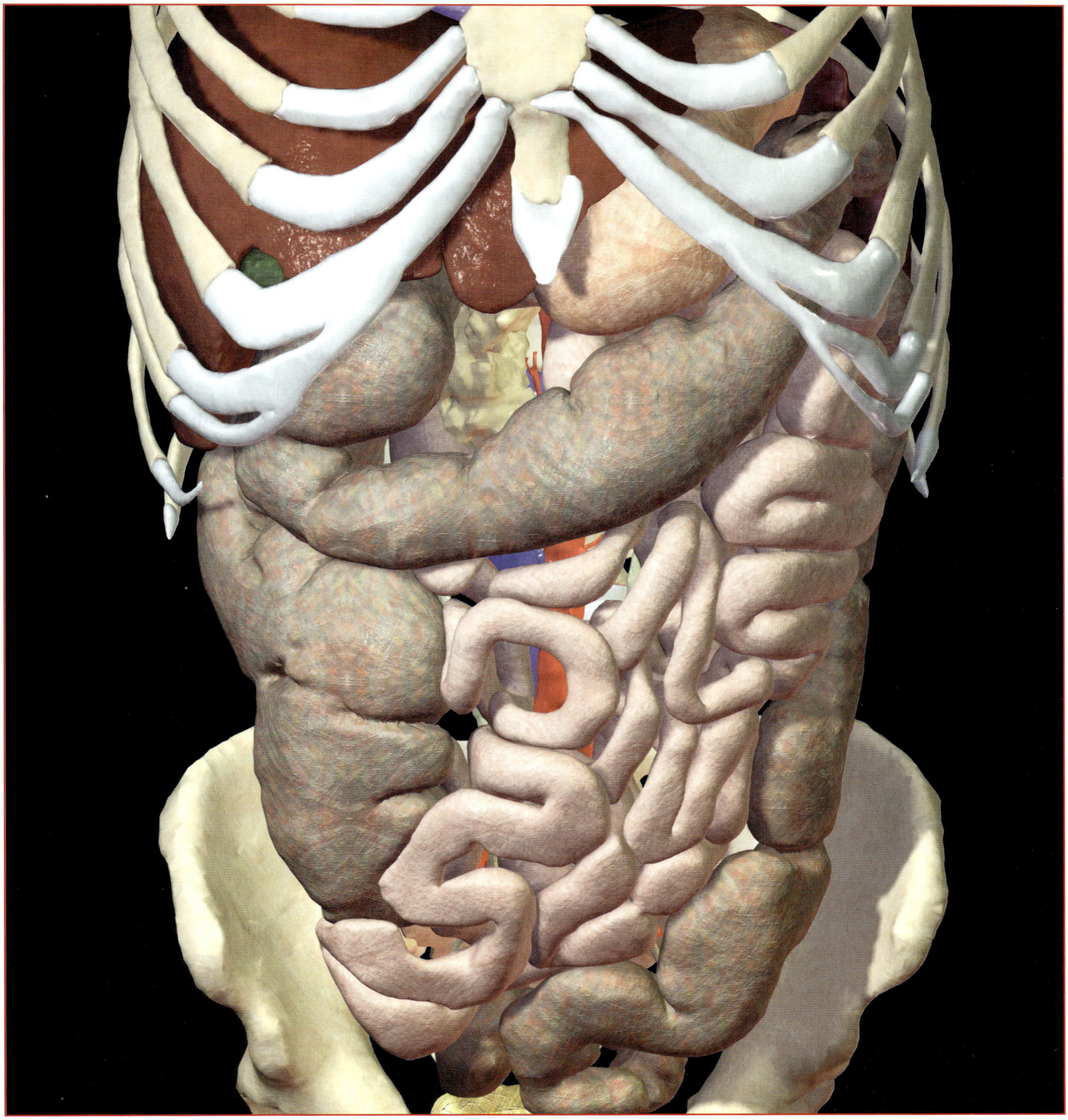

Bauchsitus, Ansicht von ventral. Das Netz ist entfernt, sodass der gesamte Inhalt der Bauchhöhle zu sehen ist.

① Hepar (Leber)
② Costa (Rippe)
③ Cartilago costalis (Rippenknorpel)
④ Colon transversum (Querteil des Dickdarms)
⑤ Ileum (Krummdarm)
⑥ Pelvis/Os ilii (Beckenring/Darmbein)
⑦ Gaster (Magen)
⑧ Pancreas (Bauchspeicheldrüse)
⑨ Colon descendens (absteigender Teil des Dickdarms)
⑩ Colon sigmoideum
⑪ Rectum (Mastdarm)

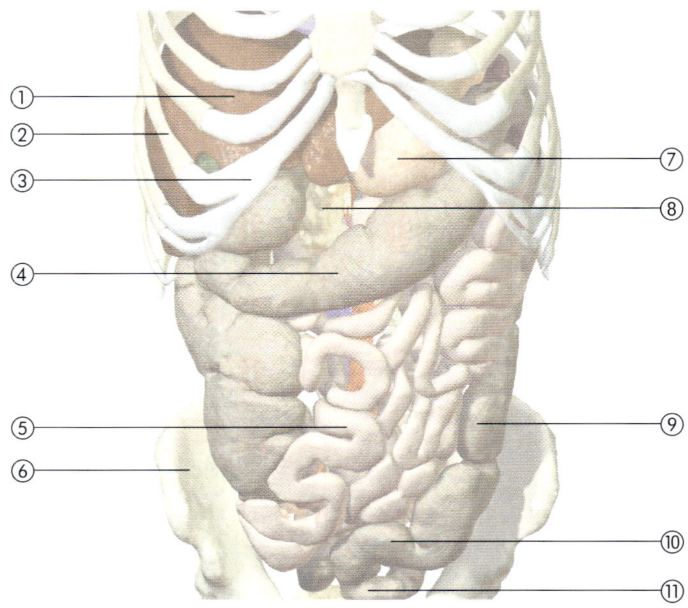

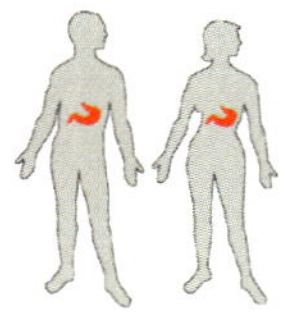

DER MAGEN, EINE AUSBUCHTUNG DES VERDAUUNGSKANALS, FUNGIERT ALS ZWISCHENSPEICHER FÜR DIE GERADE ERST GESCHLUCKTE NAHRUNG. ER SONDERT SÄFTE AB, DIE DEN ABBAU DER PROTEINE IM BOLUS EINLEITEN UND – ZUSAMMEN MIT DEN KRÄFTIGEN KONTRAKTIONEN DER DREI SCHICHTEN GLATTER MUSKULATUR IN DER MAGENWAND – DIESEN ZU FLÜSSIGEM SPEISEBREI (CHYMUS) VERARBEITEN, DER DANN IN DEN DÜNNDARM BEFÖRDERT WIRD. DIE SPEICHERFUNKTION DES MAGENS IST DESHALB LEBENSWICHTIG, WEIL WIR VIEL SCHNELLER ESSEN, ALS WIR VERDAUEN UND DIE NÄHRSTOFFE IM DÜNNDARM AUFNEHMEN KÖNNEN. OHNE ZWISCHENSPEICHERUNG WÜRDE DIE NAHRUNG DEN VERDAUUNGSTRAKT ZU SCHNELL DURCHLAUFEN UND DAHER NICHT VERDAUT WERDEN KÖNNEN.

DER MAGEN

Zum Teil von der Leber und dem Zwerchfell verdeckt, liegt der Magen links in der Bauchhöhle. Man unterscheidet vier Bereiche (siehe S. 140). Der Magenmundbereich (Kardia) im oberen Teil umgibt die Speiseröhrenmündung. Als Magenkuppel (Fornix) oder -grund (Fundus) bezeichnet man den oberen, kuppelförmigen Teil, als Magenkörper den Bereich in der Mitte. Der unterste Magenteil, der Pförtnerbereich, bildet den Übergang zum Zwölffingerdarm. Den Magenausgang umschließt ein Ringmuskel, der Magenpförtner (Pylorus). Kardia und Pförtnerbereich sind relativ unbeweglich, Magengrund und -körper hingegen dehnen sich, wenn sie sich mit Nahrung füllen, und zerkleinern diese durch ihre Muskelkontraktionen. Der leere Magen hat ein Volumen von etwa 50 ml, seine Innenfläche weist Schleimhautfalten (Plicae) auf. Nach einer Mahlzeit dehnt sich die elastische Magenwand, die Falten verschwinden und das Volumen kann bis auf 4 Liter zunehmen.

Die konkave Magenoberseite bildet die kleine Magenkrümmung, die konvexe Magenunterseite die große Magenkrümmung. Zwei Bauchfellblätter – das große und das kleine Netz – befestigen den Magen an anderen Organen und an der Bauchwand. Das große Netz erstreckt sich von der großen Magenkrümmung über den Dünndarm und dann aufwärts zu seiner Anheftungsstelle an der hinteren Bauchwand. Wo es frei herabhängt, sieht es wie eine fettige Schürze aus, weil es viel Fett speichert. Es enthält auch viele Lymphknoten, die die Bauchorgane vor Infektionen schützen. Das kleine Netz zieht von der Leber zur kleinen Magenkrümmung.

Magenschleimhautfalten (Foto). Sie vergrößern die Magenoberfläche so stark, dass das Fassungsvermögen nach dem Essen auf 4 Liter anwachsen kann.

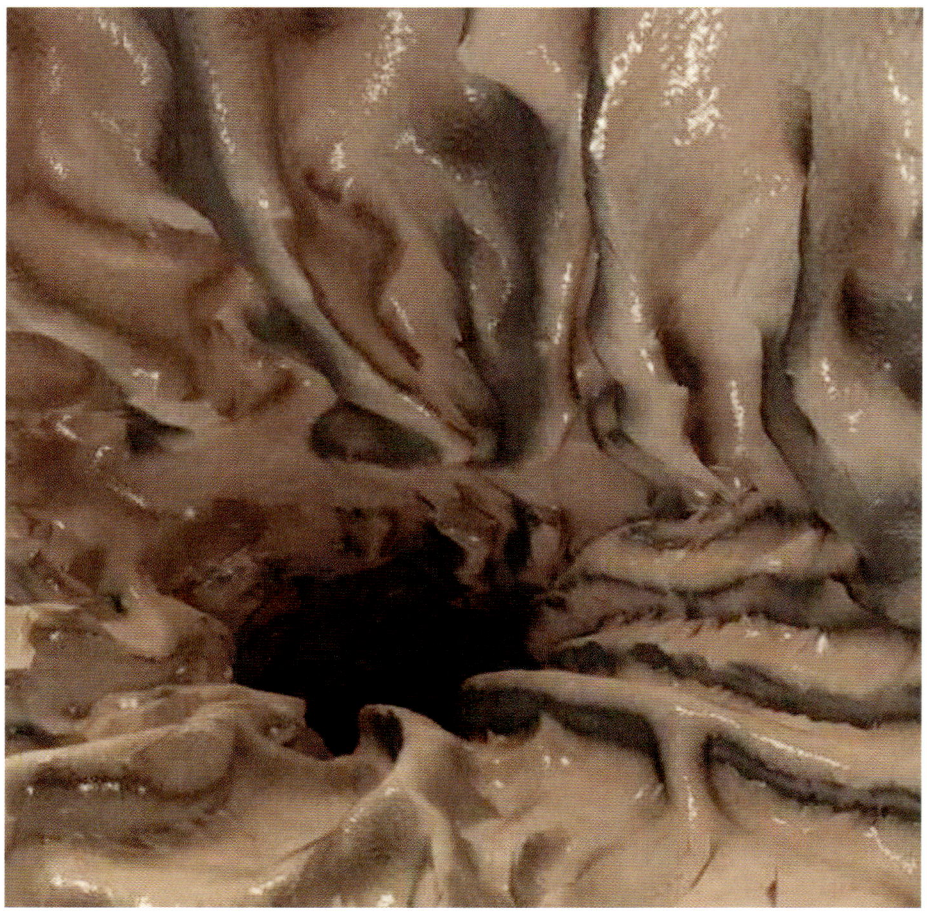

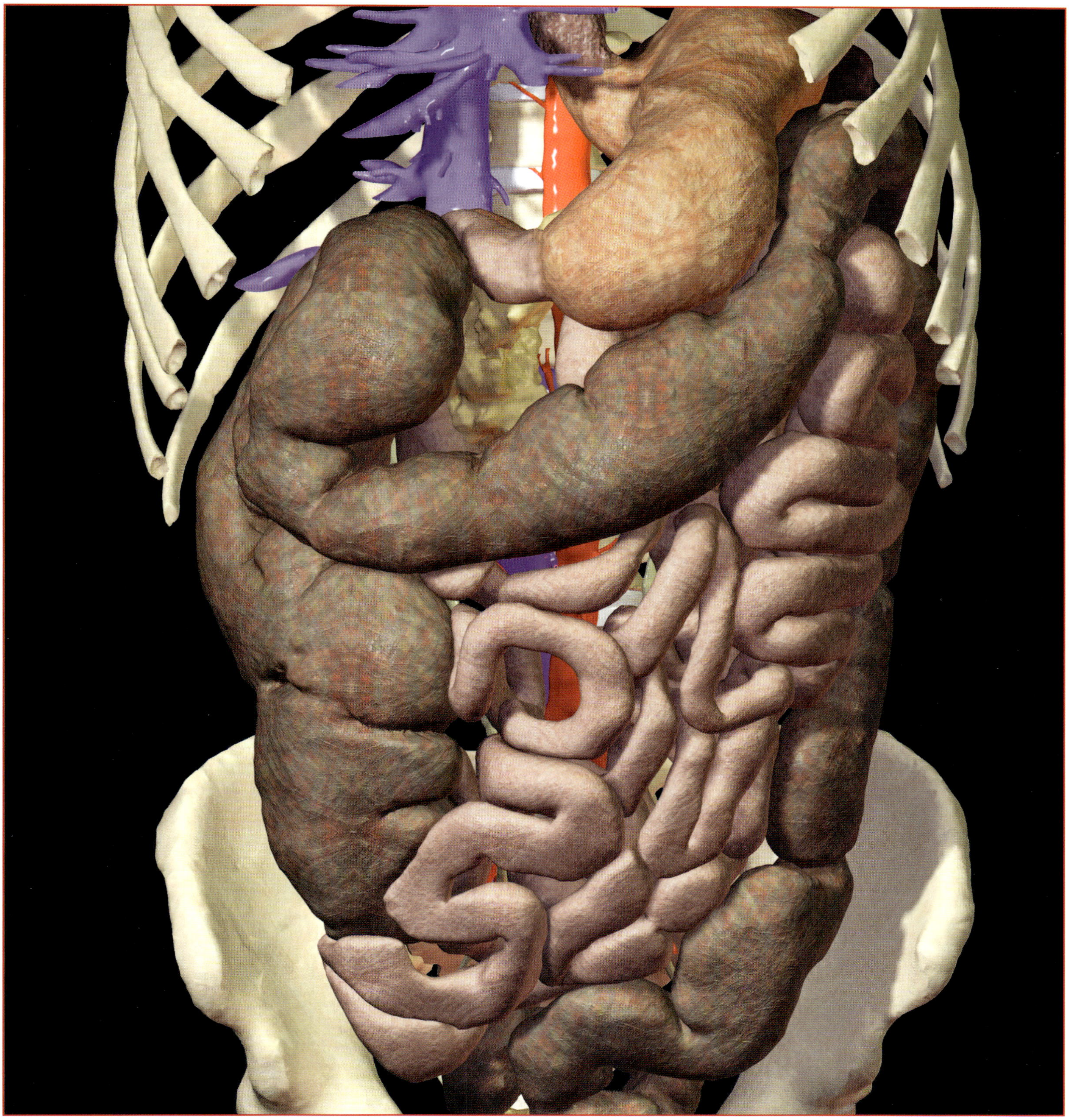

Bauchorgane, Ansicht von ventral. Die Leber und die Rippenknorpel sind entfernt.

① Curvatura gastrica minor (kleine Magenkrümmung)
② Duodenum
③ M. sphincter pyloricus (Pylorus; Magenpförtner)
④ Pancreas
⑤ Colon transversum
⑥ Colon ascendens
⑦ Pelvis (Becken) / Os ilii (Darmbein)
⑧ Ileum (Krummdarm)
⑨ Oesophagus
⑩ Gaster (Magen)
⑪ Curvatura gastrica major (große Magenkrümmung)
⑫ Jejunum (Leerdarm)
⑬ Colon descendens
⑭ Colon sigmoideum
⑮ Vena cava inferior (untere Hohlvene)
⑯ Aorta

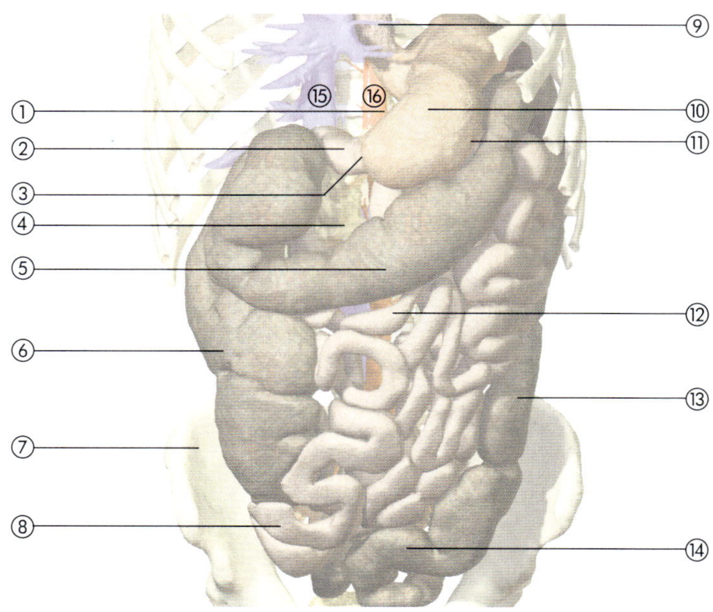

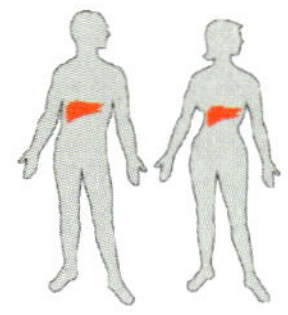

Die Leber hat eine lebenswichtige Aufgabe, weil sie die Blutzusammensetzung konstant hält. Das Sichelband (Bauchfellfalte, die die Leber an der vorderen Bauchwand anheftet) unterteilt sie in einen rechten und einen linken Lappen. Hinten an der Unterseite befindet sich die Leberpforte, die Eintrittsstelle der Pfortader (Lebervene, die nährstoffreiches Blut vom Dünndarm bringt) und der Leberschlagader (Arterie, die von dem aus der Aorta abgehenden Truncus coeliacus abzweigt und sauer-

LEBER UND GALLENBLASE

stoffreiches Blut zuführt) sowie die Austrittsstelle des gemeinsamen Lebergallengangs. Oberhalb der Leberpforte münden die rechte und die linke Lebervene, die beiden Blutabflüsse aus der Leber, direkt in die untere Hohlvene, die an der Hinterseite der Leber senkrecht verläuft.

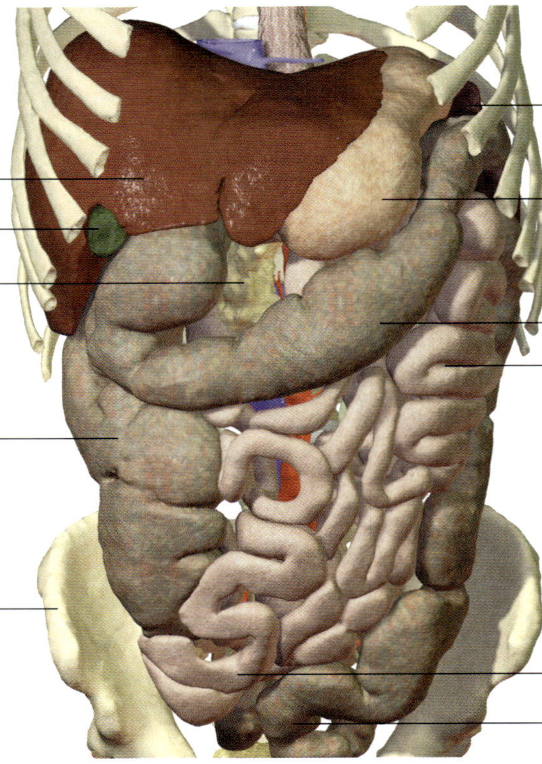

In der Leber verarbeiten Millionen von Leberepithelzellen (**Hepatozyten**) die frisch resorbierten Nährstoffe, entsorgen Gifte, bilden Proteine, setzen Nährstoffe aus gespeicherten Substanzen frei und bilden Galle. In Tausenden von sechseckigen Leberläppchen mit 1 mm Durchmesser sind die Hepatozyten in einschichtigen Platten fächerförmig um eine Zentralvene angeordnet, die in die Lebervene mündet. Diese Zellplatten sind durchzogen von feinsten Blutkanälchen, den Sinusoiden. An den Ecken der Sechsecke befinden sich Äste der Pfortader sowie der Leberarterie, die den Leberzellen das Blut zuführen, das sie – wie eine Kläranlage – filtern, während es durch die **Sinusoide** zur Zentralvene fließt. Die von den Leberzellen abgesonderte Galle – teils Ausscheidungsprodukt, teils Verdauungssaft – fließt über feine Gallenkanälchen in die Gallengänge ab.

Gallenblase (Vesica fellea)

In einer kleinen Mulde an der Unterseite des rechten Leberlappens liegt die Gallenblase. Sie ist ein etwa 10 cm langer, grüner Muskelsack und durch den gemeinsamen Lebergallengang mit der Leber verbunden. Ihre Aufgabe ist es, die in der Leber gebildete Galle (täglich etwa 1 Liter) zu speichern und einzudicken. Wenn sich die Gallenblase füllt, dehnt sie sich aus und ihre in Falten gelegte Innenauskleidung wird glatt. Wenn Chymus (halbfester Speisebrei) aus dem Magen im Zwölffingerdarm ankommt, sondert die Dünndarmschleimhaut das Hormon **Cholezystokinin** ab, das die Gallenblase zur Kontraktion veranlaßt. Dadurch wird Galle über den Gallenblasengang (Ductus cysticus) und den Hauptgallengang (Ductus choledochus) in den Zwölffingerdarm entleert, wo sie den Fettabbau unterstützt.

Bauchorgane, Ansicht von ventral. Im Oberbauch sind Leber, Gallenblase, Bauchspeicheldrüse, Milz, Zwölffingerdarm und Nieren zu sehen.

① Hepar (Leber)
② Vesica fellea (Gallenblase)
③ Pancreas (Bauchspeicheldrüse)
④ Colon ascendens
⑤ Pelvis/Os ilii (Darmbein)
⑥ Splen (Milz)
⑦ Gaster (Magen)
⑧ Colon transversum
⑨ Jejunum (Leerdarm)
⑩ Ileum (Krummdarm)
⑪ Colon sigmoideum

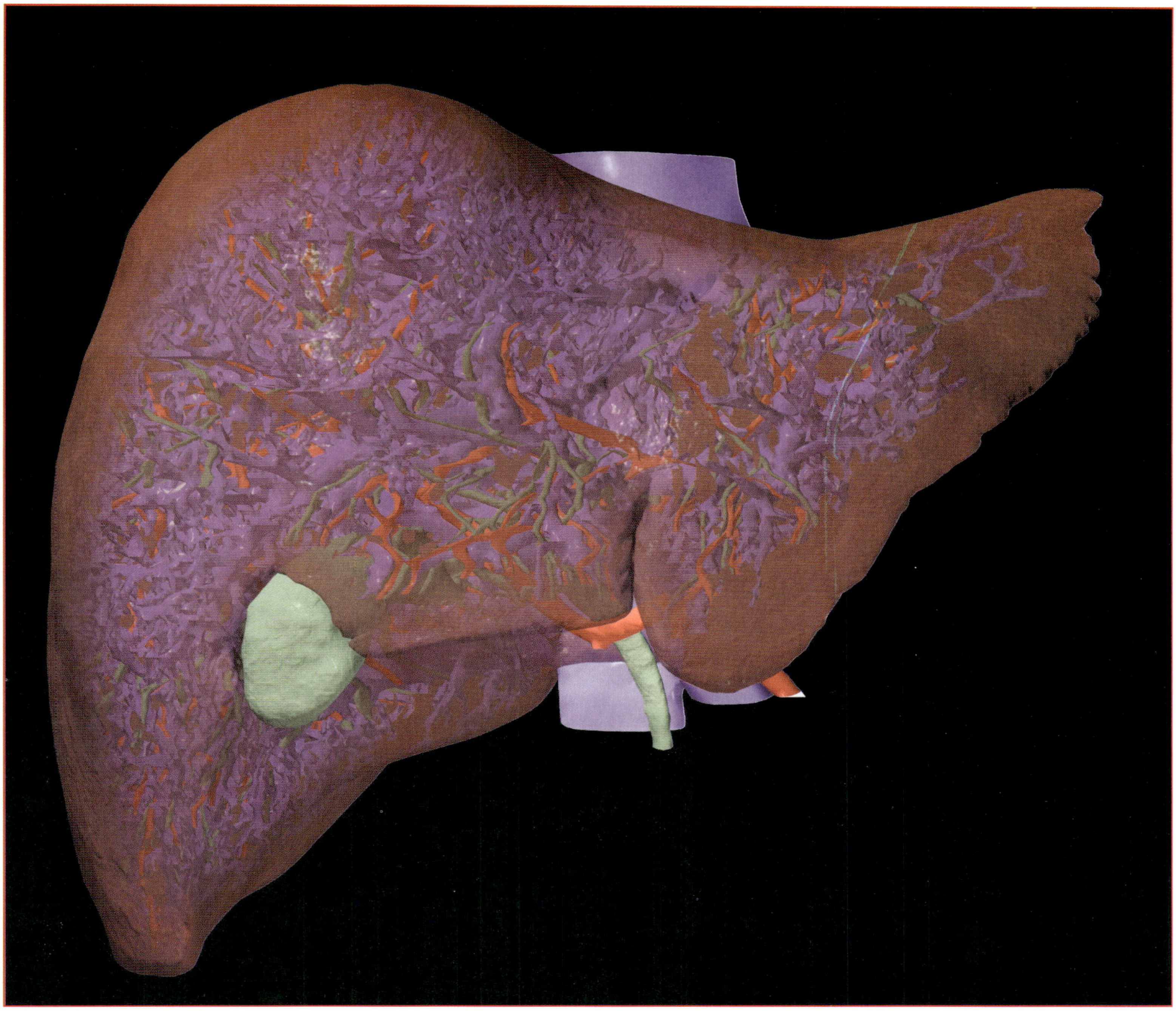

Leber, Ansicht von ventral. Die Gallenblase sowie das verzweigte Netz der Leberarterien und -venen im Inneren der Leber sind zu erkennen.

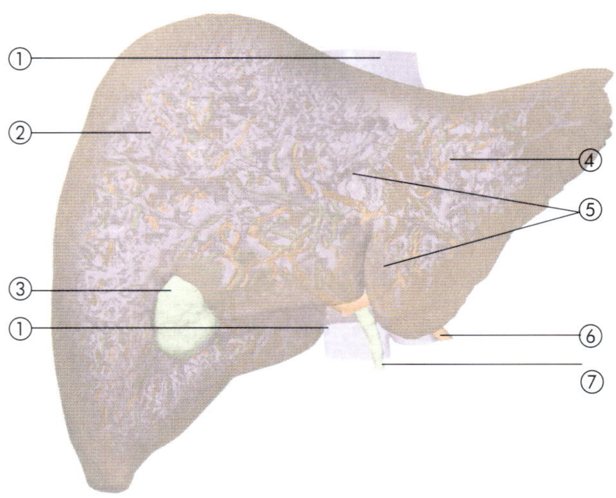

① Vena cava inferior (untere Hohlvene)
② Lobus dexter hepatis (rechter Leberlappen)
③ Vesica fellea (Gallenblase)
④ Lobus sinister hepatis (linker Leberlappen)
⑤ Äste der Pfortader und der Leberschlagader
⑥ A. hepatica (Lebersch agader)
⑦ Ductus choledochus (Hauptgallengang)

Innenansicht der Gallenblase und ihres Ausgangs zum Gallenblasengang. Die hier sichtbaren Schleimhautfalten verschwinden, wenn die Gallenblase sich füllt und dehnt.

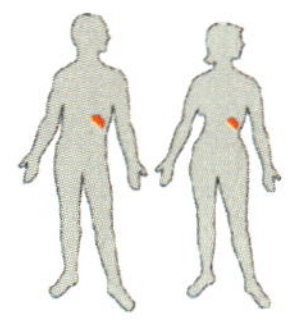

DIE FAUSTGROSSE MILZ LIEGT IM LINKEN OBERBAUCH KNAPP UNTER DEM ZWERCHFELL. MIT CA. 12 CM LÄNGE IST DIE MILZ DAS GRÖSSTE DER LYMPHATISCHEN ORGANE (SIEHE S. 126). SIE IST DAS WICHTIGSTE IMMUNORGAN UND REINIGT DAS BLUT. IM FETUS BILDET DIE MILZ DIE ROTEN BLUTKÖRPERCHEN, NACH DER GEBURT JEDOCH NICHT MEHR. DIE MILZ IST UMGEBEN VON EINER BINDEGEWEBIGEN SCHUTZKAPSEL UND HAT AN DER UNTERSEITE EINE EINDELLUNG, DIE MILZPFORTE (**HILUM**), DURCH DIE DIE BLUTGEFÄSSE ZIEHEN. VERSORGT WIRD DIE MILZ VON DER MILZSCHLAGADER (AUS DEM TRUNCUS COELIACUS, DER AUS DER AORTA ABZWEIGT). DIE MILZVENE MÜNDET IN DIE PFORTADER. ES GIBT KEINE **AFFERENTEN** LYMPHGEFÄSSE ZUR MILZ, SODASS SIE – ANDERS ALS DIE LYMPHKNOTEN – NICHT ALS LYMPHFILTER ARBEITET.

① Gaster (Magen)
② Splen (Milz)
③ Colon transversum (Querteil des Dickdarms)
④ Ren (Niere)
⑤ Colon descendens (absteigender Teil des Dickdarms)
⑥ Jejunum (Leerdarm)
⑦ Ileum (Krummdarm)
⑧ Colon sigmoideum (Sigmoid)

DIE MILZ

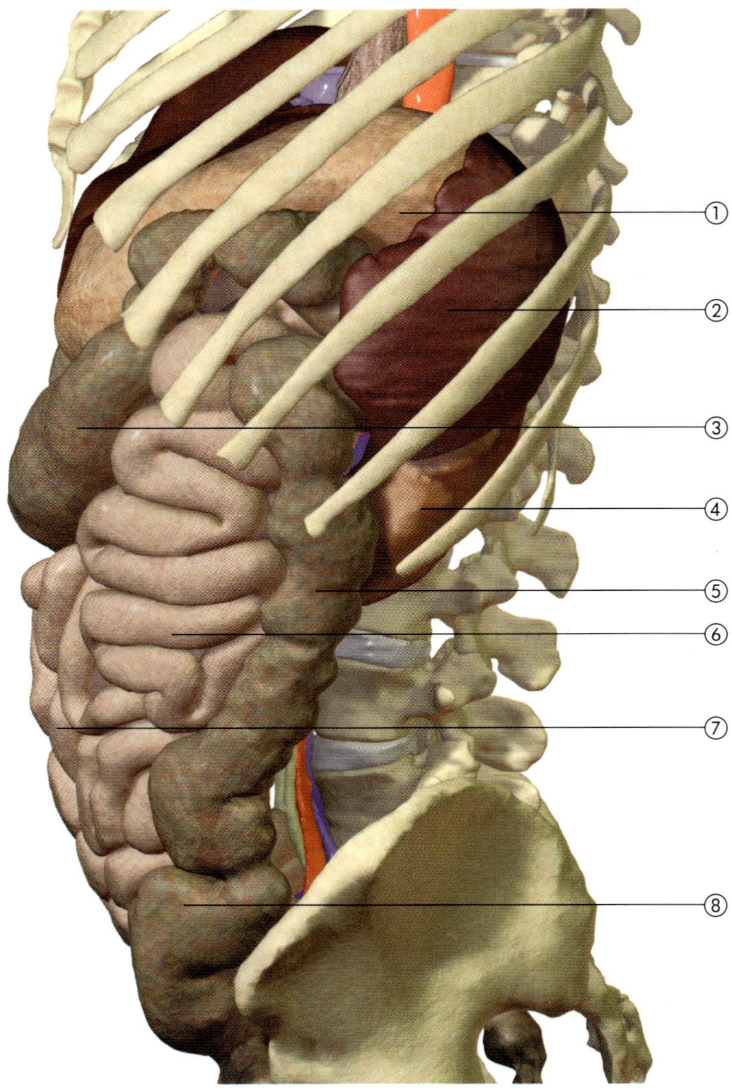

Bauchorgane mit Rippen; Ansicht von lateral (links). Dargestellt sind Milz, Nieren, Leber, Magen und Darm.

In der Milz unterscheidet man zwei Gewebetypen. Die kleinen Milzarterien werden von Haufen weißer Pulpa umgeben. Diese besteht aus weißen Blutkörperchen, die an Fasern hängen, und gehört zum Immunsystem. B-Lymphozyten vermehren sich hier kräftig und bilden die Antikörper-produzierenden Plasmazellen, die spezifische pathogene Erreger aufs Korn nehmen und so markieren, dass sie dann zerstört werden. Zwischen den „Inseln" weißer Pulpa liegt ein „Meer" aus roter Pulpa, ein Bereich aus Bindegewebe und Bluträumen (Milzsinus), der viele Phagozyten (Makrophagen) und rote Blutkörperchen (siehe S. 124) enthält. Die Makrophagen ziehen mit dem Blut transportierte Krankheitserreger wie Bakterien und Viren aus dem Verkehr, indem sie diese schlucken und verdauen. Außerdem spielen sie eine wichtige Rolle bei der Erhaltung der Blutqualität, indem sie überalterte rote Blutzellen und Blutplättchen sowie Zelltrümmer und Giftstoffe aus dem Blut „entsorgen" (die Milz speichert auch Blutplättchen). Die Makrophagen speichern auch Substanzen, die beim Abbau roter Blutkörper anfallen und vom Knochenmark erneut für die Blutbildung verwendet werden können.

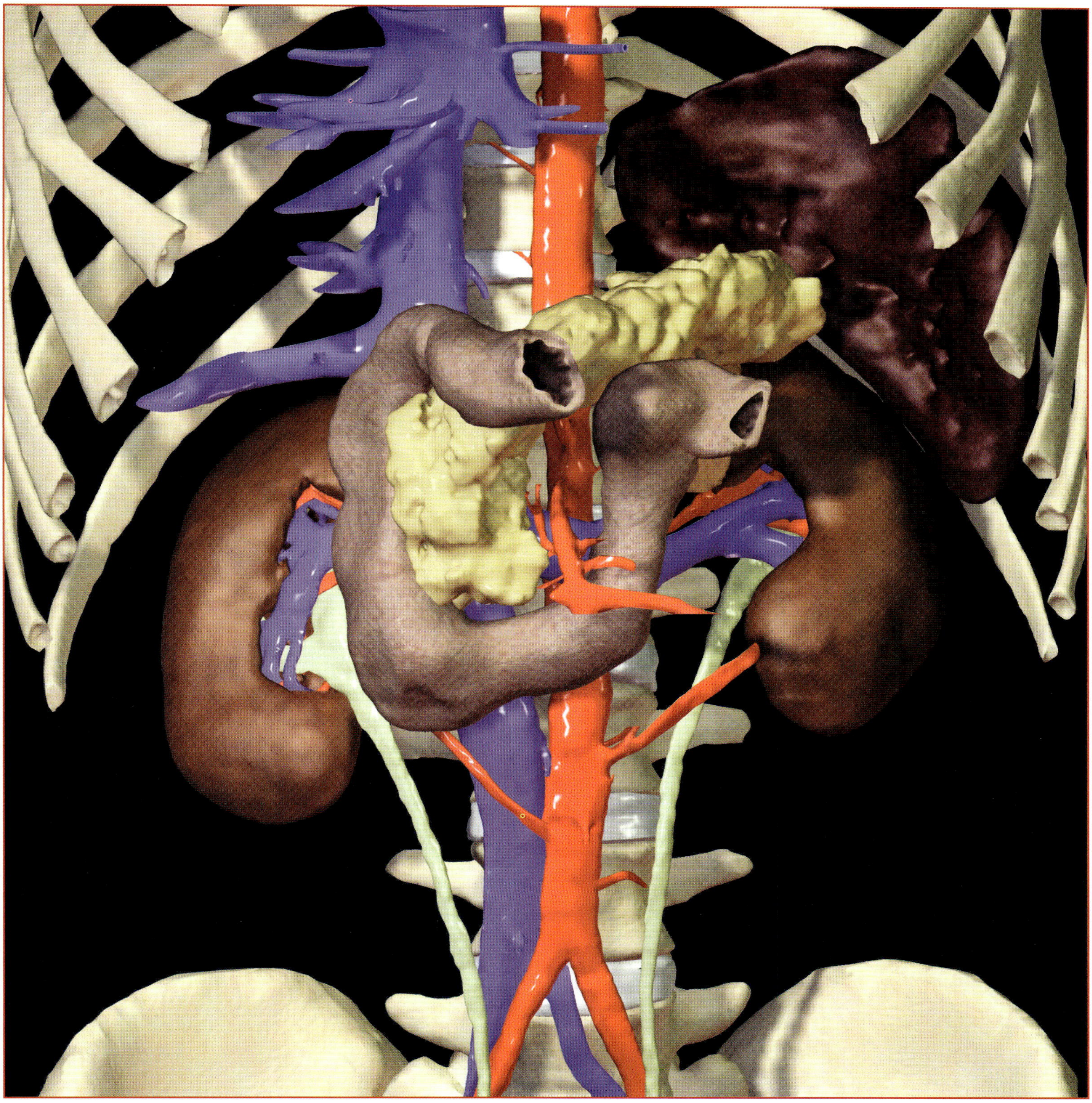

Milz und Nieren im Oberbauch; Ansicht von ventral. Leber, Magen, Dünn- und Dickdarm sind entfernt.

① Aorta thoracica abdominalis (Brustaorta)
② Vena cava inferior (untere Hohlvene)
③ Ren dexter (rechte Niere)
④ Ureter (Harnleiter)
⑤ Pelvis (Becken)
⑥ Splen (Milz)
⑦ A. renalis (Nierenschlagader)
⑧ V. renalis (Nierenvene)
⑨ Ren sinister (linke Niere)
⑩ Columna vertebralis (Wirbelsäule)
⑪ A. iliaca communis (gemeinsame Beckenschlagader)
⑫ V. iliaca communis (gemeinsame Beckenvene)

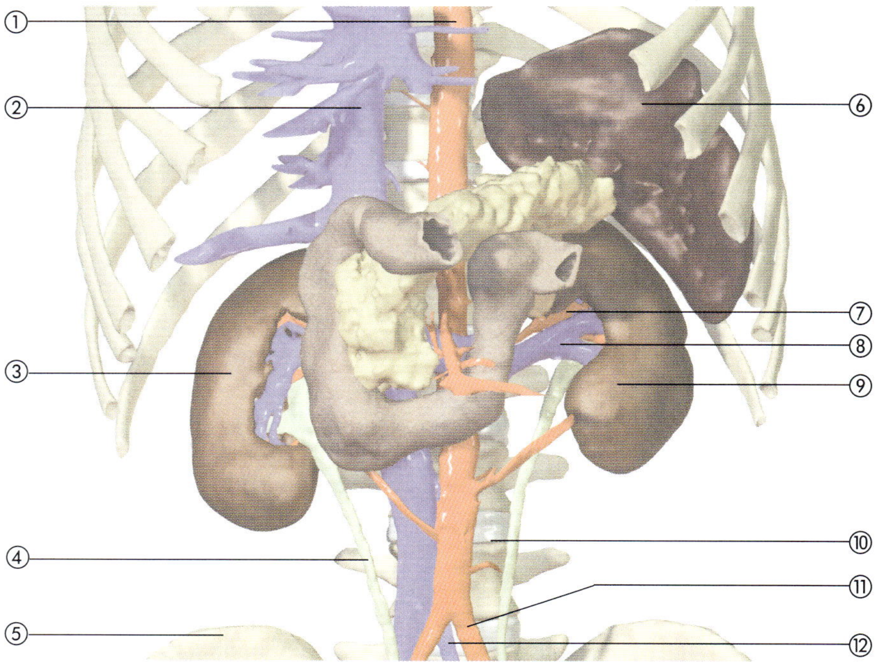

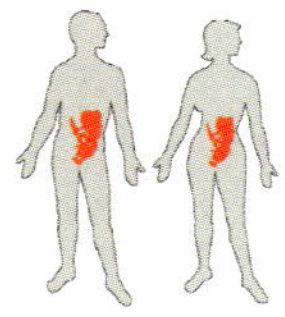

Der Dünndarm mit seinen Schlingen reicht vom Pylorus (Magenausgang) bis zur Ileozäkalklappe am Übergang zum Dickdarm (siehe S. 146). Mit einer Länge von 3 m bei lebenden und 7 m bei toten Menschen (wo er wegen der Erschlaffung der Muskeln länger ist) bildet der Dünndarm den längsten und wichtigsten Abschnitt des Verdauungskanals und füllt den Grossteil des Unterbauchs aus. Hier finden die letzten Verdauungsschritte statt. Die dabei erzeugten einfachen Nährstoffe werden durch die Dünndarmwand in die Blut- oder in die Lymphbahn resorbiert (aufgenommen).

DER DÜNNDARM

Der Dünndarm besteht aus drei Teilen: dem Zwölffingerdarm (Duodenum; siehe S. 144), Leerdarm (Jejunum) und Krummdarm (Ileum). Der Zwölffingerdarm (ca. 25 cm lang) nimmt die Sekrete der Leber und der Bauchspeicheldrüse auf. An ihn schließt sich der Leerdarm und an diesen der – längere – Krummdarm an, der bis zur Ileozäkalklappe reicht. Wie eine Wurstkette hängen sie – zum Großteil durch das fächerförmige, zwei Falten bildende Gekröse (Mesenterium) daran befestigt – an der hinteren Bauchwand. Das Gekröse fixiert nicht nur den Dünndarm, es enthält auch die Gekröseschlagadern (Verzweigungen der oberen Gekrösearterie, die aus der Aorta entspringt), die alle Teile des Dünndarms mit sauerstoffreichem Blut versorgen. Sauerstoffarmes, aber dafür nährstoffreiches Blut gibt der Dünndarm an die obere Gekrösevene ab, die in die Pfortader mündet und somit das Blut direkt zur Leber transportiert.

Die Innenfläche des Dünndarms wird durch Ringfalten stark vergrößert und ist somit gut gerüstet für ihre doppelte Aufgabe: Verdauung und Resorption. Die Ringfalten sind übersät mit winzigen, fingerähnlichen Zotten (Villi), die wie der Flor eines Frotteehandtuchs aussehen und die Oberfläche weiter vergrößern. Die Dünndarmwände enthalten sowohl eine Ringmuskel- als auch eine Längsmuskelschicht für die rhythmischen Darmbewegungen, die den Speisebrei durchmischen und in Richtung Dickdarm weiterbefördern (Peristaltik, siehe S. 140).

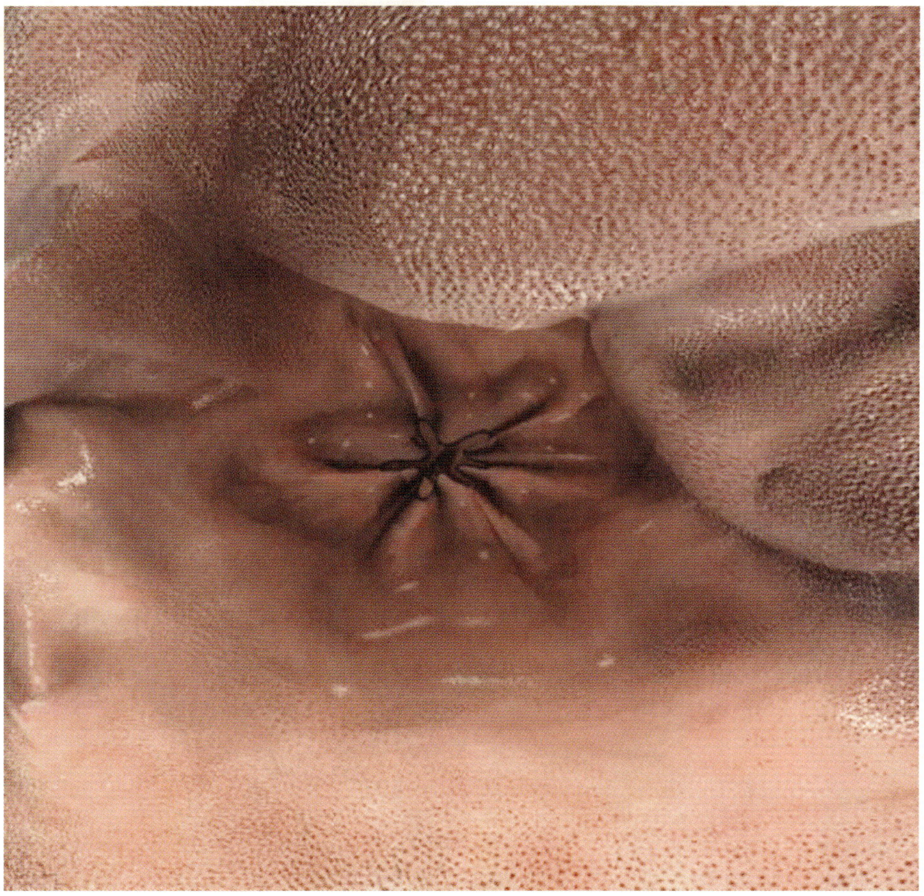

Innenseite des Zwölffingerdarms; von unten mit Blick auf den sternförmigen Pylorus (Magenpförtner) aufgenommen. Die Oberfläche ist mit winzigen, fingerförmigen Zotten übersät und sieht deshalb rau aus.

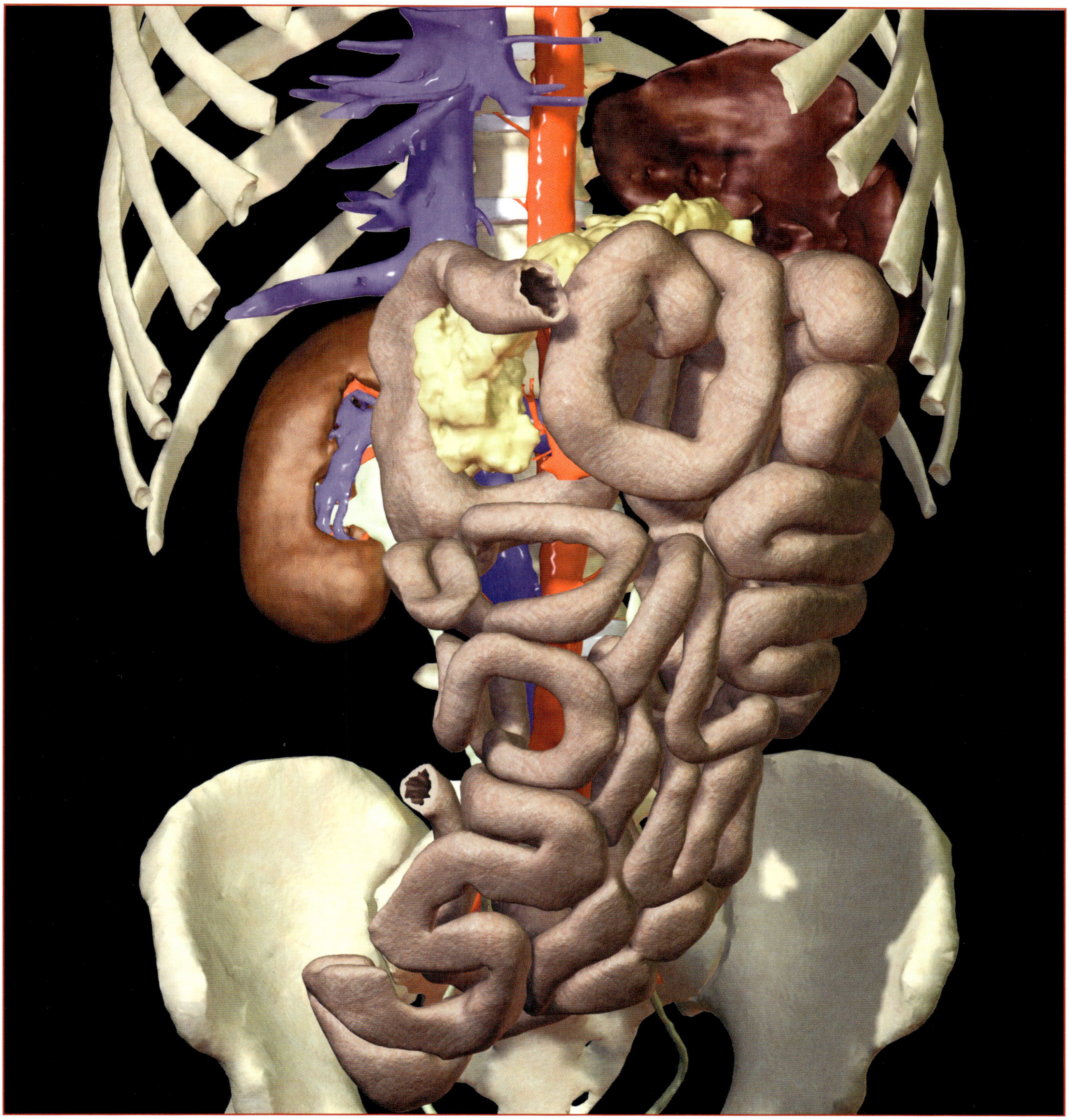

Dünndarmschlingen; Ansicht von ventral. Der Dickdarm ist entfernt. Der Dünndarm ist der längste Abschnitt des Verdauungskanals.

① V. cava inferior (untere Hohlvene)
② Aorta abdominalis (Bauchaorta)
③ Ren dexter (rechte Niere)
④ Ileum (Krummdarm)
⑤ Splen (Milz)
⑥ Duodenum (Zwölffingerdarm)
⑦ Pancreas (Bauchspeicheldrüse)
⑧ Jejunum (Leerdarm)
⑨ Os ilii (Darmbein)/ Pelvis (Becken)

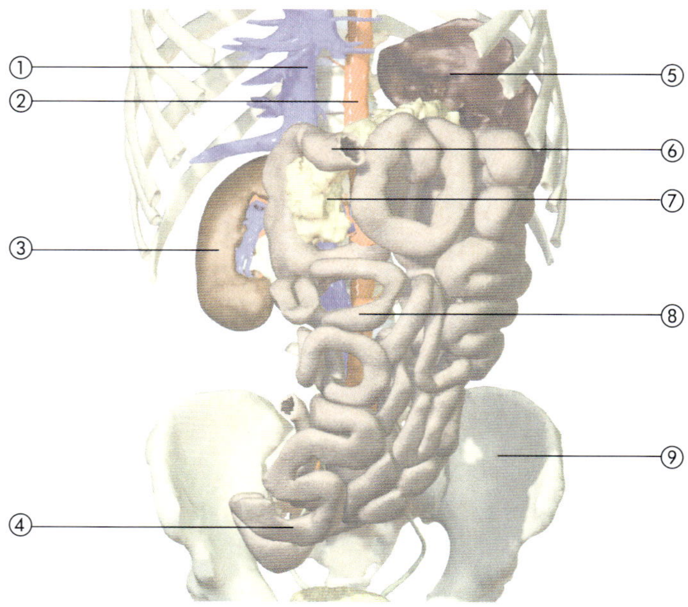

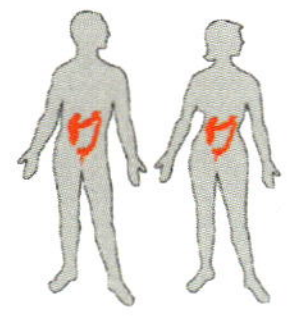

Etwa 1,5 m ist der Dickdarm bei Lebenden lang und deutlich dicker als der Dünndarm. Er reicht von der Ileozäkalklappe bis zum After, der Öffnung am unteren Ende des Verdauungskanals (siehe S. 136). Die Hauptaufgabe des Dickdarms ist, flüssige, nichtresorbierbare Nahrungsabfälle aus der Ileozäkalklappe mit rhythmischen Kontraktionen weiterzubefördern, ihnen dabei Wasser und Mineralsalze zu entziehen und aus dem Rest halbfesten Stuhl zu bilden, der durch den After ausgeschieden wird. Täglich gelangen 1,5 Liter flüssigen Abfalls in den Dickdarm und werden dort innerhalb von 12 Stunden zu 450 g Stuhl eingedickt.

DER DICKDARM

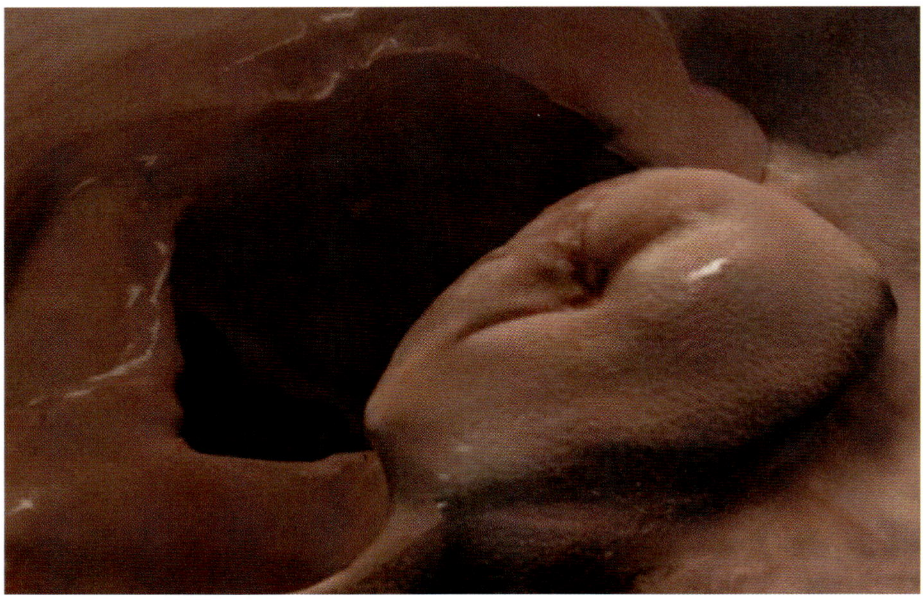

Innenfläche des Blinddarms mit Ileozäkalklappe (Bauhin-Klappe). Diese klappenähnliche Öffnung ermöglicht im „Einbahnstraßenverkehr“ den Durchtritt flüssiger, unverdaulicher Nahrungsabfälle in den Dickdarm, an dessen Beginn sie liegt.

Der Dickdarm, der den Dünndarm an drei Seiten umrahmt, besteht aus vier Teilen: Blinddarm (Caecum), Grimmdarm (Colon), Mastdarm (Rectum) und Analkanal (Canalis analis). Gleich unterhalb der Ileozäkalklappe zieht der Blinddarm abwärts; der fingerförmige Wurmfortsatz (Appendix vermiformis) hängt von ihm herab. Auf den Blinddarm folgt der längste Abschnitt des Dickdarms, der Grimmdarm (Colon), der in vier Abschnitte gegliedert ist. Das Colon ascendens zieht an der rechten Bauchseite empor und geht an der rechten Dickdarmbiegung rechtwinkelig in den quer verlaufenden Teil (Colon transversum) über. An der linken Dickdarmbiegung beginnt das an der linken Seite absteigende Colon descendens. Der letzte Teil, die S-förmige Schleife (Colon sigmoideum; Sigmoid), zieht in das Becken. Colon sigmoideum und transversum sind durch das Dickdarmgekröse (Mesocolon) an der hinteren Bauchwand befestigt; die übrigen Teile des Grimmdarms liegen hinter dem Bauchfell. Die Grimmdarmwand enthält zwar – wie viele andere Organe des Verdauungstrakts – zwei Muskelschichten, doch ist hier die äußere Längsmuskelschicht zu drei Muskelstreifen (Tänien) reduziert, deren Muskelspannung das Colon in Aussackungen (Haustren) zieht.

Der 20 cm lange Mastdarm weist in seinem Verlauf drei Krümmungen und im Inneren drei diesen entsprechende Querfalten auf. Diese Querfalten teilen die Darmgase (durch Bakterien im Dickdarm gebildete Gase) vom Stuhl ab. Dies ermöglicht, dass die im Tagesdurchschnitt erzeugten 500 ml Darmgas als Blähungen (Flatus) durch den After entweichen können, ohne dass gleichzeitig auch eine Stuhlentleerung stattfindet. Der Analkanal (mit dem After als Öffnung nach außen) enthält einen inneren und einen äußeren Schließmuskel, die nur während des Stuhlgangs erschlaffen.

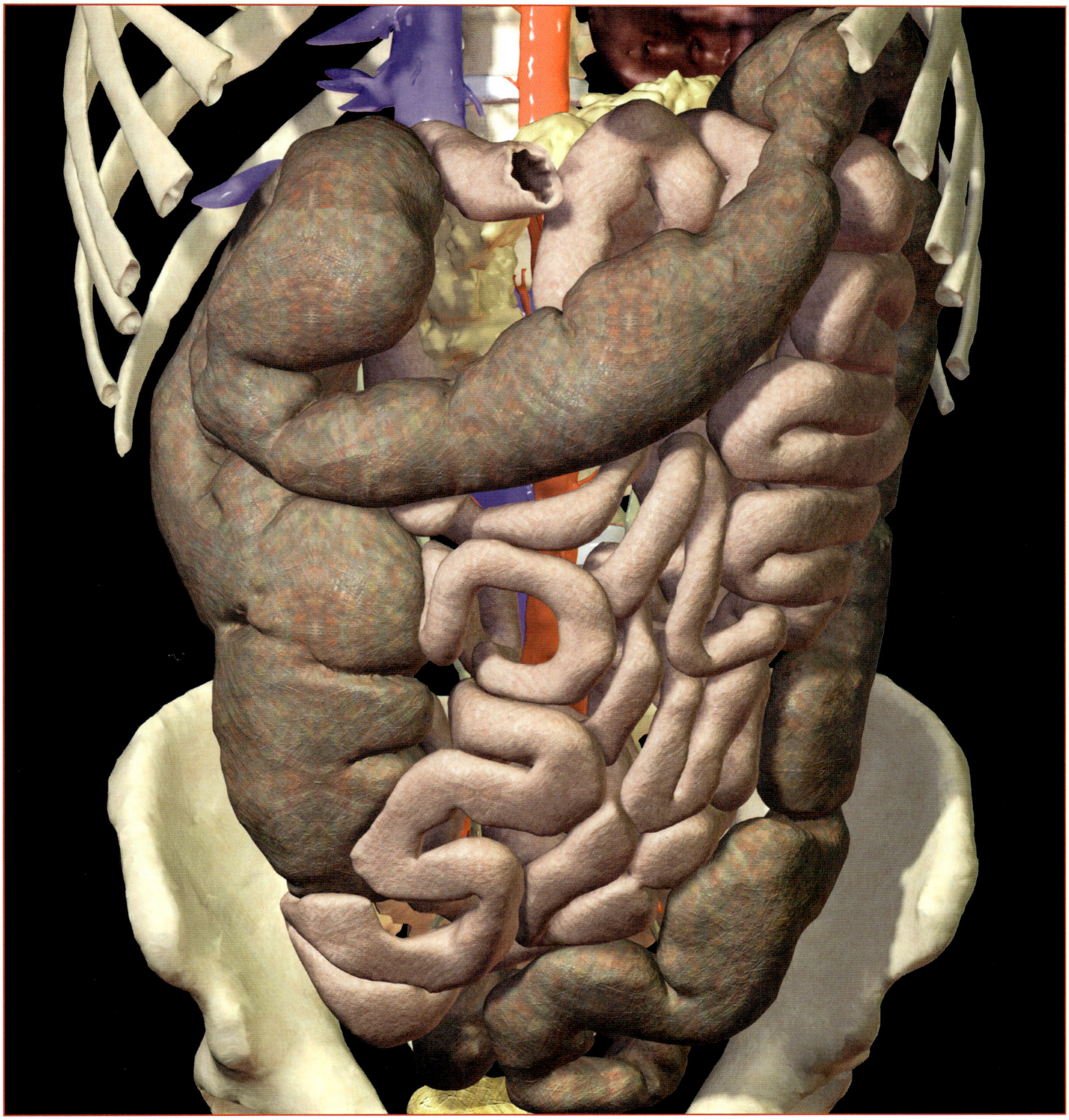

Bauchorgane, Ansicht von ventral. Leber und Magen sind entfernt.

① V. cava inferior (untere Hohlvene)
② Aorta abdominalis (Bauchaorta)
③ Colon transversum
④ Colon ascendens
⑤ Ileum (Krummdarm)
⑥ Os ilii (Darmbein)
⑦ Splen (Milz)
⑧ Flexura coli sinistra (linke Dickdarmbiegung)
⑨ Jejunum (Leerdarm)
⑩ Colon descendens
⑪ Haustrum (Aussackung)
⑫ Colon sigmoideum (Sigmoid)

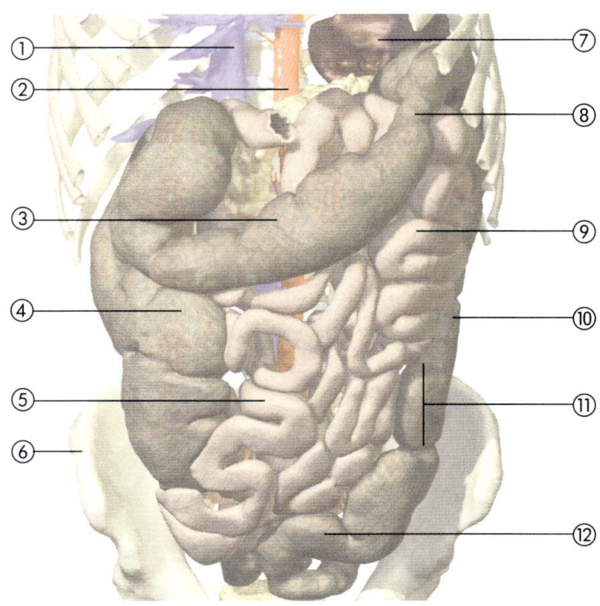

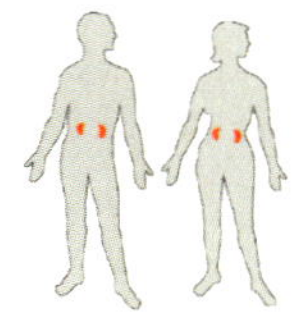

IM HARNSYSTEM (SIEHE S. 148) SPIELEN DIE NIEREN EINE SCHLÜSSELROLLE. IHRE AUFGABE IST ES, EINE REIHE VON STOFFWECHSELABFÄLLEN AUSZUSCHEIDEN UND ÜBERSCHÜSSE AN WASSER UND SALZEN ZU ENTSORGEN, DAMIT DIE ZUSAMMENSETZUNG UND DAS VOLUMEN DES BLUTES UND ANDERER KÖRPERFLÜSSIGKEITEN KONSTANT BLEIBEN.

DIE NIEREN

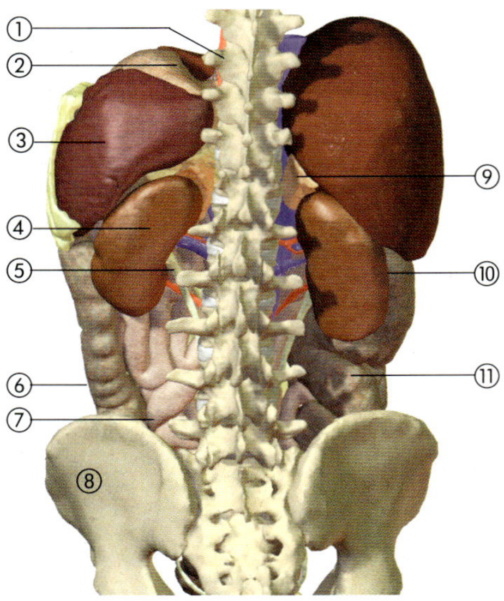

Bauchorgane; Ansicht von dorsal. Die Rippen sind entfernt. Die rechte Niere liegt tiefer als die linke; beide sind an der hinteren Bauchwand befestigt.

1. Columna vertebralis
2. Gaster (Magen)
3. Splen (Milz)
4. Ren sinister (linke Niere)
5. Ureter sinister
6. Colon descendens
7. Ileum (Krummdarm)
8. Os coxae (Hüftbein)
9. Glandula suprarenalis (Nebenniere)
10. Ren dexter
11. Colon ascendens

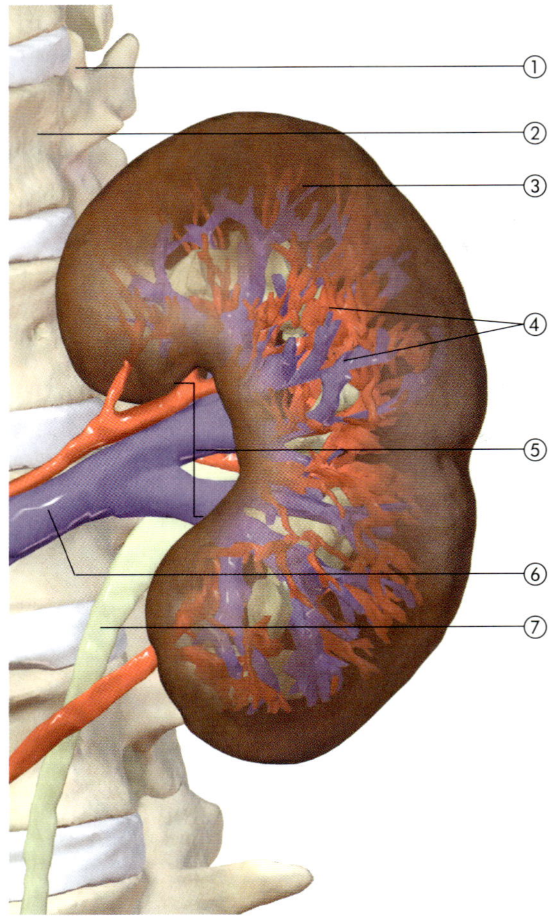

Linke Niere; Ansicht von ventral. Die Niere ist hier durchsichtig dargestellt, damit das dichte Gefäßnetz im Inneren sichtbar wird.

1. Discus intervertebralis (Bandscheibe)
2. Columna vertebralis
3. Ren sinister (linke Niere)
4. Äste der Nierenarterie und Nierenvenen
5. Hilum renale
6. V. renalis (Nierenvene)
7. Ureter sinister (linker Harnleiter)

Die beiden bohnenförmigen Nieren liegen retroperitoneal (zwischen dem Peritoneum viscerale und der dorsalen Bauchwand) beidseits der Lendenwirbelsäule – die rechte Niere meist etwas tiefer als die linke –, zum Teil noch geschützt durch die untersten Rippen. Am medialen Rand beider Nieren befindet sich das Hilum renale, die Pforte für die zum Nierenbecken (Sinus renalis) hin und von ihm wegführenden Nerven, Blut- und Lymphgefäße. Im Inneren unterscheidet man drei Bereiche. Die **Rinde** (Cortex; außen) und das in Pyramiden angeordnete **Mark** (Medulla; in der Mitte) enthalten Millionen von mikroskopisch kleinen Filtereinheiten, die Nephronen (siehe S. 150).

Die Nephronen filtern selektiv Flüssigkeit aus dem Blut, wobei sie verwertbare Substanzen in das Blut zurückführen, Abfälle sowie Überschüsse an Wasser und Salzen jedoch behalten und zu Harn verarbeiten. Der Harn fließt in Sammelrohre, die sich über die Nierenpyramiden in das Nierenbecken (Sinus renalis), den dritten und innersten Bereich der Niere, entleeren. Das Nierenbecken, ein trichterförmigen Schlauch, verzweigt sich zu den Nierenkelchen, die an der Spitze der Pyramiden sitzen und den Harn sammeln. Glatte Muskeln in den Wänden der Nierenkelche, des Nierenbeckens und der Harnleiter befördern mit rhythmischen Kontraktionen den Harn in Richtung Harnblase. In die Niere gelangt das Blut durch je eine aus der Aorta abzweigende Nierenarterie, die sich in kleinere Arterien verzweigt. Diese ziehen zwischen den Pyramiden hindurch bis in die Rinde. Die dort beginnenden Venen vereinigen sich zur Nierenvene, die in die untere Hohlvene mündet.

Jede Niere wird von drei schützenden Hüllen umgeben. Die innerste davon ist die fibröse Nierenkapsel. Sie liegt der Nierenbucht an und verhindert die Ausbreitung von Infektionen in die Niere. Die Fettkapsel puffert Stöße ab und wirkt als Isolierschicht. Die Nierenfaszie bildet die äußerste Hülle und befestigt die Nieren an der Bauchwand.

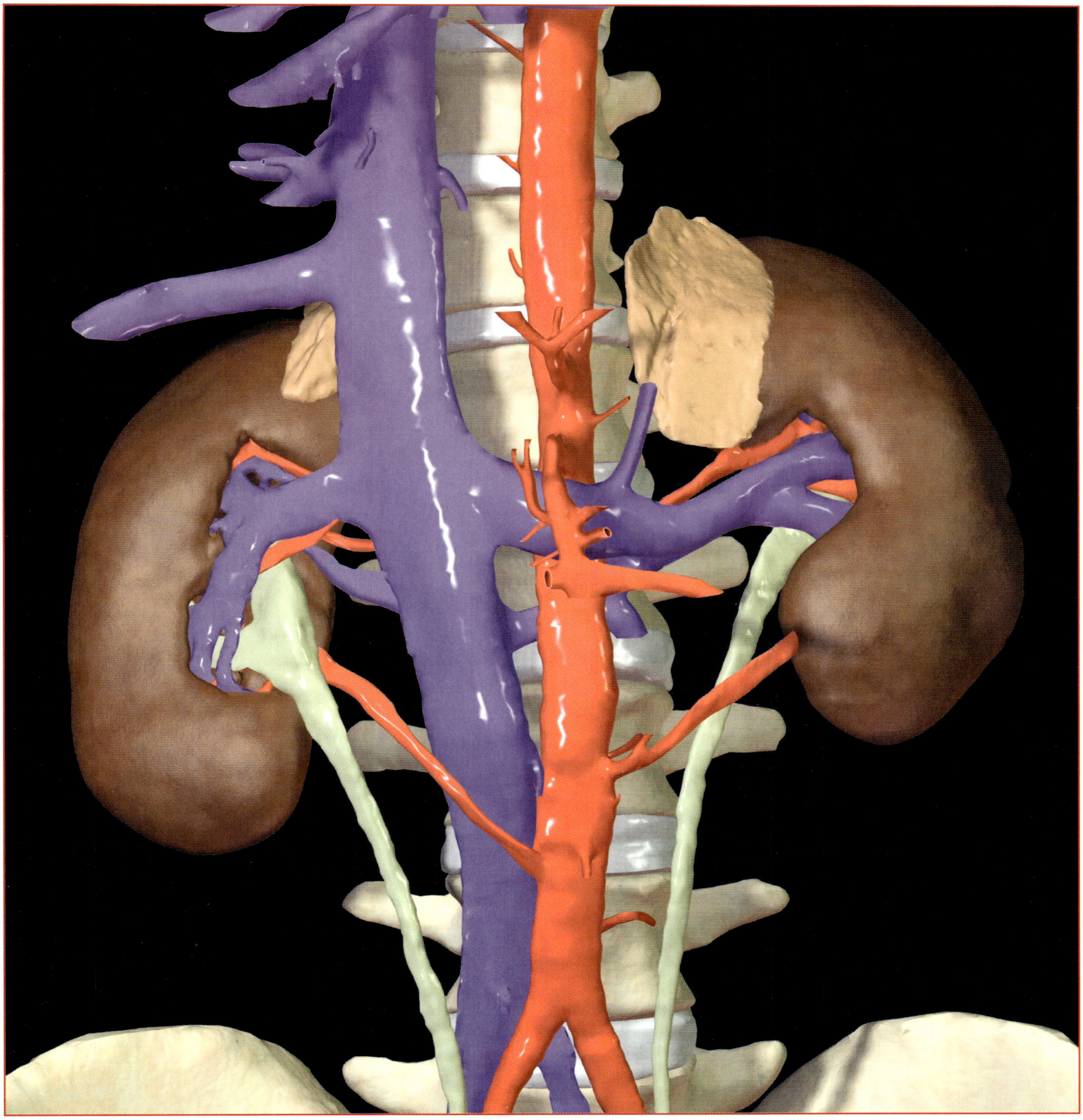

Nieren und Nebennieren; Ansicht von ventral. Die umliegenden Bauchorgane sind entfernt. Da die Nieren als körpereigene Kläranlage fungieren, werden sie besonders reichlich mit Blut versorgt.

① V. cava inferior (untere Hohlvene)
② Columna vertebralis / vertebra thoracica XII
③ Discus intervertebralis (Bandscheibe)
④ Aorta abdominalis (Bauchaorta)
⑤ Glandula superrenalis sinistra
⑥ Ren sinister
⑦ A. renalis sinistra (linke Nierenschlagader)
⑧ V. renalis sinistra (linke Nierenvene)
⑨ Ureter sinister (linker Harnleiter)

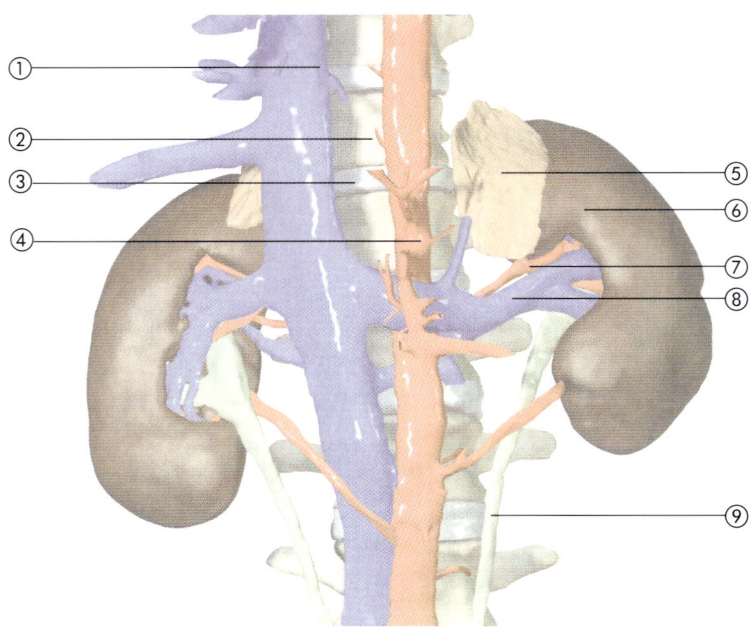

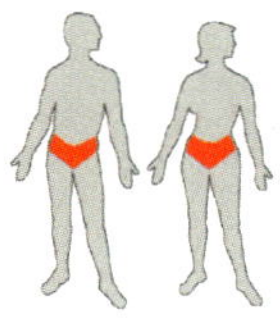

DAS BECKEN ODER DIE BECKENREGION IST DER UNTERSTE ABSCHNITT DES RUMPFES UND VERBINDET IHN MIT DEN UNTEREN GLIEDMASSEN. SEITLICH UND VORNE WIRD DAS KNÖCHERNE STÜTZGERÜST DURCH DIE HÜFTBEINE (OSSA COXAE) GEBILDET, DORSAL DURCH DAS KREUZBEIN (OS SACRUM) UND DAS STEISSBEIN (OS COCCYGIS), DEN UNTERSTEN ABSCHNITTEN DER WIRBELSÄULE. DIE DEN BECKENGÜRTEL BILDENDEN HÜFTBEINE UND DAS KREUZBEIN UND STEISSBEIN WERDEN GEMEINSAM ALS BECKEN BEZEICHNET (SIEHE S. 55)

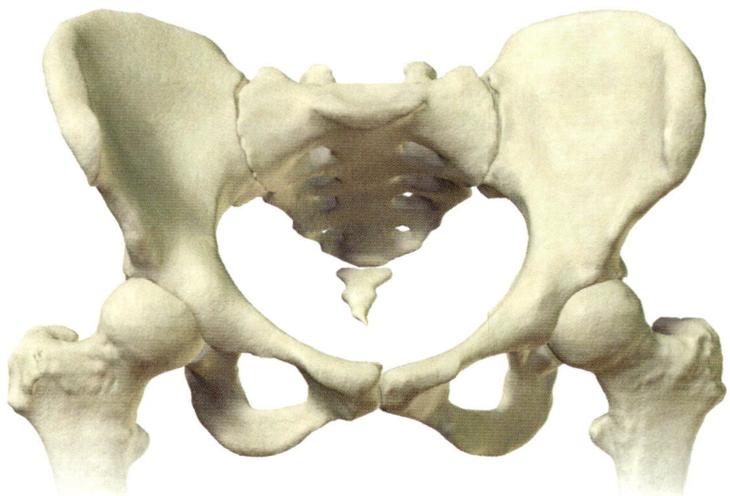

Ansicht von ventral (vorn)

DAS BECKEN

Das knöcherne Becken umschließt die Beckenhöhle, den trichterförmigen unteren Teil der Bauchfellhöhle und schützt die Unterbauchorgane: Sigmoid, Mastdarm und Analkanal (Canalis analis), die Endabschnitte des Verdauungskanals (siehe S. 136); die Harnblase, die unteren Abschnitte der Harnleiter und die Harnröhre (siehe S. 148); und die inneren Fortpflanzungsorgane (siehe S. 152-159). Wie in der Bauchhöhle, bildet auch in der Beckenhöhle das Bauchfell die Auskleidung bzw. einen Überzug über einige Beckenorgane (andere, wie z. B. die Harnblase, liegen extraperitoneal).

Im Gegensatz zu anderen Körperteilen ist das Becken bei Mann und Frau unterschiedlich gebaut. Der Unterschied ergibt sich nicht nur aus der jeweils anderen Form und Größe, sondern auch aus den verschieden ausgebildeten Geschlechtsorganen. Der Beckenausgang wird von den Beckenbodenmuskeln („Becken-Zwerchfell") verschlossen. Diese Muskeln tragen die Organe der Beckenhöhle und verhindern, dass die darüberliegenden Bauchorgane sie nach unten drücken.

Das knöcherne Becken bietet außerdem große Anheftungsflächen für die Rumpf- und Beinmuskeln. Muskeln, die vom Becken zum Bein ziehen, sind u. a. der M. iliacus, der Hauptmuskel der Flexion im Hüftgelenk; die Adduktoren, die für die Adduktion und Außenrotation im Hüftgelenk zuständig sind; der M. quadriceps femoris, der die Extension im Kniegelenk und die Flexion im Hüftgelenk bewirkt; die Gesäßmuskeln für die Extension im Hüftgelenk; und die Flexorengruppe der Oberschenkelmuskeln für die Extension im Hüftgelenk und die Flexion im Kniegelenk. Zu den Muskeln, die vom Becken zum Rumpf ziehen, zählen die Muskeln der vorderen und seitlichen Bauchwand, die die Unterbauchorgane in ihrer Lage halten sowie die Rumpfbeugung und -rotation bewirken, sowie die unteren Rückenmuskeln, die den Rumpf strecken und stützen.

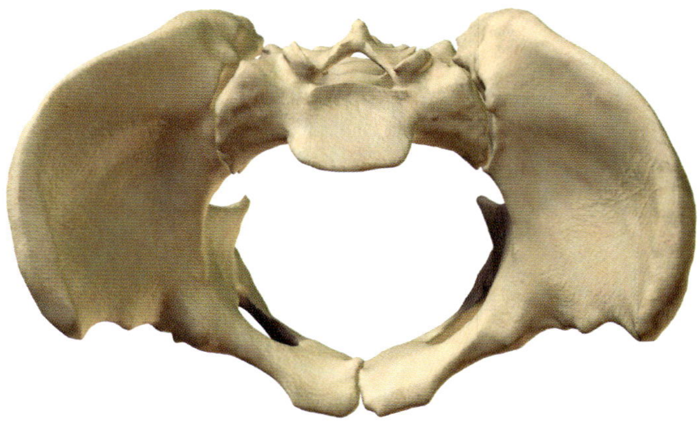

Ansicht von kranial (oben)

Die großen Knochenflächen des Beckenrings umgeben schützend die empfindlichen Organe der Beckenhöhle. Sie bieten auch große Ursprungsflächen für zahlreiche Muskeln.

Alle Abbildungen dieses Kapitels stellen das weibliche Becken dar.

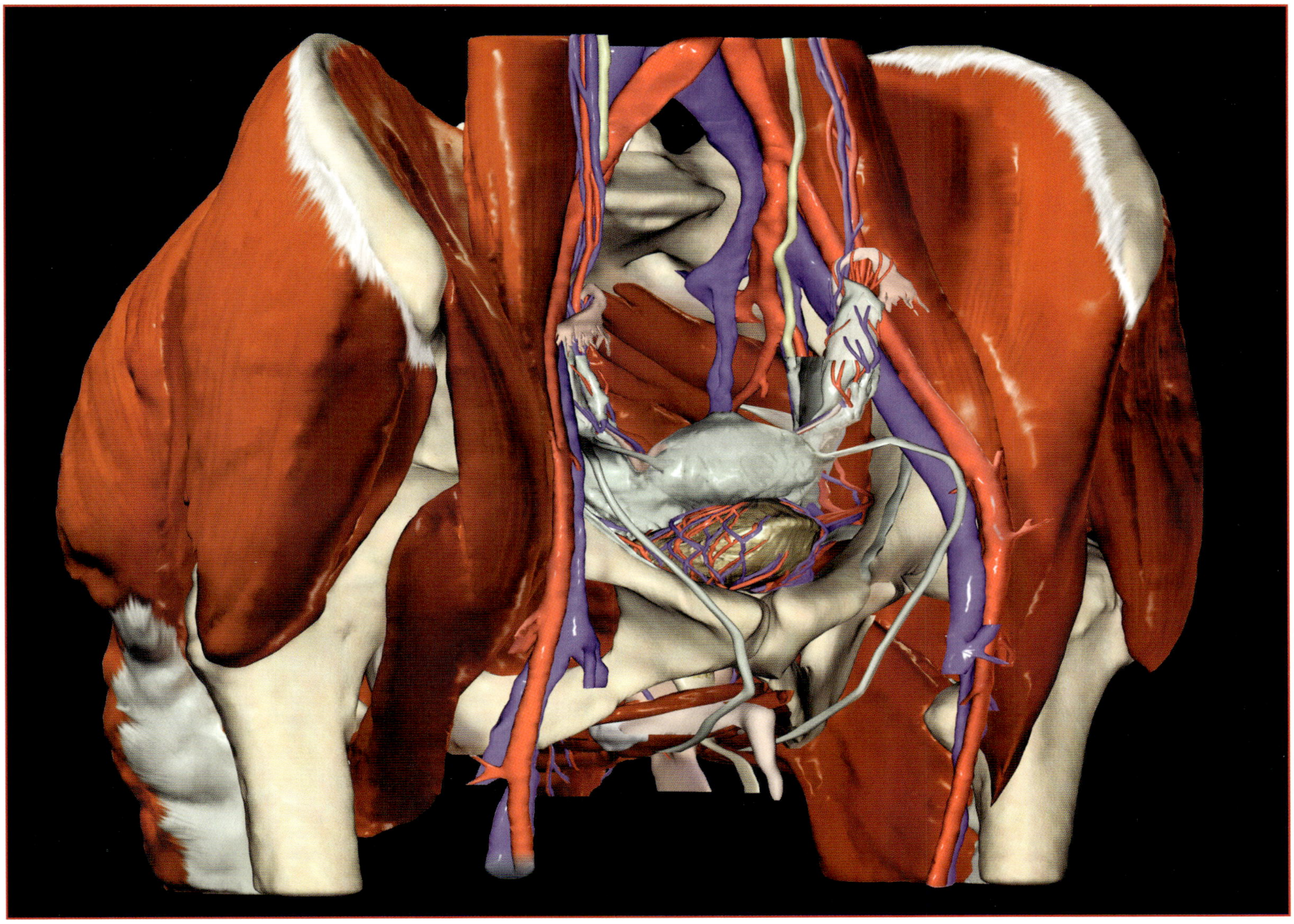

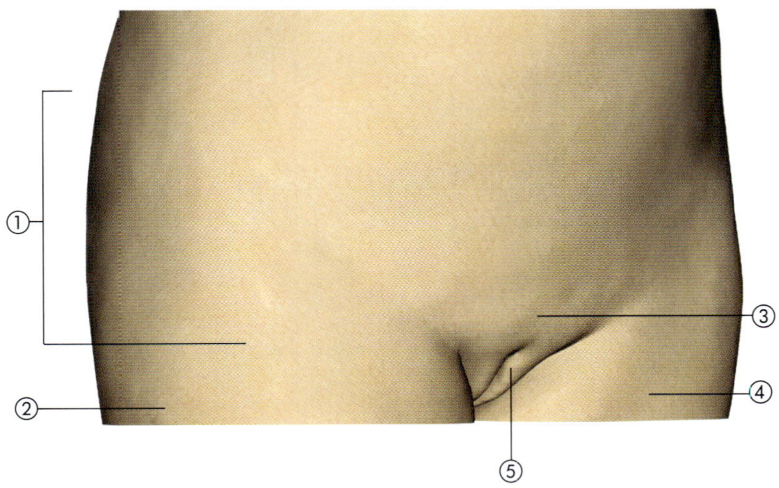

Oberflächenrelief des weiblichen Beckens; Ansicht von ventro-lateral (rechts). Die großen Schamlippen bilden Hautwülste seitlich der Schamspalte (Vulva) und umgeben die Mündungsöffnungen der Harnröhre und der Scheide.

① Pelvis (Becken)
② Rechtes Bein
③ Mons pubis (Schamberg)
④ Linkes Bein
⑤ Labium majus (große Schamlippe)

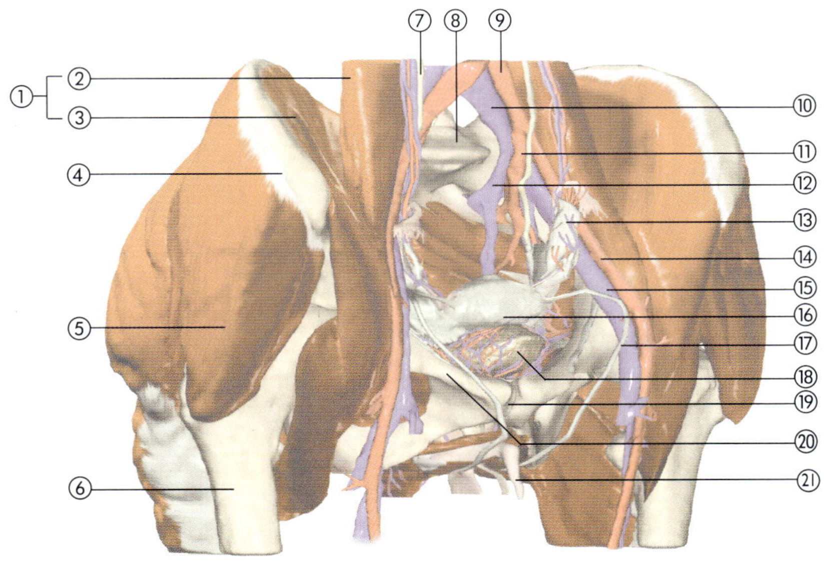

Weibliches Becken; Ansicht von ventro-lateral. Haut und oberflächliche Muskeln sind entfernt.

① M. iliopsoas (Darmbein-Lenden-Muskel)
② M. psoas major (großer Lendenmuskel)
③ M. iliacus (Darmbeinm.)
④ Crista iliaca
⑤ M. tensor fasciae latae (Schenkelbindenspanner)
⑥ Femur (Oberschenkelbein)
⑦ Ureter dexter (rechter Harnleiter)
⑧ Os sacrum (Kreuzbein)
⑨ A. iliaca communis
⑩ V. iliaca communis
⑪ A. iliaca interna
⑫ V. iliaca interna
⑬ Ovarium (Eierstock)
⑭ A. iliaca externa
⑮ V. iliaca externa
⑯ Uterus (Gebärmutter)
⑰ Lig. teres uteri (rundes Mutterband)
⑱ Vesica urinaria (Harnblase)
⑲ Symphysis pubica (Schambeinfuge)
⑳ Os pubis (Schambein)
㉑ Clitoris (Kitzler)

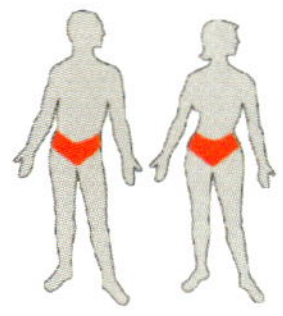

Die Harnblase speichert den Harn, der ständig in den Nieren (siehe S. 150 und 200) gebildet wird und über die Harnleiter in die Blase gelangt. Sie liegt extraperitoneal – beim Mann vor dem Mastdarm und hinter der Schambeinfuge (siehe S. 155) – und wird vom Bauchfell in ihrer Lage gehalten. In leerem Zustand ist die Blase schlaff und flach; bei zunehmender Füllung wird sie erst kugelrund, dann birnenförmig. Im Blasengrund befindet sich der Harnblasenausgang, durch den sich die Blase in die Harnröhre entleert. Die Miktion (Harnblasenentleerung) regeln zwei Schliessmuskeln: ein unwillkürlicher innerer und ein willkürlicher äusserer Sphinkter (M. sphincter urethrae; Harnröhrenschliessmuskel) an der Durchtrittsstelle der Harnröhre durch die Dammmuskeln.

DAS BECKEN

Beim Mann ist die Harnröhre (Urethra) etwa 20 cm lang, mündet in der Penisspitze, und man unterscheidet drei Abschnitte. Der erste (Pars prostatica) ist ca. 2,5 cm lang und wird von der Vorsteherdrüse (siehe S. 152) umgeben; der zweite (Pars membranacea) ist ca. 2 cm lang und durchbohrt die Dammmuskeln; der dritte (Pars spongiosa) ist der längste, zieht zur Penisspitze und wird vom Harnröhrenschwellkörper umgeben (siehe S. 155). Die primären männlichen Geschlechtsorgane – die samenbildenden Hoden und der Penis – liegen außerhalb des Beckens (siehe S. 152-155). Beim Mann sind die inneren Geschlechtsorgane die Gänge, die die Hoden mit dem Penis verbinden, sowie die akzessorischen Geschlechtsdrüsen, die ihre Sekrete in sie entleeren. Der Samenleiter (Ductus deferens) transportiert die Spermien von den Nebenhoden in die Harnröhre, ist im Anfangsteil (oberhalb des Schambeins) gewunden, zieht im Bogen über den Harnleiter und am Hinterrand der Harnblase abwärts, bis er in der Vorsteherdrüse (siehe S. 155) in die Harnröhre mündet. Unmittelbar vor seiner Einmündung vereinigt er sich mit dem Ausführungsgang je eines Samenbläschens zum Spritzkanälchen (Ductus ejaculatorius).

Die Samenbläschen bilden den Hauptanteil (rund 60 Prozent) des Spermas. Ihr nährstoffreiches Sekret ist sozusagen der Nährstoffproviant für die Spermien, mit denen es sich unmittelbar vor der Ejakulation vermischt. Die Vorsteherdrüse hat falltürähnliche Öffnungen, durch die sie ihre Sekrete (über 30 Prozent des Spermas) in das Gemisch aus Samenzellen und Sekreten der Samenbläschen entleert, wenn dieses unmittelbar vor der Ejakulation in den von der Vorsteherdrüse umgebenen Teil der Harnröhre gepumpt wird. Die paarigen Cowper-Drüsen (Gll. bulbourethrales) beiderseits des Harnröhrenschwellkörpers an der Peniswurzel schütten bei sexueller Erregung ein klares, zähflüssiges Sekret in die Harnröhre aus. Dieses Sekret neutralisiert das – normalerweise saure – Milieu in der Harnröhre und macht es dadurch „spermienfreundlicher“.

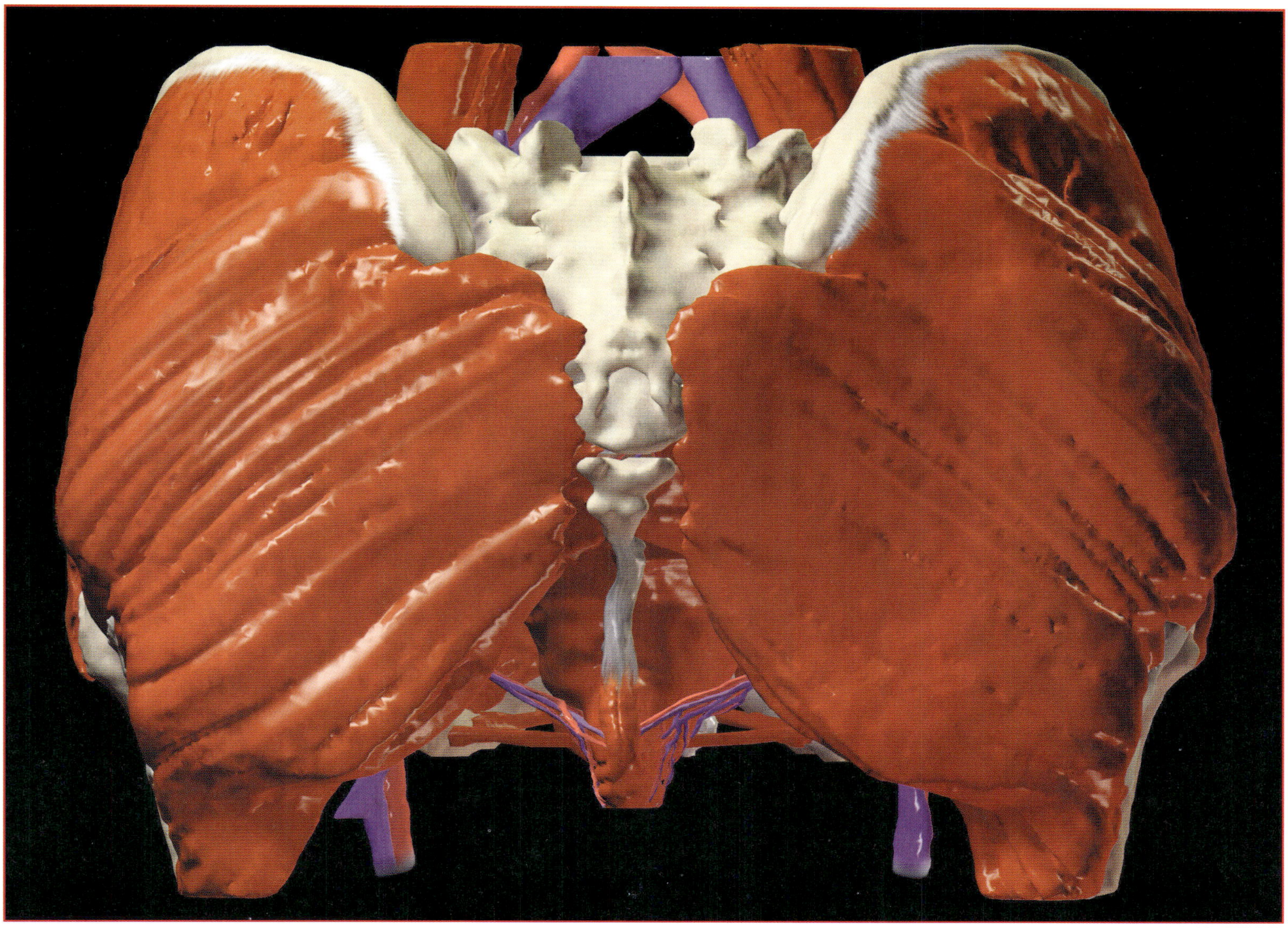

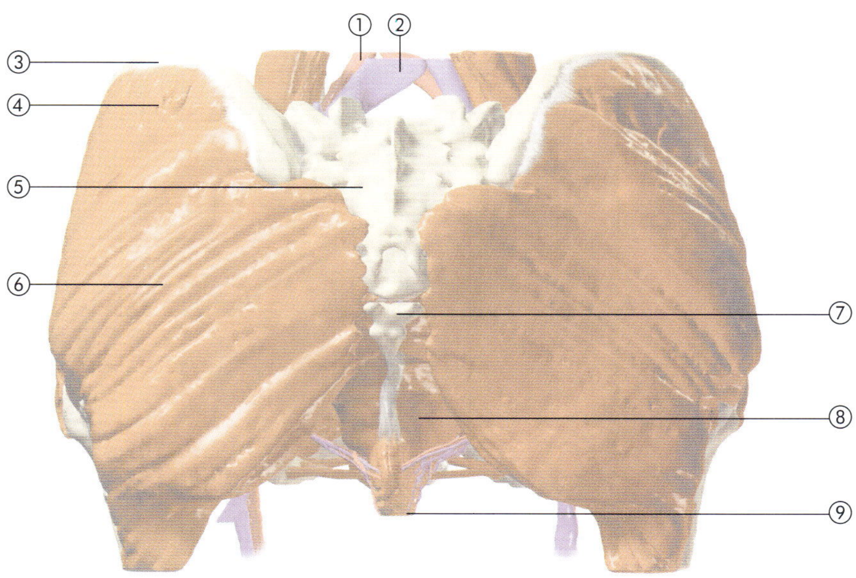

① A. iliaca communis
② V. iliaca communis
③ Crista iliaca
④ M. gluteus medius
⑤ Os sacrum
⑥ M. gluteus maximus
⑦ Os coccygis
⑧ M. levator ani (Afterheber)
⑨ Anus (After)

Weibliches Becken; Ansicht von dorsal. Die großen Gesäßmuskeln bewirken die Extension im Hüftgelenk bei kraftaufwändigen Bewegungen wie Klettern oder Springen. Kreuz- und Steißbein, die beiden Endabschnitte der Wirbelsäule, sind mit den beiden Hüftbeinen gelenkig verbunden und bilden mit diesen zusammen den Beckenring.

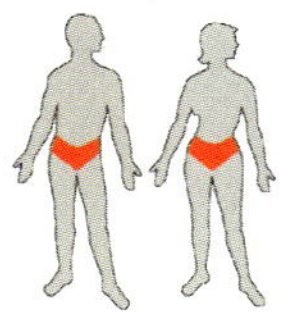

DAS BECKEN

IM GEGENSATZ ZU DEN MÄNNLICHEN FORTPFLANZUNGSORGANEN SIND DIE WEIBLICHEN – EINSCHLIESSLICH DER PRIMÄREN GESCHLECHTSORGANE – INNERHALB DER BECKENHÖHLE UNTERGEBRACHT. DIE PAARIGEN MANDELFÖRMIGEN EIERSTÖCKE (OVARIEN) LIEGEN BEIDERSEITS DER GEBÄRMUTTER. JEDER EIERSTOCK IST DURCH DAS AUFHÄNGEBAND (LIG. SUSPENSORIUM OVARII) LATERAL IN DER BECKENWAND VERANKERT UND MEDIAL DURCH DAS EIERSTOCKBAND (LIG. OVARII PROPRIUM) MIT DER GEBÄRMUTTER VERBUNDEN. DAS AUFHÄNGEBAND IST TEIL EINER ALS BREITES MUTTERBAND BEZEICHNETEN BAUCHFELLFALTE, DIE AUCH DIE EILEITER, DIE GEBÄRMUTTER UND DIE SCHEIDE FIXIERT.

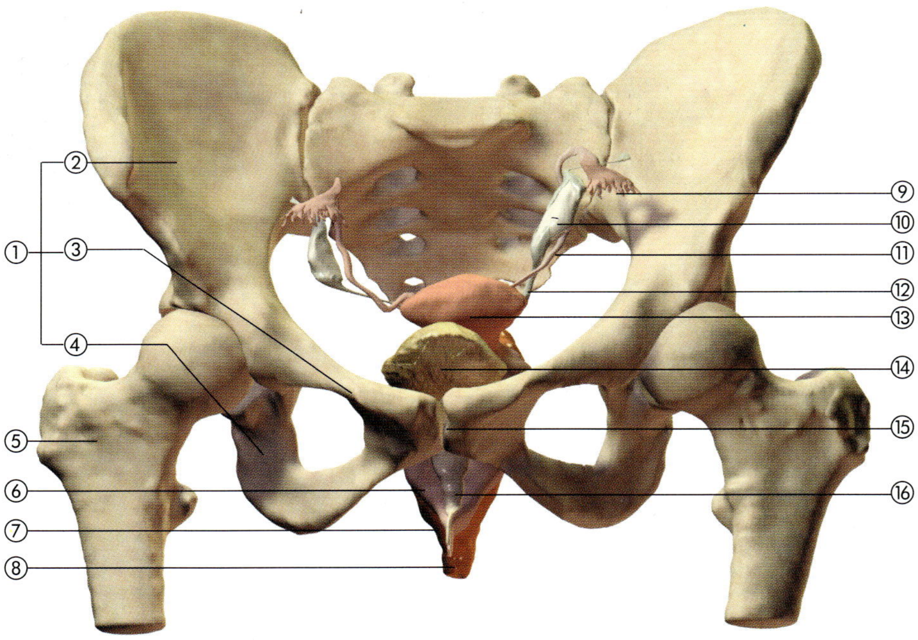

① Os coxae (Hüftbein)
② Os ilii (Darmbein)
③ Os pubis (Schambein)
④ Os ischii (Sitzbein)
⑤ Femur (Oberschenkelbein)
⑥ Vagina (Scheide)
⑦ Rectum (Mastdarm)
⑧ Anus (After)
⑨ Fimbriae (Fimbrien)
⑩ Ovarium (Eierstock
⑪ Tuba uterina (Eileiter)
⑫ Lig. ovarii proprium (Eierstockband)
⑬ Uterus (Gebärmutter)
⑭ Vesica urinaria (Harnblase)
⑮ Symphysis pubica (Schambeinfuge)
⑯ Urethra (Harnröhre)

Die Eileiter sind ca. 10 cm lange, dünne Muskelschläuche, die aus dem Eierstock austretende Eizellen zur Gebärmutter befördern, wo die Befruchtung stattfindet. Das distale Ende jedes Eileiters erweitert sich und läuft in fransenähnlichen Gebilden aus, den Fimbrien, die einen Teil des Eierstocks umgeben. Wenn allmonatlich eine Eizelle (Ovum) in den Bauchfellraum freigesetzt wird, fangen die Fimbrien es auf. Durch den Schlag von Flimmerzellen in der Eileiterschleimhaut wird das Ei in Richtung Gebärmutter weiterbefördert.

Die birnenförmige, muskulöse Gebärmutter liegt hinter der Harnblase und vor dem Mastdarm. In ihrer Lage fixiert wird sie durch das Gebärmuttergekröse (Mesometrium), einen Teil des breiten Mutterbandes und runde Bänder, die es in der vorderen Bauchwand verankern. Den Hauptteil des Organs bildet der Gebärmutterkörper (Corpus), in dessen oberes Ende (Fundus) die Eileiter münden. Das untere, schmalere Ende ist die Gebärmutterenge (Isthmus), das Zwischenstück zwischen Corpus und Cervix uteri (Gebärmutterhals), die in die Scheide mündet. Die äußere Hülle der Gebärmutter bildet der Bauchfellüberzug (Perimetrium). Die Verbindung der Gebärmutter nach außen stellt die Scheide (Vagina) her. Sie nimmt beim Geschlechtsverkehr den Penis auf, ist Teil des Geburtskanals und Abflußkanal des Menstruationsblutes. Der dünnwandige, 8-10 cm lange Muskelschlauch ist normalerweise leicht abgeflacht, erweitert sich jedoch beträchtlich während der Geburt und beim Geschlechtsverkehr. Die Scheidenmündung liegt in der Vulva, dem äußeren Teil des weiblichen Fortpflanzungssystems.

Weibliches Becken mit Fortpflanzungsorganen und Harnblase; Ansicht von ventral. Die Abbildung macht die Schutzfunktion des knöchernen Beckenrings deutlich, der diese empfindlichen Organe umrahmt.

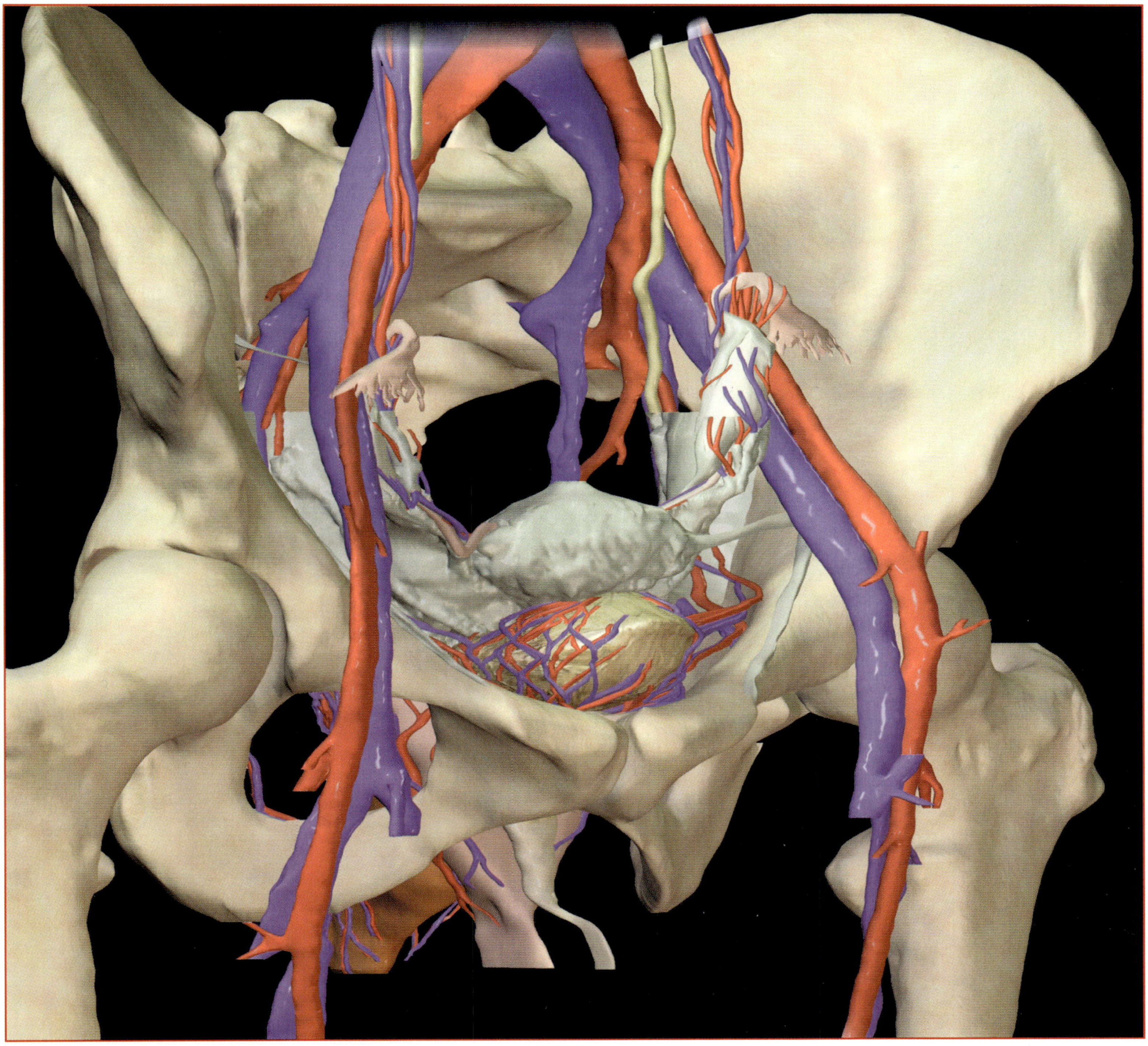

Weibliches Becken; Ansicht von ventrolateral (rechts). Haut und Muskeln sind entfernt. Um die Fortpflanzungsorgane und die Organe des Harnapparates im Becken ziehen bogenförmig die Beckenschlagadern und -venen, Äste der Aorta bzw. der unteren Hohlvene.

① Os sacrum
② Art. sacroiliaca (Kreuzbein-Darmbein-Gelenk)
③ Os ilii (Darmbein)
④ Os pubis (Schambein)
⑤ Os ischii (Sitzbein)
⑥ Os coxae (Hüftbein)
⑦ Femur
⑧ V. iliaca communis (gemeinsame Beckenvene)
⑨ A. iliaca communis
⑩ Ureter
⑪ V. iliaca interna
⑫ A. iliaca interna
⑬ Fimbriae
⑭ Ovarium
⑮ Tuba uterina (Eileiter)
⑯ Uterus
⑰ Vesica urinaria (Harnblase)
⑱ Urethra (Harnröhre)
⑲ Vagina (Scheide)
⑳ Rectum (Mastdarm)

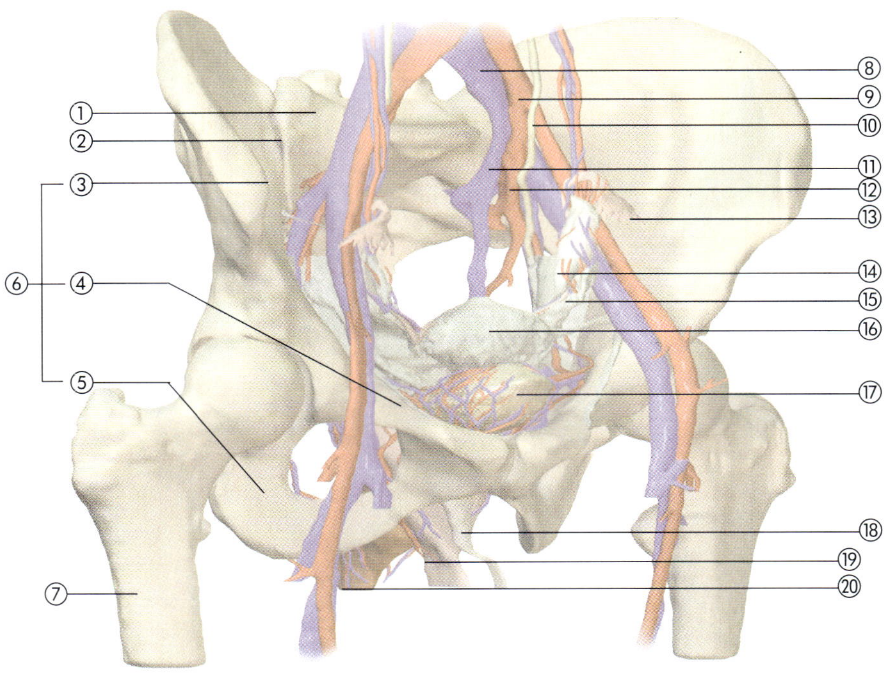

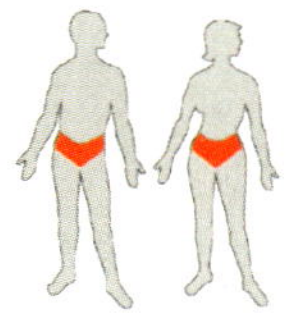

BEI DER FRAU LIEGT DIE HARNBLASE HINTER DER SCHAMBEINFUGE UND VOR DER SCHEIDE SOWIE DER GEBÄRMUTTER. IHRE OBERSEITE ÜBERZIEHT DAS BAUCHFELL, DAS JEDOCH HINTER DER HARNBLASE UND VOR DEM GEBÄRMUTTERHALS EINE FALTE MIT EINER NISCHE (EXCAVATIO VESICO-UTERINA) DARIN BILDET. DIE WEIBLICHE HARNBLASE IST IN DER REGEL KLEINER ALS DIE MÄNNLICHE, WEIL DIE GEBÄRMUTTER IN DER BECKENHÖHLE MEHR PLATZ BEANSPRUCHT.

DAS BECKEN

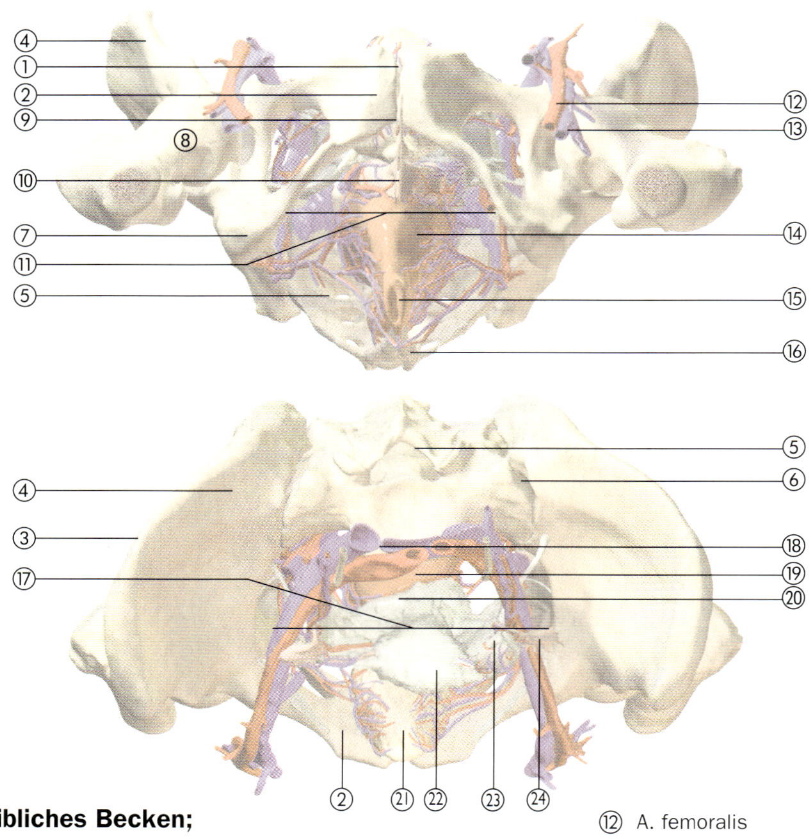

Weibliches Becken; Ansicht von kaudal (oben) und von kranial (unten). Haut und Muskeln sind entfernt. Wegen seiner Rolle bei der Geburt ist der Beckenausgang bei Frauen breiter als bei Die Beckenbodenmuskeln, die sich quer über den Beckenausgang spannen, tragen die Unterbauchorgane.

① Symphysis pubica
② Os pubis
③ Crista iliaca
④ Os ilii (Darmbein)
⑤ Os sacrum
⑥ Art. sacroiliaca (Kreuzbein-Darmbein-Gelenk)
⑦ Os ischii (Sitzbein)
⑧ Caput femoris
⑨ Urethra
⑩ Vagina
⑪ Apertura pelvis inferior (Beckenausgang)
⑫ A. femoralis
⑬ V. femoralis
⑭ Rectum
⑮ Anus (After)
⑯ Oc coccygis (Steißbein)
⑰ Apertura pelvis superior (Beckeneingang)
⑱ V. iliaca communis
⑲ A. iliaca communis
⑳ Lig. latum (uteri)
㉑ Vesica urinaria
㉒ Uterus
㉓ Ovarium
㉔ Fimbriae

Ebenso wie die männliche Harnröhre zieht auch die weibliche vom inneren Schließmuskel im Harnblasengrund durch das Diaphragma urogenitale („Beckenzwerchfell"; siehe unten), wo sich der äußere Schließmuskel befindet. Mit 3-4 cm Länge ist die weibliche Harnröhre sehr viel kürzer als die männliche. Sie ist durch Bindegewebe straff an der vorderen Scheidenwand befestigt und mündet in den Scheidenvorhof.

Beckenboden und Damm beim Mann und bei der Frau

Der Beckenausgang wird durch Beckenboden- und Dammmuskeln verschlossen, die auch die Beckenorgane tragen sowie die Harn- und Stuhlentleerung und die Ejakulation kontrollieren. Drei Muskelschichten sind daran beteiligt. Die oberste ist die der Beckenbodenmuskeln (Diaphragma pelvicum); sie besteht aus zwei paarigen Muskeln – dem Afterheber und dem Steißbeinmuskel, die den Beckenboden heben, dem Druck der Bauchorgane standhalten und an der Verengung des Afters beteiligt sind. Darunter liegt der Damm (Perineum), der rautenförmige Raum zwischen After und Genitalien. Im Damm und unter dem Beckenzwerchfell liegt das Diaphragma urogenitale, die Dammmuskeln. Zu ihnen zählen der tiefe quere Dammmuskel und der äußere Harnröhrenschließmuskel, der die Harnentleerung kontrolliert und dazu beiträgt, dass bei beiden Geschlechtern die letzten Tropfen Urin und beim Mann das Sperma herausgepresst werden. An der Oberfläche des Diaphragma urogenitale und von der Dammhaut überzogen liegen vorne der Schwellkörpermuskel und der Sitzbein-Schwellkörpermuskel; sie pressen beim Mann und bei der Frau den Restharn heraus, verstärken beim Mann die Erektion und schleudern das Sperma heraus; sind an der Erektion des Kitzlers beteiligt und verengen den Scheideneingang bei der Frau. Dahinter liegt der äußere Afterschließmuskel, der die willentliche Stuhlentleerung ermöglicht.

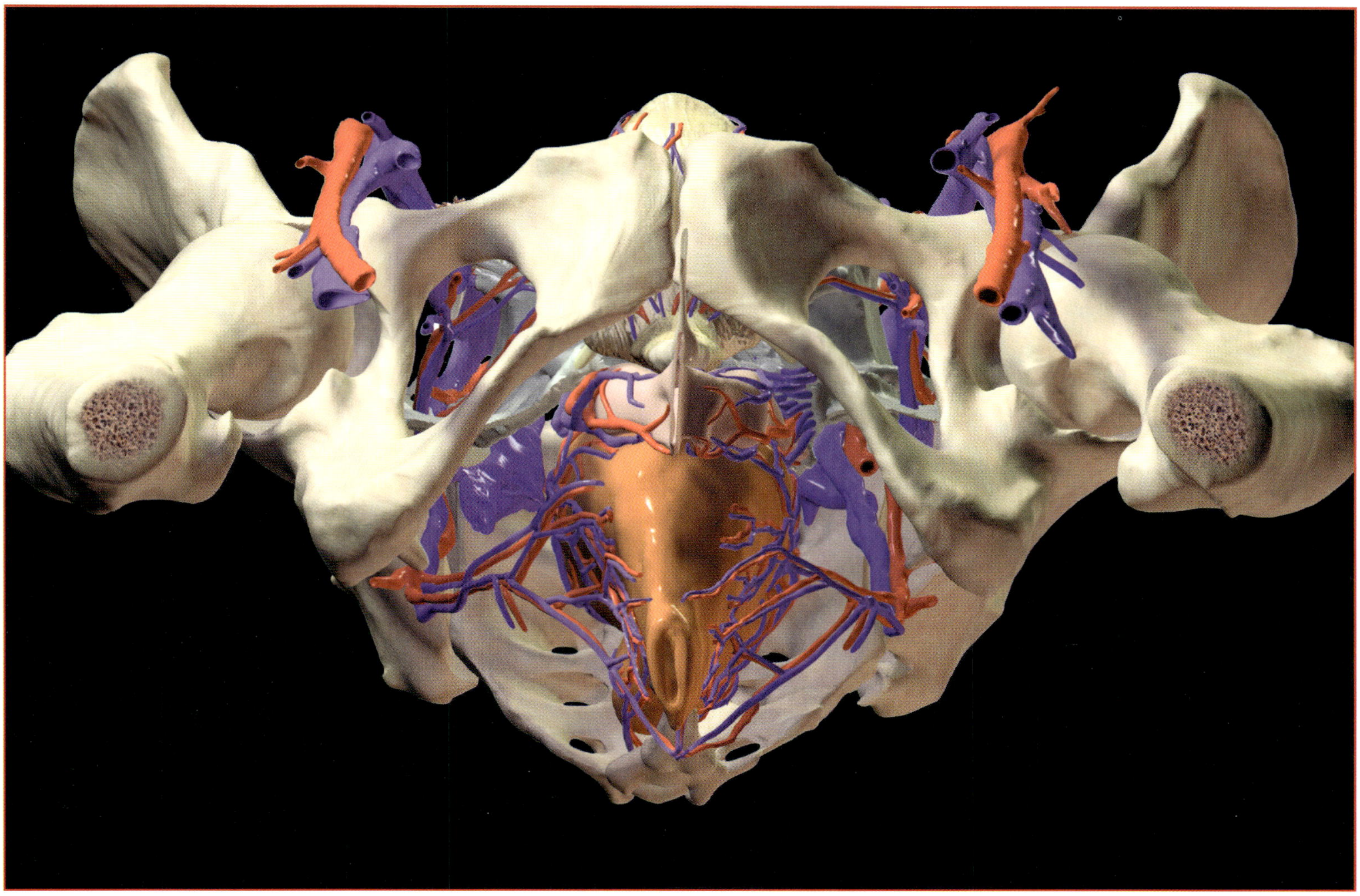

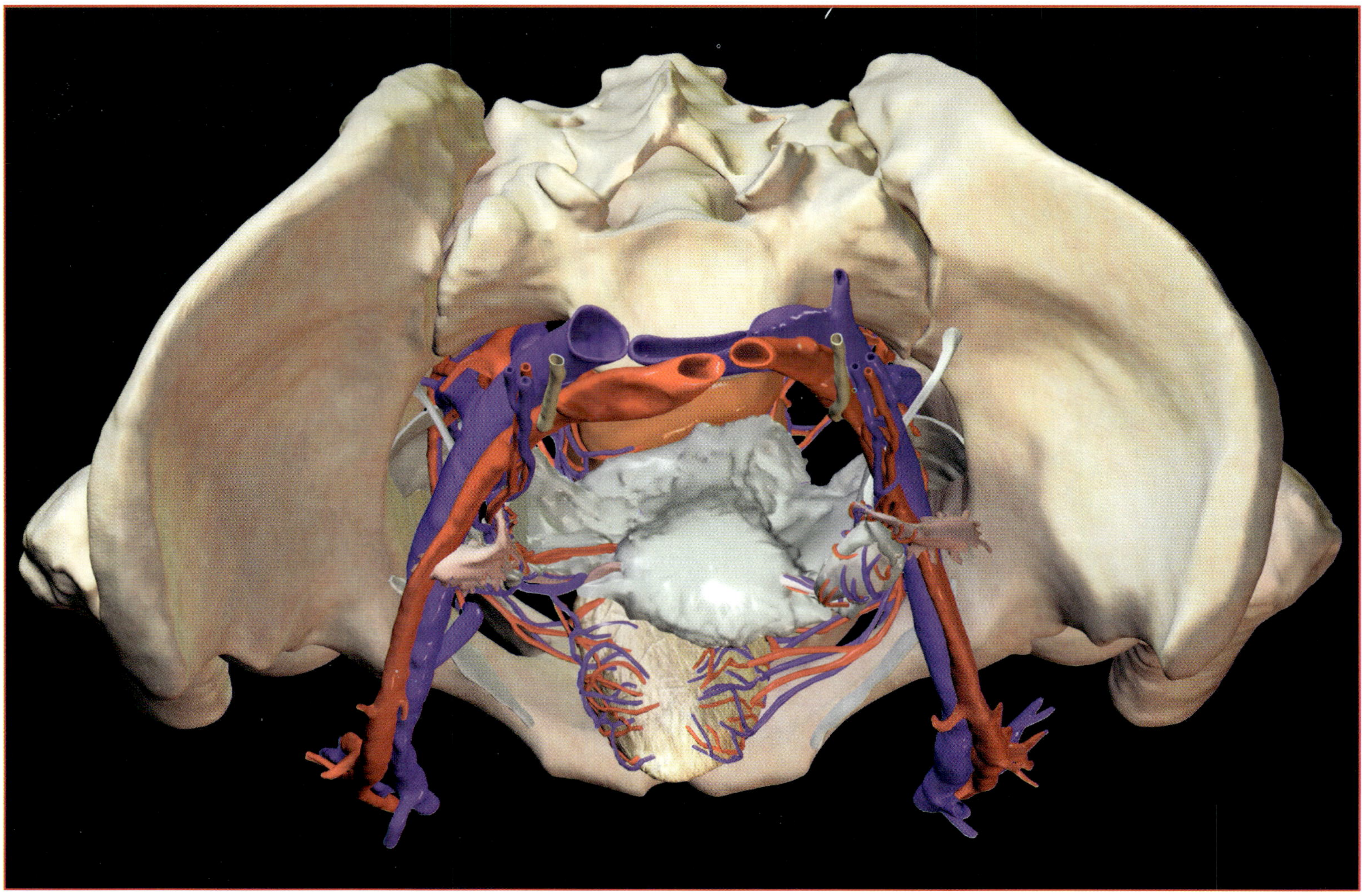

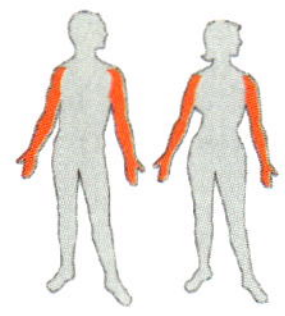

FÜR EINE GROSSE VIELFALT VON BEWEGUNGEN EINSETZBAR IST DIE OBERE EXTREMITÄT. IHR SKELETT BESTEHT AUS HUMERUS (OBERARMKNOCHEN), ELLE UND SPEICHE (UNTERARMKNOCHEN) SOWIE DEN HANDWURZEL- (CARPALIA), DEN MITTELHAND- (METACARPALIA) UND DEN FINGERKNOCHEN (PHALANGEN). PROXIMAL ARTIKULIERT DER HUMERUS MIT DEM SCHULTERBLATT IN EINEM KUGELGELENK, DAS IN ALLEN EBENEN BEWEGLICH IST. DISTAL ARTIKULIERT DER HUMERUS

OBERARM UND ELLENBOGEN

MIT ELLE UND SPEICHE IM ELL(EN)BOGEN, DER EIN SCHARNIERGELENK (ZWISCHEN HUMERUS, ELLE UND SPEICHE; NUR FLEXION UND EXTENSION) UND EIN ZAPFENGELENK (ZWISCHEN DEN KÖPFEN VON ELLE UND SPEICHE; ROTATION DES UNTERARMS) UMFASST. DIE KOMBINIERTE WIRKUNG DER GELENKE DEMONSTRIERT DER AUFSCHLAG EINES TENNISSPIELERS: DAS SCHULTERGELENK ERMÖGLICHT DEM ARM DAS AUSHOLEN IM WEITEN BOGEN, DER ELLBOGEN DAS BEUGEN UND DURCHSTRECKEN BEIM AUFSCHLAG, WÄHREND DIE FINGER DEN SCHLÄGER UMGREIFEN.

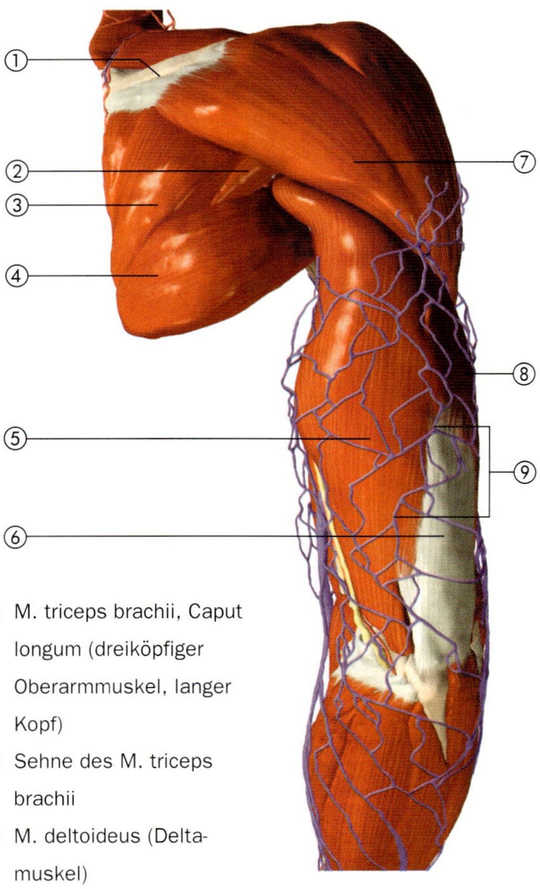

① Spina scapulae (Schultergräte)
② M. teres minor (kleiner Rundmuskel)
③ M. infraspinatus (Untergrätenmuskel)
④ M. teres major (großer Rundmuskel)
⑤ M. triceps brachii, Caput longum (dreiköpfiger Oberarmmuskel, langer Kopf)
⑥ Sehne des M. triceps brachii
⑦ M. deltoideus (Deltamuskel)

Neun Schultermuskeln überqueren das Schultergelenk und setzen am Humerus an: Der große Brustmuskel, der breite Rückenmuskel und der Deltamuskel sind die Agonisten der Armbewegung; unterstützt werden sie vom großen Rundmuskel und dem Rabenschnabelfortsatz-Oberarmmuskel; die vier Muskeln der Rotatorenmanschette (M. supraspinatus, infraspinatus, teres minor und subscapularis) sichern das bewegliche, aber instabile Schultergelenk.

Die Muskeln einer zweiten Gruppe überspannen das Ellbogengelenk. Der Bizeps, der Oberarm- und der Oberarm-Speichen-Muskel an der Armvorderseite sind für die Flexion, der Trizeps und der Knorrenmuskel an der Rückseite des Arms für die Extension im Ellbogen zuständig.

Der Muskel-Haut-Nerv versorgt alle Flexoren des Oberarms. Der Achselnerv innerviert den Deltamuskel und den kleinen Rundmuskel. Mittelarm-, Ellen- und Speichennerv (versorgt auch den Trizeps) ziehen vom Ober- zum Unterarm.

Mit sauerstoffreichem Blut versorgt wird der Arm von der Achselschlagader, die sich ab der Achselfalte in der Oberarmschlagader fortsetzt. Letztere versorgt die Muskeln an der Vorderseite des Unterarms, ihr tiefer Ast hingegen, die A. profunda brachii, den Trizeps an der Rückseite. In der Ellenbeuge teilt sich die Oberarmschlagader in die Ellen- und die Speichenschlagader. Das venöse Blut fließt aus dem Oberarm durch die Vv. brachiales, cephalica und basilica ab, die sich in der Achsel zur Achselvene vereinigen.

⑧ M. triceps brachii, Caput laterale (Trizeps, äußerer Kopf)
⑨ Vv. superficiales (oberflächliche Venen)

Rechter Arm; Ansicht von dorsal. Dargestellt sind die Schulter- und Oberarmmuskeln sowie einige oberflächliche Schlagadern und Venen.

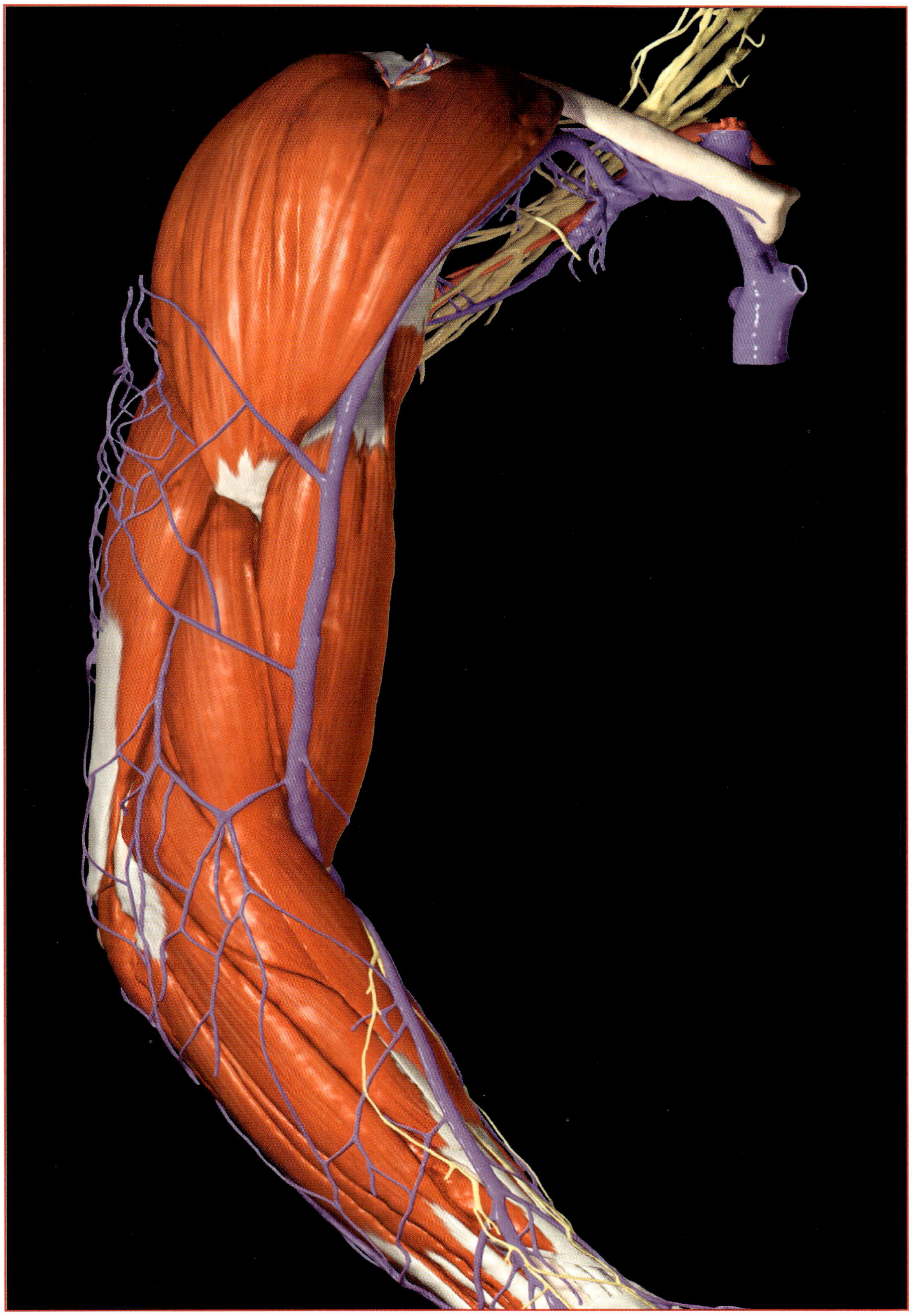

Rechter Arm; Ansicht von lateral. Zu sehen sind die Schulter-, Oberarm- und – zum Teil – Unterarmmuskeln sowie die größeren Venen.

① M. deltoideus (Deltam.)
② V. cephalica (Armhautvene)
③ M. triceps brachii, Caput mediale
④ M. extensor digitorum (Fingerstrecker)
⑤ Clavicula (Schlüsselbein)
⑥ V. subclavia (Unterschlüsselbeinvene)
⑦ V. cava superior (obere Hohlvene)
⑧ V. axillaris (Achselvene)
⑨ A. axillaris
⑩ M. brachialis (Oberarmm.)
⑪ M. biceps brachii (Bizeps)
⑫ M. brachioradialis (Oberarm-Speichen-Muskel)
⑬ M. extensor carpi radialis (radialer Handstrecker)
⑭ M. extensor carpi radialis brevis (kurzer radialer Handstrecker)

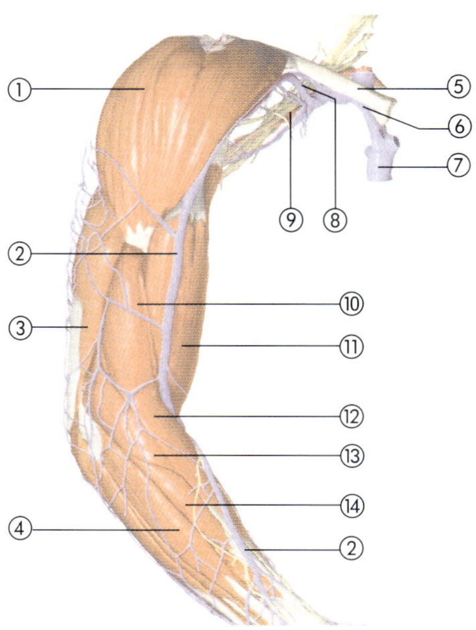

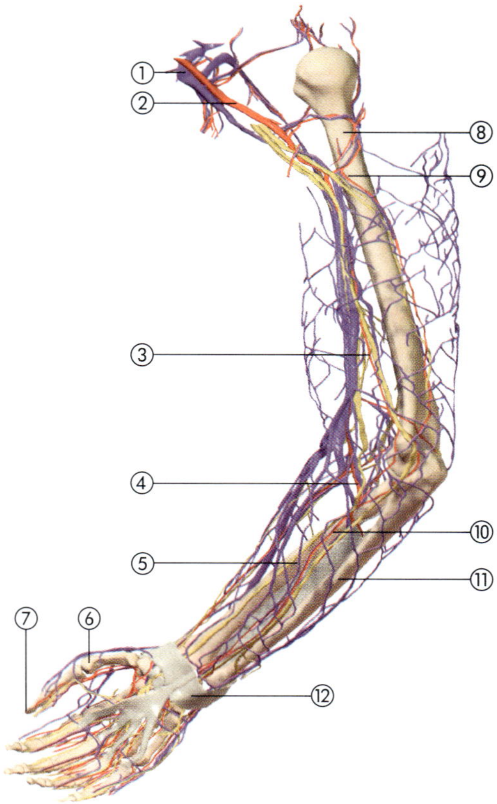

Rechter Arm; Ansicht von dorsal. Dargestellt sind das Armskelett sowie die größeren Blutgefäße.

① V. cephalica (Armhautvene)
② A. axillaris (Achselschlagader)
③ A. brachialis (Oberarmschlagader)
④ A. radialis
⑤ Radius (Speiche)
⑥ Os metacarpi I (Mittelhandknochen des Daumens)
⑦ Phalanx distalis pollicis (Daumenendglied)
⑧ Humerus (Oberarmbein)
⑨ A. profunda brachii (tiefe Oberarmschlagader)
⑩ A. ulnaris (Ellenschlagader)
⑪ Ulna (Elle)
⑫ Retinaculum extensorum (Halteband der Strechersehnen)

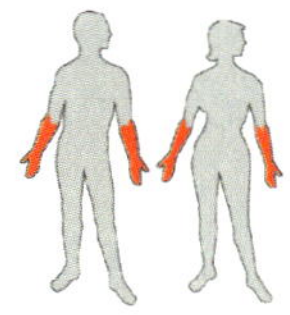

EIN KOMPLEXES GEFÜGE AUS KNOCHEN, MUSKELN, NERVEN UND BLUTGEFÄSSEN MACHT DEN UNTERARM UND DIE HAND ZUM LEISTUNGSFÄHIGSTEN UND VIELSEITIGSTEN GREIFMECHANISMUS, DER IM TIERREICH ÜBERHAUPT ZU FINDEN IST. DAS STÜTZGERÜST BILDEN 29 KNOCHEN. DIE BEIDEN UNTERARMKNOCHEN, ELLE UND SPEICHE, HABEN ZAPFENGELENKE AN IHREN PROXIMALEN UND DISTALEN ENDEN, SODASS DIE HANDFLÄCHE NACH OBEN ODER NACH UNTEN GEDREHT WERDEN KANN. DIE HAND BESTEHT AUS INSGESAMT 27 KNOCHEN (HANDWURZEL-, MITTELHAND- UND FINGERKNOCHEN; SIEHE S. 52). DIE SPEICHE ARTIKULIERT MIT DEN HANDWURZELKNOCHEN IN EINEM ZUSAMMENGESETZTEN GELENK MIT DEM SPIELRAUM EINES EIGELENKS.

UNTERARM UND HAND

① Radius
② A. radialis (Speichenschlagader)
③ Aa. digitales palmares (hohlhandseitige Fingerarterien)
④ Ulna
⑤ Membrana interossea antebrachii (Zwischenknochenhaut der Unterarmknochen)
⑥ A. ulnaris
⑦ Retinaculum extensorum (Halteband der Streckersehnen)
⑧ Aponeurosis palmaris (Sehnenplatte der Hohlhand)

Rechter Unterarm und Hand; Ansicht von ventral. Zu sehen sind die großen Schlagadern sowie die Zwischenknochenmembran zwischen Elle und Speiche.

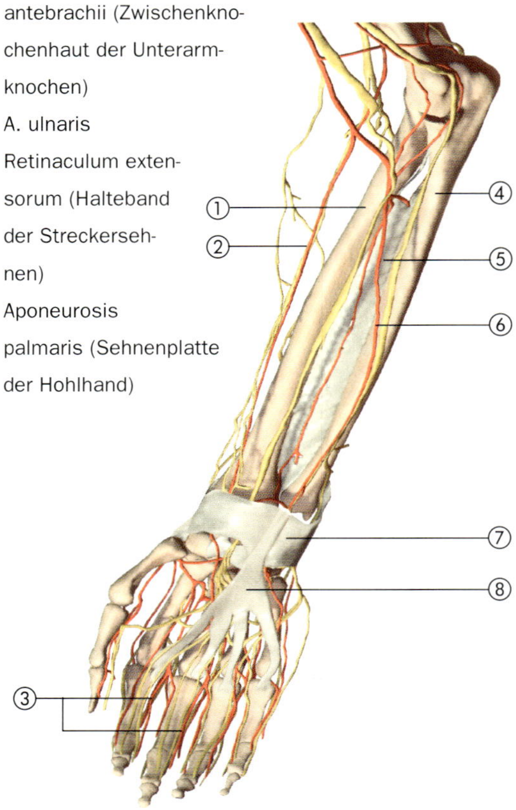

Das Handgelenk und die Finger werden vor allem von den Unterarmmuskeln (siehe S. 80) bewegt. Diese Muskeln laufen in langen Sehnen aus, die an den Handknochen ansetzen. An der Armvorderseite befinden sich hauptsächlich Flexoren: Handbeuger (wie der radiale Handbeuger) und Fingerbeuger (wie der oberflächliche Fingerbeuger). Die Muskeln an der Rückseite des Unterarms sind überwiegend Extensoren: Handstrecker (wie der ulnare Handstrecker) und Fingerstrecker (wie der Kleinfingerstrecker).

Die wichtigsten Unterarmnerven sind der Ellennerv, der, dem Verlauf der Elle folgend, an der Innenseite bis in die Hand zieht, der Speichennerv (an der Außenseite des Unterarms) und der Mittelarmnerv zwischen diesen beiden.

Die meisten Flexoren des Unterarms innerviert der Mittelarmnerv, den ulnaren Handbeuger jedoch der Ellennerv. Der Speichennerv ist zuständig für die Extensoren im Unterarm.

Blut zugeführt wird dem Unterarm von der Oberarmschlagader und ihren Ästen: Die Speichenschlagader versorgt die lateralen Muskeln, die Ellenschlagader die medialen Muskeln des Unterarms. Venöses Blut aus dem Unterarm fließt über die drei oberflächlichen Armvenen – V. cephalica (lateral), V. basilica (medial) und V. mediana cubiti (zwischen den beiden anderen; mit einer davon vereinigt sie sich im Ellbogen) – und zwei tiefe Venen – die Ellen- und die Speichenvene, die an den gleichnamigen Knochen entlangziehen – ab.

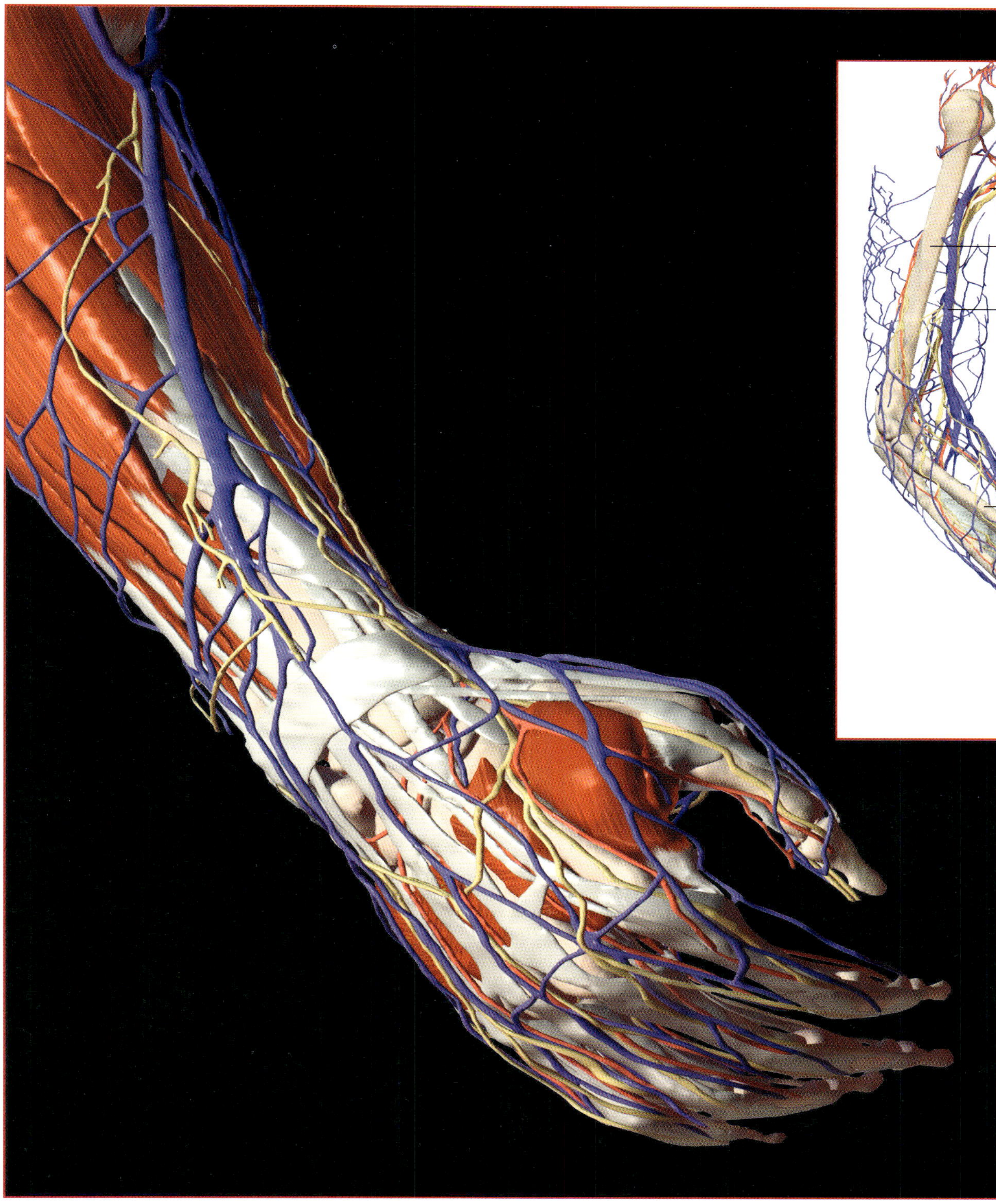

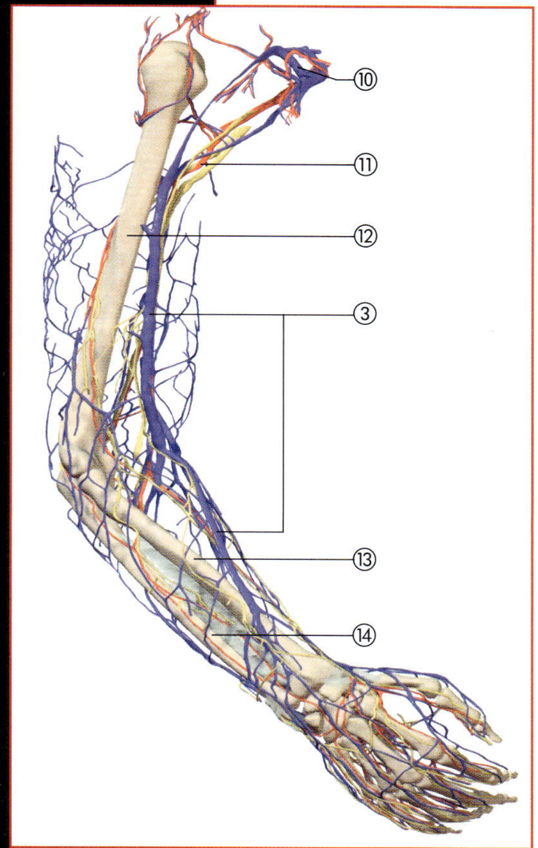

Rechts oben: Skelett und Blutgefäße des rechten Arms; Ansicht von dorsal-lateral.

Rechts unten: Skelett und Schlagadern der rechten Hand; Ansicht von dorsal.

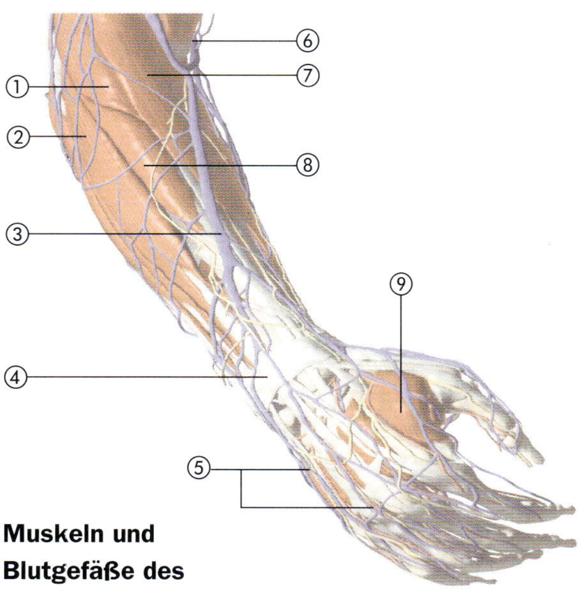

Muskeln und Blutgefäße des rechten Unterarms und der rechten Hand; Ansicht von dorsal-lateral.

① M. extensor carpi radialis longus (langer radialer Handstrecker)
② M. extensor digitorum (Fingerstrecker)
③ V. cephalica (Armhautvene)
④ Retinaculum extensorum (Halteband der Streckersehnen)
⑤ Rete venosum dorsale manus (Hautvenennetz des Handrückens)
⑥ V. mediana cubiti
⑦ M. brachioradialis (Oberarm-Speichen-Muskel)
⑧ M. extensor carpi radialis brevis
⑨ M. interosseus dorsalis I (erster rückseitiger Zwischenknochenmuskel)
⑩ V. axillaris (Achselvene)
⑪ A. brachialis
⑫ Humerus (Oberarmbein)
⑬ Radius (Speiche)
⑭ Ulna (Elle)
⑮ Aa. digitales palmares (Fingerschlagadern der Hohlhand)

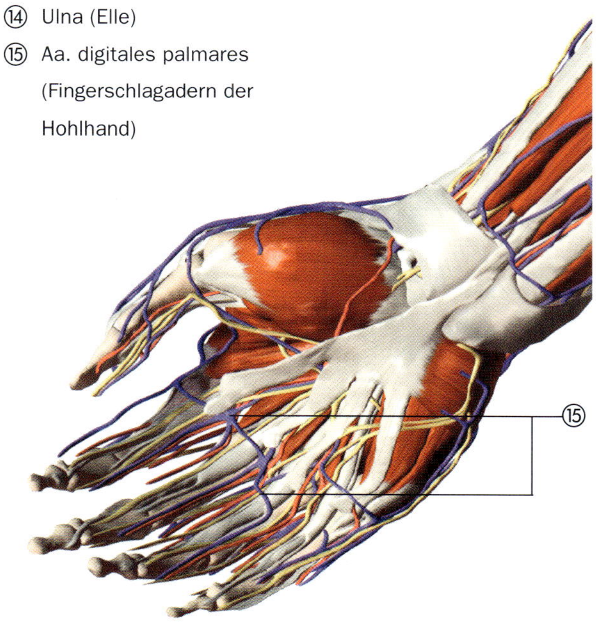

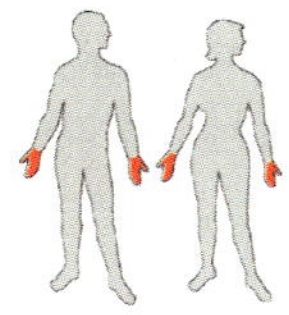

VOM EINFÄDELN EINER NADEL BIS ZUM HEBEN EINER HANTEL KANN DIE HAND EINE VIELFALT VON GREIFBEWEGUNGEN AUSFÜHREN, DIE GANZ UNTERSCHIEDLICHE KRAFTANSTRENGUNG UND FEINARBEIT ERFORDERN. FINGER UND HANDFLÄCHEN SIND SO REICH AUSGESTATTET MIT SINNESREZEPTOREN, DASS DIE HÄNDE ZU DEN EMPFINDLICHSTEN KÖRPERPARTIEN ZÄHLEN.

DIE HAND

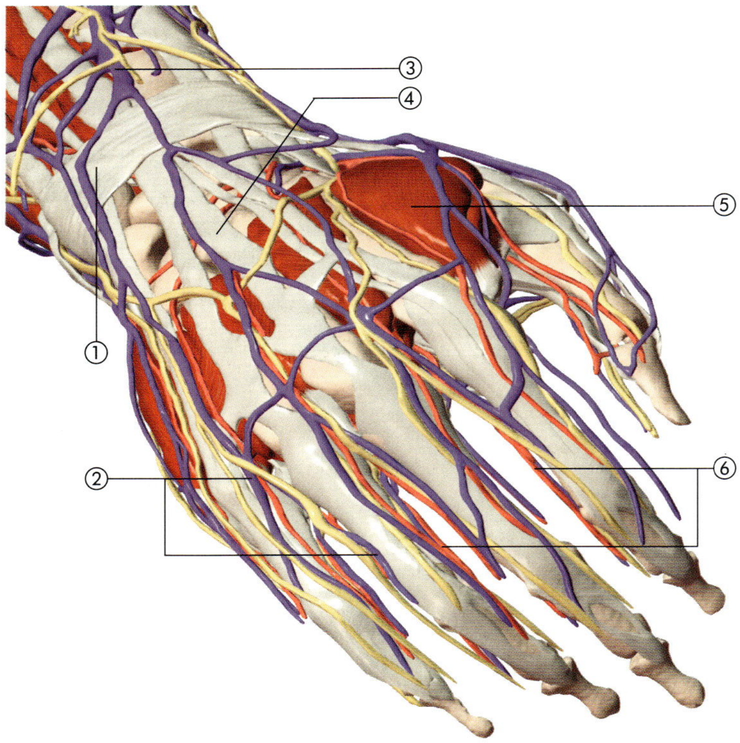

Hand; Ansicht von dorsal. Dargestellt sind die Muskeln und oberflächlichen Blutgefäße.

① Retinaculum extensorum (Halteband der Streckersehnen)
② Vv. digitales dorsales (dorsale Fingervenen)
③ V. cephalica (Armhautvene)
④ Sehne des M. extensor digitorum (Fingerstrecker)
⑤ M. interosseus dorsalis I
⑥ Aa. digitales dorsales (dorsale Fingerarterien)

Ihre vielseitige Beweglichkeit und Greiffähigkeit verdankt die Hand ihrem Knochengerüst aus 27 Einzelknochen: 8 Handwurzel-, 5 Mittelhand- und 14 Fingerknochen. Flache Gelenke zwischen den Handwurzelknochen sowie zwischen den Handwurzel- und Mittelhandknochen der Finger I-V (der Daumen ist Finger I) gestatten zwar nur geringfügige Gleitbewegungen, bilden aber gemeinsam eine bewegliche Brücke zwischen Handgelenk und Fingern. Die Knöchelgelenke zwischen den Mittelhandknochen und den Fingern II-V sind Gelenke mit zwei Freiheitsgraden, die Fingermittel- und -endgelenke Scharniergelenke mit nur einem Freiheitsgrad. Das Daumensattelgelenk (zwischen Handwurzel und Mittelhandknochen) gestattet die Flexion und Extension, Abduktion und Adduktion sowie die Opposition und Reposition. Das letzte Begriffspaar bedeutet, dass die Daumenspitze die Spitze aller Finger berühren kann, was von entscheidender Bedeutung für die Feinmotorik der Hand ist.

Die Agonisten der Handbewegung, die Flexoren und Extensoren des Unterarms (siehe S. 80), werden von den tiefen Hohlhandmuskeln unterstützt. Die fünf Regenwurmmuskeln und sieben hohlhandseitigen Zwischenknochenmuskeln (4 dorsale und 3 palmare) beugen die Finger in den Fingergrundgelenken, strecken sie aber in den Fingermittel- und endgelenken. Die rückseitigen Zwischenknochenmuskeln spreizen außerdem die Finger ab, die hohlhandseitigen ziehen sie an. Am Daumenballen (Thenar) sind vier Muskeln an den Bewegungen beteiligt: der kurze Daumenabspreizer (M. abductor pollicis brevis; Abduktion), der kurze Daumenbeuger (M. flexor pollicis brevis; Flexion), der Daumenanzieher (M. adductor pollicis; Adduktion) und der Daumengegenübersteller (M. opponens pollicis; Adduktion; Opposition).

Der Mittelarmnerv und der Ellennerv setzen sich vom Unterarm bis in die Hand fort; ersterer innerviert die inneren Muskeln und die Haut an der Außenseite der Hand, letzterer die übrigen Muskeln und die Haut an der Innenseite der Hand.

In der Hohlhand (Palma manus) bilden Äste der Speichen- und Ellenschlagader zwei Anastomosen, den tiefen und den oberflächlichen Hohlhandbogen. Die Mittelhand- und Fingerschlagadern entspringen aus den Hohlhandbogen. Aus dem tiefen und oberflächlichen Venenbogen fließt sauerstoffarmes Blut in die Ellen- und Speichenvene ab.

Aus dem Handrücken (Dorsum manus) hingegen gibt der dorsale Venenbogen das Blut in die Hautvenen des Unterarms (V. cephalica, mediana und basilica) ab.

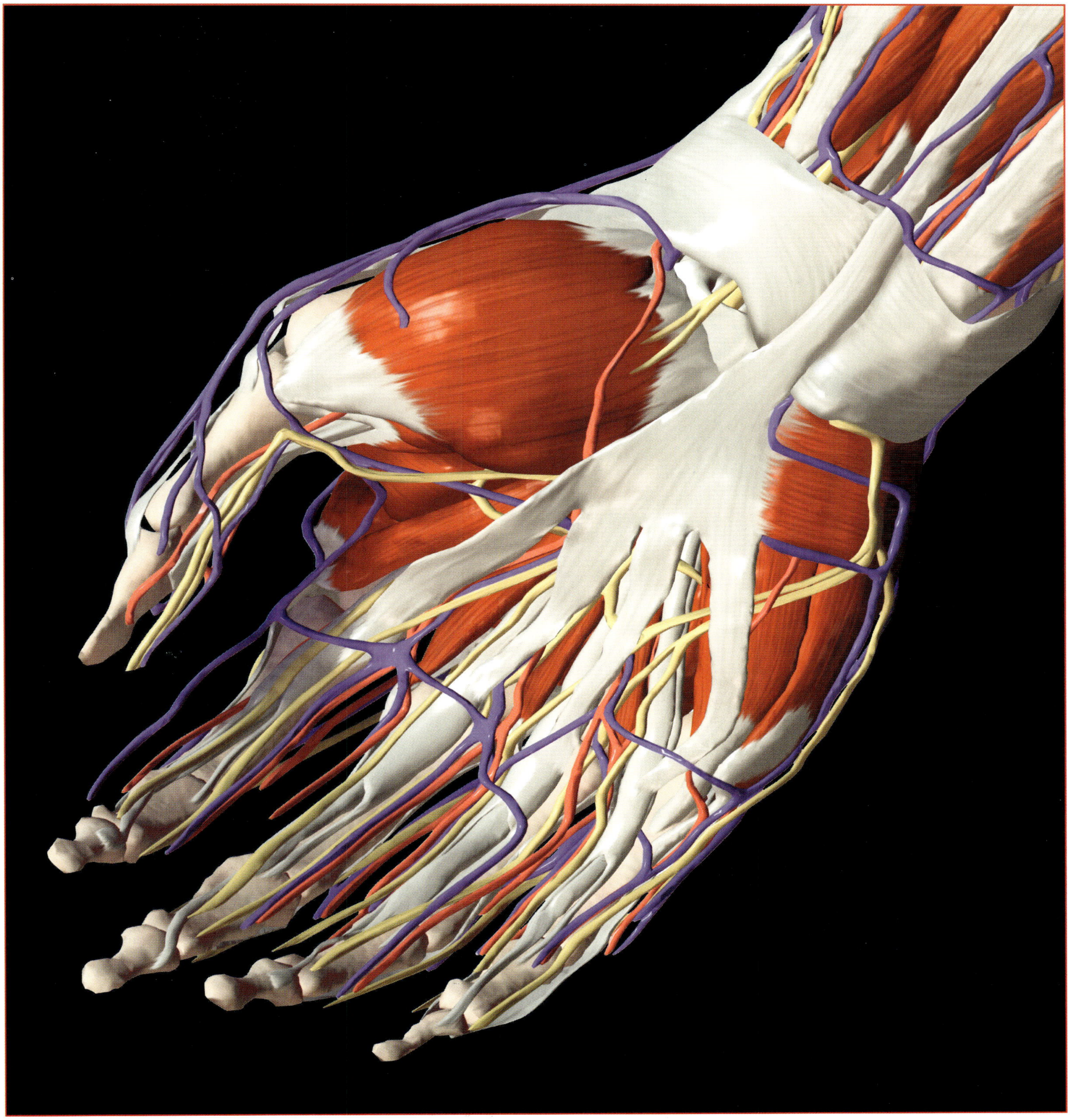

Hand; Ansicht von palmar. Die Muskeln, Arterien und Venen sind hier gut zu erkennen.

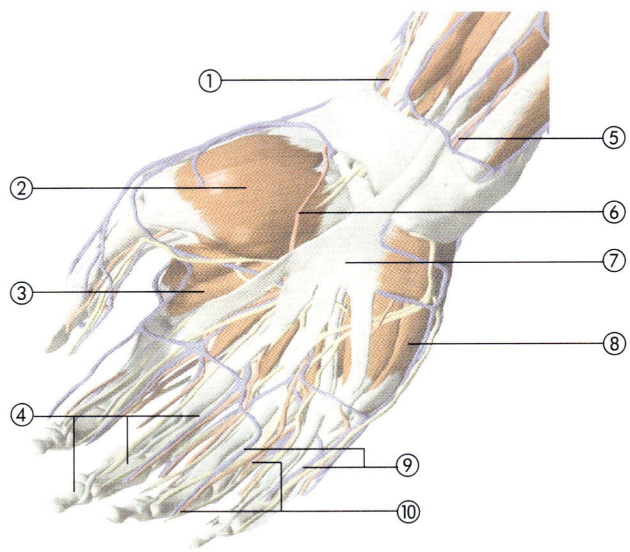

① A. radialis (Speichenschlagader)

② M. abductor pollicis brevis (kurzer Daumenabspreizer)

③ M. lumbricalis (Regenwurmmuskel)

④ Phalanges digiti III (Glieder des Mittelfingers)

⑤ A. ulnaris (Ellenarterie)

⑥ Arcus palmaris superficialis (oberflächlicher Hohlhandbogen)

⑦ Aponeurosis palmaris (Palmaraponeurose)

⑧ M. abductor digiti minimi (Kleinfingerabspreizer)

⑨ Vv. digitales palmares (palmare Fingervenen)

⑩ Aa. digitales palmares (palmare Fingerschlagadern)

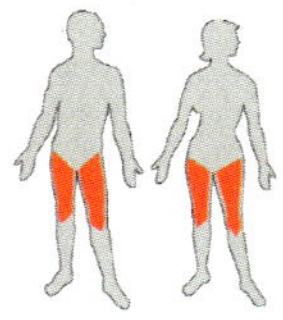

DIE UNTEREN GLIEDMASSEN, DIE BEINE, TRAGEN DEN KÖRPER, BEWEGEN IHN UND MÜSSEN BEI DER FORTBEWEGUNG BETRÄCHTLICHEN KRAFTEINWIRKUNGEN STANDHALTEN. DIESE AUFGABEN SIND AUS DEM BAU DER UNTEREN EXTREMITÄT ERKENNBAR. IM VERGLEICH ZU DEN ARMEN SIND DIE KNOCHEN DER BEINE DICKER, IHRE MUSKELN BREITER UND KRÄFTIGER. JEDES BEIN BESTEHT AUS DREI ABSCHNITTEN: DEM OBERSCHENKEL (VOM BECKEN BIS ZUM KNIE), DEM UNTERSCHENKEL (VOM KNIE BIS ZUM FUSSGELENK) UND DEM FUSS.

OBERSCHENKEL UND KNIE

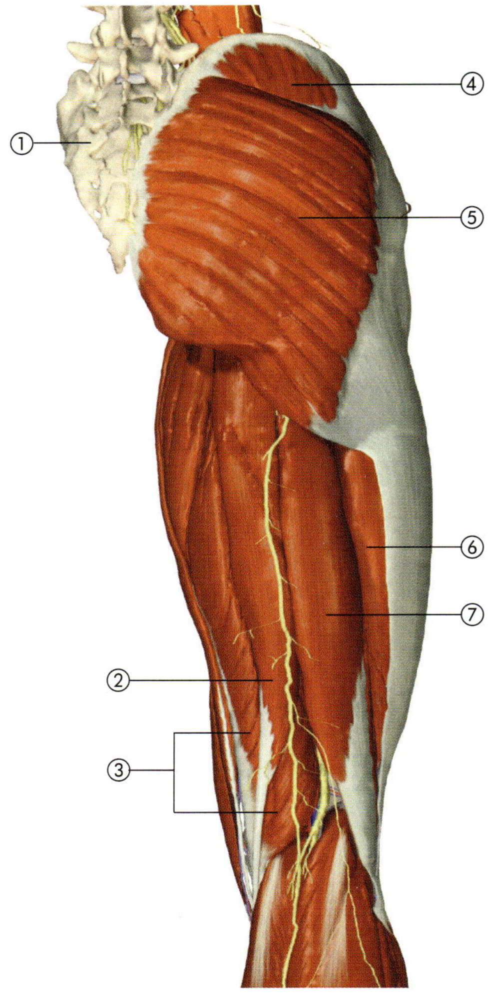

Gesäß- und Oberschenkelmuskeln; Ansicht von dorsal.

① Os sacrum (Kreuzbein)
② M. semitendinosus (halbsehniger Muskel)
③ M. semimembranosus (halbmembranöser Muskel)
④ M. gluteus medius (mittlerer Gesäßmuskel)
⑤ M. gluteus maximus (großer Gesäßmuskel)
⑥ M. vastus lateralis (äußerer Oberschenkelmuskel)
⑦ M. biceps femoris (zweiköpfiger Oberschenkelmuskel)

Das Femur ist mit dem Becken durch das Hüftgelenk verbunden, ein Kugelgelenk, das zwar nicht so beweglich ist wie das Schultergelenk, aber dafür stabiler. Im Knie artikuliert das Femur mit dem Schienbein in einem Dreh-Scharnier-Gelenk, das die Flexion und Extension gestattet. Das Kniegelenk wird durch kräftige Bänder verstärkt und vorn durch die Kniescheibe (siehe S. 56) geschützt.

Die Muskeln, die das Bein bewegen, entspringen am Becken. Sie überqueren entweder das Hüftgelenk und inserieren am Femur oder überkreuzen das Hüft- und Kniegelenk und setzen am Schienbein an (siehe S. 86-89). Die Muskeln an der Vorderseite, vor allem der vierköpfige Oberschenkelmuskel, sind für die Flexion im Hüftgelenk und für die Extension im Kniegelenk zuständig und lassen das Spielbein beim Gehen vorwärts schwingen. Die medial verlaufenden Muskeln sind Adduktoren. Die rückseitigen Schenkelmuskeln sind vor allem für die Extension im Hüftgelenk und die Flexion im Kniegelenk (Rückwärtsschwingen des Spielbeins beim Gehen). Die Gesäßmuskeln sind Extensoren, die das Bein kräftig strecken.

Vom Lendennervengeflecht (Plexus lumbalis) ausgehend innerviert der Oberschenkelnerv die Muskeln und die Haut an der Vorderseite des Oberschenkels; der Hüftlochnerv die Adduktoren und die Haut an der Innenseite; und der seitliche Oberschenkel-Hautnerv die Haut an der Außenseite des Schenkels. Der vom Kreuzbeinnervengeflecht ausgehende Ischiasnerv versorgt die Flexoren an der Schenkelrückseite; der obere und untere Gesäßnerv die Gesäßmuskeln; und der hintere Oberschenkel-Hautnerv die Haut des Gesäßes und der Oberschenkelrückseite.

Mit arteriellem Blut versorgt werden die Oberschenkelmuskeln von der äußeren Beckenschlagader, die ab dem Leistenband Oberschenkelschlagader heißt und am Oberrand der Kniekehle in die Kniekehlenschlagader übergeht; die Gesäßmuskeln und die Adduktoren des Oberschenkels versorgt die innere Beckenschlagader. Das venöse Blut aus dem Oberschenkel fließt über die Oberschenkelvene, die beim Eintritt ins Becken zur äußeren Beckenvene wird. Oberflächlich fließt das Blut über die große Rosenvene (V. saphena magna) ab.

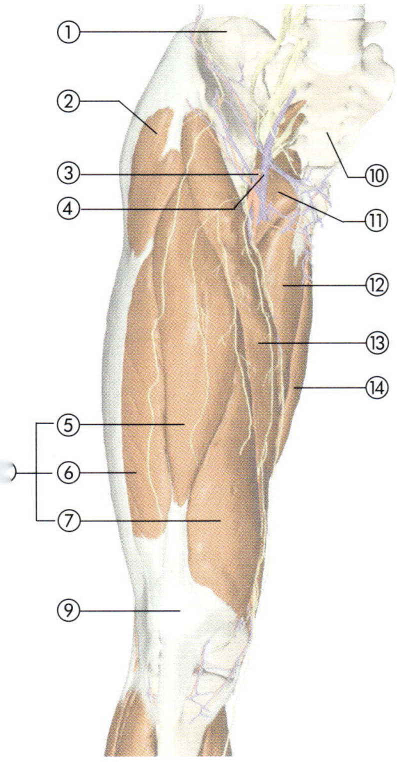

Oben und Mitte: Oberschenkel und Knie; Ansicht von ventral. Dargestellt sind die Muskeln und, wo diese abgetragen sind, die Blutgefäße der Hüfte.

Rechts außen, oben: Muskeln des rechten Beins; Ansicht von lateral.

Rechts außen, unten: Knochen und Blutgefäße des rechten Beins; Ansicht von ventral.

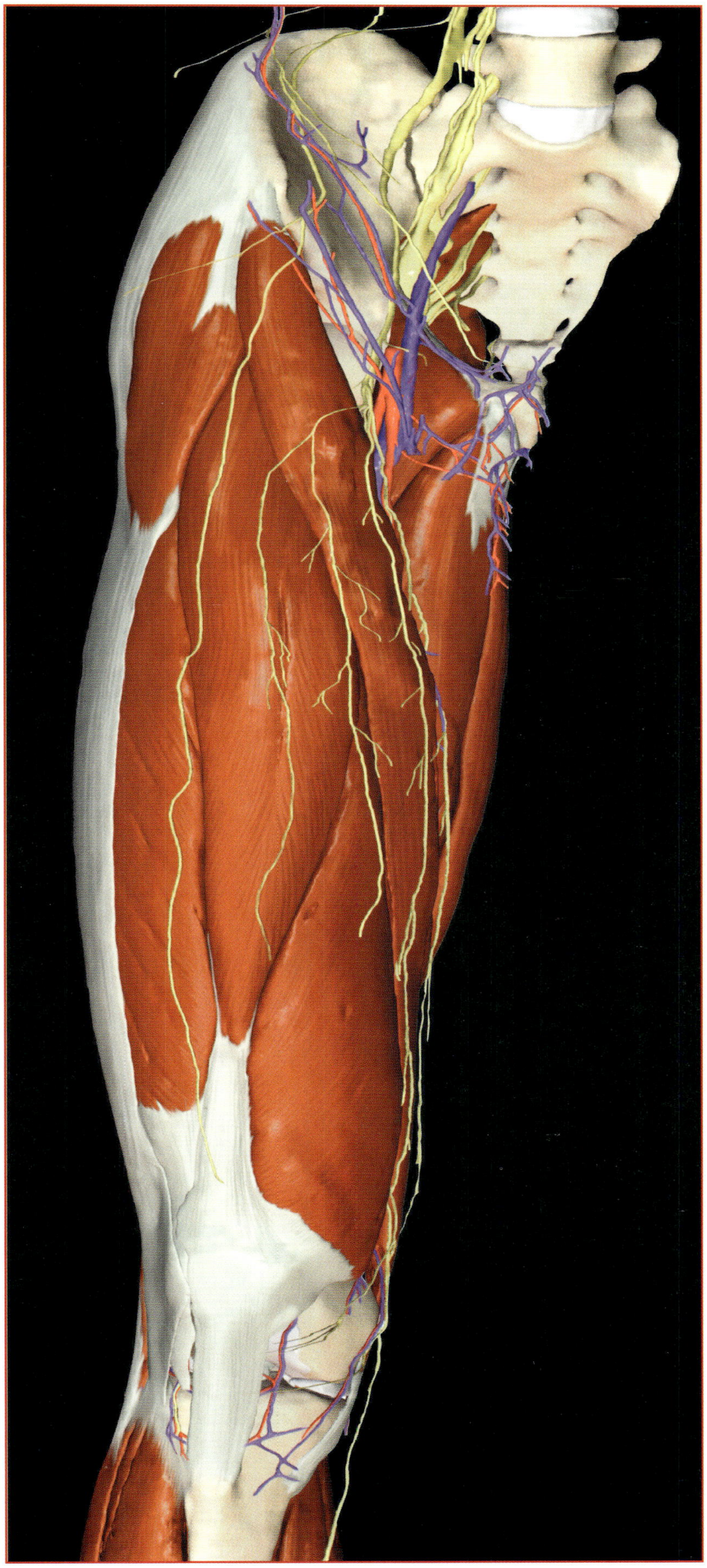

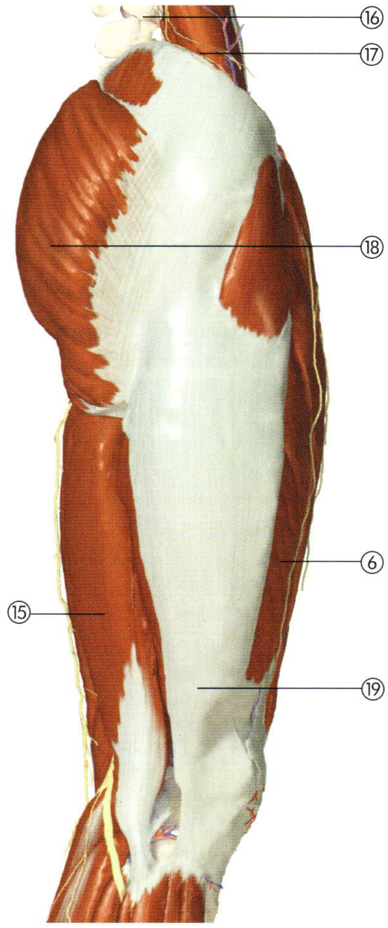

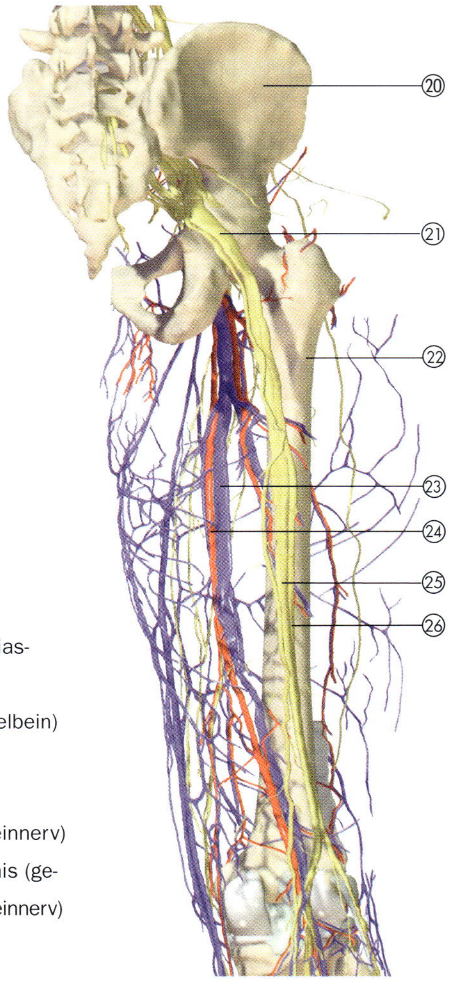

① Os ilii (Darmbein)
② M. tensor fasciae latae
③ A. femoralis
④ V. femoralis
⑤ M. rectus femoris (gerader Oberschenkelm.)
⑥ M. vastus lateralis
⑦ M. vastus medialis
⑧ M. quadriceps femoris
⑨ Patella (Kniescheibe)
⑩ Os sacrum
⑪ M. pectineus (Kammmuskel)
⑫ M. adductor longus (langer Anzieher)
⑬ M. sartorius (Schneidermuskel)
⑭ M. gracilis (schlanker M.)
⑮ M. biceps femoris (zweiköpfiger Oberschenkelm.)
⑯ Columna vertebralis (Wirbelsäule)
⑰ Crista iliaca (Darmbeinkamm)
⑱ M. gluteus maximus (großer Gesäßmuskel)
⑲ Tractus iliotibialis (Sehnenzug vom Darmbein zum Schienbein)
⑳ Pelvis (Becken)
㉑ N. ischiadicus (Ischiasnerv)
㉒ Femur (Oberschenkelbein)
㉓ V. femoralis
㉔ A. femoralis
㉕ N. tibialis (Schienbeinnerv)
㉖ N. fibularis communis (gemeinsamer Wadenbeinnerv)

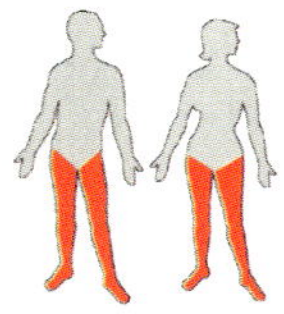

Das Unterschenkelskelett (siehe S. 56) besteht aus zwei parallelen Knochen, dem (dickeren) Schienbein (Tibia) und dem Wadenbein (Fibula). Das obere Schienbeinende bildet mit dem Femur das Kniegelenk, das untere mit dem Sprungbein das obere Sprunggelenk. Schienbein und Wadenbein sind durch eine Zwischenknochenhaut miteinander verbunden und bilden proximal und distal Gelenke, die jedoch – im Gegensatz zu den Gelenken zwischen Elle und Speiche im Unterarm – keine Bewegungen gestatten. Im Vergleich zum Unterarm ist der Unterschenkel nicht so beweglich, aber kräftiger und belastbarer. Der Fuss trägt den Körper und wirkt als Hebel, der den Körper bei der Fortbewegung nach vorne drückt.

UNTERSCHENKEL & FUSS

Die Unterschenkelmuskeln bewegen den Fuß in den Sprunggelenken und die Zehen. Die meisten von ihnen setzen am Unterschenkel an und laufen – wie die Unterarmmuskeln – in langen Sehnen aus, die den Knöchel überqueren und an Fußknochen (siehe S. 88) ansetzen. Sie werden von einer Bindegewebsfaszie umhüllt, die ein zu starkes Anschwellen bei körperlicher Anstrengung verhindert, und durch Muskelscheidewände (Septen) in drei Kompartimente (Muskellogen) unterteilt: ein vorderes, hinteres und äußeres. Jedes dieser Kompartimente hat eigene Blutgefäße und Nerven. Die Muskeln an der Vorderseite sind für die Dorsalextension des Fußes zuständig, d. h., sie ziehen den Fuß nach oben und verhindern so, dass die Zehen beim Gehen am Boden schleifen; zwei Extensoren strecken auch die Zehen. Die kräftigeren Muskeln an der Rückseite des Unterschenkels bewirken die Plantarflexion (sie beugen den Fuß nach unten und liefern dadurch den Vorwärtsschub für die Fortbewegung); die Flexoren beugen auch die Zehen. Die Peroneusmuskeln an der Außenseite des Unterschenkels sind für die Plantarflexion und Eversion (Auswärtsdrehung) des Fußes zuständig.

Die Innervation des Unterschenkels erfolgt über den Ischiasnerv, der sich knapp oberhalb der Kniekehle in den Schienbeinnerv und den gemeinsamen Wadenbeinnerv teilt. Letzterer teilt sich in den tiefen Wadenbeinnerv (versorgt die vordere Muskelloge und die Haut) und den oberflächlichen Wadenbeinnerv (äußere Muskelloge und Haut). Der Schienbeinnerv innerviert die hintere Muskelloge und die Haut des Unterschenkels. Arterielles Blut wird von der Kniekehlenschlagader zugeführt, die sich unterhalb des Knies in einen vorderen und einen hinteren Ast gabelt (siehe S. 123). Der hintere versorgt die Muskeln an der Rückseite des Unterschenkels und gibt einen Ast, die A. fibularis, zu den beiden Wadenbeinmuskeln an der Außenseite des Unterschenkels ab. Das venöse Blut aus dem Unterschenkel fließt über die vordere und hintere Schienbeinvene ab, die sich am Knie zur Kniekehlenvene vereinigen; außerdem über die Wadenbeinvene, die in die hintere Schienbeinvene mündet; und über die Hautvenen – die kleine Rosenvene, die in die Kniekehlenvene (V. poplitea) mündet, und die große Rosenvene (siehe S. 125).

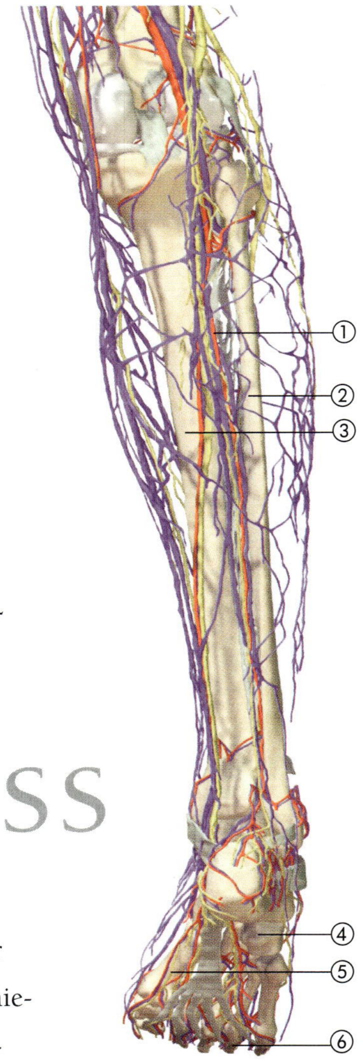

Rechter Unterschenkel und Fuß; Ansicht von dorsal. Dargestellt sind die Knochen und Blutgefäße.

① A. fibularis
② Fibula (Wadenbein)
③ Tibia (Schienbein)
④ Os cuboideum (Würfelbein; einer der Fußwurzelknochen)
⑤ Os metatarsi I (Mittelfußknochen der Großzehe)
⑥ Phalanx distalis digiti pedis II (Endglied der 2. Zehe)

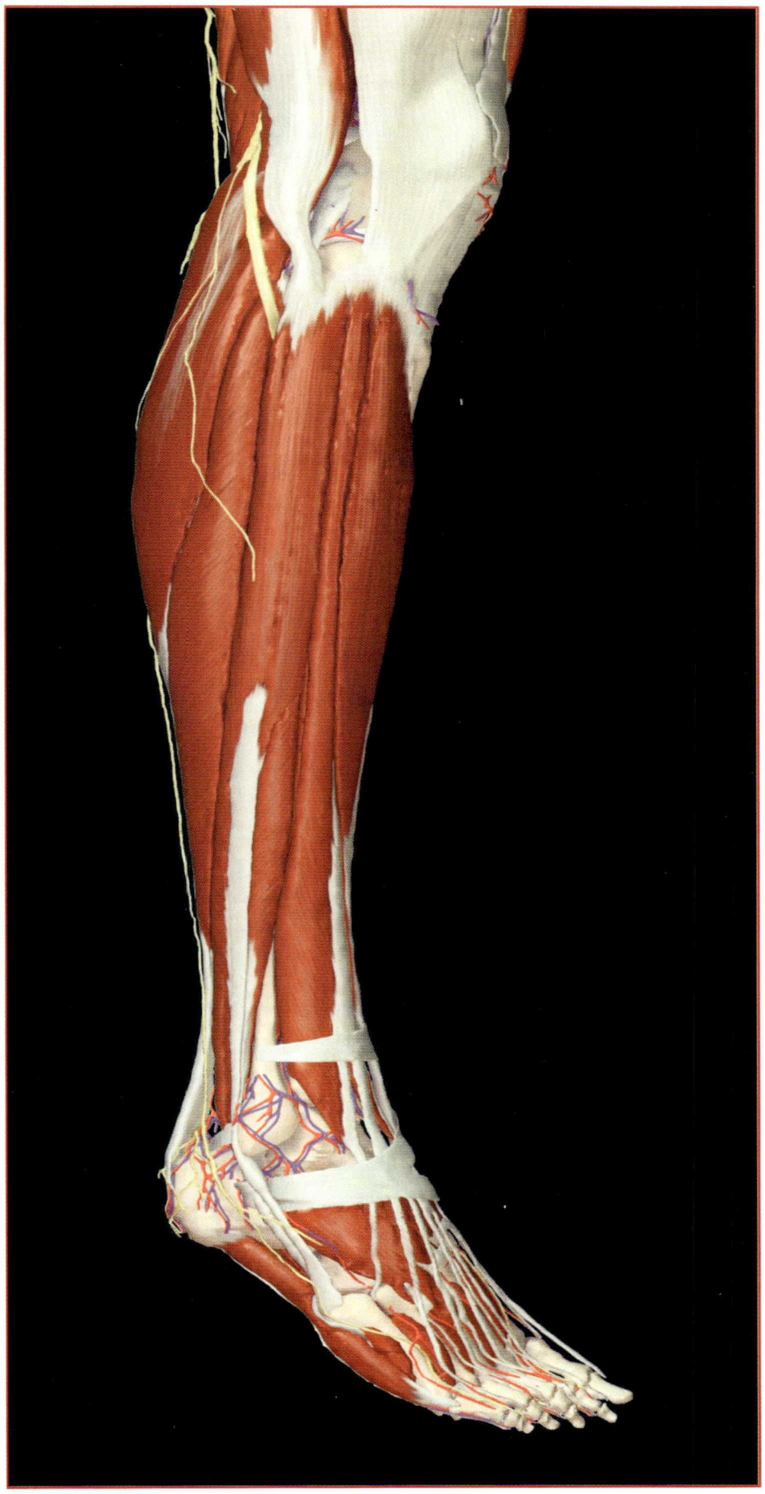

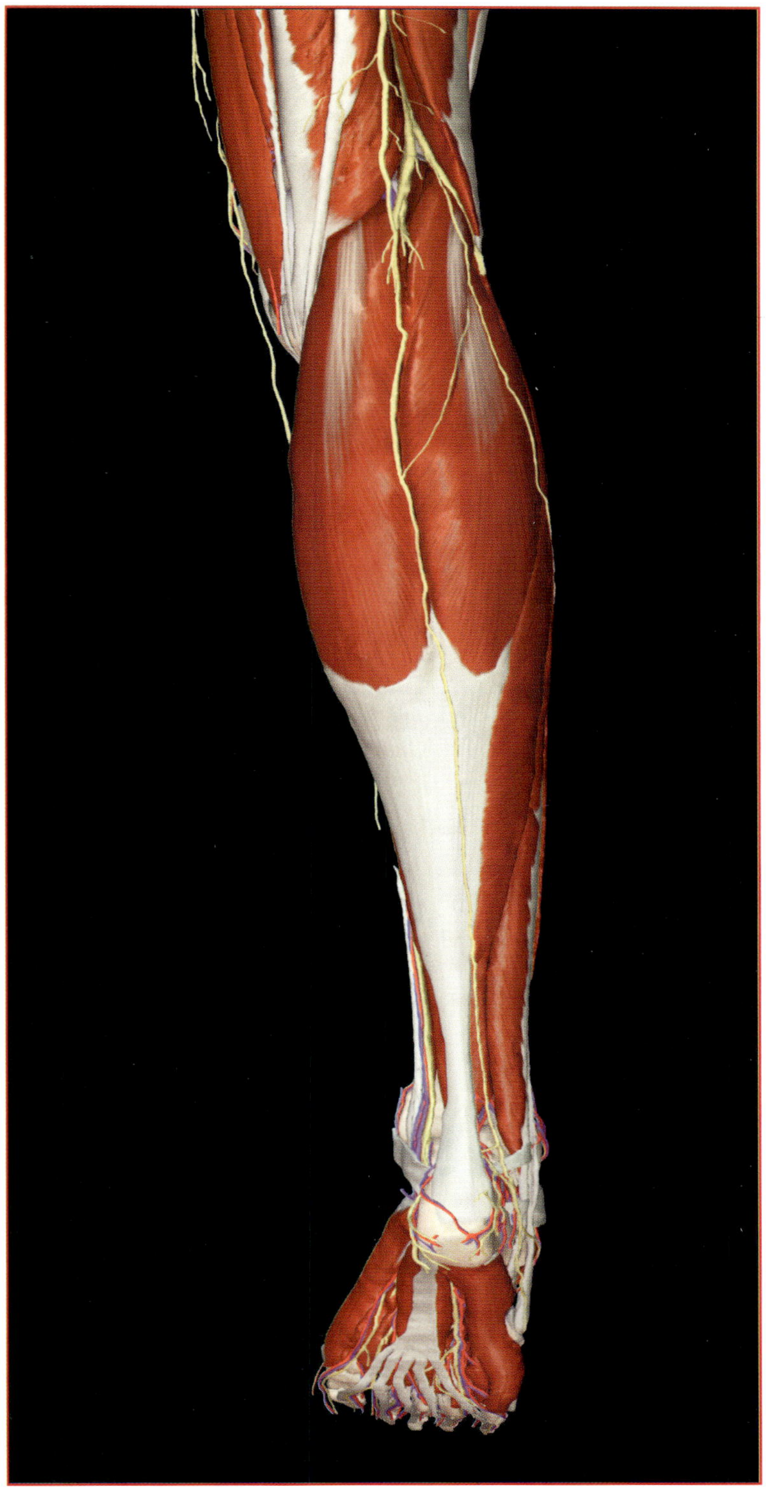

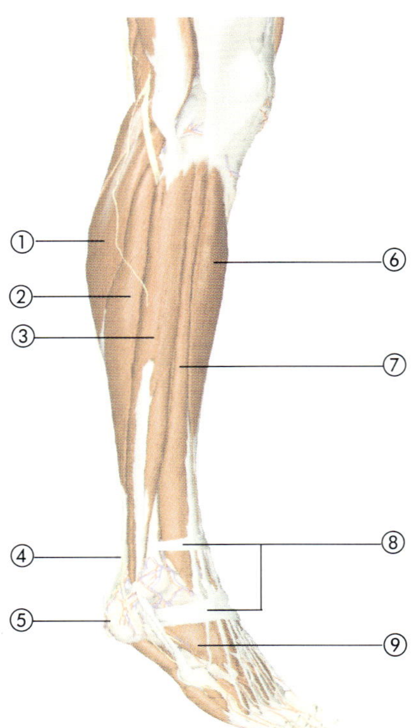

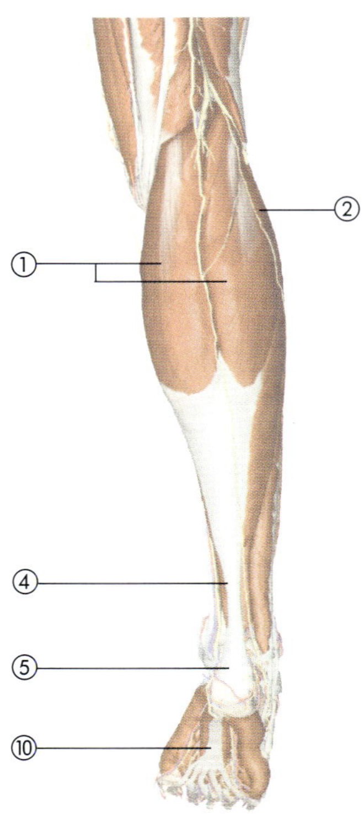

Rechter Unterschenkel und Fuß; Ansicht von lateral (links oben) und von dorsal (rechts oben).

① M. gastrocnemius (Wadenmuskel)
② M. soleus (Schollenmuskel)
③ M. peroneus longus (langer Wadenbeinmuskel)
④ Tendo calcaneus (Achillessehne)
⑤ Calcaneus (Fersenbein)
⑥ M. tibialis anterior (vorderer Schienbeinmuskel)
⑦ M. extensor digitorum longus (langer Zehenstrecker)
⑧ Retinaculum extensorum (Halteband der Streckersehnen)
⑨ M. extensor digitorum brevis (kurzer Zehenstrecker)
⑩ Aponeurosis palmaris (Palmaraponeurose)

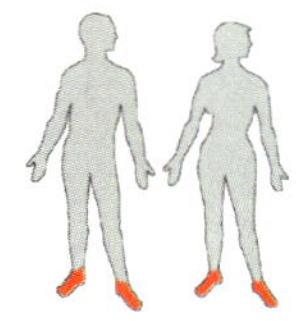

Obwohl der Fuss ähnlich gebaut ist wie die Hand, ist seine Funktion eine ganz andere. Die Füsse tragen das Körpergewicht und stützen es auf ebenem und unebenem Boden federnd ab; ausserdem wirken sie als Hebel, die den Körper beim Gehen oder Laufen vom Boden abheben lassen und ihn vorwärts bewegen.

DER FUSS

Rechter Fuß; Ansicht von plantar. Dargestellt sind die Muskeln und die oberflächlichen Blutgefäße.

① Vv. digitales plantares pedis (Zehenvenen der Fußsohle)
② Aa. digitales plantares pedis (Zehenarterien der Fußsohle)
③ M. lumbricalis (Regenwurmmuskel)
④ M. abductor digiti minimi (Kleinzehenabspreizer)
⑤ Aponeurosis plantaris (Plantaraponeurose)
⑥ Calcaneus (Fersenbein)
⑦ M. abductor hallucis (Großzehenabspreizer)
⑧ M. flexor digitorum brevis (kurzer Zehenbeuger)

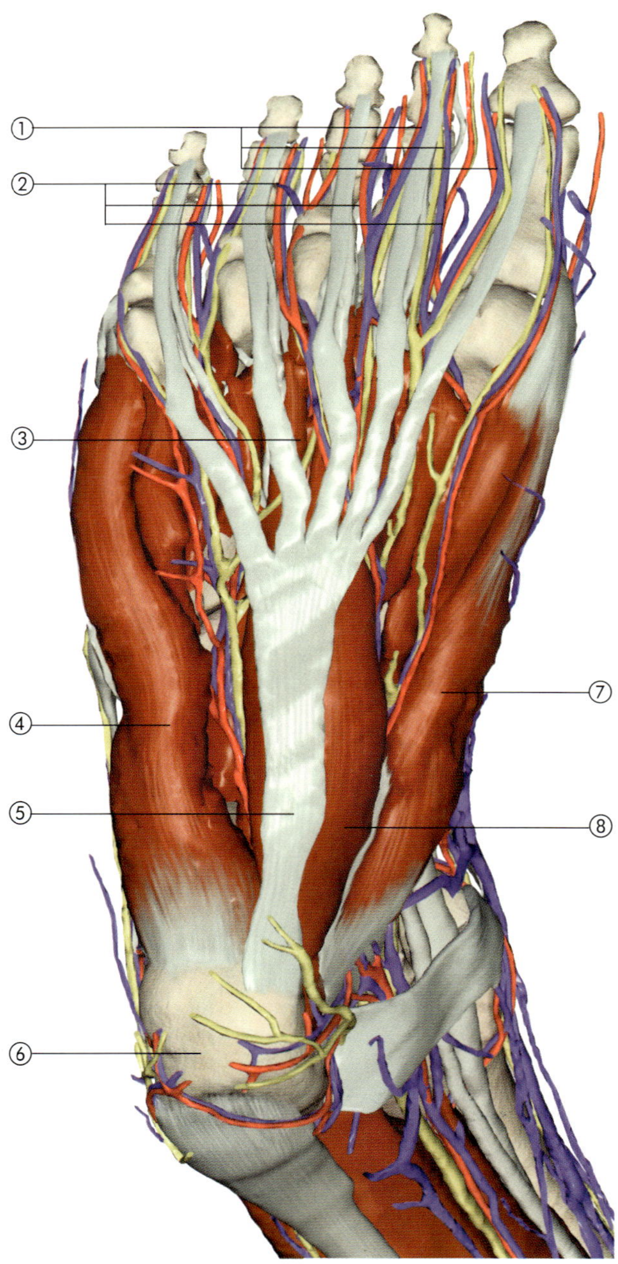

Das Fußskelett besteht aus 27 Knochen (siehe S. 58): 7 Fußwurzelknochen (Ossa tarsi), 5 Mittelfußknochen (Ossa metatarsi) und 14 Zehenknochen (Phalangen). Zwischen den einzelnen Fußwurzelknochen sowie zwischen den Fußwurzel- und Mittelfußknochen befinden sich flache Gelenke, die geringe Gleitbewegungen gestatten und den Knochen der Fußgewölbe eingeschränkte Beweglichkeit geben. Gelenke zwischen den Zehengliedern sind den entsprechenden der Hand vergleichbar.
Die Hauptmuskeln der Fußbewegungen im Sprunggelenk sind die Unterschenkelmuskeln; unterstützt werden sie durch kleinere Fußmuskeln (siehe S. 88). Diese Muskeln tragen auch zur Stabilisierung des Fußes bei. Der kurze Zehenstrecker am Fußrücken streckt die Zehen. Die Muskeln der Fußsohle sind für die Flexion, Abduktion und Adduktion der Zehen zuständig. Den kurzen Zehenbeuger auf der Sohlenseite bedeckt die Plantaraponeurose, eine Sehnenplatte, die das Fersenbein mit den Zehen verbindet sowie die Muskeln und Sehnen schützt und fixiert.
Der Schienbeinnerv versorgt die Fußmuskeln sowie die Haut an der Fußsohle, der gemeinsame Wadenbeinnerv die Haut des Fußrückens.
Die vordere Schienbeinschlagader setzt sich nach dem Sprunggelenk in der Fußrückenschlagader und diese in einem bogenförmigen Gefäß (A. arcuata) fort, aus dem die Mittelfußarterien am Fußrücken hervorgehen. Die hintere Schienbeinschlagader teilt sich im Knöchelbereich in die innere und äußere Fußsohlenschlagader; letztere bildet den tiefen Fußsohlenbogen, von dem die Zehenschlagadern ausgehen. Venöses Blut aus den Zehen wird von den Zehenvenen zum Fußsohlenbogen abgeleitet und von dort über die äußere und innere Fußsohlenvene in die hintere Schienbeinvene gepumpt. Die Fußrückenvene mündet in die vordere Schienbeinvene. Die Mittelfußvenen leiten venöses Blut über den Venenbogen in die große und die kleine Rosenvene.

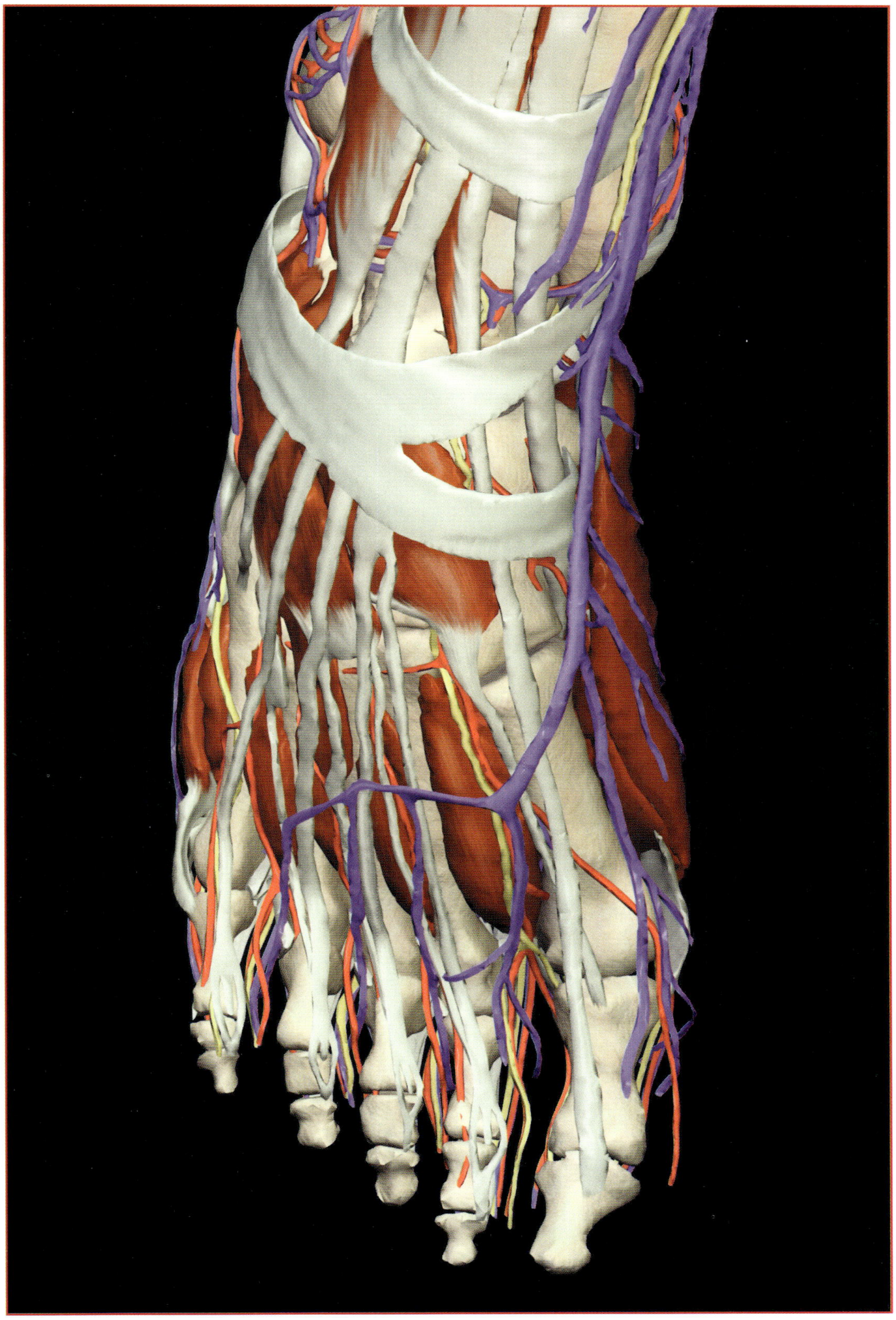

Unten: Rechter Unterschenkel; Ansicht von ventral. Dargestellt sind die Knochen und Nerven.

① Femur (Oberschenkelbein)
② Fibula (Wadenbein)
③ N. fibularis communis (gemeinsamer Wadenbeinnerv)
④ N. fibularis superficialis (oberflächlicher Wadenbeinnerv)
⑤ N. fibularis profundus (tiefer Wadenbeinnerv)
⑥ Tibia (Schienbein)
⑦ N. saphenus (Saphenusnerv; vorderer Unterschenkel-Hautnerv)

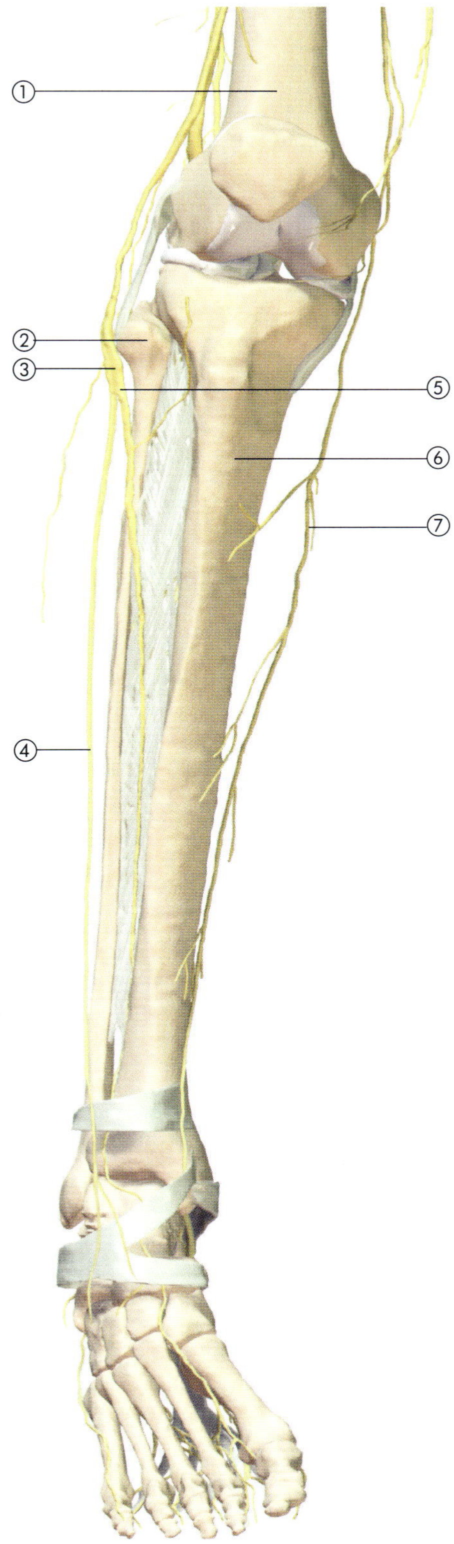

Oben: Rechter Fuß; Ansicht von dorsal (oben). Zu sehen sind die Muskeln und die oberflächlichen Blutgefäße.

① M. peroneus tertius (dritter Wadenbeinmuskel)
② M. extensor digitorum brevis (kurzer Zehenstrecker)
③ Sehnen des M. extensor digitorum (Zehenstrecker)
④ M. interosseus dorsalis (rückseitige Zwischenknochenmuskeln)
⑤ Retinacula extensorum (Haltebänder der Streckersehnen)
⑥ A. dorsalis pedis (Fußrückenschlagader)
⑦ Os metatarsi hallucis (1. Mittelfußknochen)
⑧ Aa. digitales dorsales (Zehenarterien des Fußrückens)
⑨ Phalanges hallucis (Großzehengrund- und -endglied)

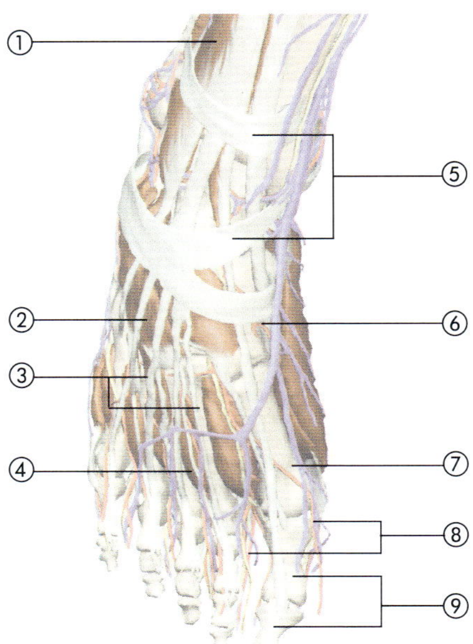

GLOSSAR

Abduktion Bewegung einer Gliedmaße von der Längsachse des Körpers bzw. eines Fingers von der Handachse weg (Abspreizen).

Absorption Aufnahme eines einfachen Nährstoffs in den Blutstrom.

Achselhaare In der Pubertät wachsende Behaarung der Achselhöhle.

Acini Traubenförmig angeordnete Zellen der Bauchspeicheldrüse; sie sondern den „Bauchspeichel“ ab.

Adduktion Bewegung einer Gliedmaße oder eines Knochens zur Mittellinie (Anziehen; Gegenbewegung zur Abduktion).

Adipös Fett enthaltend.

Adrenalin Im Nebennierenmark gebildetes Hormon; seine Ausschüttung wird durch das autonome Nervensystem (ANS) gesteuert. Es beschleunigt die Stoffwechselfunktionen als Vorbereitung auf die „Kampf-oder-Flucht“-Reaktion. *Siehe auch* Epinephrin

Adrenocorticotropes Hormon (ACTH) Im Hypophysenvorderlappen erzeugtes Hormon, das die Nebennierenrinde zur Ausschüttung verschiedener Kortikosteroidhormone veranlasst.

Afferent Adj., das zur Bezeichnung von Arterien, Venen oder Nerven verwendet wird, die zu einem Zentralorgan hin leiten; z. B. leiten afferente Nerven Impulse von Sinnesorganen zum Zentralnervensystem.

Agonist Hauptmuskel; ein Muskel, der die Hauptarbeit für eine Bewegung leistet.

Aktin Eines der beiden Proteine, aus denen die Muskelfasern bestehen. *Siehe auch* Myosin

Aldosteron In der Nebennierenrinde erzeugtes Hormon, das die Natriumausscheidung in den Nieren hemmt.

Alphazellen Zellen in den Langerhans-Inseln der Bauchspeicheldrüse, die das Hormon Glukagon als Antwort auf niedrige Blutzuckerwerte ausschütten. Glukagon regt die Leber zur Umwandlung von Glykogen in Glukose an.

Ampulle Erweiterung eines Ausführungsgangs oder Gangs (z. B. Vater-Ampulle).

Amylase Enzym im Speichel, das Stärke zu Maltose abbaut.

Anastomose Verbindungsstelle zwischen Blutgefäßen.

Androgene Männliche Geschlechtshormone (Steroidhormone). Bei Säugetieren ist **Testosteron** das wichtigste Androgen.

ANS Abk. für Autonomes Nervensystem.

Ansatz (Insertio) Dasjenige Muskelende, das am bewegten Knochen befestigt ist.

Antagonist Gegenspieler; Muskel, der dem Agonisten entgegenwirkt (z. B. ist der Trizeps, der Agonist der Armstreckung, der Antagonist des Bizeps, des Hauptmuskels der Armbeugung).

Anterior Syn. **ventral**. Lagebezeichnung mit der Bedeutung vorne, an der Vorderseite des Körpers, Körperteils oder Organs (Gegenteil: posterior).

Antidiuretisches Hormon (ADH) Hypophysenhinterlappenhormon, das in den Nieren die Ausscheidung von Wasser hemmt und dadurch eine erhöhte Harnkonzentration bewirkt.

Antikörper Bluteiweiß, das von Lymphozyten als Immunantwort auf Antigene (wie **Toxine** oder **Bakterien**) erzeugt wird und diese zerstört.

Aponeurose Dünne, breitflächige Sehnenplatte, die Muskeln entweder an einem Knochen oder an einem anderen Muskel befestigt.

Arterien Schlagadern; Blutgefäße, die Blut vom Herzen wegtransportieren.

Atemzentrum Bereich im Hirnstamm, der die Zahl und die Tiefe der Atemzüge reguliert.

Atrioventrikularklappen Segelklappen; Herzklappen zwischen den Vorhöfen (Atria) und Herzkammern (Ventrikeln); *siehe* **Mitralklappe** und **Trikuspidalklappe**.

Atrium Vorhof im Herzen.

Autonomes Nervensystem (ANS) Syn. vegetatives Nervensystem; umfasst den sympathischen und den parasympathischen Teil des Nervensystems, der „automatisch“, also unbewußt, Reaktionen des Körpers steuert.

Axon Fortsatz der Nervenzelle, der die elektrischen Impulse weiterleitet.

Bakterien Einzellige Mikroorganismen, die zusätzlich zur Zytoplasmamembran noch eine weitere Außenhülle (Zellwand) haben, jedoch keinen echten Zellkern oder Organellen innerhalb der Zellmembran.

Bandscheibe: Knorpeliges Zwischenstück zwischen zwei benachbarten Wirbelkörpern.

Bikonvex Adj., mit dem man Linsen bezeichnet, die an beiden Seiten nach außen gewölbt (konvex) sind.

Bipennatus Adj.; Bezeichnung für einen doppelt gefiederter Muskel.

Blätterpapillen (Papillae foliatae) Blattförmige Papillen am hinteren Zungenrand; enthalten Geschmacksknospen.

Blutplättchen (Thrombozyten) Blutbestandteile, die bei der Blutgerinnung eine wichtige Rolle spielen.

B-Lymphozyten Spezialisierte Form der weißen Blutkörperchen. Sie erzeugen Antikörper auf spezifische Antigene.

Breites Mutterband (Lig. latum) Bauchfellfalte; fixiert die Gebärmutter, die Eileiter und die Scheide in ihrer Lage.

Brustwarze Zylindrische oder kegelförmige Erhebung knapp unterhalb der Brustmitte; Mündungsstelle der Milchgänge.

Brustwirbel Die 12 Wirbel, die den mittleren Abschnitt der Wirbelsäule (zwischen Hals- und Lendenwirbelsäule) bilden.

Bürstensaum-Enzyme An den Mikrozotten im Dünndarm haftende Enzyme.

Calcitonin, *Thyreokalzitonin* In der Schilddrüse gebildetes Hormon. Senkt den Kalziumspiegel, indem es die Freisetzung von Kalzium aus den Knochen hemmt.

Calices renales (Sing. calix) Nierenkelche. Kleine kelchförmige Hohlräume, die durch die Verzweigung des Nierenbeckens gebildet werden; sie umgeben die Spitzen der Markpyramiden und fangen den aus den Nierenpapillen austretenden Harn auf.

Carboxypeptidase Enzym im Sekret der Bauchspeicheldrüse, das beim Eiweißabbau mitwirkt.

Cervix Hals; z. B. Cervix uteri (Gebärmutterhals); Adj.: cervicalis (z. B. Vertebrae cervicales = die Halswirbel).

Cholecystokinin In der Dünndarmschleimhaut gebildetes Hormon; bewirkt die Kontraktion der Gallenblase und die Ausschüttung von Galle in den Hauptgallengang, von wo sie in den Zwölffingerdarm abgegeben wird.

Chymotrypsin Eiweißspaltendes Enzym im Sekret der Bauchspeicheldrüse.

Chymus Speisebrei, der im Magen durch die Einwirkung des Magensafts und der zerkleinernden Bewegungen der Magenwand gebildet wird.

Concha nasalis Nasenmuschel; muschelförmiges Gebilde, das aus der Seitenwand der Nasenhöhle herausragt.

Corpus cavernosum penis Paariger Gliedschwellkörper im Penisschaft.

Corpus spongiosum penis Unpaarer Harnröhrenschwellkörper; endet distal in der Eichel und umgibt die Harnröhre.

Cortex (Kortex) Rinde; äußerer Bereich eines Organs (z. B. Cortex cerebri = Großhirnrinde).

Corti-Organ Sinnesepithel der Gehörschnecke; enthält die Rezeptoren des Gehörsinns.

Cortisol In der Nebennierenrinde gebildetes Glukokortikoidhormon; reguliert den Blutzuckerspiegel.

Cox- (Kox-) Wortbestandteil mit der Bedeutung „Hüft-" (z. B. Os coxae = Hüftbein).

Dendriten Verzweigte Nervenzellfortsätze, die Nervenimpulse zum Zellleib hinleiten.

Depression Abwärtsbewegung, Senkung; Gegenteil der Elevation, Hebung. Bewegung, die einen Körperteil flachdrückt oder senkt.

Diaphyse Knochenschaft; besteht aus Kompakta.

Diastole Erweiterungsphase der Vorhöfe und der Kammern im Herzzyklus; bewirkt, dass sich die Vorhöfe mit Blut füllen.

Diffusion Passiver Transportmechanismus; Übertritt von Molekülen aus einem Bereich mit hoher Konzentration in einen mit niedrigerer Konzentration bis zum Ausgleich.

Distal Adjektiv; beschreibt die Lage eines Körperteils, der weiter von der Körpermitte entfernt ist als ein anderer (Gegenteil: **proximal**).

Dorsal Auf dem Rücken (Dorsum) bzw. an der Rückseite eines Organs gelegen. *Siehe auch* **posterior**.

Dorsalextension Bewegung, die z. B. den Fuß nach oben zieht.

Drehpunkt Punkt, um den sich ein Hebel bewegt.

Ductus arteriosus (Botalli) Im Fetus Verbindung zwischen der linken Lungenarterie und der Bauchaorta zur Umgehung der noch nicht funktionsfähigen Lungen.

Ductus deferens Paariger Samenleiter; transportiert die Spermien vom Nebenhoden zur Harnröhre.

Effektor Erfolgsorgan; Zielorgan, das auf einen Reiz oder Nervenimpuls anspricht.

Egestion Ausscheidung unverdaulicher Nahrungsbestandteile.

Eierstockband Band, das jeden der beiden Eierstöcke (Ovarien) medial an der Gebärmutter anheftet.

Ejakulation Samenerguß.

Elastin Eiweißstoff; Hauptbestandteil in elastischem Bindegewebe.

Elevation Hebung; Aufwärtsbewegung eines Körperteils.

Enchondral Adj.; bezeichnet Lage oder Vorgang im Knorpel.

Endokrin Adjektiv, meist als Bezeichnung für Drüsen, die ein Sekret (z. B. ein Hormon) ins Körperinnere ausschütten.

Endothel Einschichtige Auskleidung der Blut- und Lymphgefäße (Intima); Schleimhautauskleidung der Gebärmutter.

Epinephrin *siehe* **Adrenalin**.

Epineurium Bindegewebshülle um Nervenfaserbündel und deren Blutgefäße.

Epiphyse Endstücke der langen Röhrenknochen; bestehen aus schwammartiger Knochensubstanz (Spongiosa).

Erythropoetin In den Nieren gebildetes Hormon, das die Bildung roter Blutzellen stimuliert.

Eversion Auswärtsdrehung der Fußsohle; Gegenteil der Inversion.

Excavatio vesico-uterina Bachfellnische zwischen Gebärmutterhals und Harnblase.

Exokrin Adj., meist als Bezeichnung für Drüsen, die ihr Sekret über einen Ausführungsgang auf eine Oberfläche ausschütten.

Extension Streckung; Vergrößerung des Gelenkwinkels (Gegenteil der Flexion).

Extrazellulär Außerhalb der Zellen.

Fadenpapillen Spitz endende Zungenpapillen. Sie machen die Zungenoberfläche rauh und sind die zahlreichsten unter den Zungenpapillen.

Faeces Lat. Bezeichnung für **Stuhl** (Defäkation ist der med. Fachausdruck für Stuhlgang).

Fasciculus (Faszikel) Muskel- oder Nervenfaserbündel.

Fetus (Fötus) Ungeborenes Kind ab der 10. Schwangerschaftswoche bis zur Geburt (vorher: Embryo).

Fibrin Unlösliches, faserförmiges Eiweiß; Hauptbestandteil eines Blutgerinnsels.

Fibrinogen Inaktive Vorstufe eines Gerinnungseiweißes; wird bei der Blutgerinnung in das unlösliche Fibrin umgewandelt.

Fibular Zur Wadenbeinseite hin (Wadenbein = Fibula).

Flagellum Peitschenförmiger Schwanz bestimmter Zellen, meist für die Fortbewegung der Zelle in einem flüssigen Medium.

Flatus Blähung, Wind. Abgehende Darmgase, die durch anaerobe Bakterien im Dickdarm gebildet werden.

Flexion Beugung; Verringerung des Gelenkwinkels.

Follikel Kleiner Hohlraum im Körper (z. B. Haarfollikel; Follikel in den Eierstöcken).

Follikelstimulierendes Hormon (FSH) Hypophysenvorderlappenhormon; stimuliert die Eireifung und die Östrogenausschüttung in den Eierstöcken sowie die Bildung von Testosteron.

Foramen Natürliches Loch in einem Knochen (meist Durchtrittsöffnung für Gefäße oder Nerven.

Foramen ovale Ovale Öffnung der Vorhofscheidewand im Herzen des Feten; leitet etwa ein Drittel der im rechten Vorhof ankommenden Blutmenge direkt in den linken Vorhof um.

Frontalebene Parallel zur Stirnfläche liegende Schnittebene, in der sich die Longitudinal- und die Transversalachsen kreuzen.

Fruchtwasser Flüssigkeit in der Fruchtblase, die den Fetus schützend umgibt und in der er sich frei bewegt.

Fundus gastricus Oberer Bereich des Magens (Magenkuppel).

Galle Gelbbraune, in der Leber gebildete Flüssigkeit, die in den Zwölffingerdarm ausgeschüttet wird; dort zerteilt sie Fette in feine Tröpfchen und erleichtert dadurch deren Abbau.

Ganglion Ansammlung von Nervenzellen (Nervenknoten) außerhalb des Zentralnervensystems

Gebärmutter (Uterus) Muskulöses Hohlorgan hinter der Harnblase; umschließt, nährt und schützt den sich entwickelnden Embryo bzw. Fetus während der Schwangerschaft.

Gehirn-Rückenmark-Flüssigkeit Klare Flüssigkeit, die Gehirn und Rückenmark umgibt und die Hirnkammern füllt.

Gewebsflüssigkeit, Syn. **Körperflüssigkeit** Flüssigkeit zwischen den Zellen, die das umliegende Gewebe umspült und nährt.

Glans penis Eichel; distales Ende des Harnröhrenschwellkörpers an der Penisspitze.

Glomerulus Gefäßknäuel (Knäuel aus Kapillaren) innerhalb eines Nierenkörperchens (Nephron).

Glomeruluskapsel Tassenförmiges Ende des Nierenröhrchens.

Glukagon Hormon, das von der Bauchspeicheldrüse produziert wird und den Abbau von Glykogen zu Glukose fördert.

Glukokortikoide Hormone, die von der Nebennierenrinde gebildet werden und im Eiweiß- und Kohlenhydratstoffwechsel eine wichtige Rolle spielen.

Glukose Einfacher Zucker (Monosaccharid); wichtig für den Stoffwechsel und Hauptenergielieferant für das Gehirn.

Glykogen Polysaccharid, das von Glukagon zu Glukose abgebaut wird; wichtigste Kohlenhydrat-Speicherform.

Gonadotropine Im Hypophysenvorderlappen gebildete Hormone (Luteinisierungshormon, LH, und follikelstimulierendes Hormon, FSH); steuern die Entwicklung und regulieren die Funktionen der Keimdrüsen (Gonaden).

Granulozyt Spezialisiertes weißes Blutkörperchen, das Krankheitserreger identifiziert, verschlingt und verdaut.

Gyrus (Pl. Gyri) Hirnwindung in der Rinde der Großhirnhälften; abgegrenzt durch Sulci (Furchen).

Hämoglobin Eisenhaltiger Blutfarbstoff in den roten Blutkörperchen; seine Aufgabe ist der Transport von Sauerstoff und Kohlendioxid.

Harnröhre (Urethra) Endabschnitt der Harnwege, über den der Urin (und beim Mann auch das Sperma) aus der Harnblase nach außen gelangt.

Harnstoff (Urea) Endprodukt des Eiweißabbaus im Körper; stickstoffhaltiger Bestandteil des Harns, der mit dem Urin ausgeschieden wird.

Haustra (Sing. Haustrum) Aussackungen im Grimmdarm; hervorgerufen durch den ungleichmäßigen Zug der Tänien.

Hepatozyt Leberzelle.

Herzzyklus Herzschlag; geordneter Ablauf der einzelnen Phasen der Kontraktion (Systole) und Erschlaffung (Diastole) des Herzmuskels.

Hilum (*auch*: Hilus) Vertiefung in der Oberfläche eines Organs, wo Blutgefäße und Nerven ein- bzw. austreten.

Hinterdarm Kaudaler bzw. Endabschnitt des Verdauungskanals beim Embryo; daraus entwickeln sich der Dickdarm, der Mastdarm und der Analkanal.

Homöostase Aufrechterhaltung des sog. inneren Milieus bei gesunden Personen, unabhängig von Veränderungen innerhalb oder außerhalb des Körpers.

Hormone Wirkstoffe, die von endokrinen Organen gebildet und in die Blutbahn ausgeschüttet werden; sie wirken entweder lokal oder generell.

Hydrolyse Spaltung komplexer organischer Verbindungen unter Aufnahme von Wasser.

Ileozäkalklappe Syn. Bauhin-Klappe; Valva ileocaecalis; ventilartige Übergangsstelle vom Dünndarm in den Dickdarm.

Inferior Anat. Lagebezeichnung für „darunter/ weiter unten liegend". *Siehe auch* **kaudal**.

Ingestion Aufnahme eines Nahrungsmittels (Speise, Getränk oder Medikament) durch den Mund in den Verdauungstrakt.

Insulin In der Bauchspeicheldrüse gebildetes Hormon, das den Blutzuckerspiegel reguliert; erleichtert die Umwandlung von Glukose in Glykogen.

Interstitielle Drüsen *siehe* **Leydig-Zwischenzellen**

Intrazellulär Innerhalb der Zelle.

Inversion Einwärtsdrehung des Fußes (Gegenteil der Eversion).

Isometrische Kontraktion Muskelkontraktion, bei der sich der Muskel anspannt und Zug ausübt, aber sich wegen entgegengesetzt wirkender Kräfte nicht verkürzt.

Isotonische Kontraktion Muskelkontraktion, bei der sich der Muskel verkürzt und dadurch eine Bewegung bewirkt.

Kammersystole Kontraktion der Herzkammern; bewirkt Auswurf des Blutes in den Lungen- und Körperkreislauf.

Kapillaren (syn. Haargefäße) Feinste Blutgefäße, die das arterielle und das venöse Gefäßsystem miteinander verbinden.

Katalysator Substanz, die chemische Reaktionen beschleunigt, dabei aber unverändert bleibt.

Kaudal Adj.; beezeichnet eine Lage im unteren Bereich des Rumpfes.

Keratin Hornstoff; faseriges Protein, das in der äußersten Schicht der Haut, der Haare und der Nägel vorkommt.

Knochenmark Weiches Gewebe im Inneren bestimmter Knochen. Das rote, blutbildende Mark ist in den Rippen, Wirbeln, Becken- und Schädelknochen zu finden, das gelbe Mark (Fettmark) in den Markhöhlen der langen Röhrenknochen.

Knorpel (Cartilago) Spezialisiertes Bindegewebe; vor allem an Gelenken zu finden; stützt und erleichtert Bewegungen.

Kollagen Kräftiges Faserprotein; kommt in Knochen, Knorpeln und Bindegeweben vor.

Konkav Adj., das eine eingedellte oder eine Vertiefung aufweisende Fläche beschreibt.

Konvex Adjektiv; beschreibt eine nach außen gebogene oder gewölbte Oberfläche.

Koronar- Wortbestandteil mit der Bedeutung „zu einem Kranz gehörig" (z. B. die Koronararterien = Herzkranzschlagadern).

Kortikosteroidhormone In der Nebennierenrinde gebildete Steroidhormone; man unterscheidet drei Gruppen: Glukokortikoide, Mineralokortikoide und Sexualhormone.

Kranial Anat. Lagebezeichnung; „zum Kopf gehörig, kopfwärts" (Synonym: superior).

Kuppel (lat. Cupula) Bezeichnung für kuppelförmige Strukturen, z. B. die Schneckenkuppel (Cupula cochleae).

Laktase Enzym im Dünndarm, das Milchzucker (Laktose) in Glukose und Galaktose spaltet.

Langerhans-Inseln Winzige endokrine Zellhaufen in der Bauchspeicheldrüse. Man unterscheidet darin 3 Zelltypen: Alphazellen sondern Glukagon ab; Betazellen Insulin; Deltazellen Somatostatin und PP-Zellen pankreatisches Polypeptid.

Lateral Anat. Lagebezeichnung für „seitlich"; an der Seite (bilateral bedeutet beidseitig).

Leydig-Zwischenzellen Zellen im interstitiellen Bindegewebe des Hodens, die Testosteron bilden, wenn sie durch das Luteinisierungshormon dazu angeregt werden.

Ligamentum suspensorium Aufhängeband (z. B. Lig. suspensorium ovarii = Aufhängeband des Eierstocks)

Lipase Enzym im Pankreassekret, das Fette abbaut.

Liquor *siehe* Gehirn-Rückenmark-Flüssigkeit.

Lumbal- Wortteil mit der Bedeutung „die Lende betreffend" (z. B. Plexus lumbalis = Lendennervengeflecht).

Lumen Lichte Weite von röhrenförmigen Gebilden und Hohlorganen.

Lungenkreislauf Kreislauf, in dem sauerstoffarmes Blut aus dem rechten Herzen über die Lungenarterie in die Lungen gepumpt wird und sauerstoffreiches Blut von dort über die Lungenvene in das linke Herz zurückkehrt.

Luteinisierungshormon Hypophysenvorderlappenhormon, das bei der Frau die Ovulation und die Gelbkörperbildung auslöst und beim Mann die Testosteronbildung anregt.

Lymphozyten Gruppe weißer Blutzellen, die u. a. in lymphatischen Organen gebildet werden und die wichtigsten Produzenten von Antikörpern sind.

Macula lutea Gelber Fleck in der Mitte der Netzhaut; enthält ausschließlich Zapfen.

Magengrübchen (Foveolae gastricae) Vertiefungen in der Magenschleimhaut, Mündungen der Magendrüsen.

Makrophagen Große mononukleäre (einkernige) Zellen, die zur ***Phagozytose*** befähigt sind; können als Monozyten im Körper wandern oder ortsständig geworden sein.

Maltase Bürstensaum-Enzym, das im Sekret der Bauchspeicheldrüse enthalten ist und Maltose zu Glukose abbaut.

Mamma Brustdrüse. Der Brustdrüsenkörper besteht aus mehreren einzelnen Brustdrüsen (Gll. mammariae).

Markpyramiden Kegelförmige Filtereinheiten im inneren Teil der Niere.

Median In der Mittelebene des Körpers gelegen.

Medianebene Vertikal stehende Schnittebene von vorne nach hinten durch die Körpermitte.

Mediastinum Mittelfellraum; zwischen den beiden Pleurahöhlen gelegener Teil des Brustraums, in dem sich die Speiseröhre, die Luftröhre, Blut- und Lymphgefäße sowie die Perikardhöhle (Herzbeutelhöhle) befinden.

Meningen (Sg. Meninx) Hirnhäute; drei Membranen, die das Gehirn und das Rückenmark überziehen und schützen (Dura mater, Arachnoidea und Pia mater).

Menopause Zeitpunkt der letzten Menstruation. Fällt zeitlich in die Wechseljahre (Klimakterium).

Menstruationszyklus Zeitraum vom 1. Tag der Menstruation bis zum letzten Tag vor der nächsten Regelblutung. In diesem Zeitraum laufen regelmäßig wiederkehrende Ereignisse ab, die in der Gebärmutter Veränderungen im Hinblick auf eine mögliche Schwangerschaft bewirken. Wenn es nicht zur Empfängnis kommt, wird die Gebärmutterschleimhaut abgestoßen und die Menstruation setzt ein.

Mesenterium Gekröse; in Falten gelegtes Bauchfelldoppelblatt mit einer Zwischenschicht aus Bindegewebe, befestigt Unterbauchorgane an der Bauchwand.

Mesocolon Dickdarmgekröse; verbindet den Dickdarm mit der hinteren Bauchwand.

Mesometrium (Gebärmuttergekröse) Abschnitt des breiten Mutterbandes (Lig. latum); Bauchfelldoppelblatt mit Gefäßen, Nerven und Aufhängebändern beiderseits lateral der Gebärmutter; befestigt die Gebärmutter an der Seitenwand des kleinen Beckens.

Metabolismus Stoffwechsel; Oberbegriff für alle physikalischen und chemischen Vorgänge im Körper, die Stoffe ab- oder aufbauen.

Mikrovilli Mikrozotten; winzige haarähnliche Schleimhautausstülpungen der Dünndarmwand.

Milchgang Lymphkapillare; kleinstes Lymphgefäß, durchzieht die Dünndarmzotten und bildet – wie die Blutkapillaren – ein verzweigtes Netzwerk.

Mineralokortikoide Steroidhormone, die in der Nebennierenrinde gebildet werden und die Natrium-Kalium-Spiegel im Blut regulieren.

Mitralklappe Linke Vorhof-Kammer-Klappe (Segelklappe) im Herzen mit zwei Klappensegeln (daher auch als Zweizipfelklappe bezeichnet).

Mitteldarm Mittlerer Abschnitt des Darmkanals (zwischen Vorder- und Hinterdarm) beim Embryo, aus dem sich der Dünndarm entwickelt.

Monochrom Einfarbig. Die Stäbchen der Netzhaut erzeugen einfarbige Bilder.

Monozyten Einkernige Phagozyten, die im Knochenmark gebildet werden und in die Gewebe wandern, wo sie sich zu Makrophagen entwickeln.

Motoneuron Motorisches Neuron; übermittelt Befehle vom ZNS an Muskeln und Drüsen.

Multipennatus Adj., Bezeichnung für einen Muskel, der aus vielen doppelt gefiederten Einzelmuskeln besteht (z. B. Deltamuskel).

Myofibrille Kontraktile, aus Myofilamenten zusammengesetzte Elemente der Muskelzellen.

Myoglobin Roter Muskelfarbstoff, dem Hämoglobin vergleichbar.

Myometrium Muskelschicht der Gebärmutterwand.

Myosin Muskeleiweiß, aus dem die dicken Myofilamente der Muskelfasern bestehen.

Nabelschnur Schnurartige Verbindung zwischen der Plazenta und dem Feten, über die dieser mit Sauerstoff und Nährstoffen aus dem mütterlichen Kreislauf versorgt wird; in umgekehrter Richtung werden Kohlendioxid und stickstoffhaltige Abfallprodukte aus dem kindlichen Kreislauf in den Kreislauf der Mutter entsorgt.

Nephron Filtereinheit der Niere; jede Niere enthält Millionen selbstständig arbeitende Nephrone, die das Blut filtern und den Harn bilden.

Nervenimpulse Elektrische Signale, die mit hoher Geschwindigkeit von einer Nervenendigung zur nächsten übertragen werden.

Neuron Nervenzelle.

Neurotransmitter Chemische Substanzen, die vom synaptischen Endknöpfchen eines Neurons freigesetzt werden, den Synapsenspalt überqueren und im Empfängerneuron einen Nervenimpuls erzeugen.

Nierenbucht (Sinus renalis) Erweiterung des Hilum renale (Ein- und Austrittsstelle der Blutgefäße und des Harnleiters) zur Tiefe hin; in der Nierenbucht liegt das Nierenbecken (Pelvis renalis).

Nierenfaszie (Fascia renalis) Äußerste der drei Nierenhüllen; verankert die Niere in der Bauchwand.

Nierenkapsel Innerste der drei Nierenhüllen; die bindegewebige Nierenkapsel verhindert die Ausbreitung von Infektionen in die Niere.

Noradrenalin Syn. Norepinephrin; im Nebennierenmark als Antwort auf Stimulierung durch das autonome Nervensystem (ANS) gebildetes Hormon.

Nucleus (Pl. Nuclei) Kern; in der Anatomie 1. Zellkern; Bestandteil der meisten Zellen, der den Hauptteil der DNS und RNS (Trägersubstanzen der genetischen Informationen) enthält; 2. Ansammlung von Nervenkernen im ZNS.

Nuklease Enzym, das Nukleinsäuren (wie DNS) spaltet und im Sekret der Bauchspeicheldrüse vorkommt.

Olfaktorisch Zum Geruchssinn gehörend (z. B. primäres und sekundäres olfaktorisches Zentrum)

Omentum (Pl. Omenta) Bauchnetz. Das Omentum majus, das große Netz, ist ein vom Bauchfell überzogenes Bindegewebsblatt, das von der großen Magenkrümmung und dem Querdickdarm schürzenartig vor dem Dünndarm herabhängt.

Oozyt Noch nicht ausgereifte Eizelle.

Opposition Gegenüberstellung des Daumens gegen die Spitze eines anderen Fingers.

Optisches Rindenfeld Assoziationsfeld in der Großhirnrinde (in der Umgebung der primären Sehrinde), das die im Gehirn ankommenden Informationen mit dem optischen Gedächtnis vergleicht und so das Erkennen vertrauter Gegenstände und Personen ermöglicht.

Os (Pl. Ossa) Knochen.

Ossicula auditus Die drei Gehörknöchelchen in der Paukenhöhle: Hammer (Malleus), Amboss (Incus) und Steigbügel (Stapes).

Ossifikation Knochenbildung; entweder über knorpelige Vorstufe (enchondrale Ossifikation) oder direkt aus dem Bindegewebe (endesmale Ossifikation).

Osteoblast Knochenbildner; Knochenzellen, die unverkalktes Knochengewebe bilden können; meist an der Anbauseite des Knochens.

Osteoklast Vielkernige Zelle, die Knochensubstanz abbaut.

Osteon Baueinheit des kompakten Knochengewebes; besteht aus konzentrisch angeordneten Lamellen verkalkter Knochensubstanz.

Osteozyt Knochenzelle im voll entwickelten Knochengewebe; wirkt an der Regulierung des Kalziumspiegels im Blut mit, indem sie Kalzium aus dem Knochen freisetzt.

Östrogene In den Eierstöcken gebildete Hormone. Sie bewirken die Ausreifung der weiblichen Fortpflanzungsorgane und erhalten sie funktionsfähig, sind auch für die Ausprägung der sekundären Geschlechtsmerkmale zuständig und bereiten den Körper auf die Schwangerschaft vor.

Ovarialzyklus Im Eierstock ablaufender Prozess der Follikelreifung, der zur Freisetzung einer ausgereiften Eizelle (Ovulation) führt.

Ovarium Eierstock.

Ovulation Eisprung. Monatlich wiederkehrendes Ereignis, bei dem eine ausgereifte Eizelle (Ovum) aus dem Eierstock freigesetzt wird, um befruchtet zu werden.

Ovum Ei; Eizelle. Weibliche Keimzelle.

Oxytocin Hypophysenhormon; stimuliert die Gebärmutterkontraktion (Wehen) und die Freisetzung von Milch (Laktation) aus den Brustdrüsen beim Stillen.

Pankreas *siehe* Bauchspeicheldrüse.

Papille Kleine, warzenförmige Erhebung auf der Oberfläche eines Gewebes; siehe Zungenpapillen (Papillae linguales).

Parathormon In den Nebenschilddrüsen gebildetes Hormon, das den Kalkziumhaushalt reguliert.

Parietal a) Wand einer Körperhöhle, eines Organs oder eines Gefäßes be-treffend oder dort gelegen (z. B. parietales Peritoneum; Membran, die die Wände der Bauchhöhle bedeckt); b) zu einem der Scheitelbeine (Os parietale) oder zu den Scheitellappen des Gehirns (Lobus parietalis) gehörend.

Pathogen Krankheitserregend; z. B. pathogene Mikroorganismen (Bakterien, Viren usw.).

Pennatus Gefiedert. Bezeichnung für einen Muskel, dessen Faserbündel schräg an einer langen Sehne ansetzen.

Peptidase Bürstensaumenzym; spaltet Peptide in Aminosäuren.

Perikardhöhle Flüssigkeitsgefüllter Hohlraum zwischen den beiden Schichten des Herzbeutels, den serösen Häuten, die das Herz überziehen und die Brusthöhle auskleiden; ermöglicht, dass sich das Herz ohne Reibung kontrahieren kann.

Perimetrium Bauchfellüberzug der Gebärmutter.

Perimysium Bindegewebshülle um ein einzelnes Muskelfaserbündel.

Perineurium Bindegewebshülle um ein einzelnes Nervenfaserbündel.

Periost Knochenhaut.

Peripheres Sehen Sehen im Randbereich des Gesichtsfeldes.

Peristaltik Wellenförmig fortschreitende Bewegung aufgrund von Muskelkontraktionen und -erschlaffung, die Stoffe durch Röhrensysteme des Körpers fortbewegt (z. B. Nahrung durch die Speiseröhre und den Darm; Harn durch den Harnleiter).

Peritoneum parietale Seröse Haut, die die Wand der Bauch- und Beckenhöhle auskleidet.

Peritoneum viscerale Seröse Haut, die die Bauch- und Beckenorgane überzieht.

Phagozyt Fresszelle, die in den Körper eingedrungene Mikroorganismen, Zelltrümmer oder Fremdkörper einschließen, fressen und verdauen kann.

Phagozytose Aufnahme fester Partikel (Gewebstrümmer, Mikroorganismen, Fremdkörper) in das Zellinnere mit anschließendem Abbau.

Photorezeptoren Lichtempfindliche Sinnesrezeptoren (Stäbchen und Zapfen) in der Netzhaut.

pH-Wert Messwert für den Säure- oder Alkaligehalt einer Lösung.

Pilzpapillen Pilzförmige Papillen, die über die Zungenoberfläche verstreut liegen und Geschmacksknospen enthalten.

Plantarflexion Beugung in Richtung Fußsohle.

Plazenta Mutterkuchen; schwammartiges Gewebe in der Gebärmutterwand, das sich in der Schwangerschaft bildet und vom kindlichen sowie vom mütterlichen Blut durchströmt wird; über die Nabelschnur versorgt sie den Fetus mit Nährstoffen und sammelt sie die Abfallstoffe des fetalen Stoffwechsels ein, um sie in das mütterliche Blut abzugeben.

Pleura (Pl. Pleurae) Rippen- und Lungenfell; seröse Haut, die die Lungen überzieht und die Innenwand der Pleurahöhle auskleidet.

Plexus Geflecht; im engeren Sinne Nervengeflecht; Netzwerk miteinander verwobener Nervenfasern (z. B. Plexus lumbalis = Lendengeflecht).

Plicae circulares Ringfalten im Dünndarm; Syn. Kerckring-Falten.

Plicae transversales recti Drei Querfalten im Mastdarm (Rectum), die die Darmgase vom Stuhl abteilen, sodass sie als Winde (Flatus) entweichen können, ohne dass gleichzeitig eine Stuhlentleerung stattfindet.

Porta hepatis Leberpforte; Ein- bzw. Austrittsstelle der großen Blutgefäße und Gallengänge an der Unterseite der Leber.

Posterior Hintere; an der Hinterseite gelegen. Gegenteil von **anterior**.

Postganglionär Zweites bzw. Empfängerneuron in der Zwei-Neuronen-Kette des ANS.

Präganglionär Erstes Neuron in einer Zwei-Neuronen-Kette des ANS.

Primäre optische Großhirnrinde Area 17 der Großhirnrinde (Area striata).

Prolaktin Hormon aus der Hypophyse; stimuliert das Wachstum des Brustdrüsengewebes und die Milchproduktion.

Pronation Einwärtsdrehung der Hand, sodass die Handfläche nach hinten zeigt, bzw. entsprechende Bewegung des Fußes; Gegenbewegung zur Supination.

Prostata Vorsteherdrüse; Drüse, die den ersten Abschnitt der männlichen Harnröhre unterhalb der Harnblase umgibt. Ihre Sekrete neutralisieren das – sonst saure – Scheidenmilieu und erhöhen dadurch die Beweglichkeit der Spermien.

Proximal Adj., mit dem ein Körperteil bezeichnet wird, der näher zur Körpermitte gelegen ist. Gegenteil von **distal**.

Pubertät Alter, in dem die Geschlechtsreife erreicht wird, d. h. ein junger Mensch zur Fortpflanzung fähig wird.

Pulmonal Zur Lunge (Pulmo) gehörend.

Pylorus Magenpförtner; Magenausgang zum Zwölffingerdarm.

Querfalten des Mastdarms *siehe* Plicae transversales recti.

Radial Zur Speichenseite hin (Speiche = Radius).

Räumliches Sehen Dreidimensionales Sehen; wird ermöglicht durch die zwei leicht verschiedenen Bilder, die beide Augen sehen und die im Gehirn zu dreidimensionalen Bildern zusammengeschaltet werden.

Refraktion Brechung der Lichtstrahlen beim Übergang von einem Medium in ein anderes mit unterschiedlicher Dichte.

Releasing-Faktor Hormon, das vom Hypothalamus abgegeben wird und die Hypophyse zur Ausschüttung ihrer Hormone veranlasst.

Reposition Rückstellung des Daumens, Adduktion; Gegenbewegung der Opposition.

Retinaculum (Pl. Retinacula) Halteband, das Sehnen in ihrer Lage fixiert.

Retroperitoneal Außerhalb bzw. hinter dem Bauchfell (Peritoneum) gelegen.

Rostral Zum vorderen Körperende hin gelegen.

Rotation Drehbewegung eines Körperteils bzw. eines Knochens um seine Längsachse.

Rotatorenmanschette Sammelbegriff für die vier vom Schulterblatt zum Oberarmknochen ziehenden Muskeln (M. supraspinatus, infraspinatus, teres minor und subscapularis), die das Schultergelenk sichern.

Rückkopplung (Feedback) Selbstregulationsmechanismus, der – meist als negative Rückkopplung – in einem geschlossenen Regelkreis das auslösende Signal durch die Antwort des Signalempfängers wieder verringert.

Rugae Falten in der Schleimhautauskleidung von Organen (z. B. Magen oder Scheide).

Saccharase Enzym, das als Katalysator an der Hydrolyse von Saccharose in Glukose und Fruktose mitwirkt.

Sacculus Säckchen, kleine Tasche. Kleineres der beiden Vorhofsäckchen im Labyrinth des Innenohrs, die Rezeptoren des Gleichgewichtsorgans enthalten.

Sagittalebene Vertikal stehende Schnittebene von vorne nach hinten durch den Körper; in der Sagittalebene kreuzen sich die Longitudinal- und die Sagittalachsen. Die Sagittalebene durch die Körpermitte heißt **Medianebene**.

Sarkomer Grundeinheit der Muskelkontraktion; besteht aus parallel angeordneten kontraktilen Aktin- und Myosinfilamenten; zu Ketten aneinandergefügte Sarkomere bilden die Myofibrillen.

Schilddrüsenhormon In der Schilddrüse gebildete Kombination aus Trijodthyronin und **Thyroxin**, die als „Gaspedal" auf den Stoffwechsel wirkt; fördert das Wachstum und reguliert die normale Funktion des Herzens und des Nervensystems.

Sebum Talg; öliges Sekret der Talgdrüsen an den Haarfollikeln.

Semen Samenflüssigkeit; *siehe* Sperma.

Sensibles Neuron Leitet Empfindungsimpulse von Sinnesrezeptoren zum ZNS.

Sharpey-Fasern Verlängerungen der Kollagenfasern, die eine Sehne an ihrem Knochen befestigen.

Sichelband Sichelförmiges Leberband; Bauchfellfalte, die sich vom Zwerchfell bis zur Leber erstreckt und diese in der vorderen Bauchwand verankert.

Sinusknoten Schrittmacher des Herzens; Anhäufung spezifischer Zellen in der Wand des rechten Herzvorhofs, von der die normalen Kontraktionsreize des Herzens ausgehen.

Sinusoid Weite Blutkapillaren in bestimmten Organen (Leber, Milz, rotes Knochenmark).

Sperma Samenflüssigkeit; alle Bestandteile des Ejakulats des Mannes (Spermien und andere Sekrete von Nebenhoden, Samenbläschen, Vorsteherdrüse und Cowper-Drüsen).

Sphinkter Ringförmiger Schließmuskel mit konzentrisch angeordneten Faserbündeln, der als Ventil fungiert.

Stäbchen Photorezeptoren in der Netzhaut; sie sind sehr lichtempfindlich, aber nicht farbempfindlich.

Stratum (Pl. Strata) Schicht eines Gewebes, z. B. der Haut oder der Netzhaut.

Substrat Substanz, die von einem Enzym angelagert und umgesetzt (abgebaut, umgebaut oder sonst verändert) wird.

Sulcus Furche in der Oberfläche der Großhirnhälften; verläuft zwischen den Windungen (Gyri).

Superficialis Oberflächlich.

Superior Weiter oben gelegen; in anat. Bezeichnungen zunehmend durch kranial ersetzt.

Supination Bewegung des Unterarms, die die Handfläche nach oben dreht; Gegenbewegung zur Pronation.

Sutura (Pl. Suturae) Naht; unbewegliche Knochenverbindung.

Sympatisches Nervensystem Teil des autonomen Nervensystems

Synapse Verbindungsstelle zwischen zwei Neuronen.

Synergist Mitspieler; Muskel, der die Aktivität eines Agonisten gleichsinnig unterstützt.

Synovia Gelenkschmiere; Flüssigkeit, die die Knorpelflächen an den Knochenenden ohne Reibung aneinander gleiten lässt.

Tänien (Taeniae coli) In 3 Streifen angeordnete Längsmuskelschicht des Kolons (Grimmdarms), deren Zug zu Ausbuchtungen (Haustren) in der Dickdarmwand führt.

Testosteron Von den interstitiellen Zellen (Leydid-Zellen) in den Hoden (bzw. in den Nebennieren bei der Frau) gebildetes männliches Geschlechtshormon; fördert die Produktion von Samenzellen und ist ausschlaggebend für die Entwicklung der männlichen Fortpflanzungsorgane und sekundären Geschlechtsmerkmale.

Thorax Brustkorb; bestehend aus den 12 Brustwirbeln, den 12 Rippenpaaren und dem Brustbein; umschließt die Brusthöhle (Cavitas thoracis), die in kleinere Höhlen unterteilt ist und die Hauptorgane des Kreislauf- und Atmungssystems enthält.

Thyreokalzitonin *siehe* **Kalzitonin**.

Thyreotropin *siehe* TSH

Tibial Zur Schienbeinseite hin (Schienbein = Tibia).

Trabeculae osseae Knochenbälkchen im schwammartigen Knochengewebe (Spongiosa).

Transversalebene Querschnittsebene, in der sich die Horizontal- und die Transversalachse kreuzen.

Trijodthyronin In der Schilddrüse gebildetes Hormon; fördert den Stoffwechsel.

Trikuspidalklappe Rechte Vorhof-Kammer-Klappe (Valva atrioventricularis dextra).

Trypsin Eiweißspaltendes Enzym im Sekret der Bauchspeicheldrüse.

TSH Abk. für thyreoideastimulierendes Hormon; Syn. Thyreotropin.

Tubulus renalis Nierenkanälchen; verläuft gewunden zwischen Nierenrinde und -mark und mündet über ein Sammelrohr in das Nierenbecken.

Tubulus seminifer contortus Geknäueltes Samenkanälchen; Bildungsort der Samenzellen in den Hoden.

Tunica adventitia Gefäßaußenhaut: äußerste Wandschicht einer Schlagader; besteht hauptsächlich aus kräftigen Kollagenfasern und elastischem Gewebe.

Tunica interna (Syn. **intima**) Gefäßinnenhaut; innerste Wandschicht einer Schlagader.

Tunica intima *siehe* Tunica interna

Tunica media Mittlere und dickste Wandschicht einer Schlagader; besteht aus glatten Muskelzellen und elastischem Gewebe.

Ulnar Zur Ellenseite hin (Elle = Ulna).

Unipennatus Gefiederter Muskel, bei dem die Faserbündel nur an einer Seite der Sehne ansetzen (z. B. beim M. extensor digitorum longus, dem langen Fingerstrecker).

Urethra *siehe* Harnröhre.

Urin Von den Nieren produzierte gelbliche Flüssigkeit, deren Hauptbestandteile Wasser, Harnstoff, Salze, Phosphate, Sulfate, Kreatinin und Harnsäure sind; mit dem Urin werden Abfallprodukte des Stoffwechsels aus dem Körper ausgeschieden.

Ursprung Anat. Bezeichnung des Muskelendes, das am unbewegten Knochen befestigt ist.

Uterus *siehe* Gebärmutter.

Utriculus Größerer der beiden Vorhofsäckchen im Innenohr; enthält Gleichgewichtsrezeptoren.

Valvae semilunares Taschenklappen. Bezeichnung für zwei Herzklappen: Die Aortenklappe (Valva aortae) verhindert den Rückfluss von Blut aus der Aorta in die linke Herzkammer, die Pulmonalklappe (Valva trunci pulmonalis) den Rückfluss aus dem Truncus pulmonalis in die rechte Herzkammer.

Vas deferens *siehe* Ductus deferens.

Vene Blutgefäß, das sauerstoffarmes Blut zum Herzen zurücktransportiert (Ausnahme: Lungenvene, die sauerstoffreiches Blut aus der Lunge führt).

Ventral Bauchseitig; an der Vorderseite des Körpers. *Siehe auch* anterior.

Verdauung Aufspaltung der Nahrungsmittel in einfache Nährstoffmoleküle.

Vestibulum Gemeinsamer Vorhof für Schnecke und Bogengänge; in ihm liegen die beiden Vorhofsäckchen (Utriculus und Sacculus).

Villi Zotten; winzige fingerähnliche Schleimhautausstülpungen im Dündarm zur Oberflächenvergrößerung.

Viren (Sing. Virus) Gruppe von Mikroorganismen, die jeweils spezifisch eine Infektionskrankheit auf einen Organismus übertragen; sie bestehen aus einem Proteinmantel, der eine Nukleinsäuresequenz (RNS oder DNS) umgibt.

Viscera Eingeweide; innere Organe.

Vorderdarm Kranialer (oberer) Abschnitt des primitiven Darmkanals beim Embryo; daraus entwickeln sich die Speiseröhre, der Magen, der Zwölffingerdarm, die Leber und die Bauchspeicheldrüse.

Vorhofsystole Kontraktion der Vorhöfe, durch die Blut in die Herzkammern gedrückt wird.

Wachstumshormon (STH) Hypophysenvorderlappenhormon; stimuliert das Wachstum in der Kindheit und Jugend und wandelt Glykogen in Glukose um.

Wallpapillen Papillen mit rundem Wall und ringförmigem Graben auf der Zunge vor der Grenzrinne; enthalten Geschmacksrezeptoren.

Weiße Pulpa In der Milz der Gewebeanteil, der als Abwehrorgan fungiert; reich an weißen Blutkörperchen, die Antikörper-bildende Lymphozyten produzieren.

Zapfen Farbempfindliche, aber nicht helligkeitsempfindliche Photorezeptoren der Netzhaut.

Zellulose Polysaccharid; wichtigster Nährstoffbestandteil in Gras, Heu und Blättern; bildet die Hauptenergiequelle für die Pflanzenfresser unter den Säugetieren.

Zentralnervensystem (ZNS) Anat. Begriff für Gehirn und Rückenmark.

Zilien Mikroskopisch kleine Flimmerhärchen, die rhythmische Paddelbewegungen ausführen und aus der Oberfläche vieler Zellarten emporragen. (*Siehe auch* Flagellum).

ZNS *siehe* Zentralnervensystem.

Zungenpapillen (Papillae linguales) Kleine Erhebungen auf der Zunge mit Geschmacks- oder Gefühlsrezeptoren; *siehe auch* Blätterpapillen, Fadenpapillen, Pilzpapillen, Wallpapillen.

Zwischenwirbelscheibe *siehe* Bandscheibe.

WEITERFÜHRENDE LITERATUR

Agur, Anne M. R.: *Grants Anatomie, Atlas und Textbuch*. F. Enke 1999.

Benninghoff, Alfred: *Makroskopische Anatomie, Embryologie und Histologie des Menschen* (2 Bde.); Hrsg. v. Zenker, W. / Drenckhahn, D.. Urban & Fischer 1999.

Carr, David: *Kunst des Malens. Der Akt. Anatomie, Form, Komposition, Tönung, Struktur, Farbe*. Könemann 1996.

Kahle / Leonhardt / Platzer: *Taschenatlas der Anatomie* (3 Bde.; 6. bzw. 7. Aufl.). Thieme 1999.

Lippert, Herbert: *Anatomie. Text und Atlas. Deutsche und lateinische Bezeichnungen* (6. Aufl.). Urban & Fischer 1995.

Lippert, Herbert.: *Lehrbuch Anatomie* (5. Aufl.). Urban & Fischer 1999.

Lütjen-Drekoll, Elke: *Atlas der Anatomie. Die funktionellen Systeme des Menschen*. Schattauer 1997.

Netter, Frank H.: *Atlas der Anatomie des Menschen* (2. Aufl.). Thieme, Stuttgart 2000.

Pernkopf, Eduard.: *Atlas der topographischen und angewandten Anatomie des Menschen* (2 Bde.; 3. Aufl.); Hrsg. v. Leonhardt, Helmut / Tillmann, Bernhard / Töndury, Gian / Zilles, Karl. Urban & Fischer 1996.

Rauber, A. / Kopsch, F.: *Lehrbuch und Atlas der Anatomie des Menschen, Lehrbuch und Atlas* (4 Bde.). Thieme 1987.

Rohen, Johannes W. / Yokochi, Chihiro / Lütjen-Drecoll, Elke: *Anatomie des Menschen*. (4. Aufl.). Schattauer 1998.

Rohen, Johannes W.: *Topographische Anatomie* (10. Aufl.). Schattauer 2000.

Rubins, David K.: *Anatomie für Künstler*. Urania 2000.

Saunders, J. B., and O'Malley, C. D.: *The Illustrations from the Works of Andreas Vesalius of Brussels*. Dover Publications, New York 1973.

Snell, R. S.: *Atlas of Clinical Anatomy* for Medical Students. Lippincott Williams & Wilkins, Philadelphia (USA) 1995.

Sobotta, Johannes: *Atlas der Anatomie des Menschen* (2 Bde.; 21. Aufl.); Hrsg. v. Putz, R. / Pabst, R.. Urban & Fischer 1999 bzw. 2000.

Sobotta, Johannes: *Atlas der Anatomie des Menschen*. CD-ROM Version 2.0 (2. Aufl.); Hrsg. v. Putz, R. / Pabst, R. Urban & Fischer 1999.

Sobotta, Johannes / Hammersen, Frithjof: *Farbatlas der Mikroskopischen Anatomie* (5. Aufl.). Urban & Fischer 1997.

Spitzer, V. M., and Whitlock, D. G.; *National Library of Medicine Atlas of the Visible Human Male: Reverse Engineering of the Human Body*. Jones and Bartlett Publishers, Inc. London 1998.

Waldeyer, Anton / Mayet, Anton: *Anatomie des Menschen... für Studierende und Ärzte* (2 Bde.), 16. Aufl. De Gruyter 1993.

Williams, P. L.: *Gray's Anatomy* (38th Edition). Churchill Livingstone, Edinburgh (U.K.) 1995.

Wolf-Heidegger, G.: *Wolf-Heidegger's Atlas of Human Anatomy / Wolf Heideggers Atlas der Human-Anatomie* (5. Aufl.); Hrsg. v. Köpf-Maier, Petra. S. Karger 2000.

Yokochi, Chihiro: *Photographische Anatomie des Menschen* (5. Aufl.); Hrsg. v. Rohen, Johannes W.. Schattauer 1992.

Allgemeine Medizinische Lexika

Terminologica Anatomica – Anatomical Terminology (Buch und CD-ROM). Thieme 1998.

Pschyrembel Klinisches Wörterbuch, 258. Auflage. De Gruyter 1997.

Roche Lexikon Medizin (4. Aufl.; Buch und CD-ROM); Hrsg. in Zus.-Arb. mit Hoffmann-La-Roche. Urban & Fischer 1999.

REGISTER

Fettgedruckte Seitenzahlen verweisen auf Stichworte, die ausführlich auf Doppelseiten abgehandelt werden; *kursive* Seitenzahlen beziehen sich auf Abbildungen.

VERWENDETE ABKÜRZUNGEN

A.	Arteria
Aa.	Arteriae
Abk.	Abkürzung
bzw.	beziehungsweise
Gl.	Glandula
Gll.	Glandulae
Lig.	Ligamentum
Ligg.	Ligamenta
M.	Musculus
Mm.	Musculi
N.	Nervus
Nl.	Nodus lymphaticus
Nll.	Nodi lymphatici
Nn.	Nervi
Pl.	Plural
Proc.	Processus
Sing.	Singular
sog.	so genannt
syn.	synonym
u. a.	unter anderem
V.	Vena
v. a.	vor allem
Vv.	Venae
z. B.	zum Beispiel

BILDNACHWEIS

Der Verlag und Anatographica LLC danken den nachstehenden Personen und Institutionen, die Bildmaterial für dieses Buch zur Verfügung gestellt haben.

Alle digitalen Abbildungen zur Anatomie des Menschen entstanden aus dem Datenmaterial des Visible Human Project ™ (© Visible Productions LLC).

Abbildungen auf den Seiten 60-63, 90, 91, 98, 99, 126, 127, 154, 155, 158, 159: © Visible Productions LLC.

Lageskizzen auf den Seiten 36-158 sowie 160-220: Beatriz Waller (für Anatographica LLC).

Historische Abbildungen auf den Seiten 12, 14 , 15 (oben und unten), 16, 17 und 21: Agile Rabbit Editions.

Schnittbilder des Visible Human Project™ auf den Seiten 24, 25, 138 und 139 (oben): Dr. Vic Spitzer, PhD, Center for Human Simulation, University of Colorado Health Sciences Center, Aurora, Colorado (USA).